Einflußflächen für Kreuzwerke

Freiaufliegende und über mehrere Öffnungen durchlaufende Systeme

Von

Dr.-Ing. H. Homberg und Dr.-Ing. J. Weinmeister

Dr.-Ing. H. Homberg
Hagen/Westf.

Dr.-Ing. J. Weinmeister
Linz a. D.

Zweite verbesserte Auflage

Mit 40 Abbildungen

Springer-Verlag

Berlin / Göttingen / Heidelberg

1956

ISBN 978-3-642-52868-2   ISBN 978-3-642-52867-5 (eBook)
DOI 10.1007/978-3-642-52867-5

Einflußflächen für Kreuzwerke

Vorwort zur zweiten Auflage.

Die vorliegende Neuauflage enthält Lösungen für freiaufliegende und über mehrere Felder durchlaufende Kreuzwerke und daher auch den im Vorwort zur ersten Auflage angekündigten zweiten Teil des Gesamtwerkes. Die Verzögerung in der Herausgabe dieses Teiles ergab sich daraus, daß er völlig neu bearbeitet wurde, da es sich als zweckmäßig erwiesen hat, für durchlaufende Kreuzwerke solche Lösungen anzugeben, die beliebigen Stützweitenverhältnissen entsprechen. Die früher für bestimmte Stützweitenverhältnisse errechneten Lösungen konnten wegen Platzmangels leider nicht aufgenommen werden. Weiter wird ein Verfahren zur näherungsweisen Berechnung von Kreuzwerken angegeben.

Die für die praktische Durchführung von Kreuzwerkberechnungen so nützlichen Tafeln der Querverteilungszahlen wurden durch Aufnahme neuer Tafeln für die Randsteifigkeit $1 \leq r \leq 2$ und für den Balken auf ∞ vielen Stützen erheblich erweitert, sie können auch für das Näherungsverfahren verwendet werden.

Die zugehörige Theorie ist innerhalb der Arbeiten „Kreuzwerke, Statik der Trägerroste und Platten", Berlin 1951, und „Beitrag zur Kreuzwerkberechnung", Stahlbau 1954, veröffentlicht worden.

Dem Deutschen Stahlbauverband, Köln, danke ich für die Förderung der Arbeit, Herrn Dr.-Ing. Weinmeister ganz besonders für die Erweiterung der Tafeln der Querverteilungszahlen, und meinen Mitarbeitern, insbesondere den Herren Dr.-Ing. Haeussler, Dr.-Ing. Trenks und Dipl.-Ing. Ruhrberg für ihre tatkräftige Unterstützung.

Hagen in Westfalen,
    im Oktober 1955.

                                                              H. Homberg.

Aus dem Vorwort zur ersten Auflage.

Es werden gebrauchsfertige, im Sinne der Baustatik genaue Lösungen für die Einflußflächen der statischen Größen geboten, die dazu dienen sollen, dem Statiker eine schnelle Berechnung der mehrfach oder hochgradig statisch unbestimmten Kreuzwerke zu ermöglichen. Die Gleichungen können auch zur Berechnung orthotroper Platten benutzt werden.

Zur Erleichterung der Ermittlung und Auswertung der Einflußflächen wurden umfangreiche Hilfsmittel ausgearbeitet. Die genaue Berechnung der Trägerroste kann daher in einem Bruchteil der Zeit durchgeführt werden, die nach üblichen Methoden für die Berechnung derartiger Systeme erforderlich ist.

Der vorliegende 1. Teil gibt die Lösungen für die freiaufliegenden Trägerroste über einer Öffnung. Der 2. Teil behandelt die über mehrere Felder durchlaufenden Trägerroste, er liegt im Manuskript fertig vor und wird in Kürze gleichfalls veröffentlicht werden.

Da die Bezeichnung „Trägerrost" allgemein sprachlich nicht eindeutig ist, wird für diese Tragwerksart die neue Wortprägung „Kreuzwerk" in Anlehnung an andere bautechnische Bezeichnungen eingeführt. Im Text ist nur die letztere Bezeichnung benutzt worden. In evtl. später erscheinenden Auflagen soll auch im Titel der neue Ausdruck erscheinen.

Für die Prüfung der Theorie spreche ich dem Bundesverkehrsministerium, für die Zurverfügungstellung der Tafeln der Querverteilungszahlen Herrn Dr.-Ing. Weinmeister, Linz a. D., meinen Dank aus.

Dahl bei Hagen in Westfalen,
    im Oktober 1949.

                                                              H. Homberg.

Inhaltsverzeichnis.

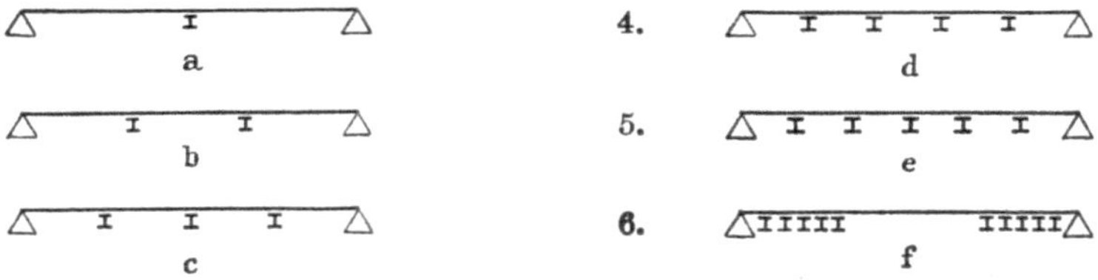

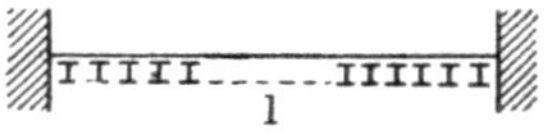

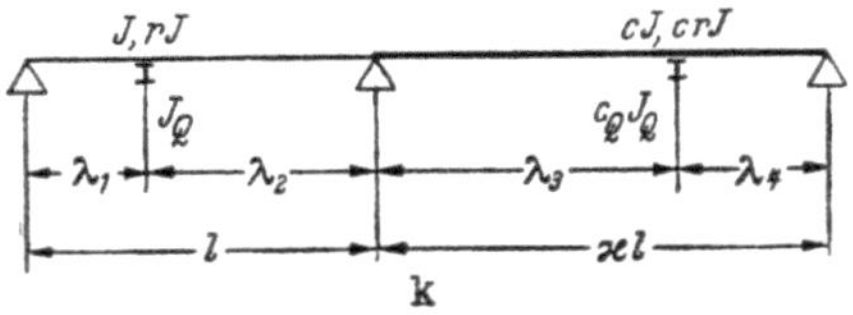

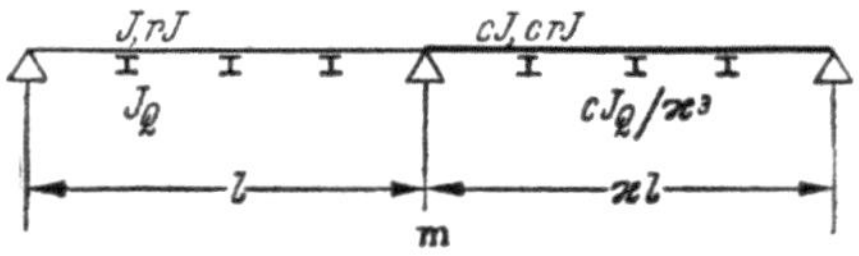

Berichtigung

S. 12, 20. Zeile von oben: statt $S_{hy,hu}$ lies $S_{hy,hv}$

     24. Zeile von oben: statt $P = 1$ in u lies $P = 1$ in v

S. 15, 5. Zeile von oben: statt können 7 lies können für 7

S. 21, 26. Zeile von oben: statt Tafel 16 lies Tafel 17

S. 21, 10. Zeile von unten: statt Tafel 14 lies Tafel 15

S. 22, 2. Zeile von unten: statt Tafel 16 lies Tafel 17

S. 23, 5. Zeile von oben: statt Tafel 15 lies Tafel 16

S. 23, 8. Zeile von oben: statt η_{Mxm} überall lies η_{Mym}

S. 23, 15. Zeile von oben: statt η_{Mxm} lies η_{Mym}

S. 23, 17. Zeile von oben: statt η_{Mxm} lies η_{Mym}

S. 34, vorletzte Spalte, 5. Zeile von oben: statt p_k lies P_k

S. 84, Tafel 13: statt x/l_x 1,0 lies 0,9

     Tafel 13: statt x/l_x 8,0 lies 0,8

S. 86, Tafel 16 bei den Transformationsformeln fehlt $\sqrt{}$

S. 86, Der Koordinatenursprung muß nicht in Feldmitte, sondern am unteren Einspannrand liegen

S. 150 u. 151: Sämtliche Werte der Tafel 1b sind mit dem Abstand a zu multiplizieren.

Homberg, Einflußflächen für Kreuzwerke, 2. Aufl.

Berichtigung

Im Abschnitt III/1, Seite 64 — 66 sind die Werte
$\mu_{(1)}$, $\mu_{(2)}$, $\cdots$, $\mu_{(n)}$, und $\mu_{(1)} M_{x(1)}$, $\mu_{(2)} M_{x(2)}$, $\cdots$, $\mu_{(6)} M_{x(6)}$
zu klein angegeben; die genannten Werte sind mit dem
Faktor 2 zu multiplizieren.

Homberg, Einflußflächen für Kreuzwerke, 2. Aufl.

A. Erläuterungen zum Aufbau und Gebrauch der Lösungen.

1. Grundsätzliches zur Ausbildung und Wirkungsweise von Kreuzwerken und verwandten Systemen.

Verwandte Tragwerke sind

1. Kreuzwerke,
2. Plattenkreuzwerke,
3. Plattenrippenwerke,
4. Zellwerke (Hohlstäbe und Hohlplatten) und
5. Platten (Abb. 1).

Die Wirtschaftlichkeit dieser ebenen Systeme beruht auf ihrer „Lastquerverteilung". Lastverteilende Wirkungen derselben sind:

1. Die Biegesteifigkeit der sich in Querrichtung des Tragwerks erstreckenden Teile,
2. die Drehsteifigkeit der Tragwerksteile und
3. die Schubsteifigkeit der horizontal liegenden Platten oder Verbände[1].

Bei Kreuzwerk und Platte treten allgemein nur die ersten beiden, bei den übrigen Tragwerken alle drei lastverteilenden Wirkungen auf. Während jedoch beim Zellwerk alle Wirkungen

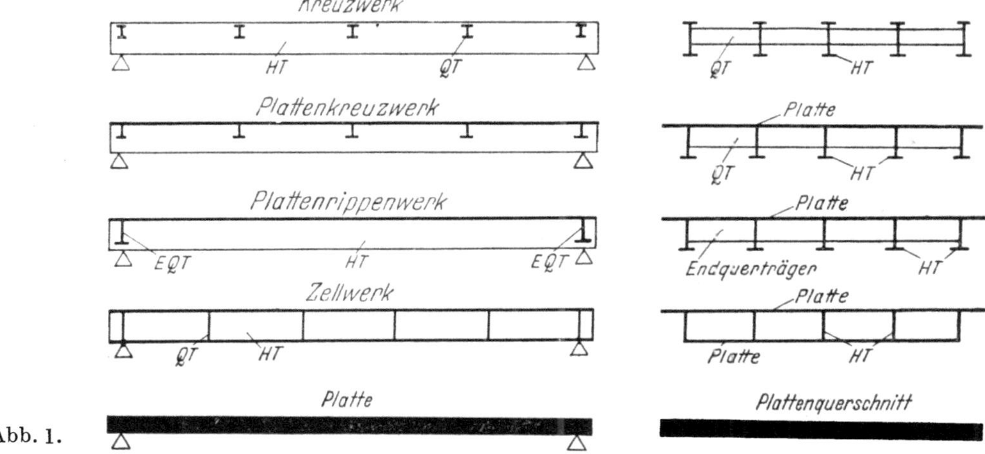

Abb. 1.

etwa gleich bedeutsam sein können, überwiegt bei Plattenkreuz- und -rippenwerken meist der erste lastverteilende Effekt und verschwindet der dritte oft vollständig.

Bei Vernachlässigung der Schubsteifigkeit der Fahrbahnplatten können Plattenkreuz- und -rippenwerke statisch als Kreuzwerke aufgefaßt werden. Die Platte wird längs und quer durchschnitten gedacht und unter Berücksichtigung ihrer mittragenden Breite und Drehsteifigkeit in die Trägheitsmomente der Kreuzwerkträger einbezogen.

Wird die Zahl der nebeneinanderliegenden Haupt- und Querträger bei den genannten diskontinuierlichen Systemen so groß, daß der Grenzübergang zu unendlich vielen Trägern gerechtfertigt ist, so können wir diese Tragwerke als Flächentragwerke auffassen. Wir bezeichnen sie dann als

1. Kreuzwaben (orthotrope Platten),
2. Plattenkreuzwaben,
3. Plattenrippenwaben und
4. Zellwaben (Hohlplatten).

---

[1] Inwieweit bei unten offenen Brückenprofilen die Wirkung der „Wölbkrafttorsion" der Wirkung der Schubsteifigkeit gleich ist, ist noch nicht wissenschaftlich geklärt.

Die genaue Theorie der Kreuzwerke und -waben wurde u. a. vom Verfasser[1,2], diejenige für Plattenkreuz- und -rippenwerke ebenfalls vom Verfasser[3], für Plattenkreuz- und -rippenwaben von Trenks[4] angegeben. Für Zellwerke fehlt bisher ein genaues Berechnungsverfahren.

Das vorliegende Buch befaßt sich mit Kreuzwerken und -waben. Die angegebenen, gebrauchsfertigen Lösungen können unter Vernachlässigung oder bei näherungsweiser Berücksichtigung der Drehsteifigkeit auch zur Untersuchung drehsteifer Tragwerke verwendet werden.

2. Begriffsbestimmung und Einführung.

Tragwerke aus zwei Scharen sich kreuzender Träger nennen wir Kreuzwerke (Trägerroste), wenn die äußeren Lasten senkrecht zum Tragwerk stehen, Rahmenwerke, wenn sie in der Ebene des Tragwerks liegen. Der Kreuzungswinkel der beiden Trägerscharen eines Kreuzwerks ist beliebig. Die Verbindung der Träger in den Kreuzungspunkten sei zug-, druck- und biegefest. Beim zweiseitig gelagerten Kreuzwerk einer Brücke besteht die erste Schar aus den in den Lagern unterstützten Hauptträgern, die zweite Schar wird von den lastverteilenden Querträgern gebildet, die vom linken zum rechten Randhauptträger durchlaufen. Außer den lastverteilenden Querträgern können noch Nebenquerträger und Querrahmen angeordnet sein, die nur zur Unterstützung der Fahrbahntafel bzw. zur Stabilisierung des Tragwerks dienen, deren Wirkung jedoch vernachlässigt wird. Die lastverteilenden Querträger werden daher für die Folge kurz Querträger genannt.

Die vorliegenden, genauen Lösungen für die Einflußflächen der Kreuzwerke mit mehreren Querträgern wurden durch Einführen von Lastgruppen gewonnen[1], die in Tragwerklängsrichtung ausgerichtet sind und eine solche Unterteilung der Elastizitätsgleichungen bewirken, daß innerhalb der Matrix der Elastizitätsgleichungen unabhängige Gleichungsgruppen entstehen, die untereinander und mit den Elastizitätsgleichungen des Durchlaufbalkens auf starren Stützen sowie mit denen des Durchlaufbalkens auf elastisch senkbaren Stützen eng verwandt sind. Hierbei erstreckt sich das erstgenannte Hilfssystem in Längs-, das zweite in Querrichtung des Kreuzwerks. Daraus folgend konnte jede statische Größe am Kreuzwerk als Summe von Produkten von statischen Größen,

1. längs, am Durchlaufbalken auf starren Stützen und
2. quer, am Durchlaufbalken auf elastisch senkbaren Stützen

entwickelt werden. Durch diese Zurückführung auf bekannte Systeme führte das Berechnungsverfahren unmittelbar zu geschlossenen, gebrauchsfertigen Lösungen, die ohne Eingehen auf die Theorie verwendet werden können. In den Lösungen ist stets Anzahl und Steifigkeit der Hauptträger beliebig, jedoch ist vorausgesetzt worden, daß Haupt- und Querträger jeweils gleiche Stützungsart und unveränderliches Trägheitsmoment über die angegebene Länge aufweisen. Die Gleichungen können mit guter Näherung auch für Kreuzwerke mit gleichbleibender Stegblechhöhe und abgestuften Gurtplatten zugelassen werden.

3. Bezeichnungen am Kreuzwerk.

Jeder Ort am Kreuzwerk, Abb. 2, muß wegen der Flächenwirkung des Tragwerks durch zwei Zeichen bestimmt werden. Die m Hauptträger einer Brücke werden mit den Buchstaben $a, b, \ldots, i, k, \ldots, m$; die n Querträger mit den Zahlen $1, 2, 3, \ldots, h, j, \ldots, n$ benannt. Die allgemeine Bezeichnung eines Hauptträgers ist also i oder k, die eines Querträgers h oder j. Bei der Ortsbestimmung bezeichnet stets der erste der beiden Zeiger das untersuchte Konstruktionsglied. Für die Hauptträgerberechnung bezeichnen wir einen Knoten daher mit ih,

[1] Homberg, H.: Kreuzwerke, Statik der Trägerroste und Platten (Forschungshefte aus dem Gebiet des Stahlbaues, Heft 8.) Berlin/Göttingen/Heidelberg: Springer 1951.
[2] Homberg, H.: Beitrag zur Kreuzwerkberechnung. Stahlbau 1954.
[3] Homberg, H.: Über die Lastverteilung durch Schubkräfte, Theorie des Plattenkreuzwerks. Stahlbau 1952.
[4] Trenks, K.: Beitrag zur Berechnung anisotroper-orthogonaler Rechteckplatten. Bauingenieur 1954.

für die Querträgeruntersuchung jedoch den gleichen Knoten mit hi. Ein beliebiger Schnitt an einem Hauptträger i hat die Entfernungen x und x' von den Auflagern, er wird ix genannt. Wird die Hauptträgerlänge in gleiche Teile eingeteilt, so werden die Schnitte am Hauptträger mit $i0$; $i0,5$; $i1$; ... bezeichnet. Ein Schnitt am Querträger h hat die Entfernungen y und y' von den Randträgern, er wird mit hy bezeichnet. Eine Einzellast $P = 1$, die sich auf der Kreuzwerkgrundfläche bewegt, hat die Entfernungen u und u' von den Auflagern, v und v' von den Randhauptträgern. Wir bezeichnen diesen Ort mit uv. Steht die Last $P = 1$ in u auf einem Hauptträger k, so heißt dieser Ort ku, steht sie jedoch in v auf einem Querträger j, so heißt dieser Ort jv.

Jede statische Größe — Knotenkraft K, Querkraft Q, Biegemoment M und Durchbiegung δ — erhält vier Zeiger, die ersten beiden bezeichnen die Lage des untersuchten Knotens oder Querschnitts, die letzten zwei den Ort der Last, z. B. $K_{ih,uv}$, $Q_{ix,ku}$, $M_{hi,uv}$ und $\delta_{hy,jv}$. Zu diesen vier Zeigern kann noch ein fünfter treten, der zur Kennzeichnung der statischen Größe am Hauptsystem dient, z. B. $M^0_{ix,ku}$.

Streckenlasten auf Haupt- oder Querträgern bezeichnen wir mit p_k oder p_h, die statischen Wirkungen hieraus mit S_{ix,p_k} oder S_{ix,p_h}.

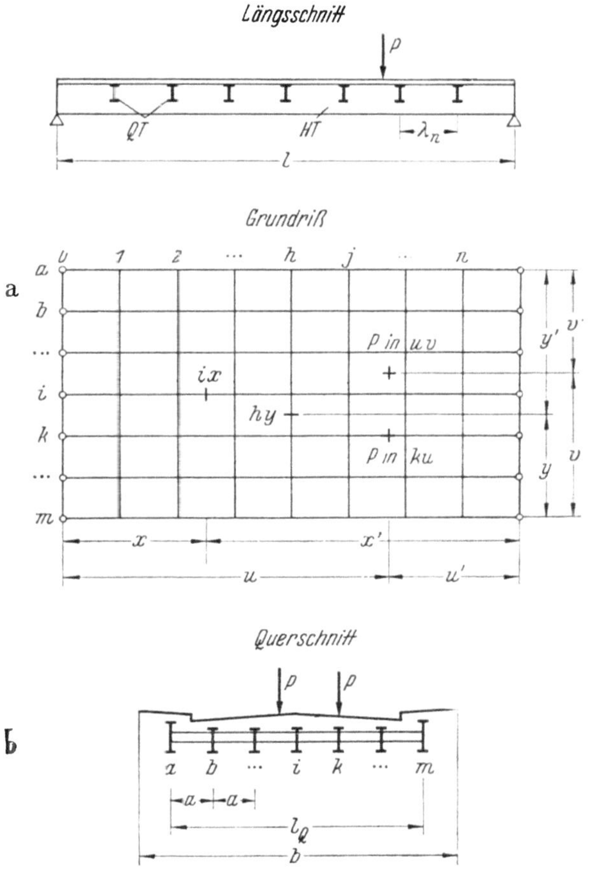

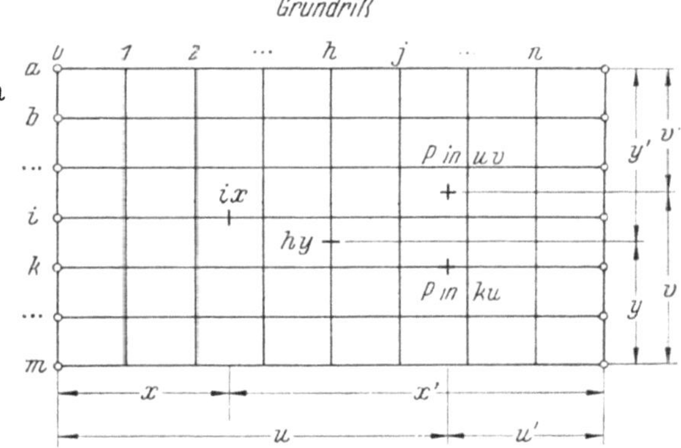

Abb. 2.

4. Beschreibung des Gleichungsaufbaus der Einflußflächen.

Zur Bildung eines statisch bestimmten oder unbestimmten Hauptsystems wurden die Knotenverbindungen der n Querträger mit den $(m-2)$ inneren Hauptträgern gelöst. Bei n Querträgern wurden n Lastgruppen mit je n Gruppenlasten zur Unterteilung der Matrix der Elastizitätsgleichungen eingeführt. Beim Kreuzwerk mit 3 lastverteilenden Querträgern traten z. B. die in Abschnitt B I 3 dargestellten $n = 3$ Gruppenbelastungen auf.

Die Lösungen bestehen aus der statischen Größe am Hauptsystem und bei n Querträgern aus n statisch unbestimmten Reihengliedern. Die einzelnen Reihenglieder sind durch Zeiger in Klammern bezeichnet. Die Knotenkräfte erhalten positives Vorzeichen, wenn sie am losgelösten Hauptträger auf zwei Stützen positive Momente erzeugen.

Beim Kreuzwerk mit drei Querträgern lautet z. B. die Gleichung für die Knotenkraft K_{i1}:

$$K_{i1,ku} = \mu_1\,\gamma_{u(1)}\,C_{ik(1)} + \mu_2\,\gamma_{u(2)}\,C_{ik(2)} - \mu_1\,\gamma_{u(3)}\,C_{ik(3)}$$

und für das Hauptträgerbiegemoment M_{i2} in $x = l/2$:

$$M_{i2,ku} = M^0_{i2,ku} + l\,\mu_3\,\gamma_{u(1)}\,C_{ik(1)} + 0 - l\,\mu_4\,\gamma_{u(3)}\,C_{ik(3)},$$

$$i = a \ldots m, \quad k = a \ldots m, \quad \text{für} \quad k \neq i \quad \text{ist} \quad M^0_{i2,ku} = 0.$$

Zum Hilfssystem längs gehören darin:

$$-\mu_1\,\gamma_{u(1)} - \mu_2\,\gamma_{u(2)} + \mu_1\,\gamma_{u(3)},$$

als Auflagerkraft A_1, bzw.

$$M_{2,u}^0 - l\,\mu_3\,\gamma_{u(1)} - 0 - l\,\mu_4\,\gamma_{u(3)},$$

als Biegemoment M_2 eines Durchlaufbalkens der Gesamtlänge l auf $n + 2 = 5$ starren Stützen

$$\gamma_{u(1)}, \quad \gamma_{u(2)} \quad \text{und} \quad \gamma_{u(3)}$$

sind die zu den Gruppenbelastungen gehörenden Einheitsbiegelinien.

$$M_{i2,ku}^0$$

ist die bekannte Einflußlinie des Balkens auf zwei Stützen mit der Mittenordinate $M_{i2,i2}^0 = l/4$.

Zum Hilfssystem quer gehören darin:

$$C_{ik(1)}, \quad C_{ik(2)} \quad \text{und} \quad C_{ik(3)},$$

als Auflagerdrücke von drei, verschieden steifen Durchlaufbalken der Länge l_Q auf m elastischen Stützen. Die Steifigkeiten dieser drei Durchlaufbalken werden ausgedrückt durch die Kreuzsteifigkeiten der Gruppenbelastungszustände

$$z_{(1)}, \quad z_{(2)} \quad \text{und} \quad z_{(3)}.$$

Das Hilfssystem längs tritt in den Lösungen nicht besonders hervor, da alle Größen, die zu ihm gehören, konstante Größen darstellen. Das Hilfssystem quer ist abhängig von Anzahl, Steifigkeit und Abstand der Hauptträger, es muß besonders behandelt werden.

5. Hilfssystem in der Querrichtung.

Im Kreuzwerk mit einem lastverteilenden Querträger bildet der Querträger für Lasten in der Vertikalebene desselben den elastisch gestützten Durchlaufbalken, die Hauptträger selbst

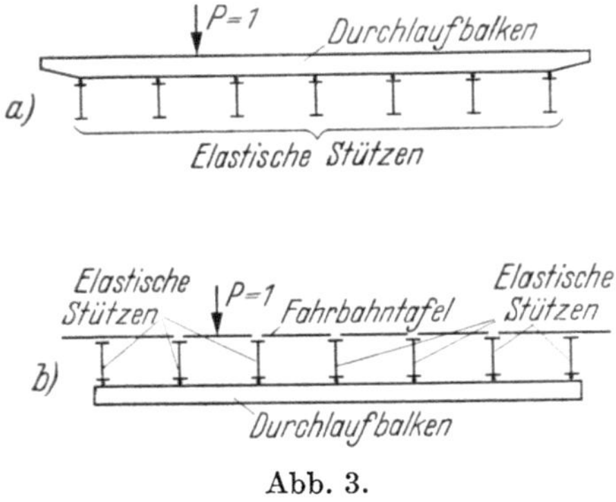

Abb. 3.

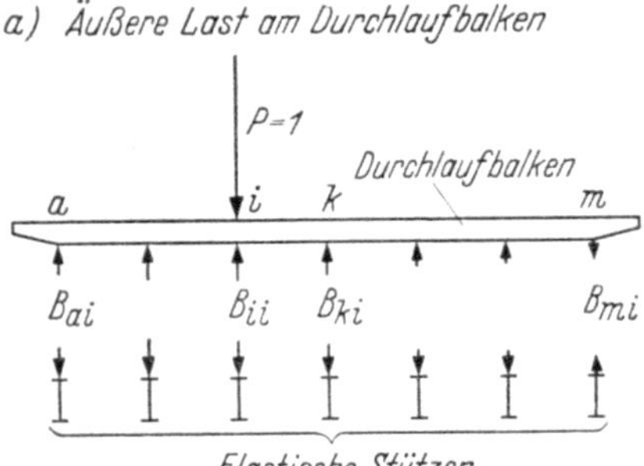

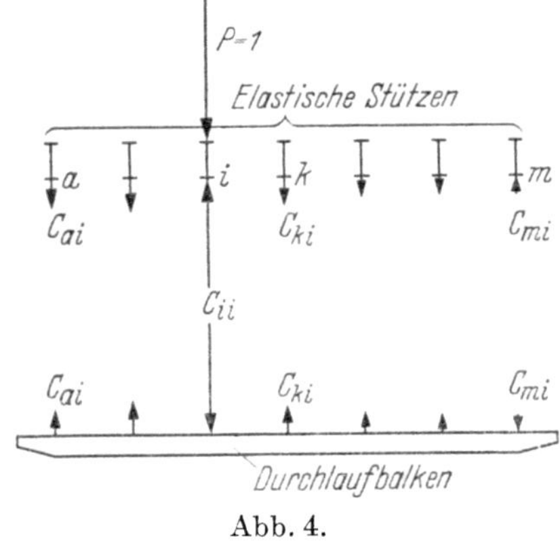

Abb. 4.

sind die elastischen Stützen, Abb. 3a und b. Die Auflagerdrücke dieses Systems nennen wir B_{ik}, wenn die Lasten nur am Querträger angreifen, C_{ik}, wenn sie an den Stützen selbst angreifen, Abb. 4a und b.

Es bestehen die Beziehungen:

$$C_{ik} = B_{ik}, \quad \text{für} \quad k \neq i \quad \text{und} \quad C_{ii} = B_{ii} - 1.$$

Als Kennwert der Steifigkeitsverhältnisse obiger Tragwerke führen wir die Begriffe

Kreuzsteifigkeit z und   Randsteifigkeit r

ein.

Darin ist
$$z = (l:2a)^3\, J_Q : J, \qquad r = J_R : J.$$

$l =$ Hauptträgerstützweite, $a =$ Hauptträgerabstand, $J_R =$ Trägheitsmoment eines Randhauptträgers,
$J =$ Trägheitsmoment eines mittleren Hauptträgers, $J_Q =$ Trägheitsmoment des Querträgers.

Bei den Größen $C_{ik(n)}$ der Kreuzwerke mit mehr als einem lastverteilenden Querträger bestehen die gleichen Beziehungen:

$$C_{ik(n)} = B_{ik(n)}, \qquad k \neq i,$$

$$C_{ii(n)} = B_{ii(n)} - 1, \quad n = 1, 2, \ldots, n.$$

An Stelle von z werden hier die n verschiedenen Kreuzsteifigkeiten der Gruppenbelastungszustände $z_{(n)}$ nacheinander eingeführt.

Einflußlinien der Auflagerdrücke für den elastisch gestützten Durchlaufbalken sind in Abb. 5 und 6 dargestellt.

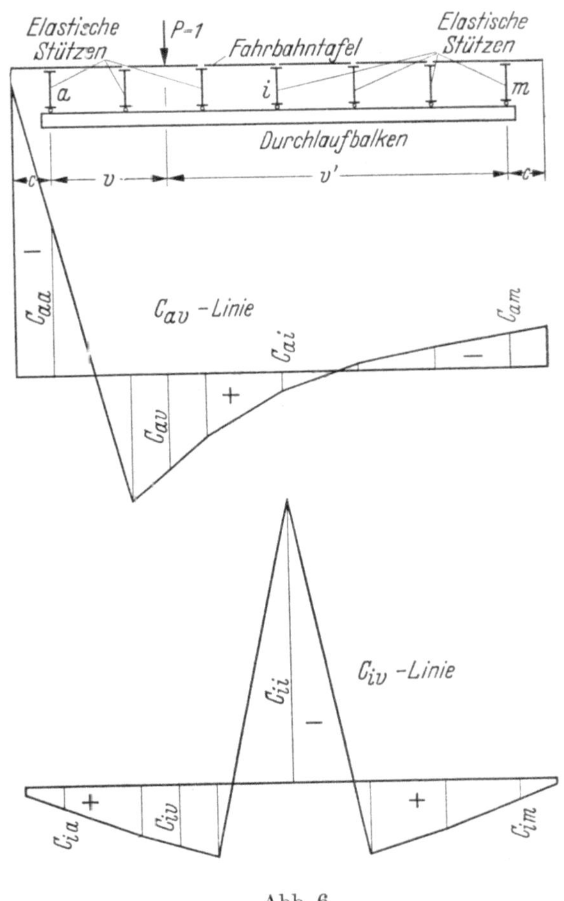

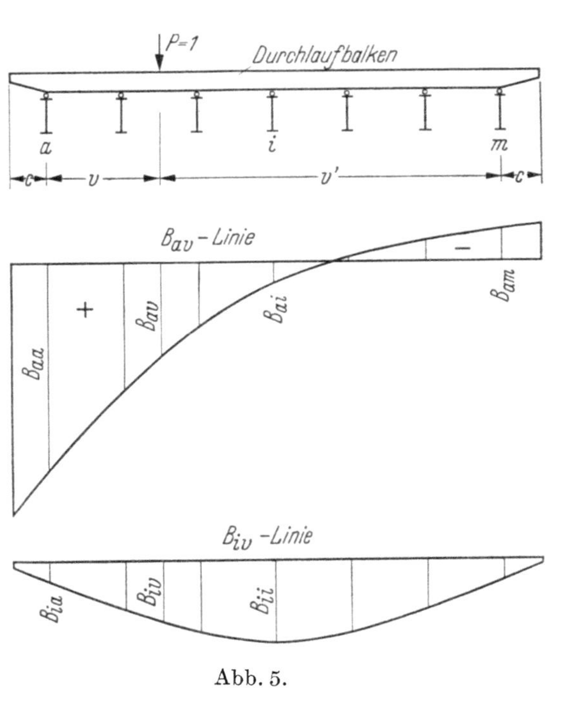

Abb. 5.   Abb. 6.

Die statischen Größen am Durchlaufbalken auf elastischen Stützen sind:

$$S_{yv} \quad \text{bzw.} \quad S_{yv(n)}, \qquad n = 1, 2, 3, \ldots$$

$$S = M, Q \quad \text{und} \quad \delta, \qquad 0 \leqq y, v \leqq l_Q.$$

6. Lösungen und Tafeln für die Größen B_{ik} bzw. $B_{ik(n)}$.

Zur Berechnung der Größen B_{ik}, $i, k = a \ldots, i, k, \ldots m$, werden in Abschnitt D geschlossene Lösungen für die beiden Fälle angegeben, daß

1. sämtliche elastischen Stützen gleich steif und in gleichen Abständen angeordnet sind,
2. von den in gleichen Abständen angeordneten elastischen Stützen die untereinander gleichen Randstützen r-mal steifer als die untereinander gleichen Mittelstützen sind.

Mit Hilfe dieser Lösungen können die Auflagerdrücke für Durchlaufbalken auf 3 bis 10 elastisch senkbaren Stützen berechnet werden.

In Abschnitt E sind Zahlentafeln der Größen B_{ik} bzw. $B_{ik(n)}$ angegeben, die von z gleich Null bis Unendlich reichen. Die Tafeln erfassen Systeme mit 3 bis 8 elastischen Stützen (Hauptträgern) in gleichen Abständen a und Randsteifigkeit $r = 1{,}0$; $1{,}2$; $1{,}5$ und $2{,}0$. Weitere Tafeln berücksichtigen Systeme mit unendlich vielen, gleichen, elastischen Stützen in gleichen Abständen. Sind die Stützen (Hauptträger) in beliebigen, ungleichen Abständen angeordnet und haben sie außerdem andere Steifigkeitsverhältnisse als die oben angegebenen, so müssen die Größen B_{ik} bzw. $B_{ik(n)}$ mit Hilfe der Elastizitätsgleichungen vorweg berechnet werden.

Die angegebenen Tafeln für Durchlaufbalken auf gleichen elastischen Stützen ($r = 1$) können auch zur Berücksichtigung einer beliebigen Rand- oder Hauptträgerverstärkung r_a benutzt werden. In diesem Falle werden die Größen B_{ik} des Balkens auf gleichen, elastischen Stützen als Lösungen eines statisch unbestimmten Hauptsystems zur Berechnung der neuen Unbekannten X_{ak} und Querverteilungszahlen B'_{ik} verwendet. Es gelten hierfür die einfachen Beziehungen:

$$X_{ak} = \frac{B_{ak}}{B_{aa} + \dfrac{1}{r_a - 1}},$$

$$B^r_{ak} = B_{ak} - C_{aa} X_{ak} \quad \text{und} \quad B^r_{ik} = B_{ik} - B_{ia} X_{ak}, \qquad a, i, k = a \ldots m.$$

Diese Beziehung gewinnt besondere Bedeutung bei in Brückenquerrichtung unsymmetrischen Tragwerken und bei Kreuzwaben mit freiem, aber verstärktem Rand.

Die statische Größe S_{yv} im Schnitt y zwischen zwei Auflagerpunkten des Balkens auf elastischen Stützen infolge der Last $P = 1$ im Punkt v gewinnt man bei Benutzung der Tafelwerte durch die Überlagerung der statischen Größen infolge der Rechnungsgänge:

1. Ermittlung der statischen Größen S^I_{yv} und der Auflagerkräfte A^I_{iv} am Durchlaufbalken auf starren Stützen.

2. Ermittlung der statischen Größen S^{II}_{yv} am Durchlaufbalken auf elastischen Stützen infolge Belastung durch die Auflagerkräfte A^I_{iv} des Durchlaufbalkens auf starren Stützen.

Es gilt also z. B.

$$S_{yv} = S^I_{yv} + S^{II}_{yv}.$$

Lautet die allgemeine Lösung für eine statische Größe am Kreuzwerk-Querträger

$$S_{hy,\,uv} = \Sigma\, \mu_{(n)}\, \alpha_{h(n)}\, \gamma_{u(n)}\, S_{yv(n)},$$

so ist für Punkte zwischen den Kreuzwerkknoten

$$S_{hy,\,uv} = S^I_{yv} + \Sigma\, \mu_{(n)}\, \alpha_{h(n)}\, \gamma_{u(n)}\, S^{II}_{yv(n)}$$

zu schreiben.

7. Durchlaufende Kreuzwerke.

Die bei durchlaufenden Kreuzwerken mögliche Vielzahl von Formen in bezug auf Stützweitenverhältnis und Querträgeranordnung erschwert die Angabe gebrauchsfertiger Lösungen für diese Traggebilde. Hinzu kommt, daß die in diesem Buch angegebenen Lösungen ausschließlich mit Hilfe von solchen Lastgruppen gefunden wurden, die in Brückenlängsrichtung ausgerichtet sind. Dieses erste Verfahren zur Kreuzwerkberechnung hat große Vorteile bei der Berechnung von frei aufliegenden Kreuzwerken beliebiger und von durchlaufenden Kreuzwerken geringer Querträgeranzahl. Die in diesem Verfahren liegenden Möglichkeiten zur Angabe von Lösungen wurden völlig ausgenutzt.

Zum Ausgleich dafür, daß nur eine geringe Querträgerzahl berücksichtigt werden konnte, wurde die Lage und Steifigkeit der Querträger variiert. Es ist daher möglich, die Querträger stets in eine solche Lage zu bringen, daß die Querverteilung besonders günstig wird, bzw. die Spannungen in den Querträgern ausgenutzt werden Abb. 7a. Neben den wirksamen Querträgern können, wo notwendig, noch Nebenquerträger angeordnet werden, deren lastverteilender Einfluß jedoch vernachlässigt wird, Abb. 7b.

Bei in Brückenlängsrichtung unsymmetrischen Kreuzwerken mit zahlreichen Querträgern muß die genaue Berechnung nach dem zweiten Verfahren[1] durchgeführt werden, wobei die von Melan-Schindler[2] berechneten Hilfstafeln verwendet werden können.

Die Lösungen für die durchlaufenden Kreuzwerke haben einen anderen Aufbau als diejenigen für die frei aufliegenden. Bei den durchlaufenden Systemen müssen die Kennwerte $z_{(n)}$, $\omega_{(n)}$, ... und die statischen Größen erst am

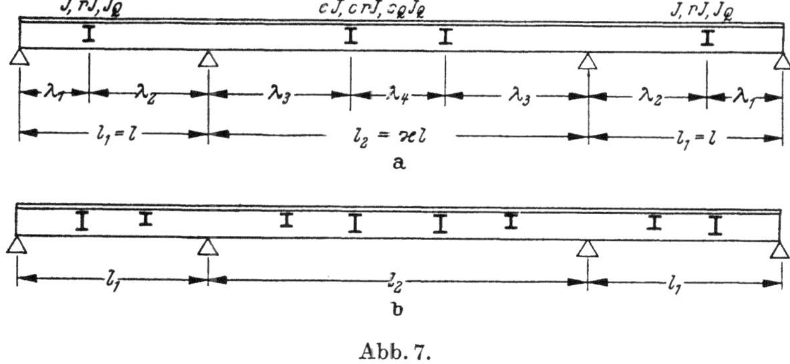

Abb. 7.

Hilfssystem in Brückenlängsrichtung errechnet werden. Die hierfür notwendigen Beziehungen sind in allgemeiner Form angegeben. Mit Hilfe von diesen können die Gleichungen für die Einflußflächen eines bestimmten Kreuzwerks mit vorgegebenen Stützweiten- und Steifigkeitsverhältnissen ohne Schwierigkeiten berechnet werden.

8. Berechnung von Kreuzwaben (orthotropen Platten).

Das zur Berechnung dieses Buches zugrunde gelegte Verfahren zur Kreuzwerkberechnung ist besonders geeignet für die Berechnung von Kreuzwaben ohne Drehwiderstand, die exakt als Kreuzwerke mit unendlich vielen Haupt- und Querträgern aufgefaßt werden können.

Die Lösungen für Kreuzwaben können auch als Näherungslösungen für stählerne Plattenkreuzwaben bzw. Plattenrippenwaben, das sind orthotrope Platten mit exzentrisch liegenden Blechen, verwendet werden, siehe Abschnitt A 14.

Die Methoden der Statik der Stabwerke wie der Flächentragwerke sind inzwischen soweit entwickelt worden, daß es in bezug auf Rechenaufwand, Genauigkeit und Berücksichtigung aller lastverteilenden Wirkungen gleichgültig ist, ob die Berechnung über die Stab- oder Flächenstatik durchgeführt wird. Viele Flächentragwerke haben einen ausgesprochen diskontinuierlichen Charakter, wenn auch die Zahl gleichartiger Einzelteile — Längs- und Querträger oder Steifen — sehr groß ist. Die Flächenstatik kann die Diskontinuität nicht berücksichtigen. Wir können daher z. B. eine Kreuzwabe von der Flächenstatik her nur als orthotrope Platte, von der Stabstatik her aber sowohl als Kreuzwerk mit unendlich vielen, unendlich schmalen Haupt- und Querträgern als auch als Kreuzwerk mit unendlich vielen Hauptträgern in endlichen Abständen auffassen. Während die ersten beiden Annahmen zu inhaltlich und auch formal identischen Ergebnissen führen, können bei Berechnung über den dritten Ansatz wesentliche Unterschiede gegenüber diesen — z. B. im Bereich des Aufpunktes der Hauptträger und bei den Querkräften — nachgewiesen werden.

Es empfiehlt sich daher die Kreuzwabe als Diskontinuum in bezug auf die Hauptträgerabstände zu behandeln. Einflußflächen und Aufpunktsordinaten für frei aufliegende oder eingespannte Kreuzwaben können mit Hilfe der Lösungen für Kreuzwerke mit unendlich vielen, unendlich schmalen Querträgern und der Tafeln der Querverteilungszahlen für den Durchlaufbalken auf unendlich vielen elastischen Stützen errechnet werden. Da bei der Berechnung über das Diskontinuum in Kreuzwerkquerrichtung das M^0-Glied wegen einer möglichen Hauptträgerbelastung, siehe A 9a, in die Lösungen eingeht, konvergieren die Reihen sehr gut.

---

[1] Homberg, H.: Beitrag zur Kreuzwerkberechnung. Stahlbau 1954.
[2] Melan, E., u. R. Schindler: Die genaue Trägerrostberechnung. Wien 1942.

Gebrauchsfertige Tafeln der Einflußflächen, Mittenmomente infolge von Rechtecklasten und Aufpunktsordinaten für frei aufliegende und eingespannte Kreuzwaben-Vollstreifen sowie für frei aufliegende Kreuzwaben-Halbstreifen mit freiem Rand sind in Abschnitt C angegeben. Die Tafeln der Einflußflächen und der Mittenmomente können Verwendung finden:

1. bei Flächenlasten,
2. bei Lasten, die sich außerhalb der Aufpunkte befinden.

Die verschiedenen Biegesteifigkeiten der Kreuzwaben können mit Hilfe der neben den Tafeln angegebenen Transformationsformeln berücksichtigt werden.

9. Auswertung der Einflußflächen.

Bei Kreuzwerken erstreckt sich die Wirkung einer beliebigen Belastung über alle Teile des Tragwerks, Abb. 8—13. Die Einflußflächen des Kreuzwerks unterscheiden sich aus diesem Grunde erheblich von denen einer Balkenbrücke ohne lastverteilende Querträger. Bei der Berechnung sind drei Fälle des Belastungsangriffs zu unterscheiden:

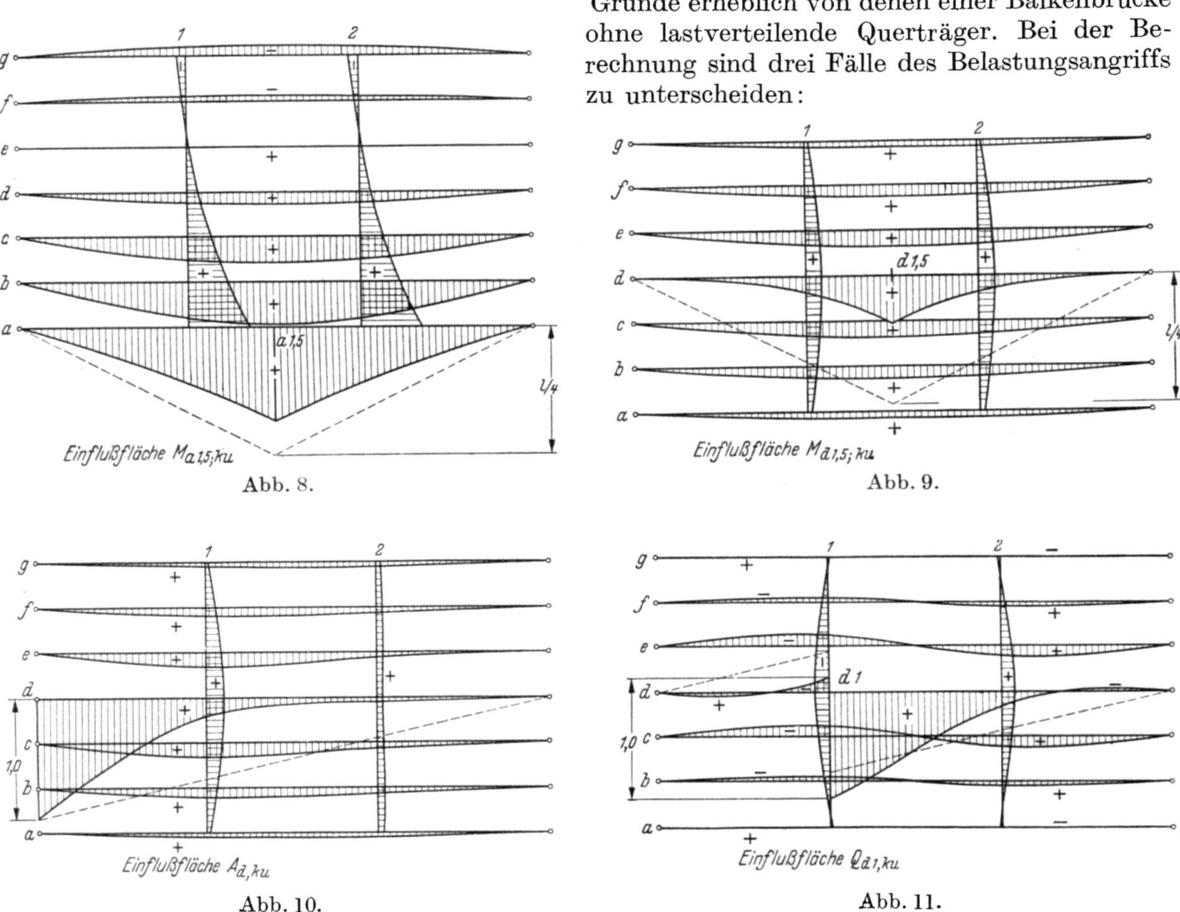

a) **Hauptträgerbelastung.** Die Lasten auf und von der Fahrbahntafel werden nur auf die Hauptträger übertragen. Das ist die Regelbelastung für alle aufgestellten Gleichungen. Sämtliche geschlossenen Lösungen wurden für die Hauptträgerbelastung aufgestellt. Eine etwaige Durchlaufwirkung der Fahrbahntafel wird vernachlässigt. Die auf die einzelnen Hauptträger k entfallenden, mittelbaren Lastanteile P_k und p_k werden unter Annahme von $(m-2)$ Gelenken in der Fahrbahntafel über den mittleren Hauptträger berechnet. Die räumlich gekrümmten Einflußflächen der statischen Größen sind keine stetig gekrümmten Flächen. Längsschnitte parallel zu den Hauptträgerebenen schneiden stetige Linienzüge aus den Flächen. Legen wir beliebige Querschnitte durch die Einflußflächen, so erhalten wir Polygonzüge, deren Knickpunkte über den Hauptträgern liegen. Sind die Längsschnitte durch die Flächen berechnet, so müssen die entsprechenden Punkte, z. B. $a1$, $b1$, $c1$ bis $m1$ geradlinig verbunden werden.

b) Querträgerbelastung. In diesem Falle werden die Lasten von der Fahrbahntafel nur auf die Querträger übertragen. Eine etwaige Durchlaufwirkung der Fahrbahntafel wird vernachlässigt. Die auf die einzelnen Querträger h entfallenden, mittelbaren Lastanteile P_h und p_h werden unter Annahme von n Gelenken in der Fahrbahntafel über den Querträgern ermittelt. Die räumlich gekrümmten Einflußflächen sind keine stetig gekrümmten Flächen. Querschnitte parallel zu den Querträgerebenen schneiden stetige Linienzüge, beliebige Längsschnitte jedoch Polygonzüge aus den Flächen. Bei der Querträgerbelastung tritt keine Wirkung am statisch bestimmten Hauptsystem in den angegebenen geschlossenen Lösungen auf, es ist $S^0_{ix,ku} = 0$.

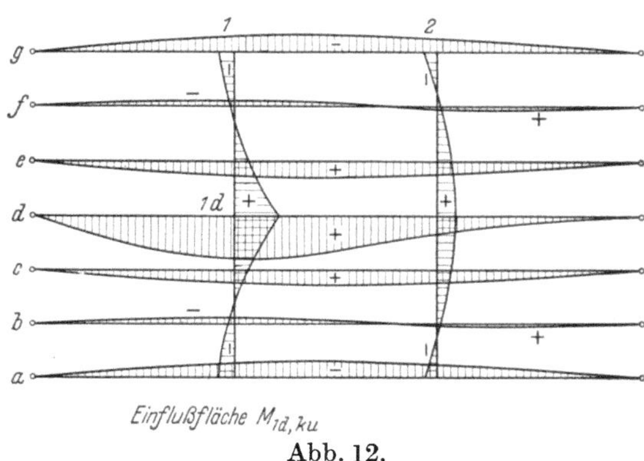

Einflußfläche $M_{1d, ku}$

Abb. 12.

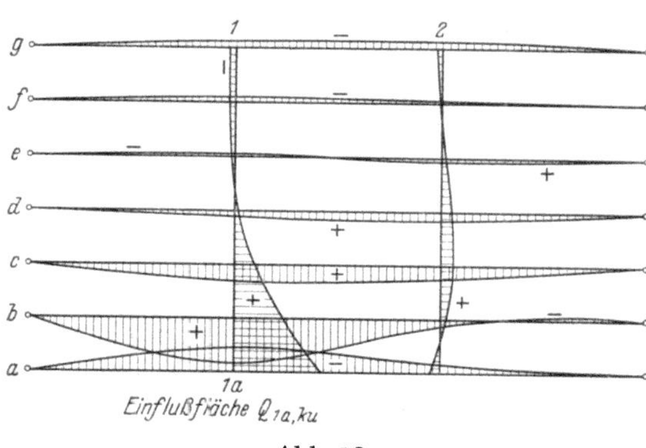

Einflußfläche $Q_{1a, ku}$

Abb. 13.

An Stelle der Auflagerdrücke $C_{ik(n)}$ sind die Werte $B_{ik(n)}$, an Stelle der Einheitsbiegelinien $\gamma'_{u(n)}$ die in diese Linien einbeschriebenen Polygone mit den Ordinaten $\gamma^+_{u(r)}$ in die Gleichung einzuführen.

c) Haupt- und Querträgerbelastung. Die Fahrbahntafel ruht auf m Hauptträgern und n Querträgern. Je nach den Grundrißabmessungen des Kreuzwerks ist Fall a oder b zugrunde zu legen. Bei Ansatz von Fall a ist jedoch zu beachten, daß für die Berechnung der Biegemomente und der Querkräfte in den Querträgern die direkte Querträgerbelastung zu berücksichtigen ist.

Es sei besonders darauf hingewiesen, daß die Art der Stützung der Fahrbahntafel nur geringen Einfluß auf die Biegungsmomente und Querkräfte der Hauptträger hat. Es genügt daher hierfür auch im Fall b den Fall a zugrunde zu legen.

Die Darstellung einer räumlich gekrümmten Einflußfläche erfolgt in Längs- und Querschnitten. Die Schnitte werden in die Ebenen der Haupt- und Querträger und zwischen diese gelegt.

Zur Auswertung der Einflußflächen können zwei Verfahren angewendet werden:

1. Die Ordinaten der Einflußflächen unterhalb der Haupt- oder Querträger werden berechnet. Die räumlich gekrümmte Fläche wird bildlich in Längs- und Querschnitten dargestellt, wobei die Art des Belastungsangriffs berücksichtigt wird. Die Auswertung für Einzellasten erfolgt zeichnerisch, indem solche Quer- oder Längsschnitte durch die Fläche gelegt werden, daß in diesen die aufgebrachten Lasten liegen. Diese Methode gibt einen sehr guten Überblick, sie eignet sich besonders für die Auswertung unübersichtlicher Einflußflächen.

2. Um bei frei aufliegenden Kreuzwerken eine einfache, rein rechnerische Auswertung der Einflußflächen zu ermöglichen, wurden die Flächen $\dot{F}_{(n)}$ der Einheitsbiegelinien unterhalb von Voll- und Kurzstreckenlasten auf den Hauptträgern bestimmt. Diese werden in die Gleichungen an Stelle von $\gamma_{u(n)}$ eingeführt, es gilt dann z. B. für das Kreuzwerk mit drei Querträgern

$$M_{i2,p_k} = M^0_{i2,p_k} + l\mu_3 F_{(1)} C_{ik(1)} p_k + 0 + l\mu_4 F_{(3)} C_{ik(3)} p_k,$$

$$i = a \ldots m, \quad k = a \ldots m, \quad \text{für} \quad k \neq i \quad \text{ist} \quad M^0_{i2,p_k} = 0.$$

Bei gleichartigen Belastungen ist eine Summierung der Einflüsse über sämtliche Hauptträger möglich.

Für das Kreuzwerk mit drei Querträgern erhält man z. B.

$$M_{i2,\Sigma p_k} = M_{i2,p_k}^0 + l\,\mu_3 F_{(1)} \sum_{k=a\ldots m} C_{ik(1)} p_k + 0 + l\,\mu_4 F_{(3)} \sum_{k=a\ldots m} C_{ik(3)} p_k.$$

Die Flächenwerte $F_{(n)}$ wurden für die maßgebenden Laststellungen der frei aufliegenden Kreuzwerke mit n Querträgern ($n = 1, 2, 3, 4$ und ∞) berechnet. Die Intervalle der Tafelwerte wurden so gewählt, daß in den meisten Fällen eine geradlinige Zwischenschaltung möglich ist. Aus den angegebenen Tafelwerten können auch Flächenwerte für andere Laststellungen gewonnen werden.

Zur Festlegung der Lastscheiden der Einflußfläche genügt es stets, an der betrachteten Schnittstelle einen einzelnen Querschnitt durch die Fläche zu legen. Bei den Hauptträgergrößtmomenten entspricht die Lastscheide der Fläche meist genau genug der Nullstelle der $B_{ik(1)}$-Linie.

Bei Benutzung der $F_{(n)}$-Tafelwerte ist dieses Verfahren mit nicht zu übertreffender Genauigkeit und wenig Arbeit verbunden.

10. Hüllinien der Biegemomente und Querkräfte.

Die Kreuzwerkberechnung mit Hilfe der genauen Lösungen soll einen möglichst geringen Umfang annehmen. Wir beschränken uns daher z. B. bei frei aufliegenden Kreuzwerken auf die Berechnung folgender Größen:

1. Hauptträgermomente in Brückenmitte oder in der Nähe von dieser.
2. Hauptträgerquerkräfte an den Auflagern.
3. Mittenmoment eines Querträgers, der in oder zunächst der Brückenmitte gelegen ist.
4. Querkraft in diesem Querträger am Randträger oder am Fahrbahnrand.

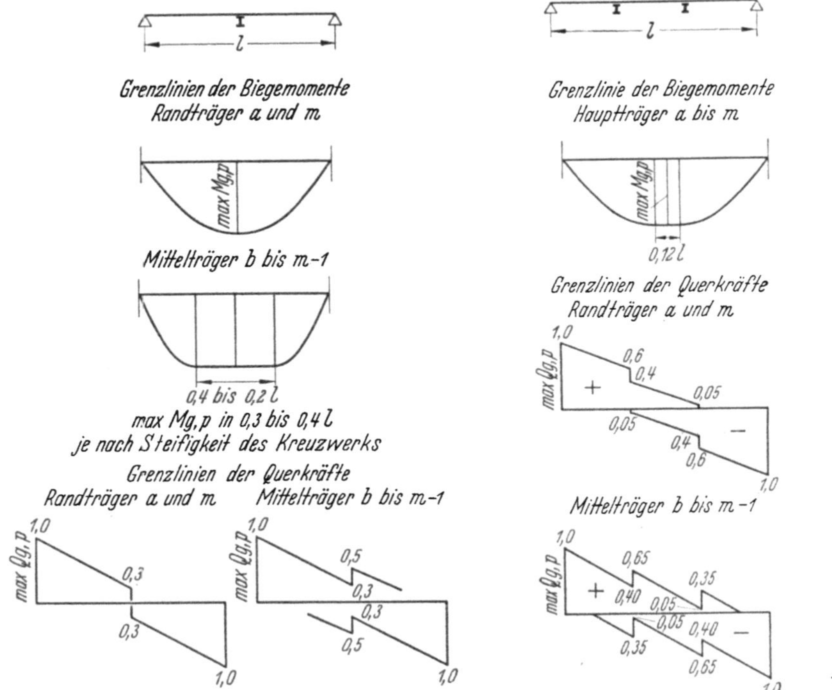

Abb. 14 a.

Zur Bemessung der Haupt- und Querträger auf ihre ganze Länge ist es erforderlich, den Verlauf der Hüll- oder Grenzlinien der Biegemomente und Querkräfte zu kennen.

Bei den Balkenbrücken ohne lastverteilende Querträger sind die Hüllinien allein eine Funktion der Belastungsanordnung und Stützweite. Das ist beim Kreuzwerk nicht der Fall. Die Grenzlinien sind hier eine Funktion der Belastung, der Stützweite, der Querträgerzahl, der Steifigkeit usw. Eine mathematisch genaue, geschlossene Lösung für den Verlauf dieser Linien kann nicht angegeben werden. In Abb. 14 sind Hauptträgerhüllinien der Biegemomente und Querkräfte für frei aufliegende Kreuzwerke angegeben, die empirisch gewonnen wurden.

Für die Querträger aller Kreuzwerke mit beliebiger Stützung und Querträgeranzahl gilt:

1. Das Größtmoment tritt in Querträgermitte oder unter der schwersten Einzellast auf. Die Grenzlinie der Momente besteht aus einem Polygon. Das Moment wird auf die Länge $l_Q - 2a$ als gleich groß und dann zu den Randträgern geradlinig auf Null abfallend angenommen.

2. Die größte Querkraft tritt am Randhauptträger oder im Querträgerfeld unter dem Fahrbahnrand auf. Die Querkraft wird auf die ganze Querträgerlänge gleich groß angenommen.

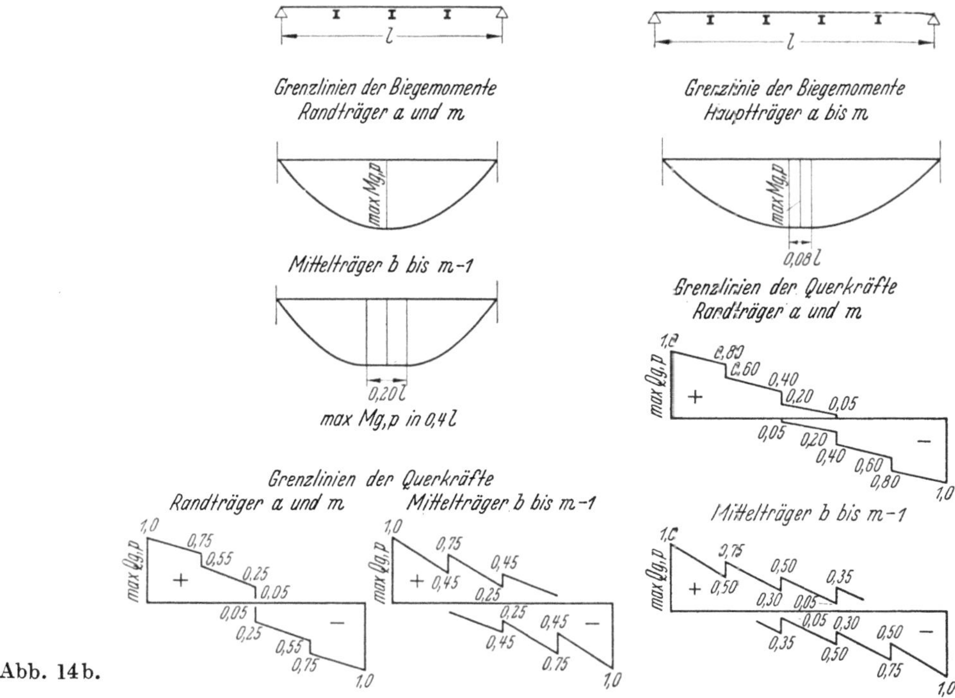

Abb. 14 b.

11. Durchführung der Berechnung.

Die Lösungen weisen ein- bis mehrfache Konvergenz auf. Die Berechnung kann daher abgekürzt werden. Für nachfolgende Belastungen genügt es bei frei aufliegenden Kreuzwerken,

die statische Größe am Hauptsystem und das erste statisch unbestimmte Reihenglied anzusetzen:

1. Bei Vollasten g und p für alle statischen Größen und

2. bei Kurzstreckenlasten p oft für Biegemomente und stets für die Durchbiegung der Hauptträger.

Die statische Größe am Hauptsystem allein kann bei der Berechnung der Auflagerdrücke für die Wirkung von Lasten unmittelbar am Auflager selbst angesetzt werden, da hierfür die Kreuzwirkung gering ist.

Bei der Berechnung der Knotenkräfte und der Querträger müssen stets alle statisch unbestimmten Reihenglieder berücksichtigt werden.

Da ein Koeffizientenvergleich eine fast vollständige Übereinstimmung zeigte, kann der Ansatz der Gleichungen des Kreuzwerks mit unendlich vielen Querträgern für alle statischen Größen der Kreuzwerke mit n Querträgern, $n \geqq 5$, als sehr gute Näherung zugelassen werden.

Die Berechnung ist am besten in Tabellenform durchzuführen.

12. Näherungsweise Berechnung von Kreuzwerken.

Kreuzwerke sind Tragsysteme, die unempfindlich gegen falsche Annahmen sind. Fehler im Ansatz der Kreuzsteifigkeiten wirken sich bei der Berechnung der Hauptträger kaum, bei den Querträgern nur wenig aus. Die baupraktisch notwendige Rechengenauigkeit erhalten wir daher in vielen Fällen schon bei Anwendung des nachstehenden einfachen Näherungsverfahrens[1].

Rechenvorschrift für Kreuzwerke mit n Querträgern, $n = 1, 2, 3, \ldots$.

1. Berechnung der Kreuzsteifigkeiten der Gruppenbelastungszustände 1 und n

$$z_{(1)} = 0,5\,(n+1)\,z,$$
$$z_{(n)} = z_{(1)} : n^4, \qquad n = 1, 2, 3, \ldots,$$

mit $\qquad\qquad z = (l : 2a)^3\, J_Q : J.$

2. Bestimmung der $B_{ik(1)}$- und $B_{ik(n)}$-Linien,

3. Ermittlung der statischen Größen der Hauptträger für indirekte Belastung derselben nach der Gleichung

$$S_{ix,ku} = S^0_{xu}\, B_{ik(1)}, \quad S = M, Q, f; \quad i, k = a \ldots m, \quad 0 \leqq x, u \leqq l.$$

4. Berechnung der Zusatzgrößen durch die direkte Hauptträgerbelastung (Momentenbäuche und Querkraftspitzen), als statische Größen am Balken auf zwei Stützen und der Spannweite $\lambda = l : (n+1)$, bei Lastverteilung nach dem Hebelgesetz.

5. Berechnung der statischen Größen am ungünstigsten Querträger in oder nahe der Brückenmitte mit Hilfe der Formel

$$S_{hy,hu} = 0,5\,[S_{yv(1)} + S_{yv(n)}], \quad n = 1, 2, 3, \ldots$$
$$S = K, M, Q, f;$$

Auswertlänge $\quad \lambda = l : (n+1), \quad 0 \leqq y, v \leqq l_Q.$

Der Querträger ist hierbei als Einzelbalken auf elastischen Stützen aufzufassen. Die Größen $S_{yv(1)}$ und $S_{yv(n)}$ sind als Wirkungen aus der äußeren Last $P = 1$ in u und den Stützkräften $B_{iv(1)}$ und $B_{iv(n)}$ zu errechnen.

6. Zur Berechung durchlaufender Kreuzwerke schneiden wir in bezug auf die Durchbiegung der belasteten Öffnung gleichwertige frei aufliegende Kreuzwerke aus diesen heraus und führen deren $B_{ik(1)}$-Linien in die Berechnung der durchlaufenden Hauptträger ein. Die Querträgeruntersuchung wird gleichfalls für die Ersatzsysteme durchgeführt.

13. Die Wirkung und näherungsweise Berücksichtigung der Drehsteifigkeit.

Drehsteife Tragwerke treten meist in Form von Plattenkreuz-, Plattenrippen- und Zellwerken auf. Bei Vernachlässigung der Schubsteifigkeit können diese statisch als drehsteife Kreuzwerke aufgefaßt werden.

Die Drehsteifigkeit der Hauptträger bewirkt eine Verbesserung der Querverteilung durch Verringerung der Brückenquerneigung. (Die Wirkung der Drehsteifigkeit der Querträger ist im allgemeinen gering, sie kann nach Homberg[2] erfolgen.) In vielen Fällen verschwinden daher bei drehsteifen Kreuzwerken die negativen Teile der Quereinflußlinien der Randhauptträger. Die Verbesserung der Querverteilungslinien ist für die an den Längsrändern des Kreuzwerks gelegenen Hauptträger wesentlich größer als für die mittleren Hauptträger. Bewirkt die Drehsteifigkeit der Hauptträger auch eine Verkleinerung ihrer Biegemomente und Querkräfte, so treten als Folge davon Torsionsschubspannungen in denselben auf, die mit den Schubspannungen aus den Querkräften zu überlagern sind. Außerdem treten auch Querträgereinspannmomente auf.

---

[1] Homberg, H.: Beitrag zur Kreuzwerkberechnung. Stahlbau 1954, Heft 1.

[2] s. S. 2, Fußnote 3. Eine kräftige Torsionsbewehrung sämtlicher Querträger aus Stahl- oder Spannbeton ist stets erforderlich.

Die lastverteilende Wirkung der drehsteifen Hauptträger wächst mit der Stützweite der Hauptträger und nimmt mit der Breite des Kreuzwerks ab. Bei kurzgespannten, breiten Brücken bringt die Berücksichtigung der Drehsteifigkeit daher keinen nennenswerten Gewinn bei der Lastverteilung, bei weitgespannten, schmalen Brücken bringt sie erheblichen Nutzen.

Wir könnten nun daraus schließen, daß im ersten Fall eine Untersuchung des Tragwerks als drehsteifes Kreuzwerk nicht erforderlich wäre und daß man bei Vernachlässigung der Drehsteifigkeit immer auf der sicheren Seite läge. Das ist jedoch nicht allgemein der Fall.

Bei Tragwerken mit geringer Bauhöhe vergrößern sich, wie vom Verfasser nachgewiesen, sowohl bei Stahlbeton- wie auch Spannbetonbrücken die Schubspannungen und Hauptzugspannungen in den Hauptträgerstegen durch die Verdrehung der Hauptträger um bis zu 100%. Bei Nichtberücksichtigung dieser Spannungen können daher leicht Risse in den Hauptträgern auftreten. Diese Gefahr können wir, falls das Kreuzwerk ohne Drehsteifigkeit der Berechnung zugrunde gelegt wird, dadurch ausschließen, daß durch eine Zusatzrechnung die auftretenden Hauptträgerdreh- und Querträgerknoten-Einspannmomente mit Hilfe des Näherungsverfahrens, nachgewiesen werden.

Ein Nachweis der Drehbeanspruchung der Hauptträger kann und müßte daher auch bei einfachen Spann- und Stahlbetonbrücken geführt werden. Bei Plattenkreuzwerken in Stahlverbundbauweise bewirkt die Drehsteifigkeit der Fahrbahnplatte ebenfalls eine Verbesserung der Lastverteilung gegenüber dem Kreuzwerk ohne Drehwiderstand. Da sich die Torsionsschubspannungen in der Platte nicht mit Schubspannungen aus Querkräften der Hauptträger überlagern, können wir bei diesen Systemen auf einen Nachweis der Drehbeanspruchung verzichten.

Zur näherungsweisen Berechnung sind folgende Rechnungsgänge notwendig:

1. Ermittlung der Querverteilungszahlen $B_{ik(1)}$ für das Kreuzwerk ohne Drehsteifigkeit mit elastischem Querträger.

2. Ermittlung der Querverteilungszahlen $B_{ik(1)}$ für das gleiche Kreuzwerk, jedoch unter Annahme eines starren Querträgers, $z_{(1)} = \infty$.

3. Ermittlung der Querverteilungszahlen $B_{ik[1]}$ für das gleiche Kreuzwerk mit starrem Querträger bei Berücksichtigung der Drehsteifigkeit der Hauptträger, $z_{(1)} = \infty$.

4. Ermittlung der Differenzen in den Querverteilungszahlen der Rechnungsgänge 2. und 3. und Verbesserung der Querverteilungszahlen aus dem Rechnungsgang 1. unter Einführung der gefundenen Differenzen.

Die Berechnung der Querverteilungszahlen zu 2. erfolgt mit Hilfe der Gleichung

$$B_{ik(1)} = \frac{J_i}{\Sigma J} + \frac{J_i \eta_i \eta_k}{\Sigma J \eta^2},$$

zu 3. nach Schöttgen[1] mit Hilfe der verbesserten Gleichung

$$B_{ik[1]} = \frac{J_i}{\Sigma J} + \frac{J_i \eta_i \eta_k}{\Sigma J \eta^2} \; \frac{1}{1 + \dfrac{l^2}{12} \dfrac{G}{E} \dfrac{\Sigma J_T}{\Sigma J \eta^2}}.$$

Darin sind: J, J_i, $i = a \ldots m$, die Trägheitsmomente der Hauptträger; ΣJ_T die gesamte Drehsteifigkeit des Brückenquerschnittes; η, η_i, η_k, i, $k = a \ldots m$, die Abstände der Hauptträger von der Symmetrielinie des Brückenquerschnittes; l Stützweite der Hauptträger; E Elastizitätsmodul; G Gleitmodul.

Die Berechnung des gesamten Drehmomentes T kann für jede Laststellung mit Hilfe der endgültigen B_{ik}-Zahlen und der Bedingung erfolgen, daß das Moment der äußeren Kräfte gleich dem der inneren sein muß. Durch Verteilung dieses Drehmomentes T auf die einzelnen Hauptträger entsprechend ihrer Drehsteifigkeit erhalten wir dann die T_{ik}-Zahlen, die zur Ermittlung der Hauptträgerdrehbeanspruchungen usw. notwendig sind.

Es empfiehlt sich, auch bei Verwendung der Näherungslösung, die in „Kreuzwerke"[2] angegebenen genauen Lösungen unter Berücksichtigung der Querträgerelastizität zur Vertiefung in die Probleme der drehsteifen Kreuzwerke heranzuziehen.

---

[1] Schöttgen: Bautechnik-Archiv, Heft 1.   [2] s. S. 2, Fußnote 1.

14. Die Wirkung der Schubsteifigkeit.

Bei Plattenkreuz- und -rippenwerken bzw. -waben bestehen die Obergurte aus einer horizontal liegenden Platte. Im Gebrauchszustand können in der Platte lastverteilende Schubkräfte auftreten. Diese bewirken eine Vergrößerung der mittragenden Plattenbalkenbreite des stärkstbelasteten Trägers. Hiermit verbunden ist eine merkliche Verringerung der Durchbiegungen, eine starke Ermäßigung der Obergurtspannung und eine geringfügige Änderung der Untergurtspannung desselben. Der Einfluß der Schubsteifigkeit nimmt mit wachsender Querbiege- und Drehsteifigkeit des Tragwerks, also mit der Verbesserung der Lastquerverteilung ab. Wo bei der Bemessung von Plattenkreuzwerken die Untergurte die Hauptrolle spielen, hat die Schubsteifigkeit für die Bemessung nach zulässigen Spannungen des Gebrauchszustandes nur geringe Bedeutung und kann daher vernachlässigt werden. Sind jedoch Obergurtspannungen und Durchbiegungen in bezug auf Einhaltung der zulässigen Werte maßgebend, so kann durch Berücksichtigung der Schubsteifigkeit oft nennenswerter Nutzen erzielt werden.

Im Bruchzustand können bei Plattenrippenwaben aus Stahl günstige Verhältnisse dadurch entstehen, daß beim Auftreten größerer Durchbiegungen eines Hauptträgers der Plattenrippenwabe die Blechplatte in y-Richtung der Wabe als zugfeste Haut wirkt und so lange den nachgebenden Hauptträger stützt, bis die Tragfähigkeit der Haut oder der benachbarten Träger erschöpft ist. Bei Plattenrippenwaben mit engliegenden Rippen kann diese Wirkung erheblich sein.

Zur näherungsweisen Berücksichtigung der Schubsteifigkeit von Flächentragwerken ist von Cornelius[1] vorgeschlagen worden, mit einer erhöhten Drehsteifigkeit zu rechnen. Wir können zu ähnlichen Näherungslösungen gelangen, wenn wir die Biegesteifigkeit der lastverteilenden Querträger vergrößern. Dies kann nach der Formel

$$z' = 2z + 2$$

erfolgen. Diese Gleichung gilt für stählerne Plattenrippenwaben im Bruchzustand und für Berechnungen, bei denen die Tragwerke als Discontinua aufgefaßt werden.

Werden Plattenkreuzwaben als Flächentragwerke behandelt und soll die Schubsteifigkeit durch Einführung einer gewissen, z. B. 30 %igen, Drehsteifigkeit berücksichtigt werden, so können Tafeln der Einflußflächen, Mittenmomente usw. in „Kreuzwerke"[2] verwendet werden, die speziell für 30 %ige Drehsteifigkeit berechnet wurden. Für eingespannte Platten fehlen solche Tafeln. Die entsprechenden Werte können jedoch durch Interpolation zwischen den Tafelwerten der Abschnitte C 3 und 4, Drehsteifigkeit 0 %, und solchen von isotropen Platten, Drehsteifigkeit $2H = 100\%$, gewonnen werden.

15. Beispiele.

1. Kreuzwerk mit sieben gleichen Haupt- und vier Querträgern, 20fach statisch unbestimmt, Abb. 15.

$$l = 50\,\text{m}, \quad a = 3{,}0\,\text{m}, \quad J_Q : J = 0{,}2.$$

Gesucht wird der Querschnitt in $l/2$ durch die Einflußfläche des Biegemoments $M_{cl/2,\,ku}$.

Die Gleichung für die Einflußfläche lautet nach B I 4:

$$M_{cl/2,\,ku} = M^0_{cl/2,\,ku} + l\,\mu_3\,\gamma_{u(1)}\,C_{ck(1)} + 0 + l\,\mu_4\,\gamma_{u(3)}\,C_{ck(3)} + 0.$$

Weiter gilt

$$z \quad = (l:2a)^3\,J_Q : J = 578{,}7 \cdot 0{,}2 = 115{,}74$$
$$z_{(1)} = 2{,}4644\,z \quad\;\; = 285{,}2 \quad\quad \sim 300$$
$$z_{(3)} = 0{,}0316\,z \quad\;\; = 3{,}66 \quad\quad \sim 4$$

[1] Cornelius: Stahlbau 1952.
[2] s. S. 2, Fußnote 1.

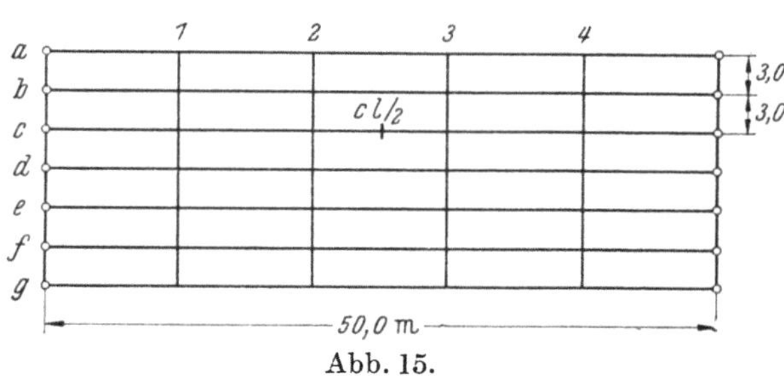

Abb. 15.

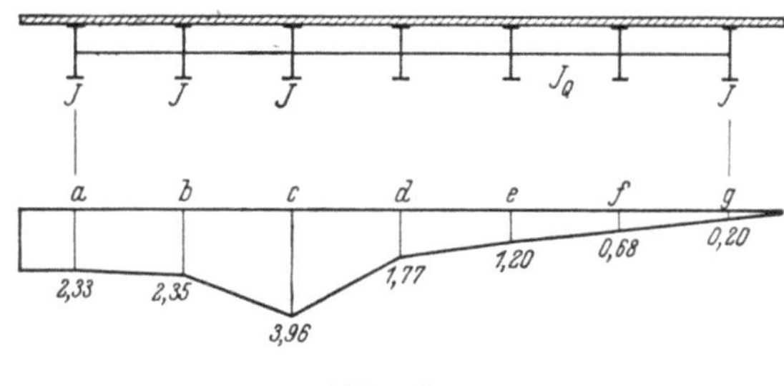

Abb. 16.

Die $z_{(n)}$-Werte können im Rahmen der baupraktisch notwendigen Genauigkeit bis 10% nach oben oder unten abgerundet werden.

Es ist

$$C_{ck(n)} = B_{ck(n)}, \quad k \neq c \quad \text{und} \quad C_{cc(n)} = B_{cc(n)} - 1.$$

Die Größen $B_{ck(n)}$, $k = a \ldots g$, können 7 gleiche Hauptträger E 5 entnommen werden.

$$M^0_{cl/2,\,cl/2} = l/4 = 12,5, \quad 5\,u/l = 2,5.$$

Nach B I 4 gilt:

$$l\,\mu_3\,\gamma_{2,5(1)} = 50 \cdot 0,1894 \cdot 1,0510 = 9,953$$

$$l\,\mu_4\,\gamma_{2,5(3)} = 50 \cdot 0,0171 \cdot 0,9769 = 0,835$$

Hauptträger k	a	b	c	d	e	f	g
$C_{ck(1)}$	0,2335	0,2147	−0,8096	0,1555	0,1136	0,0668	0,0233
$C_{ck(3)}$	0,0177	0,2585	−0,5920	0,2647	0,0881	−0,0010	−0,0360
$M^0_{cl/2,\,cl/2}$ $+\,l\,\mu_3\,\gamma_{2,5(1)}\,C_{ck(1)}$ $+\,l\,\mu_4\,\gamma_{2,5(3)}\,C_{ck(3)}$	2,32 0,01	2,24 0,21	12,50 −8,05 −0,49	1,55 0,22	1,13 0,07	0,68 —	0,23 −0,03
$M_{cl/2,\,kl/2}$	2,33	2,35	3,96	1,77	1,20	0,68	0,20

In Abb. 16 ist der Querschnitt durch die Einflußfläche dargestellt.

2. Kreuzwerk mit fünf Hauptträgern, verstärkten Randträgern und drei Querträgern, 9 fach statisch unbestimmt,

$$l = 35\,\text{m}, \quad a = 2,25\,\text{m}, \quad J_Q : J = 0,054, \quad r = 1,75.$$

Gesucht werden die Größtmomente der Hauptträger in $x = l/2$ bzw. $x = 14,5$ m, Abb. 17. Dieses Beispiel ist als Muster gedacht, wie Kreuzwerkberechnungen durchzuführen sind. Die Größen $C_{ik(n)}$ wurden nach G 3 bestimmt, sie können genau genug auch aus E 3 durch Interpolation gewonnen werden. g_1 sind die Eigengewichte, für die keine Kreuzwirkung auftritt. Die vollständige Berechnung, außer der Ermittlung von g_1, g_k und p_k, ist in der nachstehenden Tafel angegeben.

Für das gleiche Kreuzwerk lautet der Lösungsansatz für die Einflußfläche des Querträgermoments in $2c$:

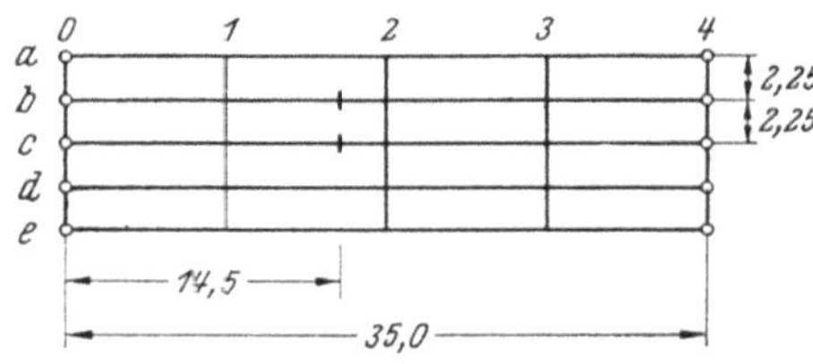

Abb. 17.

$$M_{2c,\,ku} = 2a\,K_{2a,\,ku} + a\,K_{2b,\,ku} = a\,\mu_2\,\gamma_{u(1)}\,[2\,C_{ak(1)} + C_{bk(1)}] + 0 + a\,\mu_2\,\gamma_{u(3)}\,[2\,C_{ak(3)} + C_{bk(3)}].$$

$l=35,0\,m;\ z_{(1)}=50,0;\ z_{(2)}=3,2;\ z_{(3)}=0,7;\ r=1,75$ Trägerrostberechnung für Größtmomente in $x=l/2$ und $x=14,50\,m$ 5 HT + 3 QT

4. Hauptuntersuchung für HT a bis HT c.

Column groups: $C_{ik(n)}$-Werte | Eigengewicht | HTa/HTb/HTc ($c_{ik(n)}g_k$) | Menschengedränge p, p_I, p_{II}, p_{III} (HTa $x=l/2$; HTb $x=14,5$; HTc $x=14,5$) | Fahrzeuglasten $p_R\ u.\ p_L$ (HTa $x=l/2$; HTb $x=14,5$; HTc $x=14,5$)

#	$k=a…e$	c_{ak}	c_{bk}	c_{ck}	g_k	HTa $c_{ak}g_k$	HTb $c_{bk}g_k$	HTc $c_{ck}g_k$	HTa P_k	$c_{ak}P_k$	HTb P_k	$c_{bk}P_k$	HTc P_k	$c_{ck}P_k$	HTa P_k	$c_{ak}P_k$	HTb P_k	$c_{bk}P_k$	HTc P_k	$c_{ck}P_k$
		$c_{ak(1)}$	$c_{bk(1)}$	$c_{ck(1)}$																
1	a	−0,2597	0,2598	0,1226	1,225	−0,3787	0,3183	0,1502	1,028	−0,2670	1,028	0,2671	1,015	0,1244	0,944	−0,2452	0,944	0,2453	—	
2	b	0,4547	−0,7601	0,1807	1,103	0,5015	−0,8384	0,1993	1,171	0,5325	1,171	−0,8901	1,135	0,2051	3,814	7,7342	3,814	−2,8990	0,944	0,1706
3	c	0,2146	0,1807	−0,7906	1,188	0,2549	0,2147	−0,9392	1,191	0,2556	1,191	0,2152	1,231	−0,9732	1,482	0,3180	1,482	0,2678	3,814	−3,0153
4	d	0,0247	0,0999	0,1807	1,103	0,0272	0,1102	0,1993	0,573	0,0142	1,073	0,1072	1,082	0,1955	0,277	0,0054	0,217	0,0217	1,482	0,2678
5	e	−0,1369	0,0141	0,1226	1,225	−0,1677	0,0173	0,1502	—		1,000	0,0141	1,000	0,1226	—		—		0,217	0,0266
6	Faktor·$F_{(1)}$ $\sum C_{ik(1)}P_k$	0,2978	−0,1779	−0,2402	166,312	0,2978	−0,1779	−0,2402	166,312	0,5353	149,612	−0,2865	149,612	−0,3256	44,261	1,8124	38,359	−2,3642	38,359	−2,5503
7	1. Reihenglied				149,612	49,528	−26,616	−35,937		89,027		−42,864		−48,714		80,279		−90,688		−97,827
		$c_{ak(2)}$	$c_{bk(2)}$	$c_{ck(2)}$																
8	a	−0,1193	0,1671	0,0024											0,944	0,1577	—			
9	b	0,2925	−0,6001	0,2717											3,814	−2,2888	0,944	0,2565		
10	c	0,0042	0,2717	−0,5519											1,482	0,4027	3,814	−2,1049		
11	d	−0,0511	0,0870	0,2717											0,217	0,0189	1,482	0,4027		
12	e	−0,0271	0,0292	0,0024											—		0,217	0,0005		
13	Faktor·$F_{(2)}$ $\sum C_{ik(2)}P_k$				0,0				0,0		0,0		0,0		0,0		2,135	−1,7095	2,135	−1,4452
14	2. Reihenglied																	−3,650		−3,086
		$c_{ak(3)}$	$c_{bk(3)}$	$c_{ck(3)}$																
15	a	−0,0534	0,0955	−0,0287	1,225	−0,0654	0,1170	−0,0352	1,028	−0,0549	1,028	0,0982	1,015	−0,0297	0,944	−0,0504	0,944	0,0902	—	
16	b	0,1672	−0,3890	0,2492	1,103	0,1844	−0,4291	0,2749	1,171	0,1958	1,171	−0,4555	1,135	0,2828	3,814	0,6377	3,814	−1,4836	0,944	0,2362
17	c	−0,0503	0,2492	−0,3979	1,188	−0,0598	0,2960	−0,4727	1,191	−0,0599	1,191	0,2968	1,231	−0,4898	1,482	−0,0745	1,482	0,3693	3,814	−1,5176
18	d	−0,0273	−0,0001	0,2492	1,103	−0,0301	−0,0001	0,2749	0,573	−0,0156	1,073	−0,0001	1,082	0,2696	0,217	−0,0059	0,217	—	1,482	0,3693
19		0,0022	−0,0156	−0,0287	1,225	0,0027	−0,0191	−0,0352	—		1,000	−0,0156	1,000	−0,0287	—		—		0,217	−0,0062
20	Faktor·$F_{(3)}$ $\sum C_{ik(3)}P_k$				−7,708 / −3,195	0,0318	−0,0353	0,0067	−7,708	0,0654	−3,195	−0,0762	−3,195	0,0048	6,662	0,5070	1,783	−1,0241	1,783	−0,9183
21	3. Reihenglied					−0,245	0,113	−0,021		−0,504		0,243		−0,015		3,377		−1,826		−1,637
22	M^o_{ix}-Glied				153,125 / 148,625	187,578	163,933	176,567	153,125	157,413	148,625	174,040	148,625	182,957	48,00	45,312	46,457	177,187	46,457	177,187
23	$M_{ix,\Sigma P_k}=$					236,861	137,430	140,609		245,936		131,419		134,228		128,908		87,023		74,637

3. Lösungsansatz und Hilfswerte.

$k=a…e$		$\cdot F_{(1)}\sum_{k=a}^{e}C_{ik(1)}P_k$	$\cdot F_{(2)}\sum_{k=a}^{e}C_{ik(2)}P_k$	$\cdot F_{(3)}\sum_{k=a}^{e}C_{ik(3)}P_k$
$M_{i\,14,5,\Sigma p_k}=$	$M^o_{i\,14,5,\,p_i}$	$+(l\mu_6+x\mu_5)$	$+(l\mu_7-x\mu_5)$	$+(-l\mu_6+x\mu_5)$
$M_{i\,2,\Sigma p_k}=$	$M^o_{i\,2,\,p_i}$	$+l\mu_3$	—	$+l\mu_4$

$\mu_3=0,2134;\ \mu_4=0,0366;\ \mu_5=0,25;\ \mu_6=0,0884;\ \mu_7=0,125$

Für HT b u c, $x=14,5\,m$, Für HT.a $x=l/2$ maßgebend.

$(l\mu_6+x\mu_5)=6,719;\ (l\mu_7-x\mu_5)=0,750;\ (-l\mu_6+x\mu_5)=0,531$

$l\mu_3=7,469;\ l\mu_4=1,281$

a.) Vollasten g_k und p_k

$M^o_{i\,14,5,\,p_i}=\dfrac{p_i}{2}(xl-x^2)=\underline{148,625\,p_i};\quad M^o_{i\,2,\,p_i}=\underline{153,125\,p_i}$

$F_{(1)}=0,6362\,l=22,267;\quad (l\mu_6+x\mu_5)F_{(1)}=\underline{149,612}$

$F_{(3)}=-0,1719\,l=-6,017;\quad (-l\mu_6+x\mu_5)F_{(3)}=\underline{-3,195}$

$l\mu_3\,F_{(1)}=\underline{166,312};\quad l\mu_4\,F_{(3)}=\underline{-7,708}$

b.) Symmetrische Kurzstreckenlast

Für HTa maßgebend, $l:\delta=5,833$

$M^o_{i\,2,\,p_i}=\left(\dfrac{l}{4}-\dfrac{6,0}{8}\right)\cdot6\,p_i=\underline{48,00\,p_i}$

$F_{(1)}=(0,9861+0,0015)\cdot6=5,926;\quad l\mu_3\,F_{(1)}=\underline{44,261}$

$F_{(3)}=(0,8528+0,0141)\cdot6=5,201;\quad l\mu_4\,F_{(3)}=\underline{6,662}$

c.) Unsymmetrische Kurzstreckenlast

für HT b und c maßgebend

$M^o_{i\,14,5,\,p_i}=6\,p_i\cdot20,5\cdot14,5:35,0-3\,p_i\cdot1,5=\underline{46,457\,p_i}$

$F_{(1)}=(0,9458+0,0057)\cdot6=5,709;\quad (l\mu_6+x\mu_5)F_{(1)}=\underline{38,359}$

$F_{(2)}=(0,4974-0,0229)\cdot6=2,847;\quad (l\mu_7-x\mu_5)F_{(2)}=\underline{2,135}$

$F_{(3)}=(0,5183+0,0412)\cdot6=3,357;\quad (-l\mu_6+x\mu_5)F_{(3)}=\underline{1,783}$

1. Belastungsannahmen und Laststellungen. Klasse I A. $\varphi_I=1,11;\ \varphi_{II}=1,06$

$p_R=1,887\ t/m^2$
$p_L=0,318\ "$
$p=0,500\ "$
$p_I=0,555\ "$
$p_{II}=0,530\ "$
$p_{III}=0,500\ "$
$g_{1a}=0,570\ t/m$
$g_{1b}=g_{1c}=0,485\ "$

Laststellungen für HT a und b

Laststellungen für HT c

2. Indirekte Belastungsanteile

P_k	HTa		HTb		HTc	
p_a	$0,5\ p_R$	$1,5\ p$ / $0,5\ p_I$	$0,5\ p_R$	$1,5\ p$ / $0,5\ p_I$	$0,681\,p_L$	$1,5\ p$ / $0,5\ p_{II}$
p_b	$2,0\ p_R$ / $0,125\ p_L$	$1778\ p_I$ / $0,347\,p_{II}$	$2,0\ p_R$ / $0,125\ p_L$	$1.778\ p_I$ / $0,347\,p_{II}$	$1,694\ p_L$ / $0,5\ p_R$	$1.778\ p_{II}$ / $0,347\ p_I$
p_c	$0,5\ p_R$ / $1,694\ p_L$	$0,222\ p_I$ / $1,806\ p_{II}$ / $0,222\ p_{III}$	$0,5\ p_R$ / $1,694\ p_L$	$0,222\ p_I$ / $1,806\ p_{II}$ / $0,222\ p_{III}$	$0,125\ p_L$ / $2,0\ p_R$	$0,222\ p_{II}$ / $1,806\ p_I$ / $0,222\ p_{III}$
p_d	$0,681\ p_L$	$0,347\ p_{II}$ / $0,778\ p_{III}$	$0,681\ p_L$	$0,347\ p_{II}$ / $1,778\ p_{III}$	$0,5\ p_R$	$0,347\ p_I$ / $1,778\ p_{III}$
p_e	—			$0,5\ p_{III}$ / $1,5\ p$		$0,5\ p_{III}$ / $1,5\ p$

5. Größtmomente

	HTa $x=l/2$	HTb $x=14,5$	HTc $x=14,5$
Mg	236,9	137,4	140,6
Mg_1	87,3	72,1	72,1
Mp	245,9	137,4	134,2
Mp	128,9	81,0	74,6
max M	699,0	427,9	421,5
W	50590	31510	31510
max σ	1382	1339	1338

3. Durchlaufendes Kreuzwerk mit 2 Öffnungen und 2 Querträgern (Abb. 32).

Die Berechnung erfolgt nach B IV 1

$$\varkappa = \frac{2}{3}, \qquad c_Q = 0{,}5, \qquad c = 1, \qquad \iota = \frac{c_Q}{c} = 0{,}5.$$

Querträgereinteilung nach Fall 3.

Gruppenlasten:

$$a_1 = 0{,}4573 \cdot 1 + 0{,}8230 \cdot \frac{2}{3} + 0{,}5 \cdot \frac{8}{27}\left[1{,}0417 \cdot 1 - 0{,}4557 \cdot \frac{2}{3}\right] = 1{,}2053,$$

$$a_2 = 0{,}5 \cdot \frac{8}{27}\left[1{,}9052 \cdot 1^2 + 3{,}4055 \cdot 1 \cdot \frac{2}{3} + 1{,}5003 \cdot \frac{4}{9}\right] = 0{,}7174,$$

$$\omega_1 = a_1 + \sqrt{-a_2 + a_1^2} = 1{,}2053 + \sqrt{-0{,}7174 + 1{,}2053^2} = 1{,}2053 + 0{,}8575 = 2{,}0628,$$

$$\omega_2 = a_1 - \sqrt{-a_2 + a_1^2} = 1{,}2053 - 0{,}8575 = 0{,}3478.$$

$$\alpha_{1(1)} = \frac{0{,}9259 \cdot \frac{4}{9}}{0{,}9145 \cdot 1 + 1{,}6461 \cdot \frac{2}{3} - 2{,}0628} = \frac{0{,}4115}{2{,}0119 - 2{,}0628} = -\frac{0{,}4115}{0{,}0509} = -8{,}084,$$

$$\alpha_{1(2)} = \frac{0{,}4115}{2{,}0119 - 0{,}3478} = \frac{0{,}4115}{1{,}6641} = 0{,}2473.$$

Stützmomente:

$$M_{2(1)} = -\frac{l}{2(c+\varkappa)}\left[0{,}2963\, c\, \alpha_{1(1)} + 0{,}375\, \varkappa^2\right] = -\frac{l}{2\left(1+\frac{2}{3}\right)}\left[0{,}2963 \cdot 1\,(-8{,}084) + 0{,}375 \cdot \frac{4}{9}\right]$$

$$= -\frac{l}{\frac{10}{3}}\left[0{,}2963 \cdot 1\,(-8{,}084) + 0{,}375 \cdot \frac{4}{9}\right] = \underline{+\,0{,}6686\, l},$$

$$M_{2(2)} = -l \cdot \frac{3}{10}\left[0{,}2963 \cdot 1 \cdot 0{,}2473 + 0{,}375 \cdot \frac{4}{9}\right] = \underline{-\,0{,}0720\, l}.$$

Kreuzsteifigkeiten:

$$k_1 = \frac{1}{100\,(c+\varkappa)}\,\frac{l^3}{EJ} = \frac{1}{100\left(1+\frac{2}{3}\right)}\,\frac{l^3}{EJ} = 6 \cdot 10^{-3}\,\frac{l^3}{EJ},$$

$$\omega_{(1,2)} = k_1\,\omega_{1,2},$$

$$\omega_{(1)} = 6 \cdot 2{,}0628 \cdot 10^{-3}\,\frac{l^3}{EJ} = \underline{12{,}3768 \cdot 10^{-3}\,\frac{l^3}{EJ}},$$

$$\omega_{(2)} = 6 \cdot 0{,}3478 \cdot 10^{-3}\,\frac{l^3}{EJ} = \underline{2{,}0868 \cdot 10^{-3}\,\frac{l^3}{EJ}},$$

$$z_{(n)} = \frac{6\,E\,J_Q}{a^3}\,\omega_{(n)},$$

$$z_{(1)} = \frac{6\,E\,J_Q}{a^3}\,12{,}3768 \cdot 10^{-3}\,\frac{l^3}{JE} = \underline{\left(\frac{l}{2a}\right)^3\frac{J_Q}{J}\,0{,}5941 = 0{,}5941\,z},$$

$$z_{(2)} = \left(\frac{l}{2a}\right)^3\frac{J_Q}{J}\,48 \cdot 2{,}0868 \cdot 10^{-3} = \underline{\left(\frac{l}{2a}\right)^3\frac{J_Q}{J}\,0{,}1002 = 0{,}1002\,z}.$$

Biegemomente $M_{x(n)}$ und Querkräfte $Q_{x(n)}$.

a) $0 \leqq x_1 \leqq \lambda_1$.

Moment für Schnitt $x_1 = \lambda_1$ (Punkt 1):

$$M_{x(1)} = \alpha_{1(1)}\, \lambda_2 \frac{\lambda_1}{l_1} + M_{2(1)} \frac{\lambda_1}{l_1},$$

$$M_{x(1)} = -\,8{,}084 \cdot \frac{2\,l}{9} + 0{,}6686 \cdot \frac{l}{3} = -\,\underline{1{,}574\,l},$$

$$Q_{x(1)} = -\,8{,}084 \cdot \frac{2}{3} + 0{,}6686 = -\,\underline{4{,}721},$$

$$M_{x(2)} = 0{,}2473 \cdot \frac{2\,l}{9} - 0{,}0720 \cdot \frac{l}{3} = \underline{0{,}031\,l},$$

$$Q_{x(2)} = +\,0{,}2473 \cdot \frac{2}{3} - 0{,}0720 = +\,\underline{0{,}093}.$$

b) $\lambda_1 \leqq x_1 \leqq l_1$.

Moment für Schnitt $x_1 = l_1$ (Punkt 2):

$$M_{x(1)} = M_{2(1)} = +\,\underline{0{,}6686\,l}, \qquad\qquad Q_{x(1)} = +\,8{,}084 \cdot \frac{1}{3} + 0{,}6686 = \underline{3{,}363},$$

$$M_{x(2)} = M_{2(2)} = -\,\underline{0{,}0720\,l}, \qquad\qquad Q_{x(2)} = -\,\frac{0{,}2473}{3} - 0{,}0720 = -\,\underline{0{,}154}.$$

c) $0 \leqq x_2 \leqq \lambda_3$ (x_2 zählt von der Mittelstütze).

Moment für Schnitt $x_2 = \lambda_3$ (Punkt 3):

$$M_{x(1)} = \frac{2}{3} \cdot \frac{l}{4} + \frac{0{,}6686}{2}\, l = \underline{0{,}5010\,l}, \qquad\qquad M_{x(2)} = \frac{2}{3} \cdot \frac{l}{4} - \frac{0{,}0720}{2}\, l = \underline{0{,}1307\,l},$$

$$Q_{x(1)} = -\,\frac{1}{2} - \frac{0{,}6686}{2/3} = -\,\underline{1{,}503}, \qquad\qquad Q_{x(2)} = -\,\frac{1}{2} + \frac{0{,}0720 \cdot 3}{2} = -\,\underline{0{,}392}.$$

d) $\lambda_3 \leqq x_2 \leqq l_2$:

$$Q_{x(1)} = +\,\frac{1}{2} - \frac{0{,}6686 \cdot 3}{2} = -\,\underline{0{,}503}, \qquad\qquad Q_{x(2)} = +\,\frac{1}{2} + \frac{0{,}0720 \cdot 3}{2} = +\,\underline{0{,}608}.$$

Durchbiegungen $f_{ix,\,i(n)}$.

Für $0 \leqq x_1 \leqq l_1$

ist:
$$f_{ix,\,i(n)} = \alpha_{1(n)}\, f^0_{ix_1,\,i1} + M_{2(n)} \frac{l_1^2}{6\,E J_1}\, \omega_D.$$

Für $0 \leqq x_2 \leqq l_2$

ist:
$$f_{ix,\,i(n)} = f^0_{ix_2,\,i3} + M_{2(n)} \frac{l_2^2}{6\,c\,E J_i}\, \omega'_D.$$

Die Durchbiegung wird in Feld 1 für die Neuntelpunkte und in Feld 2 für die Achtelpunkte der Stützweite bestimmt.

Bestimmung der Werte $f^0_{ix_1,\,i1}$ am Hauptsystem nach Tafel B VI:

$$\text{Multiplikator} = \frac{\lambda^3}{54\,E J} = \frac{1}{54 \cdot 9^3} \frac{l^3}{E J} = 2{,}5403 \cdot 10^{-5} \frac{l^3}{E J}.$$

Linkes Feld, Belastung $\alpha_{1(1,\,2)}$.

k	1	2	3	4	5	6	7	8
$\dfrac{100\,E J}{l^3} f^0_{ix_1,\,i1}$	0,671	1,250	1,646	1,791	1,707	1,440	1,036	0,541
$\alpha_{1(1)} \dfrac{100\,E J}{l^3} f^0_{ix_1,\,i1}$	−5,42	−10,11	−13,31	−14,48	−13,80	−11,64	−8,38	−4,37
$\alpha_{1(2)} \dfrac{100\,E J}{l^3} f^0_{ix_1,\,i1}$	0,166	0,309	0,407	0,443	0,422	0,356	0,256	0,134

Für die Werte $f^0_{ix_2,\,i3}$ folgt entsprechend:

$$\text{Multiplikator} = \frac{\lambda^3}{48\,EJ} = \frac{\varkappa^3\,l^3}{48\cdot 8^3\,EJ} = \frac{8}{27\cdot 48\cdot 512}\,\frac{l^3}{EJ} = 1{,}2056\cdot 10^{-5}\,\frac{l^3}{EJ}\,.$$

Rechtes Feld, Belastung $P = 1$.

k	1	2	3	4	5	6	7
$\dfrac{100\,EJ}{l^3}\,f^0_{ix_2,\,i3}$	0,227	0,424	0,564	0,617	0,564	0,424	0,227

Einfluß der Stützmomente auf die Durchbiegung:

$$\omega_D = \frac{x}{l} - \left(\frac{x}{l}\right)^3, \qquad \omega'_D = \frac{x'}{l} - \left(\frac{x'}{l}\right)^3, \qquad x' = l - x\,.$$

Feld 1.

k	1	2	3	4	5	6	7	8
ω_D	0,1097	0,2112	0,2963	0,3567	0,3841	0,3704	0,3073	0,1866

Feld 2.

k	1	2	3	4	5	6	7
ω'_D	0,2051	0,3281	0,3809	0,3750	0,3223	0,2344	0,1230

Beiwerte Feld 1:

$$M_{2(n)}\,\frac{l_1^2}{6\,EJ_i} = \frac{M_{2(n)}}{6}\,\frac{l^2}{EJ}\,.$$

$$\frac{M_{2(1)}}{6} = \frac{0{,}6686}{6}\,l = 0{,}1114\,l, \qquad \frac{M_{2(2)}}{6} = -\,\frac{0{,}0720}{6}\,l = -\,0{,}0120\,l\,.$$

Beiwerte Feld 2:

$$M_{2(n)}\,\frac{l_2^2}{6\,c\,EJ_i}\,\omega_D = M_{2(n)}\,\frac{\varkappa^2\,l^2}{6\,c\,EJ_i}\,\omega'_D = M_{2(n)}\,\frac{\varkappa^2}{6\,l\,c}\cdot\frac{l^3}{EJ_i}\,\omega'_D\,.$$

$$\frac{\varkappa^2}{6\,l\,c}\,M_{2(n)} = \frac{4}{9\cdot 6\cdot 1}\,\frac{M_{2(n)}}{l} = 0{,}07407\,\frac{M_{2(n)}}{l}\,,$$

$$\frac{\varkappa^2}{6\,l\,c}\,M_{2(1)} = 0{,}07407\cdot 0{,}6686 = 0{,}04953\,,$$

$$\frac{\varkappa^2}{6\,l\,c}\,M_{2(2)} = -\,0{,}07407\cdot 0{,}0720 = -\,0{,}00533\,.$$

Feld 1.

k	1	2	3	4	5	6	7	8
$\dfrac{M_{2(1)}}{6\,l}\,\omega_D$	0,0122	0,0235	0,0330	0,0397	0,0428	0,0413	0,0342	0,0208
$\dfrac{EJ}{l^3}\,\alpha_{1(1)}\,f^0_{ix_1,\,i_1}$	−0,0542	−0,1011	−0,1331	−0,1448	−0,1380	−0,1164	−0,0838	−0,0437
$\dfrac{EJ}{l^3}\,f_{ix_1,\,i_{(1)}}$	−0,0420	−0,0776	−0,1001	−0,1051	−0,0952	−0,0751	−0,0496	−0,0229
$\gamma_{u(1)}$	−1,698	−3,137	−4,046	−4,248	−3,848	−3,036	−2,005	−0,926
$\dfrac{M_{2(2)}}{6\,l}\,\omega_D$	−0,00132	−0,00253	−0,00356	−0,00428	−0,00461	−0,00444	−0,00369	−0,00224
$\dfrac{EJ}{l^3}\,\alpha_{1(2)}\,f^0_{ix_1,\,i_1}$	0,00166	0,00309	0,00407	0,00443	0,00422	0,00356	0,00256	0,00134
$\dfrac{EJ}{l^3}\,f_{ix_1,\,i_{(2)}}$	0,00034	0,00056	0,00051	0,00015	−0,00039	−0,00088	−0,00113	−0,00090
$\gamma_{u(2)}$	0,082	0,134	0,122	0,036	−0,094	−0,211	−0,271	−0,216

Feld 2.

k	1^1	2	3	4	5	6	7
$\dfrac{\varkappa^2}{6\,l\,c}\,M_{2(1)}\,\omega'_D$	0,01016	0,01625	0,01887	0,01857	0,01596	0,01161	0,00609
$\dfrac{E\,J}{l^3}\,f^0_{i\,x_2,\,i_3}$	0,00227	0,00424	0,00564	0,00617	0,00564	0,00424	0,00227
$\dfrac{E\,J}{l^3}\,f_{i\,x_2,\,i_{(1)}}$	0,01243	0,02049	0,02451	0,02474	0,02160	0,01585	0,00836
$\gamma_{u\,(1)}$	0,502	0,828	0,991	1,000	0,873	0,641	0,338
$\dfrac{\varkappa^2}{6\,l\,c}\,M_{2(2)}\,\omega'_D$	$-0{,}00109$	$-0{,}00175$	$-0{,}00203$	$-0{,}00200$	$-0{,}00172$	$-0{,}00125$	$-0{,}00066$
$\dfrac{E\,J}{l^3}\,f^0_{i\,x_2,\,i_3}$	0,00227	0,00424	0,00564	0,00617	0,00564	0,00424	0,00227
$\dfrac{E\,J}{l^3}\,f_{i\,x_2,\,i_{(2)}}$	0,00118	0,00249	0,00361	0,00417	0,00392	0,00299	0,00161
$\gamma_{u\,(2)}$	0,283	0,597	0,866	1,000	0,940	0,717	0,386

[1] In $l_2/8$ von der Mittelstütze.

4. Plattenkreuzwabe, beidseitig starr eingespannt, Leichtfahrbahn einer Stahlbrücke.

$$l_x = 17,2\,\text{m}, \qquad a = 1,20\,\text{m}, \qquad \lambda = 0,3\,\text{m}.$$

$$\text{Brückenklasse 60 der DIN 1072;} \qquad \text{Radlast} = 10\,\text{t}, \qquad \varphi = 1,21.$$

$$J = 105\,000\,\text{cm}^4/\text{m}, \qquad J'_Q = 669/0,3 = 2230\,\text{cm}^4/\text{m}. \qquad k = \sqrt[4]{J:J'_Q} = \sqrt[4]{47} = \sim 2,6.$$

Die Plattenkreuzwabe wird unter Vernachlässigung der bei offenen Stahlprofilen geringen Drehsteifigkeit und der Schubsteifigkeit des horizontalen Bleches als Kreuzwabe ohne Dreh- und Schubsteifigkeit berechnet. Die Berechnung erfolgt mit Hilfe der gebrauchsfertigen Tafeln für Kreuzwaben, Abschnitt C.

Steht die stählerne Leichtfahrbahn in fester Verbindung mit dem Haupttragwerk der Brücke, so überlagern sich in ihr die Spannungen aus folgenden Systemen:

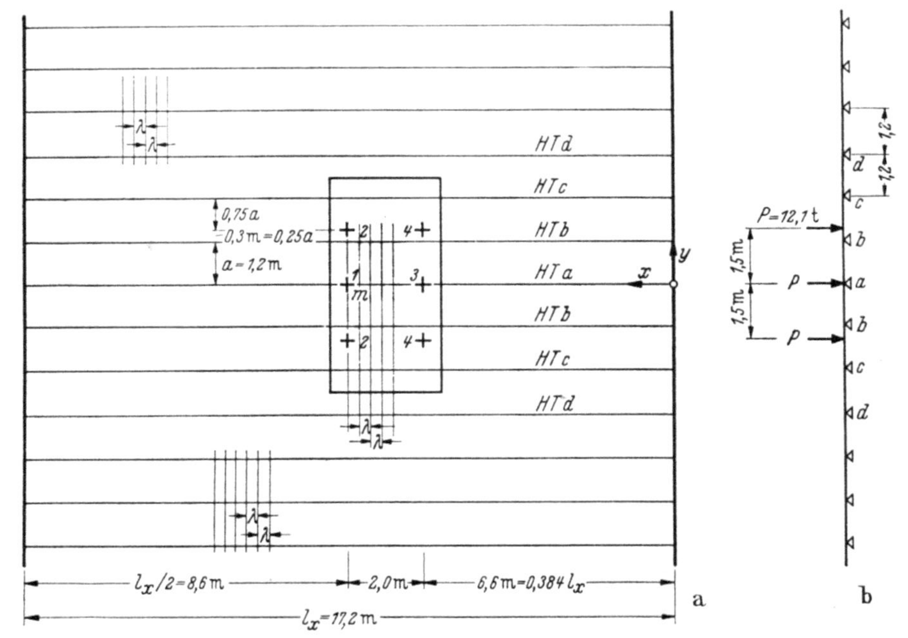

Abb. 18.

System I: Hauptragwerk.

System II = Plattenkreuzwabe, gebildet von den Brückenquer- und -längsträgern als Kreuzwabenhaupt- bzw. -querträgern und dem horizontal liegenden Fahrbahnblech.

System III = Durchlaufende Plattenrippenwabe, gebildet aus den Brückenlängsträgern als Kreuzwabenhauptträgern und dem Fahrbahnblech als lastverteilende Querverbindung.

System IV = Längs und quer durchlaufende isotrope Blechplatte, die sich auf den Längs- und Querträgern der Brücke abstützt.

Zur Berechnung dieser Systeme wird angenommen, daß jedes System auf dem darunterliegenden starr gestützt sei, z. B. sei System III starr gestützt auf System II.

Die Systeme II und III können mit Hilfe des vorliegenden Tafelwerkes berechnet werden. Nachstehend wird System II der Brücke behandelt.

1. Berechnung der Kreuzwabenhauptträger.

a) Belastung durch SLW 60, Abb. 18. Radlast 1 wird im Wabenmittelpunkt m aufgestellt. Die Radlasten werden nicht unmittelbar auf die Einflußfläche aufgebracht, es wird angenommen, daß die Kreuzwabe mit den Auflagerdrücken des Systems III belastet sei. Diese Auflagerdrücke werden als solche von starr gestützten Durchlaufbalken, Abb. 18b, nach Anger berechnet.

$$\begin{aligned}
P_a = 10 \quad\cdot\quad 1,21\,(1,0 - 2 \cdot 0,1208) &= 9,177\ \text{t} \\
P_b = P_b' = 12,1\,(0,8782 + 0,0330) &= 11,026\ \text{t} \\
P_c = P_c' = 12,1\,(0,2706 - 0,0086) &= 3,170\ \text{t} \\
P_d = P_d' = 12,1\,(-0,0679 + \sim 0,0023) &= -0,794\ \text{t} \\
P_e = P_e' = 12,1 \cdot 0,0186 &= 0,225\ \text{t} \\
\hline
\Sigma &= 36,431\ \text{t} \sim 36,3\ \text{t} = 3 \cdot 12,1\ \text{t}
\end{aligned}$$

Last im Aufpunkt

$$l_x : a = 17,2 : 1,2 = 14,3; \qquad J : J_Q' = 47.$$

Nach Abschnitt C, Tafel 16, erhalten wir

$$M_{xm} = P\left[\left(0,689 + \frac{17}{70} \cdot 0,134\right) + \frac{4,3}{10}\left(0,181 + \frac{17}{70} \cdot 0,200\right)\right]$$
$$= 9,177\,[0,689 + 0,033 + 0,078 + 0,021]$$
$$= 9,177 \cdot 0,821\ \text{tm/m}.$$
$$M_{xm} = 7,53\ \text{tm/m}.$$

Lasten außerhalb des Aufpunktes

Lastordinaten in x- und y-Richtung und Transformation derselben.

Mittlere Radreihe $\quad x = 0,5\,l_x$,
Seitliche Radreihe $\quad x = 0,384\,l_x$.

$$y_a' = y_a = 0;$$
$$y_b' = 1,20;$$

$$\begin{aligned}
y_b = k \cdot y_b' = 2,6 \cdot 1,2 = 3,12 &= 0,181\,l_x, \\
y_c = 2\,y_b \quad &= 0,363\,l_x, \\
y_d = 3\,y_b \quad &= 0,544\,l_x, \\
y_e = 4\,y_b \quad &= 0,726\,l_x.
\end{aligned}$$

Nach Abschnitt C, Tafel 14 erhalten wir

HT k	Radreihe 1, 2, 2 $\eta_{M_{xm}}$	Radreihe 3, 4, 4 $\eta_{M_{xm}}$	Beide Radreihen $\Sigma\,\eta_{M_{xm}}$	Belastung P_k	$\Sigma\,\eta_{M_{xm}}\,P_k$
a	—	0,0966	0,0966	9,177	0,886
b, b	0,1308	0,1008	0,2316	2 · 11,026	5,107
c, c	0,0534	0,0488	0,1022	2 · 3,170	0,648
d, d	0,0164	0,0152	0,0316	2 · — 0,794	—0,050
e, e	—0,0007	—0,0005	—0,0012	2 · 0,225	—

$$\Sigma\Sigma\,\eta_{M_{xm}}\,P_k = 6,691\ \text{tm/m}.$$

Dieses Moment muß noch mit dem Transformationsfaktor multipliziert werden, da $J'_Q \neq J$ ist, es ist dann

$$k \cdot \Sigma\Sigma \eta_{M_{xm}} P_k = 2{,}6 \cdot 6{,}691 = 17{,}40 \text{ tm/m}.$$

Das Moment infolge des SLW ist dann

$$M_{xm} = 7{,}53 + 17{,}40 = 24{,}93 \text{ tm/m}.$$

Auf den einzelnen Hauptträger der Kreuzwabe entfällt dann ein Moment

$$M_{\text{HT}} = 1{,}2 \cdot 24{,}93 = 29{,}92 \text{ tm}.$$

b) Die Ermittlung der Hauptträgerbiegemomente infolge von Streckenlasten erfolgt derart, daß zuerst das Moment infolge der durchgehenden Fahrspuren bestimmt wird; hierfür entsteht keine Lastverteilung durch die Kreuzwabenquerträger. Der Einfluß der zuviel aufgebrachten Streckenlast unter dem Schwerwagen wird dann durch Auswertung der Einflußfläche für M_{xm} gewonnen und in Abzug gebracht.

2. Berechnung der Kreuzwabenquerträger. a) Gesucht sei das Moment im Wabenquerträger zwischen zwei Wabenhauptträgern, Abb. 19. Auf die Einflußfläche für das Mittenmoment M_{ym} werden die Auflagerdrücke des Systems III aufgebracht. Diese sind nach Abb. 19b

$$
\begin{aligned}
P_a &= 12{,}1 \cdot (0{,}6005 + 0{,}2706 - 0{,}0679) &&= 9{,}72 \text{ t}\\
P_b &= 12{,}1 \cdot (0{,}8782 - 0{,}1274 + 0{,}0186) &&= 9{,}31 \text{ t}\\
P_c &= 12{,}1 \cdot (-0{,}1208 + 0{,}0347 - 0{,}0050) &&= -1{,}10 \text{ t}\\
P_d &= 12{,}1 \cdot (0{,}0330 - 0{,}0095 + 0{,}0014) &&= 0{,}30 \text{ t}\\
P_e &= 12{,}1 \cdot (-0{,}0085 + \sim 0{,}0026) &&= -0{,}07 \text{ t}\\
P_f &= 12{,}1 \cdot \sim 0{,}0023 &&= 0
\end{aligned}
$$

$$\Sigma = 18{,}160 \text{ t} \sim 1{,}5 \cdot 12{,}1 = 18{,}150 \text{ t}$$

Die Kreuzungspunkte m und m' der Wabe werden als Aufpunkte des Systems II aufgefaßt.

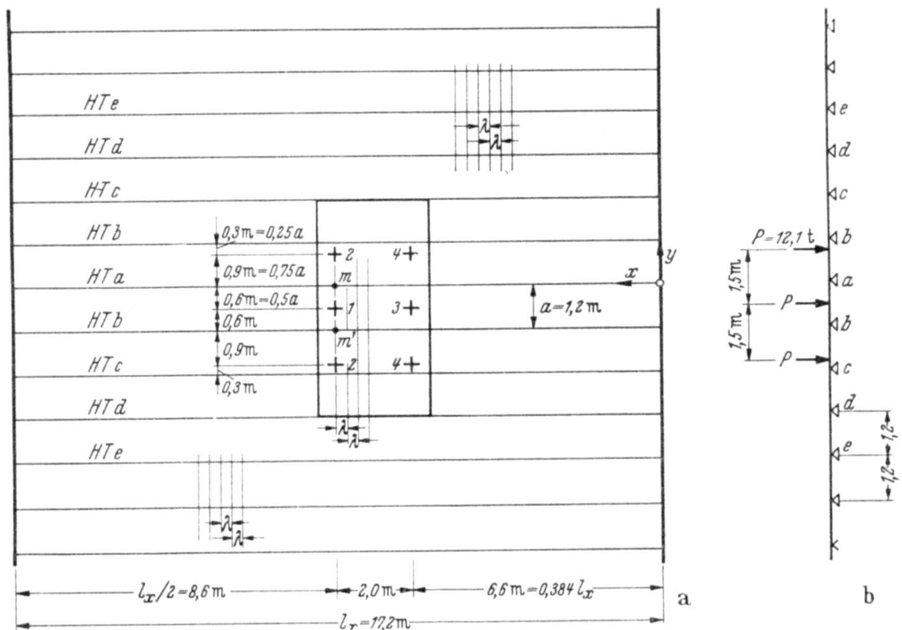

Abb. 19.

Last im Aufpunkt

Nach Abschnitt C, Tafel 16, ist mit

$$l_x : a = 14{,}3 \quad \text{und} \quad J : J'_Q = 47$$

$$M_{ym} = P\left[\left(0,088 - \frac{17}{70}\cdot 0,035\right) + \frac{4,3}{10}\left(0,033 - \frac{17}{70}\,0,041\right)\right] = 9,72\,[0,079 + 0,43\cdot 0,023]$$
$$= 9,72\cdot 0,089,$$
$$M_{ym} = 0,865\ \text{tm/m}.$$

Der Einfluß der übrigen Auflagerkräfte P_a bis P_e wird durch Auswertung der Einflußfläche Abschnitt C, Tabelle 15, gewonnen, s. folgende Tabelle.

HT k	Radreihe 1, 2, 2 $\eta_{M_{xm}}$	Radreihe 3, 4, 4 $\eta_{M_{xm}}$	Beide Radreihen $\Sigma\,\eta_{M_{xm}}$	Belastung P_k	$\Sigma\,\eta_{M_{xm}}\,P_k$
c	$-0,0359$	$-0,0287$	$-0,0646$	$-1,10$	$0,071$
b	$0,0097$	$0,0256$	$0,0353$	$9,31$	$0,329$
a	—	$0,1353$	$0,1353$	$9,72$	$1,315$
b′	$0,0097$	$0,0256$	$0,0353$	$9,72$	$0,343$
c′	$-0,0359$	$-0,0287$	$-0,0646$	$9,31$	$-0,601$
d′	$-0,0363$	$-0,0321$	$-0,0684$	$-1,10$	$0,075$

$$\Sigma\Sigma\,\eta_{M_{xm}}\,P_k = 1,532\ \text{tm/m}.$$

Dieses Moment muß noch durch den Transformationsfaktor dividiert werden, da $J'_Q \neq J$ ist,

$$\frac{1}{2,6}\,\Sigma\Sigma\,\eta_{M_{xm}}\,P_k = 0,589\ \text{tm/m}.$$

Das Querträgermoment im System II infolge des SLW ist dann

$$M = 0,865 + 0,589 = 1,454\ \text{tm/m}.$$

Auf den einzelnen Querträger der Kreuzwabe entfällt dann ein Moment

$$M_{QT} = 0,3\cdot 1,454 = 0,436\ \text{tm}.$$

Dieses Moment tritt wegen der Symmetrie der Belastung auch im Punkt m' auf, es ist also auf die Strecke $m-m'$ gleichbleibend groß und ist daher zu dem Längsträger-Moment $M = 0,839$ tm im System III hinzuzufügen.

b) Die Biegemomente infolge von Streckenlasten ermittelt man ebenfalls mit Hilfe der Einflußfläche für M_{ym}.

5. Kreuzwerk mit fünf drehsteifen Hauptträgern und einem Querträger, Berechnung nach dem Näherungsverfahren.

Als Beispiel wird der Überbau einer Straßenbrücke in Spannbetonbauweise gewählt. Die Abmessungen und das statische System gehen aus der Abb. 20 hervor.

Trägheitsmomente der Hauptträger:

$$J_a = J_e = 0,228\ \text{m}^4 = J_r,$$
$$J_b = J_d = 0,143\ \text{m}^4,$$
$$J_c = 0,155\ \text{m}^4.$$

Für die Kreuzwerkberechnung wird angenommen, daß die Trägheitsmomente der Hauptträger b, c und d gleich groß seien:

$$J = \frac{2}{3}\cdot 0,143 + \frac{1}{3}\cdot 0,155$$
$$= 0,147\ \text{m}^4.$$

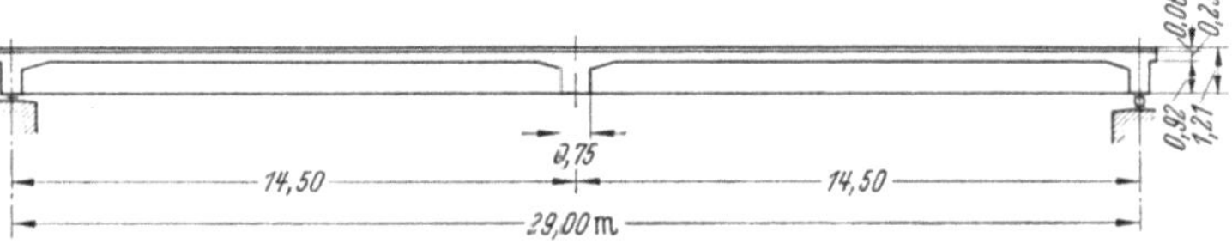

a *Längsschnitt in Fahrbahnachse*

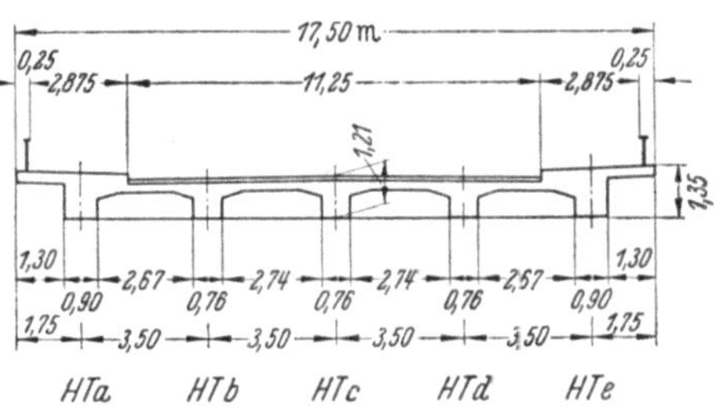

b *Querschnitt in Brückenmitte*   Abb. 20.

Trägheitsmoment des Querträgers: $J_Q = 0{,}152$ m⁴.

Steifigkeitswerte J_T der Hauptträger für die Torsionsbeanspruchung:

$$J_{Ta} = J_{Te} = 0{,}223 \text{ m}^4 = J_{Tr},$$
$$J_{Tb} = J_{Tc} = J_{Td} = 0{,}123 \text{ m}^4 = J_T.$$

Auf Grund der angegebenen Steifigkeitszahlen werden die beiden Kennwerte des Kreuzwerks ermittelt:

$$r = \frac{J_r}{J} = \frac{0{,}228}{0{,}147} = 1{,}55,$$

$$z_{(1)} = z = \left(\frac{l}{2a}\right)^3 \frac{J_Q}{J} = \left(\frac{29{,}0}{7{,}0}\right)^3 \frac{0{,}152}{0{,}147} = 74.$$

Die Querverteilungszahlen $B_{ik(1)}$ für das Kreuzwerk mit 1 Querträger und drehweichen Hauptträgern werden durch lineare Interpolation aus den Tafelwerten für $r = 1{,}5$ bzw. $r = 2{,}0$ und $z = 60$ bzw. $z = 80$ (nach Abschnitt E I 3) erhalten.

Interpolationsfaktoren für die Querverteilungszahlen:

z \\ r	60	80
1,5	0,27	0,63
2,0	0,03	0,07

$B_{ik(1)}$-Zahlen für das Kreuzwerk mit drehweichen Hauptträgern:

k \\ i	a	b	c	d	e
a	0,7082	0,4475	0,2178	0,0224	−0,1538
b	0,2903	0,2492	0,1815	0,0995	0,0142
c	0,1412	0,1815	0,2014	0,1815	0,1412
d	0,0142	0,0995	0,1815	0,2492	0,2903
e	−0,1538	0,0224	0,2178	0,4475	0,7082
Kontrolle	1,0001	1,0001	1,0000		

Bestimmung des Torsionseinflusses am Kreuzwerk mit starrem Querträger erfolgt nach Abschnitt A 13:

$$B_{ik[1]} = \frac{J_i}{\Sigma J} + \frac{J_i \eta_i \eta_k}{\Sigma J \eta^2} \cdot \frac{1}{1 + \dfrac{l^2}{12} \dfrac{G}{E} \dfrac{\Sigma J_T}{\Sigma J \eta^2}}.$$

Daraus ergibt sich in einfacher Weise der Anteil, den die Torsionssteifigkeit der Hauptträger bewirkt:

$$\Delta B_{ik[1]} = \left(\frac{1}{1 + \dfrac{l^2}{12} \dfrac{G}{E} \dfrac{\Sigma J_T}{\Sigma J \eta^2}} - 1\right) \frac{J_i \eta_i \eta_k}{\Sigma J \eta^2},$$

$$\frac{G}{E} = \frac{1}{2{,}3}, \qquad l = 29{,}0 \text{ m},$$

$$\Sigma J_T = 2 \cdot 0{,}223 + 3 \cdot 0{,}123 = 0{,}815 \text{ m}^4,$$

$$\Sigma J \cdot \eta^2 = 2 \left[0{,}228 \cdot 7{,}0^2 + 0{,}147 \cdot 3{,}5^2\right] = 25{,}94 \text{ m}^6,$$

$$\frac{1}{1 + \dfrac{l^2}{12} \dfrac{G}{E} \dfrac{\Sigma J_T}{\Sigma J \eta^2}} - 1 = \frac{1}{1 + \dfrac{29^2}{12} \cdot \dfrac{1}{2{,}3} \cdot \dfrac{0{,}815}{25{,}94}} - 1 = -0{,}489,$$

$$\Delta B_{ik[1]} = -0{,}489 \cdot \frac{J_i \eta_i \eta_k}{25{,}94},$$

$$\Delta B_{aa[1]} = -\Delta B_{ea[1]} = -0{,}489 \cdot \frac{0{,}228 \cdot 7{,}0^2}{25{,}94} = -0{,}2106,$$

$$\Delta B_{ba[1]} = -\Delta B_{da[1]} = -0{,}489 \cdot \frac{0{,}147 \cdot 3{,}5 \cdot 7{,}0}{25{,}94} = -0{,}0679,$$

$$\Delta B_{ca[1]} = 0,$$

$$\Delta B_{ab[1]} = -\Delta B_{eb[1]} = -0{,}489 \cdot \frac{0{,}228 \cdot 3{,}5 \cdot 7{,}0}{25{,}94} = -0{,}1053,$$

$$\Delta B_{bb[1]} = -\Delta B_{db[1]} = -0{,}489 \cdot \frac{0{,}147 \cdot 3{,}5^2}{25{,}94} = -0{,}0339,$$

$$\Delta B_{cb[1]} = 0, \qquad \Delta B_{ic[1]} = 0.$$

$B_{ik[1]}$-Zahlen für das Kreuzwerk mit drehsteifen Hauptträgern:

$$B_{aa[1]} = \quad 0,7082 - 0,2106 = 0,4976,$$
$$B_{ba[1]} = \quad 0,2903 - 0,0679 = 0,2224,$$
$$B_{ca[1]} = \quad 0,1412,$$
$$B_{da[1]} = \quad 0,0142 + 0,0679 = 0,0821,$$
$$B_{ea[1]} = -0,1538 + 0,2106 = 0,0568,$$
$$B_{ab[1]} = \quad 0,4475 - 0,1053 = 0,3422,$$
$$B_{bb[1]} = \quad 0,2492 - 0,0339 = 0,2153,$$
$$B_{cb[1]} = \quad 0,1815,$$
$$B_{db[1]} = \quad 0,0995 + 0,0339 = 0,1334,$$
$$B_{eb[1]} = \quad 0,0224 + 0,1053 = 0,1277.$$

Zusammenstellung der $B_{ik[1]}$-Zahlen für das Kreuzwerk mit drehsteifen Hauptträgern:

$i \diagdown k$	a	b	c	d	e
a	0,4976	0,3422	0,2178	0,1277	0,0568
b	0,2224	0,2153	0,1815	0,1334	0,0821
c	0,1412	0,1815	0,2014	0,1815	0,1412
d	0,0821	0,1334	0,1815	0,2153	0,2224
e	0,0568	0,1277	0,2178	0,3422	0,4976

Die Quereinflußlinien $B_{ik[1]}$ sind proportional den Querträgerbiegelinien unter Lastangriff im Punkt i.

Diese sind wegen ihrer großen anschaulichen Bedeutung in Abb. 21a—c dargestellt. Die gestrichelten Linien geben die entsprechenden Biegelinien bei drehweichen Hauptträgern an.

Näherungsweise Ermittlung der $T_{ik[1]}$-Zahlen. Die T_{ik}-Zahlen, das sind die Einflußzahlen für die Hauptträgerdrehmomente, werden aus der Bedingung ermittelt, daß bei seitlich aus der Symmetrieachse des Kreuzwerks verschobener Last das Moment der äußeren Kräfte zahlenmäßig gleich dem widerstehenden Moment der inneren Kräfte des Kreuzwerks sein muß. Das letztere setzt sich zusammen aus dem Moment der Auflagerkräfte B_{ik} um die Symmetrieachse und den Hauptträgerdrehmomenten T_{ik}.

a) **Zustandslinie $T_{ia[1]}$.** Moment der äußeren Kräfte (vgl. Abb. 21a):

$$M = -2a = -2 \cdot 3,50 = -7,00 \text{ m}.$$

Moment der $B_{ia[1]}$-Auflagerdrücke:

$$M = a(B_{ba[1]} - B_{da[1]}) + 2a(B_{aa[1]} - B_{ea[1]}) = 3,50(0,2224 - 0,0821) + 7,00(0,4976 - 0,0568)$$

$$M = 3,577 \text{ m}.$$

Demnach verbleibt ein durch die Drehsteifigkeit der 5 Hauptträger aufzunehmendes Restmoment:

$$\sum_i T_{ia[1]} = 7,00 - 3,577 = 3,423 \text{ m}.$$

Die hier durchgeführte Näherungsrechnung liefert stets nur das Gesamtmoment $\sum_i T_{ik[1]}$.

Die Aufteilung dieses Momentes auf die einzelnen Hauptträger kann aus der Näherungsrechnung direkt nur gewonnen werden, wenn tatsächlich ein sehr steifer Querträger vorhanden ist. Dann ist das Restmoment entsprechend den anteiligen Drehsteifigkeiten der einzelnen Hauptträger auf diese aufzuteilen.

$$T_{ik[1]} = \frac{J_{Ti}}{\Sigma J_T} \sum_i T_{ik[1]}.$$

Ein derartiges Vorgehen ist aber, wie sich aus den skizzierten Querträgerbiegelinien, Abb. 21a—c, unschwer ersehen läßt, für das gewählte Beispiel noch zu grob.

Ungünstigste Stellungen der Verkehrslasten in Brückenquerrichtung:
i für die Biegebeanspruchung des Hauptträgers a

a Querträgerbiegelinie bei Last in a – Quereinflußlinie $\frac{B_{ak(1)}}{r}$

k für die Drehbeanspruchung des Hauptträgers a

b Querträgerbiegelinie bei Last in b – Quereinflußlinie $B_{bk(1)}$

l für die Biegebeanspruchung des Hauptträgers c

c Querträgerbiegelinie bei Last in c – Quereinflußlinie $B_{ck(1)}$

m für die Drehbeanspruchung des Hauptträgers c

d Quereinflußlinie $T_{ak(1)}$

e Quereinflußlinie $T_{bk(1)}$

n für das Biegemoment M_c des lastverteilenden Querträgers

f Quereinflußlinie $T_{ck(1)}$

o für die Querkraft Q_{ak} des lastverteilenden Querträgers

g Quereinflußlinie für das Querträgerbiegemoment $M_{ck(1)}$

p Leibungsdrücke der Querträgervorspannung

h Quereinflußlinie für die Querträgerquerkraft $Q_{ak(1)}$

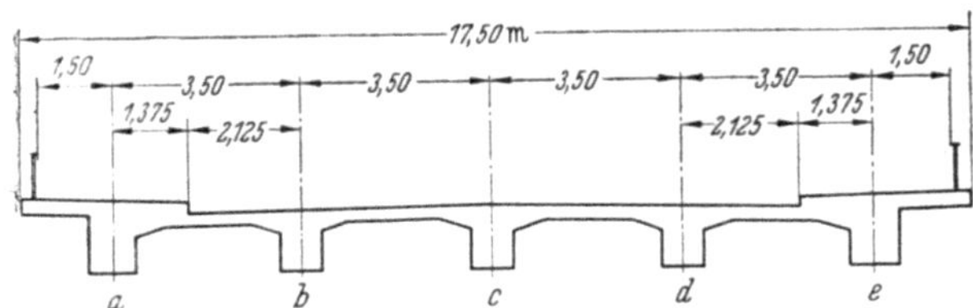

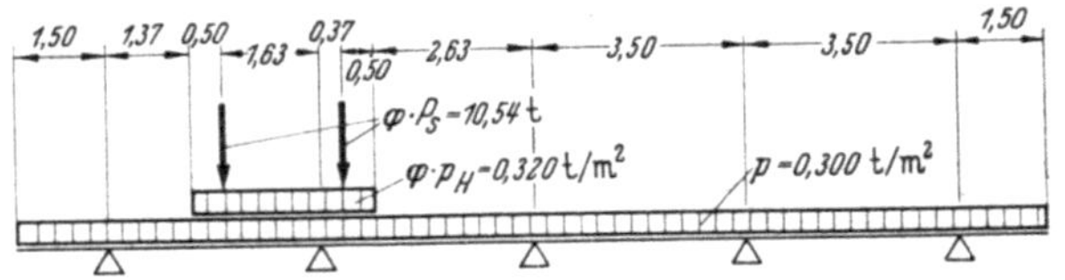

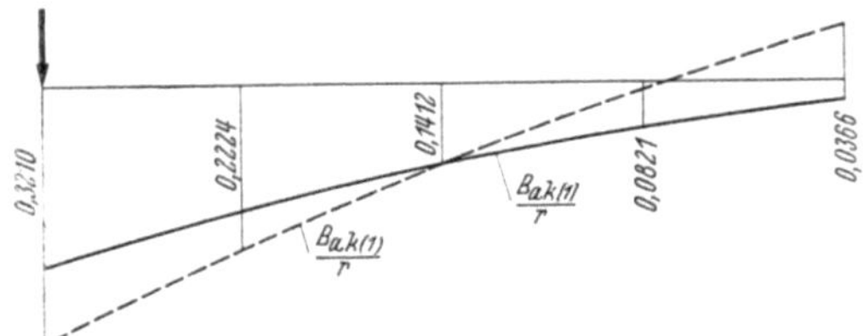

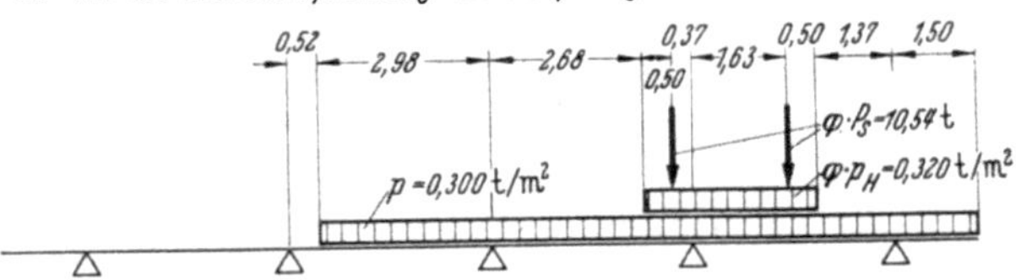

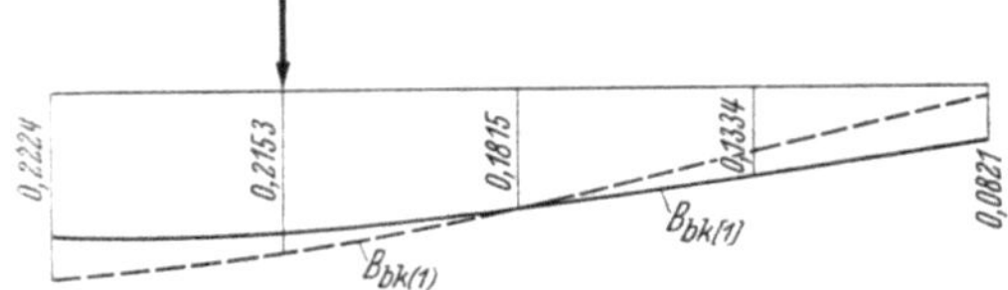

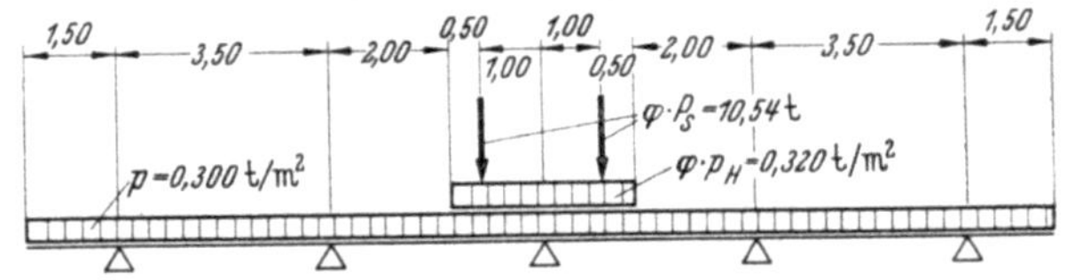

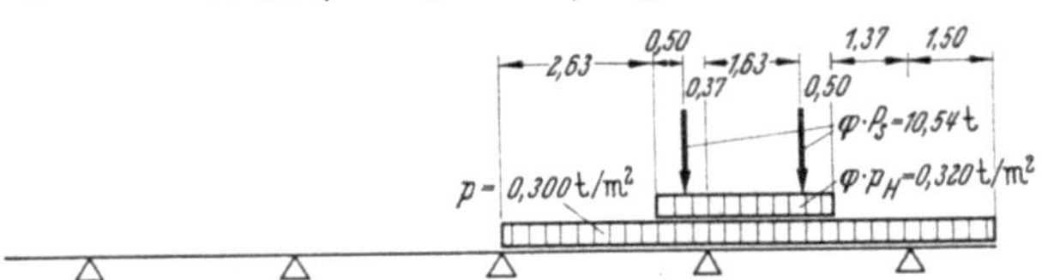

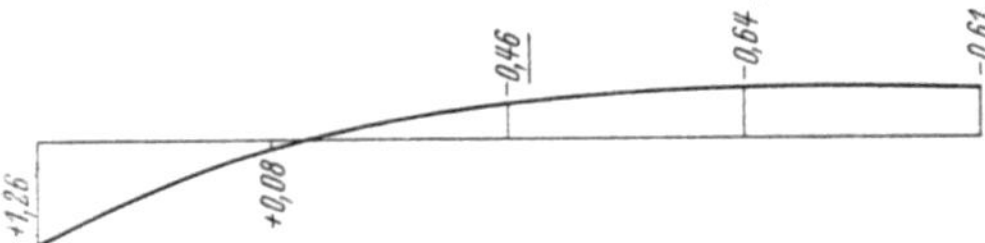

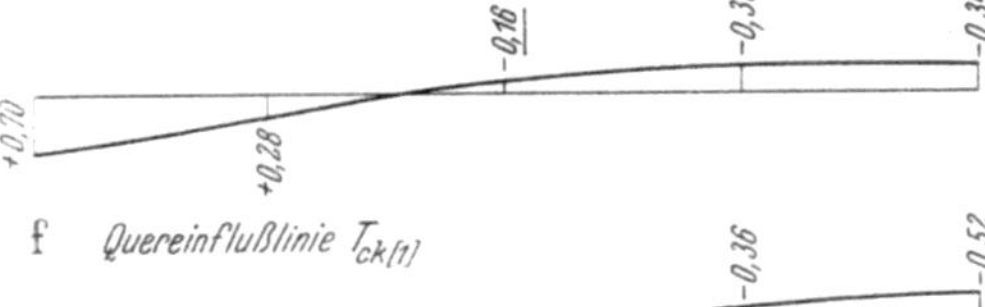

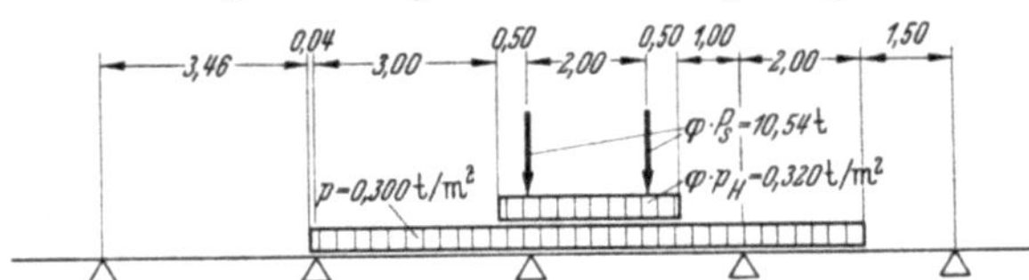

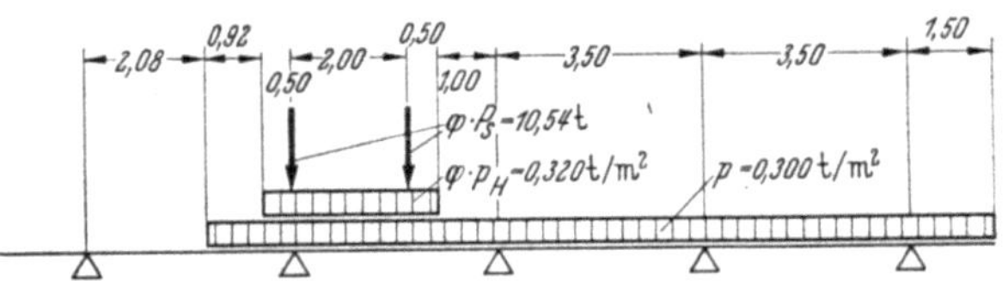

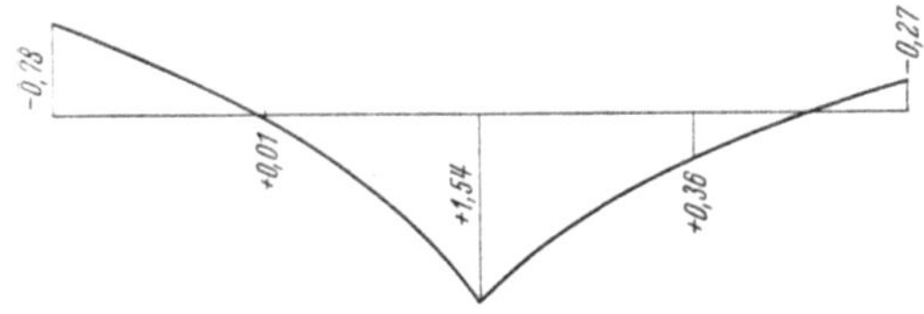

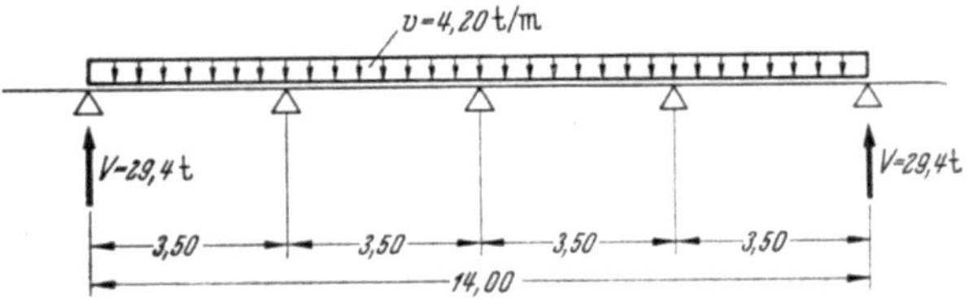

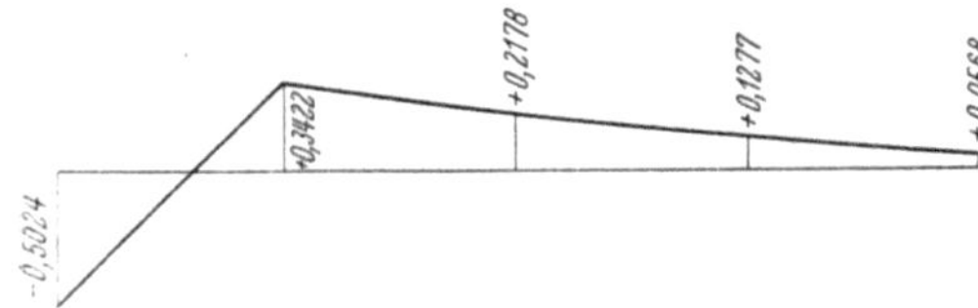

bb. 21 a—p.

Die mittlere Verdrehung beträgt im Feld $a-b$:

$$\varphi_a = \varphi_b = \frac{0{,}3210 - 0{,}2224}{a} = \frac{0{,}0986}{a},$$

entsprechend die mittlere Verdrehung im Feld $d-e$:

$$\varphi_d = \varphi_e = \frac{0{,}0821 - 0{,}0366}{a} = \frac{0{,}0455}{a}.$$

Das heißt, gegenüber einer mittleren Verdrehung

$$\varphi_m = \frac{0{,}0986 + 0{,}0455}{2a} = \frac{0{,}0720}{a}$$

ist

$$\varphi_a \approx 1{,}35\,\varphi_m, \qquad \varphi_d \approx 0{,}65\,\varphi_m.$$

Es wird nun näherungsweise der Einfluß der Querträgerverbiegung auf die Verteilung der Hauptträgerdrehmomente dadurch berücksichtigt, daß die bei starrem Querträger ermittelten $T_{ik[1]}$-Zahlen mit den oben ermittelten Verhältniszahlen für die Winkeldrehung des Querträgers vervielfacht werden.

$$T_{ik[1]} = \frac{\varphi_i\,J_{Ti}}{\sum\limits_i \varphi_i\,J_{Ti}} \sum\limits_i T_{ik[1]},$$

$$\sum\limits_i \varphi_i\,J_{Ti} = \varphi_m \sum\limits_i J_{Ti} = \varphi_m\,0{,}815\ \mathrm{m}^4,$$

$$T_{aa[1]} = \frac{\varphi_a}{\varphi_m}\,\frac{J_{Ta}}{\Sigma J_T} \sum\limits_i T_{ia[1]} = 1{,}35 \cdot \frac{0{,}223}{0{,}815} \cdot 3{,}423 = 1{,}26\ \mathrm{m},$$

$$T_{ba[1]} = \frac{\varphi_b}{\varphi_m}\,\frac{J_{Tb}}{\Sigma J_T} \sum\limits_i T_{ia[1]} = 1{,}35 \cdot \frac{0{,}123}{0{,}815} \cdot 3{,}423 = 0{,}70\ \mathrm{m},$$

$$T_{ca[1]} = \frac{J_{Tc}}{\Sigma J_T} \sum\limits_i T_{ia[1]} = \frac{0{,}123}{0{,}815} \cdot 3{,}423 = 0{,}52\ \mathrm{m},$$

$$T_{da[1]} = \frac{\varphi_d}{\varphi_m}\,\frac{J_{Td}}{\Sigma J_T} \sum\limits_i T_{ia[1]} = 0{,}65 \cdot \frac{0{,}123}{0{,}815} \cdot 3{,}423 = 0{,}34\ \mathrm{m},$$

$$T_{ea[1]} = \frac{\varphi_e}{\varphi_m}\,\frac{J_{Td}}{\Sigma J_T} \sum\limits_i T_{ia[1]} = 0{,}65 \cdot \frac{0{,}223}{0{,}815} \cdot 3{,}423 = 0{,}61\ \mathrm{m}.$$

b) Zustandslinie $T_{ib[1]}$. Moment der äußeren Kräfte (vgl. Abb. 21b):

$$M = -a = -3{,}50\ \mathrm{m}.$$

Moment der $B_{ib[1]}$-Auflagerdrücke:

$$M = a(B_{bb[1]} - B_{db[1]}) + 2a(B_{ab[1]} - B_{eb[1]}) = 3{,}50(0{,}2153 - 0{,}1334) + 7{,}00(0{,}3422 - 0{,}1277)$$

$$M = 1{,}788\ \mathrm{m}.$$

Hier verbleibt ein durch die Drehsteifigkeit der 5 Hauptträger aufzunehmendes Restmoment:

$$\sum\limits_i T_{ib[1]} = 3{,}50 - 1{,}788 = 1{,}712\ \mathrm{m}.$$

Auch hier, bei der Ermittlung der Zustandslinie $T_{ib[-]}$, läßt sich bereits aus der Querträgerbiegelinie ersehen, daß eine Aufteilung des Restmomentes auf die einzelnen Hauptträger nach den Gleichungen, wie sie bei starrem Querträger gelten, zu grob wäre. Nun ist hier aber im Bereich von Hauptträger b bis Hauptträger e die Neigung der Querträgerbiegelinie und damit die Verdrehung der Hauptträger $c - d$ nahezu konstant, so daß lediglich für die Hauptträger a und b eine Korrektur anzubringen ist.

$$\varphi_a = \frac{0,2208 - 0,2153}{a} = \frac{0,0055}{a},$$

$$\varphi_b = \varphi_m = \frac{0,2208 - 0,0824}{4a} = \frac{0,0346}{a},$$

$$\varphi_c = \varphi_d = \varphi_e = \frac{0,2153 - 0,0824}{3a} = \frac{0,0443}{a},$$

$$\varphi_a \approx 0,16\,\varphi_m, \qquad \varphi_b = \varphi_m, \qquad \varphi_c = \varphi_d = \varphi_e \approx 1,28\,\varphi_m.$$

Die $T_{ib[1]}$-Zahlen ergeben sich dann entsprechend wie vorher die $T_{ia[1]}$-Zahlen zu

$$T_{ib[1]} = \frac{\varphi_i J_{Ti}}{\sum_i \varphi_i J_{Ti}} \sum_i T_{ib[1]},$$

$$\frac{1}{\varphi_m} \sum_i \varphi_i J_{Ti} = 0,16 \cdot 0,223 + 0,123 + 2 \cdot 1,28 \cdot 0,123 + 1,28 \cdot 0,223 = 0,759 \text{ m}^4,$$

$$T_{ab[1]} = 0,16 \cdot \frac{0,223}{0,759} \cdot 1,712 = 0,08 \text{ m},$$

$$T_{bb[1]} = \frac{0,123}{0,759} \cdot 1,712 = 0,28 \text{ m},$$

$$T_{cb[1]} = 1,28 \cdot \frac{0,123}{0,759} \cdot 1,712 = 0,36 \text{ m},$$

$$T_{db[1]} = 1,28 \cdot \frac{0,123}{0,759} \cdot 1,712 = 0,36 \text{ m},$$

$$T_{eb[1]} = 1,28 \cdot \frac{0,223}{0,759} \cdot 1,712 = 0,64 \text{ m}.$$

c) Zustandslinie $T_{ic[1]}$. Für die Zustandslinie $T_{ic[1]}$ liefert die angegebene Näherungsrechnung keine Werte, da bei symmetrischer Belastung des Kreuzwerks mit starrem Querträger keinerlei Hauptträgerverdrehung stattfindet.

Eine Abschätzung der Werte $T_{ic[1]}$ kann aber erfolgen durch graphische Interpolation beim Auftragen der jeweiligen Quereinflußlinien $T_{ik[1]}$. Die Form der Einflußlinie $T_{ik[1]}$ muß mit der Form der Querträgerbiegelinie übereinstimmen, die sich ergeben würde, wenn zwischen Hauptträger i und dem Querträger ein Gelenk eingefügt und beiderseits dieses Gelenkes ein Moment M_i angreifen würde (vgl. Abb. 23):

Die Einflußlinien $T_{ai[1]}$ und $T_{bi[1]}$, von denen die Ordinaten in a, b, d und e bekannt sind, werden maßstäblich aufgetragen und daraus die Ordinate bei c abgegriffen, Abb. 21 d—f.

Aus Symmetriegründen ergibt sich ohne Rechnung:

$$T_{cc[1]} = 0.$$

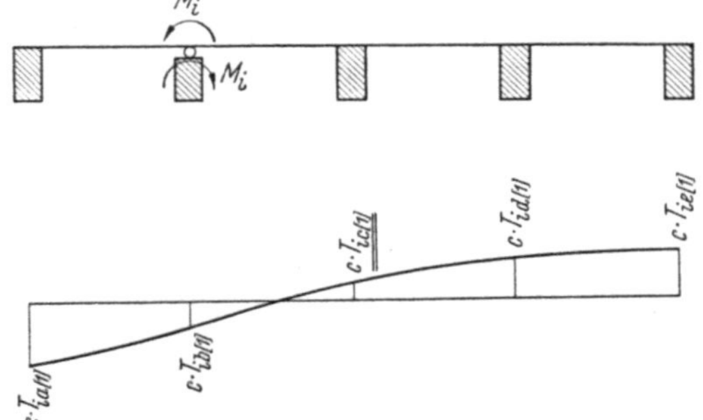

Abb. 23.

Zusammenstellung der $T_{ik[1]}$-Zahlen.

i \ k	a	b	c	d	e
a	$+1,26$	$+0,08$	$-0,46$	$-0,64$	$-0,61$
b	$+0,70$	$+0,28$	$-0,16$	$-0,36$	$-0,34$
c	$+0,52$	$+0,36$	0	$-0,36$	$-0,52$
d	$+0,34$	$+0,36$	$+0,16$	$-0,28$	$-0,70$
e	$+0,61$	$+0,64$	$+0,46$	$-0,08$	$-1,26$

Ermittlung des größten Biegemomentes sowie der größten Querkraft und des zugehörigen Drehmomentes im Hauptträger a.

Belastungen der Hauptträger.

a) Ständige Last. Die auf die einzelnen Hauptträger entfallenden ständigen Lasten sind in der Abb. 22b dargestellt.

b) Leibungsdrücke der Vorspannstähle. Die Leibungsdrücke, die aus der Krümmung der Vorspannstähle herrühren, sind für Haupt- und Querträger in den Abb. 21p und 22c dargestellt[1].

Die auf die einzelnen Kreuzwerkknoten entfallenden Lastanteile des Leibungsdruckes der Querträgervorspannung werden am starr gestützten 4-Feldbalken nach Anger[2] ermittelt:

$$V_a = V_e = -29,40 + 0,393 \cdot 3,50 \cdot 4,20 = -23,62 \text{ to},$$

$$V_b = V_d = 1,143 \cdot 3,50 \cdot 4,20 = 16,80 \text{ to},$$

$$V_c = 0,928 \cdot 3,50 \cdot 4,20 = 13,64 \text{ to}.$$

c) Verkehrslast. Die Belastung erfolgt nach Brückenklasse 60 der DIN 1072.

Schwingbeiwert: $\varphi = 1,24$.

Zur Vereinfachung der Rechnung wird die gleichmäßig verteilte Flächenlast der Hauptspur auch im Bereich des Schwerlastwagens durchgeführt. Als SLW-Einzelradlasten werden dann nur noch die über die anteilige Belastung des SLW-Grundrisses hinausgehenden Lasten aufgebracht.

Über den ganzen Lastgrundriß: $\qquad p = 0,300 \text{ t/m}^2$.

Im Bereich der Hauptspur: $\qquad \varphi \cdot p_H = 0,320 \text{ t/m}^2$.

SLW-Einzelradlasten: $\qquad \varphi \cdot P = 10,54 \text{ to}$.

Die für die Biegebeanspruchung des Hauptträgers a ungünstigste Lastanordnung in Brückenquerrichtung kann aus der Quereinflußlinie B_{ak} abgelesen werden und ist in Abb. 21i dargestellt.

Anteilige Gleichlasten der einzelnen Hauptträger (nach dem Hebelgesetz):

$$p_a = \frac{1}{3,50}\left(0,300 \cdot \frac{5,00^2}{2} + 0,320 \cdot \frac{2,13^2}{2}\right) = 1,28 \text{ t/m},$$

$$p_b = \frac{1}{3,50}\left[0,300\left(5,00 \cdot 1,00 + \frac{3,50^2}{2}\right) + 0,320\,(2,13 \cdot 2,435 + 0,87 \cdot 3,065)\right],$$

$$p_b = 1,67 \text{ t/m},$$

$$p_c = 0,300 \cdot 3,50 + 0,320 \cdot \frac{0,87^2}{2 \cdot 3,50} = 1,17 \text{ t/m},$$

$$p_d = \frac{1}{3,50} \cdot 0,300\left(\frac{3,50^2}{2} + 5,00 \cdot 1,00\right) = 0,95 \text{ t/m},$$

$$p_e = \frac{1}{3,50} \cdot 0,300 \cdot \frac{5,00^2}{2} = 1,07 \text{ t/m}.$$

Anteilige Einzellasten der einzelnen Hauptträger:

$$P_a = 10,54 \cdot \frac{1,63}{3,50} = 4,91 \text{ to}, \qquad P_b = 10,54 \cdot \frac{1,87 + 3,13}{3,50} = 15,06 \text{ to}, \qquad P_c = 10,54 \cdot \frac{0,37}{3,50} = 1,11 \text{ to}.$$

---

[1] Die Vorspannelemente der Hauptträger b bis d erhielten keine durchgehende Krümmung, damit sie der auftretenden Maximalmomentenlinie entsprechen. Sie sind daher in den beiden mittleren Vierteln der Spannweite geradlinig geführt und weisen in der Mitte der Stützweite einen Knick auf.

[2] Anger: Zehnteilige Einflußlinien für durchlaufende Träger. Berlin: Ernst & Sohn.

Die Anordnung der SLW-Einzellasten in Brückenlängsrichtung, die das größte Biegemoment bzw. die größte Querkraft erzeugt, ist aus den Abb. 22d und f zu ersehen.

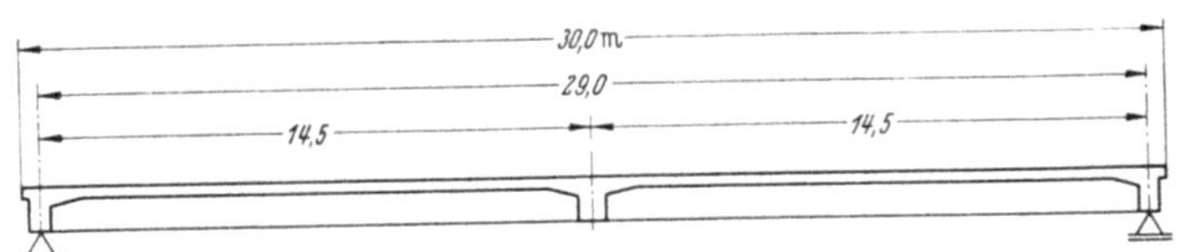

a *Einheitsbiegelinie $\gamma_{u(1)}$*

b *Ständige Lasten der Hauptträger*

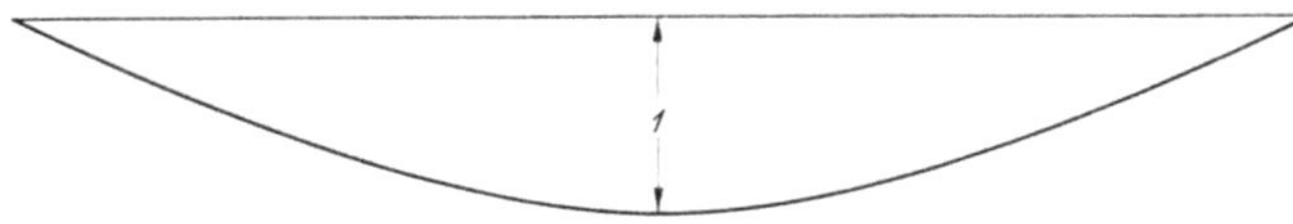

c *Leibungsdrücke der Hauptträgervorspannung*

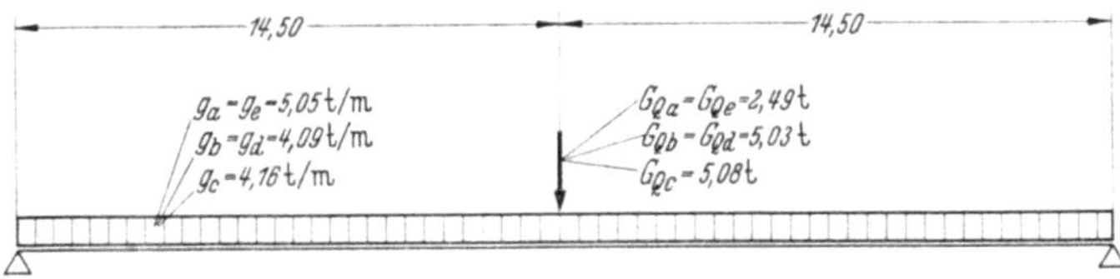

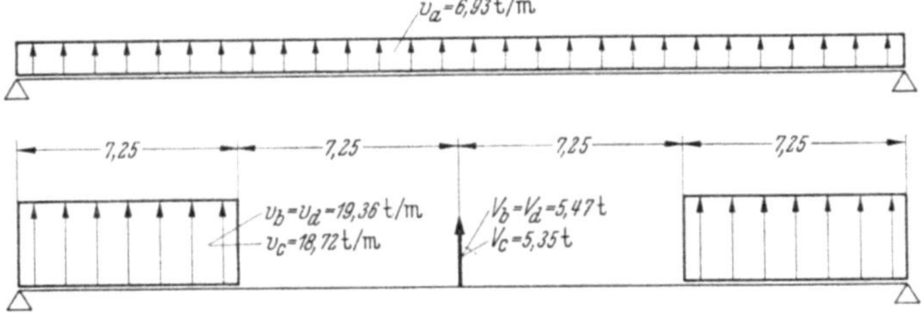

Ungünstigste Stellungen der Verkehrslasten in Brückenlängsrichtung.

d *für größtes Biegemoment $M_{l/2}$ und Drehmoment D_0*

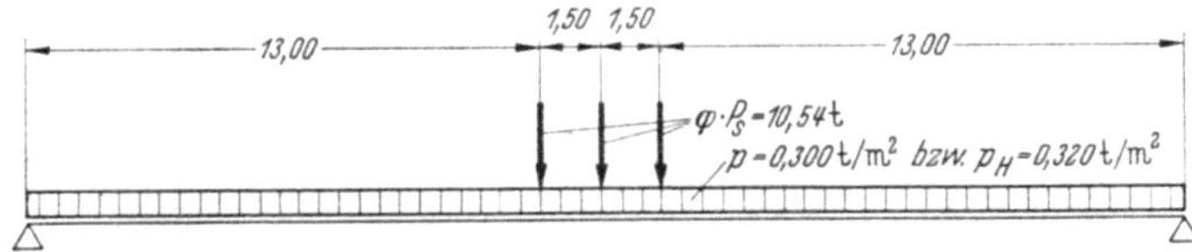

e *für größtes Biegemoment $M_{0,4l}$*

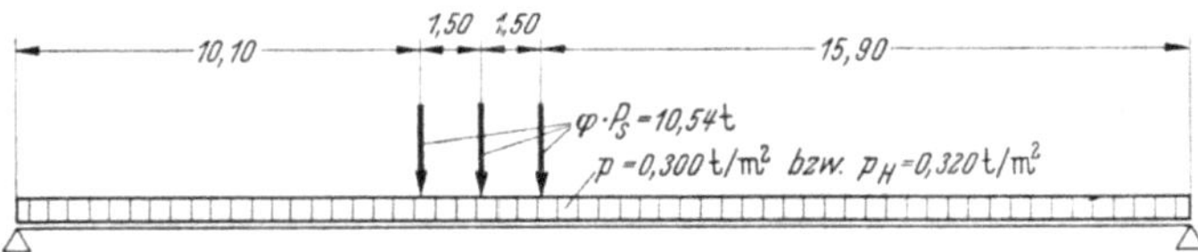

f *für größte Querkraft Q_0*

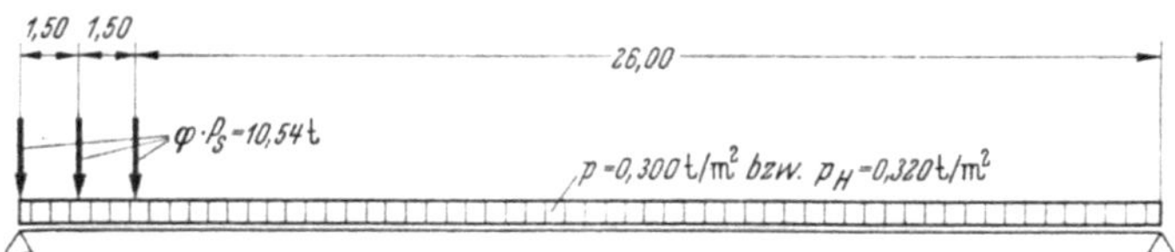

Abb. 22a—f.

Kreuzwerkberechnung für Hauptträger a.

Die Gleichungen der Einflußflächen für die gesuchten statischen Größen des Hauptträgers a lauten gemäß Abschnitt B I 1 und erweitert in bezug auf die Drehmomente:

$$M_{a1,ku} = M^0_{a1,ku} + \frac{l}{4}\,\gamma_{u(1)}\,C_{ak[1]},$$

$$Q_{a0,ku} = Q^0_{a0,ku} + \frac{1}{2}\,\gamma_{u(1)}\,C_{ak[1]},$$

$$D_{a0,ku} = \frac{1}{2}\,\gamma_{u(1)}\,T_{ak[1]},$$

für gleichmäßig verteilte Streckenlasten wird dann in Stützweitenmitte, Punkt $a\,1$

$$M_{a1} = M^0_{a1} + \frac{l}{4}\,F_{(1)}\sum_{k} C_{ak[1]}\,p_k;$$

am Auflager, Punkt $a\,0$

$$Q_{a0} = Q^0_{a0} + \frac{1}{2}\,F_{(1)}\sum_{k} C_{ak[1]}\,p_k,$$

$$D_{a0} = \frac{1}{2}\,F_{(1)}\sum_{k} T_{ak[1]}\,p_k,$$

für Einzellasten:

in Stützweitenmitte, Punkt $a\,1$

$$M_{a1} = M^0_{a1} + \frac{l}{4}\,\gamma_{u(1)}\sum_{k} C_{ak[1]}\,P_k;$$

am Auflager, Punkt $a\,0$

$$Q_{a0} = Q^0_{a0} + \frac{1}{2}\,\gamma_{u(1)}\sum_{k} C_{ak[1]}\,P_k,$$

$$D_{a0} = \frac{1}{2}\,\gamma_{u(1)}\sum_{k} T_{ak[1]}\,P_k.$$

15. Beispiele: b) Ermittlung von Biegemoment, Querkraft und Drehmoment.

a) Ordinaten und Flächenwerte der Einheitsbiegelinie

$$u = \;\;1{,}5\text{ m}: \;\gamma_{1{,}5(1)} = 1{,}5 \cdot \frac{1{,}5}{14{,}5} - 0{,}5\left(\frac{1{,}5}{14{,}5}\right)^3 = 0{,}155,$$

$$u = \;\;3{,}0\text{ m}: \;\gamma_{3{,}0(1)} = 1{,}5 \cdot \frac{3{,}0}{14{,}5} - 0{,}5\left(\frac{3{,}0}{14{,}5}\right)^3 = 0{,}306,$$

$$u = 13{,}0\text{ m}: \;\gamma_{13{,}0(1)} = 1{,}5 \cdot \frac{13{,}0}{14{,}5} - 0{,}5\left(\frac{13{,}0}{14{,}5}\right)^3 = 0{,}985,$$

$$u = 14{,}5\text{ m}: \;\gamma_{14{,}5(1)} = 1{,}000;$$

für die Stellung der Einzellasten gemäß Abb. 22f ist:

$$\sum_u \gamma_{u(1)} = 0{,}155 + 0{,}306 = 0{,}461,$$

(Fortsetzung s. S. 32 oben.)

b) Ermittlung von Biegemoment, Querkraft und zugehörigem Drehmoment.

	k	$C_{ak[1]}$	$T_{ak[1]}$	g_k	G_k	Hauptträgervorspannung			Querträgervorspannung	p_k	P_k	Σ
						$v_a + v_e$	$v_b + v_c + v_d$	V_k	V_k			
	a	−0,5024	1,26	5,05	2,49	−6,93	—	—	−23,62	1,28	4,91	
	b	0,3422	0,08	4,09	5,03	—	−19,36	−5,47	16,80	1,67	15,06	
	c	0,2178	−0,46	4,16	5,08	—	−18,72	−5,35	13,64	1,17	1,11	
	d	0,1277	−0,64	4,09	5,03	—	−19,36	−5,47	16,80	0,95	—	
	e	0,0568	−0,61	5,05	2,49	−6,93	—	—	−23,62	1,07	—	
	$\sum\limits_k C_{ak[1]}\,p_k$			0,578	2,36	3,088	−13,17	−3,74	21,39	0,365	2,93	
	$\sum\limits_k T_{ak[1]}\,p_k$			−0,92	−3,54	−4,50	19,45	5,52	−31,0	−0,05	6,88	
Biegemoment in $x = \frac{l}{2}$	$\frac{l}{4}F_{(1)}$ bzw. $\frac{l}{4}\Sigma\gamma_{u(1)}$			131,4	7,25	131,4	37,77	7,25	7,25	131,4	21,53	
	Lastverteilungsglied[1]			76	17	406	−497	−27	155	48	63	
	M^0_{a1}-Glied			531	18	−729	—	—	−171	135	99	
	M_{a1}			607	35	−323	−497	−27	−16	183	162	+124
Querkraft in $x = 0$	$\frac{1}{2}F_{(1)}$ bzw. $\frac{1}{2}\Sigma\gamma_{u(1)}$			9,06	0,500	9,06	2,605	0,500	0,500	9,06	0,231	
	Lastverteilungsglied[2]			5,2	1,2	28,0	−34,3	−1,9	10,7	3,3	0,7	
	Q^0_{a0}-Glied			73,2	1,2	−100,5	—	—	−11,8	18,6	14,0	
	Q_{a0}			78,4	2,4	−72,5	−34,3	−1,9	−1,1	21,9	14,7	+7,6
	Drehmoment in $x = 0$: D_{a0}[3]			−8,3	−1,8	−40,8	50,7	2,8	−15,5	−0,5	1,6	−11,8

$$\underline{\max M_{a1} = +124\text{ tm}}, \qquad \underline{\max Q_{a0} = +7{,}6\text{ to}}, \qquad \underline{\text{zugeh. } D_{a0} = -11{,}8\text{ tm}}.$$

[1] $l/4 \cdot F_{(1)} \sum\limits_k C_{ak[1]}\,p_k$ bzw. $l/4 \cdot \sum\limits_u \gamma_{u(1)} \sum\limits_k C_{ak[1]}\,P_k$.

[2] $1/2 \cdot F_{(1)} \sum\limits_k C_{ak[1]}\,p_k$ bzw. $1/2 \cdot \sum\limits_u \gamma_{u(1)} \sum\limits_k C_{ak[1]}\,P_k$.

[3] $1/2 \cdot F_{(1)} \sum\limits_k T_{ak[1]}\,p_k$ bzw. $1/2 \cdot \sum\limits_u \gamma_{u(1)} \sum\limits_k T_{ak[1]}\,P_k$.

für die Stellung der Einzellasten gemäß Abb. 22d ist:

$$\sum_u \gamma_{u(1)} = 1{,}000 + 2 \cdot 0{,}985 = 2{,}970.$$

Flächenwert bei Vollbelastung eines Hauptträgers:

$$F_{(1)} = 0{,}625 \cdot l = 0{,}625 \cdot 29{,}0 = 18{,}125 \text{ m}.$$

Flächenwert bei Belastung der äußeren Viertel der Hauptträgerspannweite:

$$F_{(1)} = 2 \cdot 0{,}3594 \cdot \frac{l}{4} = 0{,}3594 \cdot 14{,}5 = 5{,}211 \text{ m}.$$

b) Ermittlung von Biegemoment usw. s. Tabelle S. 31.

Ermittlung des größten Drehmomentes und der zugehörigen Querkraft im Hauptträger a.

Belastungen der Hauptträger.

a) Ständige Last und Vorspannung wie vorstehend.

b) Verkehrslast. Die ungünstigste Lastanordnung in Brückenquerrichtung wird aus der Quereinflußlinie T_{ak} abgelesen und ist in Abb. 21k dargestellt.

Anteilige Gleichlasten der einzelnen Hauptträger (nach dem Hebelgesetz):

$$p_e = \frac{1}{3{,}50}\left(0{,}300 \cdot \frac{5{,}00^2}{2} + 0{,}320 \cdot \frac{2{,}13^2}{2}\right) = 1{,}28 \text{ t/m},$$

$$p_d = \frac{1}{3{,}50}\left[0{,}300\left(5{,}00 \cdot 1{,}00 + \frac{3{,}50^2}{2}\right) + 0{,}320 \cdot (2{,}13 \cdot 2{,}435 + 0{,}87 \cdot 3{,}065)\right] = 1{,}67 \text{ t/m},$$

$$p_c = \frac{1}{3{,}50}\left[0{,}300\left(\frac{3{,}50^2}{2} + 2{,}98 \cdot 2{,}01\right) + 0{,}320 \cdot \frac{0{,}87^2}{2}\right] = 1{,}07 \text{ t/m},$$

$$p_b = \frac{1}{3{,}50} \cdot 0{,}300 \cdot \frac{2{,}98^2}{2} = 0{,}38 \text{ t/m}.$$

(Fortsetzung s. S. 33 oben.)

k	$C_{ak[1]}$	$T_{ak[1]}$	p_k	P_k
a	−0,5024	1,26	—	—
b	0,3422	0,08	0,38	—
c	0,2178	−0,46	1,07	1,11
d	0,1277	−0,64	1,67	15,06
e	0,0568	−0,61	1,28	4,91
$\sum C_{ak[1]} p_k$			0,649	2,44
$\sum T_{ak[1]} p_k$			−2,31	−13,14
$\frac{1}{2} F_{(1)}$ bzw. $\frac{1}{2}\sum \gamma_{u(1)}$			9,06	1,485
Querkraft in $x=0$: Lastverteilungsglied[1]			5,9	3,6
Q_{a0}^0-Glied			—	—
Q_{a0}			5,9	3,6
Drehmoment in $x=0$ D_{a0}[2]			−20,9	−19,5

[1] $1/2 \cdot F_{(1)} \sum_k C_{ak[1]} p_k$ bzw. $1/2 \cdot \sum_u \gamma_{u(1)} \sum_k C_{ak[1]} P_k$.

[2] $1/2 \cdot F_{(1)} \sum_k T_{ak[1]} p_k$ bzw. $1/2 \cdot \sum_u \gamma_{u(1)} \sum_k T_{ak[1]} P_k$.

$$\underline{\text{extrem } D_{a0}} = -8{,}3 - 1{,}8 - 40{,}8 + 50{,}7 + 2{,}8$$
$$- 15{,}5 - 20{,}9 - 19{,}5 = \underline{-53{,}3 \text{ t/m}}.$$

$$\underline{\text{zugeh. } Q_{a0}} = 78{,}4 + 2{,}4 - 72{,}5 - 34{,}3 - 1{,}9$$
$$- 1{,}1 + 5{,}9 + 3{,}6 = \underline{-19{,}5 \text{ to}}.$$

Anteilige Einzellasten der einzelnen Hauptträger:

$$P_e = 10,54 \cdot \frac{1,63}{3,50} = 4,91 \text{ to,}$$

$$P_d = 10,54 \cdot \frac{1,87 + 3,13}{3,50} = 15,06 \text{ to,}$$

$$P_c = 10,54 \cdot \frac{0,37}{3,50} = 1,11 \text{ to.}$$

Die ungünstige Anordnung der SLW-Einzellasten in Brückenlängsrichtung ist aus Abb. 22d zu ersehen.

Kreuzwerkberechnung für Querkraft und Drehmoment. Ordinaten und Flächenwerte der Einheitsbiegelinie wie vorstehend, Berechnung s. Tabelle S. 32.

Die Kreuzwerkberechnung kann sich auf die Verkehrslast beschränken, da die gesuchten Schnittkräfte infolge ständiger Last und Vorspannung bereits weiter vorn ermittelt wurden.

Ermittlung des größten Biegemomentes sowie der größten Querkraft und des zugehörigen Drehmomentes im Hauptträger *c*.

Belastungen der Hauptträger:

a) Ständige Last und Vorspannung wie vorstehend bei der Momentenermittlung für Hauptträger *a*.

b) Verkehrslast. Die für die Biegebeanspruchung des Hauptträgers *c* ungünstigste Lastanordnung in Brückenquerrichtung wird aus der Quereinflußlinie $C_{ck[1]}$ abgelesen und ist in Abb. 211 dargestellt.

Anteilige Gleichlasten der einzelnen Hauptträger:

$$p_a = p_e = \frac{1}{3,50} \cdot 0,300 \cdot \frac{5,00^2}{2} = 1,07 \text{ t/m,}$$

$$p_b = p_d = \frac{1}{3,50}\left[0,300\left(5,00 \cdot 1,00 + \frac{3,50^2}{2}\right) + 0,320 \cdot \frac{1,50^2}{2}\right] = 1,06 \text{ t/m,}$$

$$p_c = \frac{2}{3,50}\left(0,300 \cdot \frac{3,50^2}{2} + 0,320 \cdot 1,50 \cdot 2,75\right) = 1,80 \text{ t/m.}$$

Anteilige Einzellasten der einzelnen Hauptträger:

$$P_b = P_d = 10,54 \cdot \frac{1,00}{3,50} = 3,01 \text{ to,}$$

$$P_c = 2 \cdot 10,54 \cdot \frac{2,50}{3,50} = 15,06 \text{ to.}$$

Die Stellung der SLW-Einzellasten, die jeweils das größte Biegemoment in $x = l/2$ bzw. $x = 0,4\,l$ sowie die größte Querkraft in $x = 0$ erzeugen, sind aus den Abb. 22d—f zu ersehen.

Kreuzwerkberechnung für Hauptträger *c*.

Die Gleichungen der gesuchten statischen Größen des Hauptträgers *c* lauten gemäß Abschnitt B I 1 und erweitert in bezug auf die Drehmomente:

$$M_{c1,ku} = M^0_{c1,ku} + \frac{l}{4}\gamma_{u(1)} C_{ck[1]},$$

$$M_{c0,8,ku} = M^0_{c0,8,ku} + \frac{l}{5}\gamma_{u(1)} C_{ck[1]},$$

$$Q_{c0,ku} = Q^0_{c0,ku} + \frac{1}{2}\gamma_{u(1)} C_{rk[1]},$$

$$D_{c0,ku} = \frac{1}{2}\gamma_{u(1)} T_{ck[1]},$$

k	$C_{ck[1]}$	g_k	G_k	Hauptträgervorspannung			Querträgervorspannung	p_k	p_k	Σ
				$v_a + v_e$	$v_b+v_c+v_d$	V_k	V_k			
a	0,1412	5,05	2,49	−6,93	—	—	−23,62	1,07	—	
b	0,1815	4,09	5,03	—	−19,36	−5,47	16,80	1,06	3,01	
c	−0,7986	4,16	5,08	—	−18,72	−5,35	13,64	1,80	15,06	
d	0,1815	4,09	5,03	—	−19,36	−5,47	16,80	1,06	3,01	
e	0,1412	5,05	2,49	−6,93	—	—	−23,62	1,07	−−	
$C_{ck[1]}\,p_k$		−0,411	−1,53	−1,957	7,922	2,29	−11,46	−0,751	−10,93	

Biegemoment $x = l/2$

	g_k	G_k	v_a+v_e	$v_b+v_c+v_d$	V_k	V_k	p_k	p_k	Σ
$\dfrac{l}{4} F_{(1)}$ bzw. $\dfrac{l}{4}\Sigma \gamma_{u(1)}$	131,4	7,25	131,4	37,77	7,25	7,25	131,4	21,53	
Lastverteilungsglied[1]	−54	−11	−257	299	17	−83	−99	−235	
M_{c1}^0-Glied	437	37	—	−492	−39	99	189	305	
M_{c1}	383	26	−257	−193	−22	16	90	70	+113

Biegemoment $x = 0,4\,l$

	g_k	G_k	v_a+v_e	$v_b+v_c+v_d$	V_k	V_k	p_k	p_k	Σ
$\dfrac{l}{5} F_{(1)}$ bzw. $\dfrac{l}{5}\Sigma \gamma_{u(1)}$	105,1	5,80	105,1	30,22	5,80	5,80	105,1	16,27	
Lastverteilungsglied[2]	−43	−9	−206	239	13	−66	−79	−178	
$M_{c0,8}^0$-Glied	420	29	—	−492	−31	79	182	303	
$M_{c0,8}$	377	20	−206	−253	−18	13	103	125	+161

Querkraft $x = 0$

	g_k	G_k	v_a+v_e	$v_b+v_c+v_d$	V_k	V_k	p_k	p_k	Σ
$\dfrac{1}{2} F_{(1)}$ bzw. $\dfrac{1}{2}\Sigma \gamma_{u(1)}$	9,06	0,500	9,06	2,605	0,500	0,500	9,06	0,231	
Lastverteilungsglied[3]	−3,7	−1,8	−17,7	20,6	1,1	−5,7	−6,8	−2,5	
Q_{c0}^0-Glied	60,3	2,5	—	−135,7	−2,7	6,8	26,1	42,8	
Q_{c0}	56,6	0,7	−17,7	−115,1	−1,6	1,1	19,3	40,3	−16,4

$$\max M_{c1} = +113 \text{ tm}, \qquad \max M_{c0,8} = +161 \text{ tm}, \qquad \max Q_{c0} = -16,4 \text{ to},$$
$$\min Q_{c0} = -76,0 \text{ to}, \qquad \text{zugeh. } D_{c0} = 0.$$

---

[1] $l/4 \cdot F_{(1)} \sum\limits_{k} C_{ck[1]}\,p_k$ bzw. $l/4 \cdot \sum\limits_{u} \gamma_{u(1)} \sum\limits_{k} C_{ck[1]}\,P_k$.

[2] $l/5 \cdot F_{(1)} \sum\limits_{k} C_{ck[1]}\,p_k$ bzw. $l/5 \cdot \sum\limits_{u} \gamma_{u(1)} \sum\limits_{k} C_{ck[1]}\,P_k$.

[3] $1/2 \cdot F_{(1)} \sum\limits_{k} C_{ck[1]}\,p_k$ bzw. $1/2 \cdot \sum\limits_{u} \gamma_{u(1)} \sum\limits_{k} C_{ck[1]}\,P_k$.

für gleichmäßig verteilte Streckenlasten wird dann in Stützweitenmitte, Punkt $c\,1$:

$$M_{c1} = M_{c1}^0 + \frac{l}{4} F_{(1)} \sum_{k} C_{ck[1]}\,p_k,$$

in $0,4\,l$, Punkt $c\,0,8$:

$$M_{c0,8} = M_{c0,8}^0 + \frac{l}{5} F_{(1)} \sum_{k} C_{ck[1]}\,p_k,$$

am Auflager, Punkt $c\,0$:

$$Q_{c0} = Q_{c0}^0 + \frac{1}{2} F_{(1)} \sum_{k} C_{ck[1]}\,p_k,$$

$$D_{c0} = \frac{1}{2} F_{(1)} \sum_{k} T_{ck[1]}\,p_k,$$

für Einzellasten:

in Stützweitenmitte, Punkt $c\,1$

$$M_{c1} = M_{c1}^0 + \frac{l}{4}\,\gamma_{u(1)} \sum_k C_{ck[1]}\,P_k,$$

in $0{,}4\,l$, Punkt $c\,0{,}8$

$$M_{c0,8} = M_{c0,8}^0 + \frac{l}{5}\,\gamma_{u(1)} \sum_k C_{ck[1]}\,P_k,$$

am Auflager, in Punkt $c\,0$

$$Q_{c0} = Q_{c0}^0 + \frac{1}{2}\,\gamma_{u(1)} \sum_k C_{ck[1]}\,P_k,$$

$$D_{c0} = \phantom{Q_{c0}^0 +} \frac{1}{2}\,\gamma_{u(1)} \sum_k T_{ck[1]}\,P_k.$$

Die Ordinaten und Flächenwerte der Einheitsbiegelinie können zum Teil aus der Momentenermittlung für Hauptträger a übernommen werden.

Lediglich für die Einzellasten bei $\max M_{c0,8}$ sind noch die Ordinaten $\gamma_{u(1)}$ zu bestimmen:

$$u = 10{,}1 \text{ m:} \quad \gamma_{10,1(1)} = 1{,}5 \cdot \frac{10{,}1}{14{,}5} - 0{,}5 \left(\frac{10{,}1}{14{,}5}\right)^3 = 0{,}876,$$

$$u = 11{,}6 \text{ m:} \quad \gamma_{11,6(1)} = 1{,}5 \cdot \frac{11{,}6}{14{,}5} - 0{,}5 \left(\frac{11{,}6}{14{,}5}\right)^3 = 0{,}944,$$

$$u = 13{,}1 \text{ m:} \quad \gamma_{13,1(1)} = 1{,}5 \cdot \frac{13{,}1}{14{,}5} - 0{,}5 \left(\frac{13{,}1}{14{,}5}\right)^3 = 0{,}986.$$

Für die Stellung der Einzellasten gemäß Abb. 22e ist

$$\sum_u \gamma_{u(1)} = 0{,}876 + 0{,}944 + 0{,}986 = 2{,}806.$$

Das zugehörige Drehmoment D_{a0} muß sich wegen der Symmetrie von System und Belastung zu Null ergeben, Berechnung von M_{c1} usw. s. Tabelle S. 34.

Ermittlung des größten Drehmomentes und der zugehörigen Querkraft im Hauptträger c.

Belastungen der Hauptträger.

a) Ständige Last und Vorspannung wie vorstehend.

b) Verkehrslast. Die ungünstigste Lastanordnung in Brückenquerrichtung wird aus der Quereinflußlinie $T_{ck[1]}$ abgelesen und ist in Abb. 21m dargestellt.

Anteilige Gleichlasten der einzelnen Hauptträger (nach dem Hebelgesetz):

$$p_e = \frac{1}{3{,}50}\left(0{,}300 \cdot \frac{5{,}00^2}{2} + 0{,}320 \cdot \frac{2{,}13^2}{2}\right) = 1{,}28 \text{ t/m,}$$

$$p_d = \frac{1}{3{,}50}\left[0{,}300 \left(5{,}00 \cdot 1{,}00 + \frac{3{,}50^2}{2}\right) + 0{,}320\,(2{,}13 \cdot 2{,}435 + 0{,}87 \cdot 3{,}065)\right] = 1{,}67 \text{ t/m,}$$

$$p_c = \frac{1}{3{,}50}\left(0{,}300 \cdot \frac{3{,}50^2}{2} + 0{,}320 \cdot \frac{0{,}87^2}{2}\right) = 0{,}56 \text{ t/m.}$$

Die anteiligen Einzellasten der einzelnen Hauptträger betragen gemäß Abb. 21m:

$$P_e = 10{,}54 \cdot \frac{1{,}63}{3{,}50} = 4{,}91 \text{ to,}$$

$$P_d = 10{,}54 \cdot \frac{1{,}87 + 3{,}13}{3{,}50} = 15{,}06 \text{ to,}$$

$$P_c = 10{,}54 \cdot \frac{0{,}37}{3{,}50} = 1{,}11 \text{ to.}$$

Lastanordnung in Brückenlängsrichtung gemäß Abb. 22d.

Kreuzwerkberechnung für Querkraft und Drehmoment. Auch hier beschränkt sich die Kreuzwerkberechnung nur auf die Verkehrslast, da die gesuchten Schnittkräfte aus ständiger Last und Vorspannung bereits ermittelt wurden.

Ordinaten und Flächenwerte der Einheitsbiegelinie wie vorstehend.

k	$C_{ck[1]}$	$T_{ck[1]}$	p_k	P_k
a	0,1412	0,52	—	—
b	0,1815	0,36	—	—
c	−0,7986	0	0,56	1,11
d	0,1815	−0,36	1,67	15,06
e	0,1412	−0,52	1,28	4,91
$\Sigma\, C_{ck[1]}\, p_k$			0,037	2,54
$\Sigma\, T_{ck[1]}\, p_k$			−1,27	−7,97
$\dfrac{1}{2} F_{(1)}$ bzw. $\dfrac{1}{2}\Sigma\, \gamma_{u(1)}$			9,06	1,485
Querkraft in $x=0$ — Lastverteilungsglied[1]			0,3	3,8
Querkraft in $x=0$ — Q_{c0}^0-Glied			8,1	1,7
Querkraft in $x=0$ — Q_{c0}			8,4	5,5
Drehmoment in $x=0$ $\quad D_{c0}{}^2$			−11,5	−11,8

[1] $1/2 \cdot F_{(1)} \sum\limits_{k} C_{ck[1]}\, p_k$ bzw. $1/2 \cdot \sum\limits_{u} \gamma_{u(1)} \sum\limits_{k} C_{ck[1]}\, P_k$.

[2] $1/2 \cdot F_{(1)} \sum\limits_{k} T_{ck[1]}\, p_k$ bzw. $1/2 \cdot \sum\limits_{u} \gamma_{u(1)} \sum\limits_{k} T_{ck[1]}\, P_k$.

$$\text{extrem } D_{c0} = -11,5 - 11,8 = -23,3 \text{ t/m,}$$
$$\text{zugeh. } Q_{c0} = -76,0 + 8,4 + 5,5 = -62,1 \text{ t.}$$

Ermittlung der größten Biegemomente und der größten Querkraft im lastverteilenden Querträger.

Der nachfolgenden Berechnung liegt die Annahme zugrunde, daß die äußeren Lasten von der Fahrbahnplatte nur auf die Hauptträger abgetragen werden, so daß eine Querträgerbeanspruchung nur indirekt durch die Lastverteilung unter den Hauptträgern erfolgt. Lediglich für den Lastfall Querträgervorspannung wird im vorliegenden Beispiel eine direkte Lasteinwirkung auf den Querträger angenommen. Treten also bei anderen Kreuzwerken merkliche direkte Belastungen der lastverteilenden Querträger auf, so ist für diese Lasten sinngemäß wie hier beim Lastfall Querträgervorspannung zu verfahren.

Gemäß Abschnitt BI1 lauten die Gleichungen der Einflußflächen: für das Biegemoment des Querträgers im Schnitt unter Hauptträger c:

$$M_{1c,uv} = \gamma_{u(1)}\, M_{cv[1]}$$

und für die Querkraft des Querträgers im Schnitt unmittelbar neben Hauptträger a:

$$Q_{1a,uv} = \gamma_{u(1)}\, Q_{av[1]}.$$

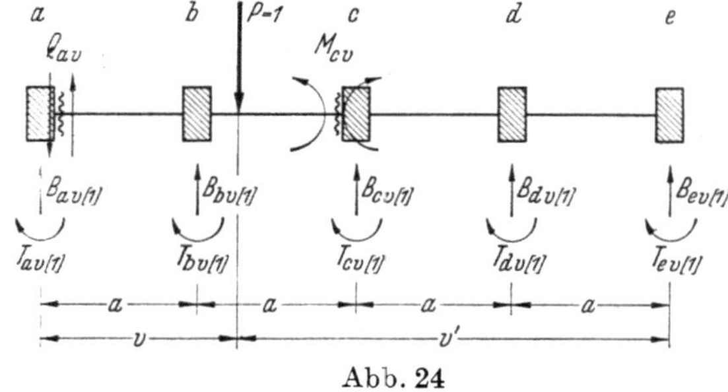

Abb. 24

In diesen Gleichungen sind die Einflußlinien M_{cv} und Q_{av} des Balkens auf elastisch senk- und drehbaren Stützen enthalten.

Entsprechend Abb. 24 wird dann:

$$M_{cv[1]} = -1(2a - v) + T_{av[1]} + T_{bv[1]} + a(2B_{av[1]} + B_{bv[1]}),$$
$$Q_{av[1]} = B_{av[1]}$$

bzw., wenn die Lasten nur über den Hauptträgern angreifen:

$$M_{ck[1]} = T_{ak[1]} + T_{bk[1]} + a(2C_{ak[1]} + C_{bk[1]}),$$
$$Q_{ak[1]} = C_{ak[1]}.$$

Ermittlung der Quereinflußlinien $M_{ck[1]}$ und $Q_{ak[1]}$, vgl. Abb. 21g und h:

$$M_{ca[1]} = \quad 1{,}26 + 0{,}70 + 3{,}50\,(-2\cdot 0{,}5024 + 0{,}2224) = -0{,}78\;\text{m},$$
$$M_{cb[1]} = \quad 0{,}08 + 0{,}28 + 3{,}50\,(2\cdot 0{,}3422 - 0{,}7847) = 0{,}01\;\text{m},$$
$$M_{cc[1]} = -0{,}46 - 0{,}16 + 3{,}50\,(2\cdot 0{,}2178 + 0{,}1815) = 1{,}54\;\text{m},$$
$$M_{cd[1]} = -0{,}64 - 0{,}36 + 3{,}50\,(2\cdot 0{,}1277 + 0{,}1334) = 0{,}36\;\text{m},$$
$$M_{ce[1]} = -0{,}61 - 0{,}34 + 3{,}50\,(2\cdot 0{,}0568 + 0{,}0821) = -0{,}27\;\text{m},$$
$$Q_{aa[1]} = -0{,}5024, \qquad\qquad Q_{ab[1]} = 0{,}3422,$$
$$Q_{ac[1]} = \quad 0{,}2178, \qquad\qquad Q_{ad[1]} = 0{,}1277,$$
$$Q_{ae[1]} = \quad 0{,}0568.$$

Belastungen der Hauptträger.

a) Ständige Last und Vorspannung wie vorstehend bei der Momentenermittlung für Hauptträger a.

b) Verkehrslast. Die ungünstigste Lastanordnung in Brückenquerrichtung wird für $\max M$ aus der Quereinflußlinie $M_{ck[1]}$ und für $\max Q$ aus der Quereinflußlinie $Q_{ak[1]}$ abgelesen. Die beiden Laststellungen sind in Abb. 21n und o dargestellt.

Danach werden die anteiligen Lasten der einzelnen Hauptträger ermittelt:

1. Für $\max M$. Gleichlasten:

$$p_a \approx 0,$$
$$p_b = 0{,}300\cdot 1{,}79 + 0{,}320\cdot\frac{0{,}50^2}{2\cdot 3{,}50} = 0{,}55\;\text{t/m},$$
$$p_c = 0{,}300\cdot 3{,}50 + \frac{1}{3{,}50}\cdot 0{,}320\,(0{,}50\cdot 3{,}25 + 2{,}50\cdot 2{,}25) = 1{,}71\;\text{t/m},$$
$$p_d = \frac{1}{3{,}50}\left[0{,}300\left(\frac{3{,}50^2}{2} + 2{,}00\cdot 2{,}50\right) + 0{,}320\cdot\frac{2{,}50^2}{2}\right] = 1{,}24\;\text{t/m},$$
$$p_e = \frac{1}{3{,}50}\cdot 0{,}300\cdot\frac{2{,}00^2}{2} = 0{,}17\;\text{t/m}.$$

Einzellasten.

$$P_c = 10{,}54\left(1 + \frac{1{,}50}{3{,}50}\right) = 15{,}06\;\text{to},$$
$$P_d = 10{,}54\cdot\frac{2{,}00}{3{,}50} = 6{,}02\;\text{to}.$$

2. Für $\max Q$. Gleichlasten:

$$p_a = \frac{1}{3{,}50}\left(0{,}300\cdot\frac{1{,}42^2}{2} + 0{,}320\cdot\frac{0{,}50^2}{2}\right) = 0{,}10\;\text{t/m},$$
$$p_b = \frac{1}{3{,}50}\left[0{,}300\left(1{,}42\cdot 2{,}79 + \frac{3{,}50^2}{2}\right) + 0{,}320\,(0{,}50\cdot 3{,}25 + 2{,}50\cdot 2{,}25)\right] = 1{,}53\;\text{t/m},$$
$$p_c = \frac{1}{3{,}50}\left(0{,}300\cdot 3{,}50^2 + 0{,}320\cdot\frac{2{,}50^2}{2}\right) = 1{,}34\;\text{t/m},$$
$$p_d = \frac{1}{3{,}50}\cdot 0{,}300\left(\frac{3{,}50^2}{2} + 5{,}00\cdot 1{,}00\right) = 0{,}95\;\text{t/m},$$
$$p_e = \frac{1}{3{,}50}\cdot 0{,}300\cdot\frac{5{,}00^2}{2} = 1{,}07\;\text{t/m}.$$

Einzellasten:

$$P_b = 10{,}54\left(1 + \frac{1{,}50}{3{,}50}\right) = 15{,}06 \text{ t},$$

$$P_c = 10{,}54 \cdot \frac{2{,}00}{3{.}50} = 6{,}02 \text{ to}.$$

Lastanordnung in Brückenlängsrichtung sowohl für max M wie für max Q gemäß Abb. 22d.

Kreuzwerkberechnung für Biegemoment und Querkraft des Querträgers.

Ordinaten und Flächenwerte der Einheitsbiegelinie werden aus der Momentenermittlung für Hauptträger a übernommen.

| k | $M_{ck[1]}$ | $Q_{ak[1]}$ | g_k | G_k | Hauptträgervorspannung | | | Querträger-vorspannung | p_k | P_k | p_k | P_k | Σ |
					$v_a + v_e$	$v_b+v_c+v_d$	V_k	V_k					
a	−0,78	−0,502	5,05	2,49	−6,93	—	—	−23,62	—	—	0,10	—	
b	0,01	0,342	4,09	5,03	—	−19,36	−5,47	16,80	0,55	—	1,53	15,06	
c	1,54	0,218	4,16	5,08	—	−18,72	−5,35	13,64	1,71	15,06	1,34	6,02	
d	0,36	0,128	4,09	5,03	—	−19,36	−5,47	16,80	1,24	6,02	0,95	—	
e	−0,27	0,057	5,05	2,49	−6,93	—	—	−23,62	0,17	—	1,07	—	
$\Sigma M_{ck[1]}\,p_k$			2,62	7,07	7,28	−36,0	−10,3	52,0	3,04	25,4	—	—	
$\Sigma Q_{ak[1]}\,p_k$			0,582	2,36	3,084	−13,18	−3,74	21,38	—	—	0,948	6,46	
$F_{(1)}$ bzw. $\Sigma \gamma_{u(1)}$			18,12	1,00	18,12	5,21	1,00	1,00	18,12	2,970	18,12	2,970	
Querträgerbiegemoment in $k = c$: M_{1c}[1]			47	7	132	−188	−10	52	55	75	—	—	+170
Querträgerquerkraft in $k = a$: Q_{1a}[2]			10,5	2,4	55,9	−68,7	−3,7	21,4	—	—	17,2	19,2	+54,2

Wie bereits weiter oben erwähnt, sind nun diesen am Kreuzwerk ermittelten Schnitt-kräften noch die Schnittkräfte zu überlagern, die sich aus der unmittelbaren Belastung des Querträgers selbst bei starr angenommenen Hauptträgern ergeben.

Das Belastungsschema für den Querträger infolge Querträgervorspannung ist in Abb. 21p dargestellt. Nach Anger ergeben sich für den starr gestützten Vierfeldträger folgende Schnitt-kräfte:

$$M_{1c} = -0{,}0714 \cdot 4{,}20 \cdot 3{,}50^2 = -4 \text{ tm},$$

$$Q_{1a} = +0{,}3929 \cdot 4{,}20 \cdot 3{,}50 = +5{,}8 \text{ to}.$$

Größte Schnittkräfte:

$$\underline{\max M_{1c} = 170 - 4 = \underline{+166 \text{ tm}}},$$

$$\underline{\max Q_{1a} = 54{,}2 + 5{,}8 = \underline{+60{,}0 \text{ t}}},$$

$$\underline{\min M_{1a} = 2 D_{a0} = \underline{-107 \text{ tm}}}.$$

(Das größte negative Querträgermoment M_{1a} ergibt sich aus der Berechnung des größten Drehmomentes im Hauptträger a.)

---

[1] $M_{1c} = F_{(1)} \sum\limits_k M_{ck[1]}\,p_k$ bzw. $M_{1c} = \sum\limits_u \gamma_{u(1)} \sum\limits_k M_{ck[1]}\,P_k$.

[2] $Q_{1a} = F_{(1)} \sum\limits_k Q_{ak[1]}\,p_k$ bzw. $Q_{1a} = \sum\limits_u \gamma_{u(1)} \sum\limits_k Q_{ak[1]}\,P_k$.

B. Lösungen für die Einflußflächen von Kreuzwerken.

Vorbemerkungen:

Für alle Lösungen gilt:

l Stützweite der Hauptträger J Trägheitsmoment der mittleren Hauptträger
a Abstand der Hauptträger J_R Trägheitsmoment der Randhauptträger
J_Q Trägheitsmoment der Querträger

Bei schiefen Kreuzwerken ist a die tatsächliche Länge des Querträgers zwischen zwei Hauptträgern. Für $k \neq i$ ist stets $S^0_{ix,ku} = 0$, $S = M$, Q und δ.

I. Beidseitig frei aufliegende Kreuzwerke über einer Öffnung.

1. Kreuzwerk mit einem Querträger.

Längsschnitt

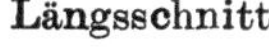

Kreuzsteifigkeit $z \quad = (l:2a)^3 J_Q : J.$
$$z_{(1)} = z$$

Gleichungen der Einflußflächen.

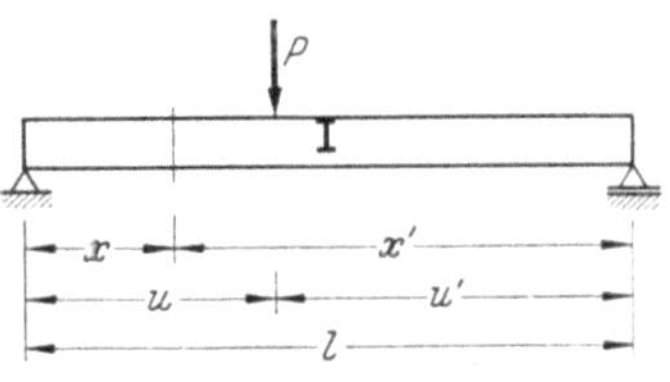

Grundriß

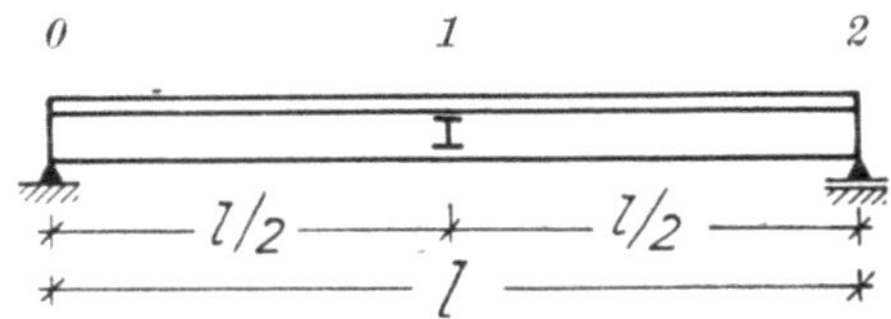

$$i,\, k = a \ldots m, \qquad 0 \leq x \leq l/2, \qquad 0 \leq u \leq l.$$

Knotenkräfte
$$K_{i1,ku} = \gamma_{u(1)}\, C_{ik(1)}.$$

Biegemomente der Hauptträger
$$M_{ix,ku} = M^0_{ix,ku} + \frac{x}{2}\, \gamma_{u(1)}\, C_{ik(1)}$$

Querschnitt

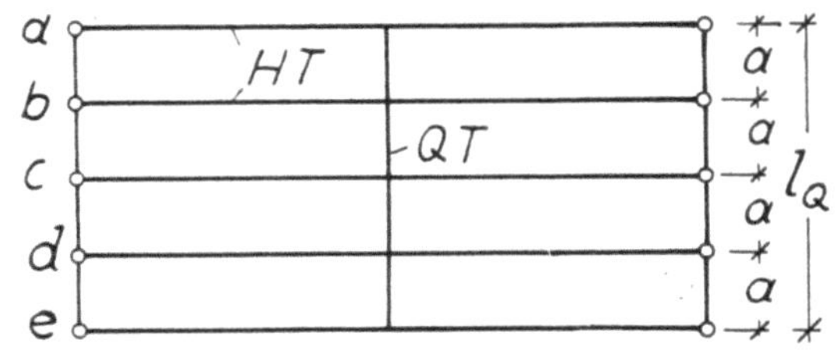

Querkräfte der Hauptträger
$$Q_{ix,ku} = Q^0_{ix,ku} + \frac{1}{2}\, \gamma_{u(1)}\, C_{ik(1)}.$$

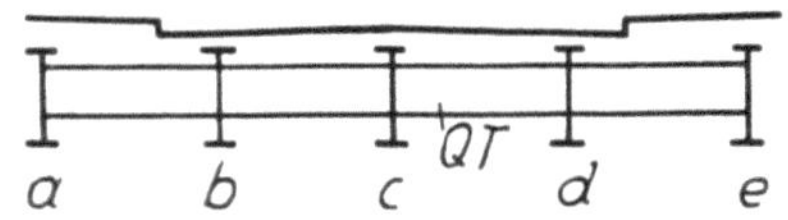

Einheitsbiegelinie $\gamma_{u(1)}$ infolge von $P = 1$ in $l/2$

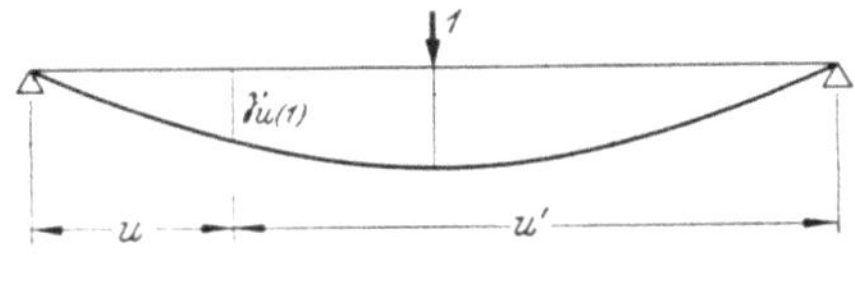

Durchbiegungen der Hauptträger
$$\delta_{i1,ku} = \delta^0_{i1,ku} + \gamma_{u(1)}\, \frac{l^3}{48\,E\,J_i}\, C_{ik(1)}.$$

Abb. 25.

Einflußflächen der statischen Größen des Querträgers

$$S_{1y,uv} = \gamma_{u(1)}\, S_{yv(1)}, \qquad S = M,\ Q \text{ und } \delta, \qquad 0 \leqq y, v \leqq l_Q.$$

Ordinaten der Einheitsbiegelinie $\gamma_{u(1)}$.

$2\,u/l$	0	0,2	0,4	0,6	0,8	1	1,2	1,4	1,6	1,8	2
$\gamma_{u(1)}$	0	0,296	0,568	0,792	0,944	1,000	0,944	0,792	0,568	0,296	0

Gleichung der Einheitsbiegelinie $\gamma_{u(1)}$.

$$0 \leqq u \leqq l/2, \qquad u_1 = 2\,u/l, \qquad 0 \leqq u_1 \leqq 1, \qquad \gamma_{u(1)} = 1{,}5\,u_1 - 0{,}5\,u_1^3.$$

Flächenwerte $F_{(1)}$ infolge von Streckenlasten.

In die Gleichungen der Einflußflächen können an Stelle der Ordinaten $\gamma_{u(1)}$ die Flächen $F_{(1)}$ der Einheitsbiegelinien unterhalb von Streckenlasten eingesetzt werden.

1. Gleichmäßig verteilte Vollast p_k. $F_{(1)} = 0{,}625\,l$.

2. Kurzstreckenlast p_k symmetrisch in Brückenmitte.	3. Kurzstreckenlast p_k neben dem Querträger.	4. Kurzstreckenlast p_k neben dem Auflager.
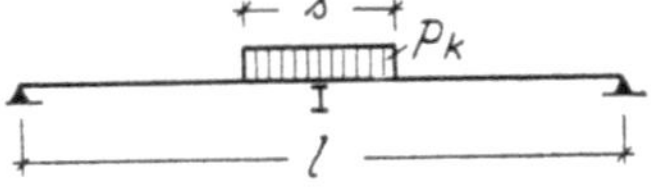	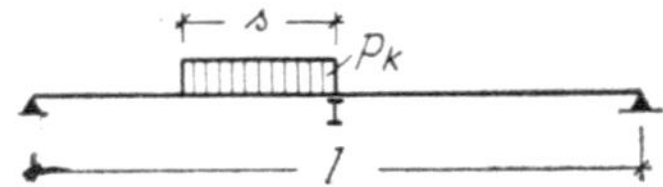	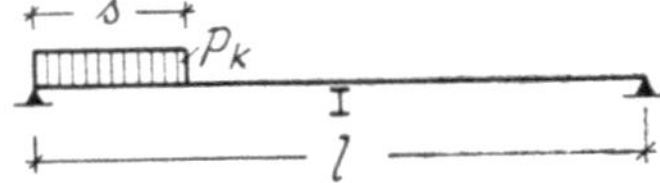

$l:s$	$F_{(1)}:s$		$l:s$	$F_{(1)}:s$		$l:s$	$F_{(1)}:s$	
2	0,8906		2	0,6250		2	0,6250	
		195			611			−411
2,25	0,9101		2,25	0,6861		2,25	0,5839	
		179			579			−479
2,5	0,9280		2,5	0,7440		2,5	0,5360	
		119			396			−386
2,75	0,9399		2,75	0,7836		2,75	0,4974	
		92			312			−344
3	0,9491		3	0,8148		3	0,4630	
		130			452			−578
3,5	0,9621		3,5	0,8600		3,5	0,4052	
		86			306			−458
4	0,9707		4	0,8906		4	0,3594	
		103			374			−674
5	0,9810		5	0,9280		5	0,2920	
		57			211			−466
6	0,9867		6	0,9491		6	0,2454	
		47			177			−478
7,5	0,9914		7,5	0,9668		7,5	0,1976	
		37			142			−486
10	0,9951		10	0,9810		10	0,1490	

2. Kreuzwerk mit zwei Querträgern.

Längsschnitt

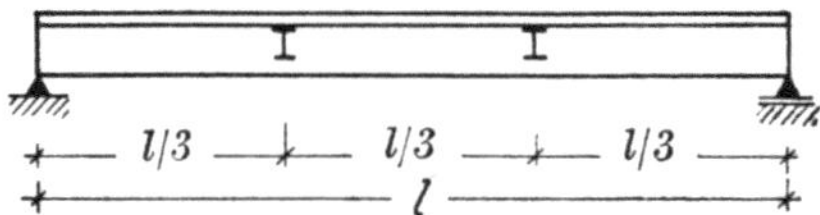

Grundriß

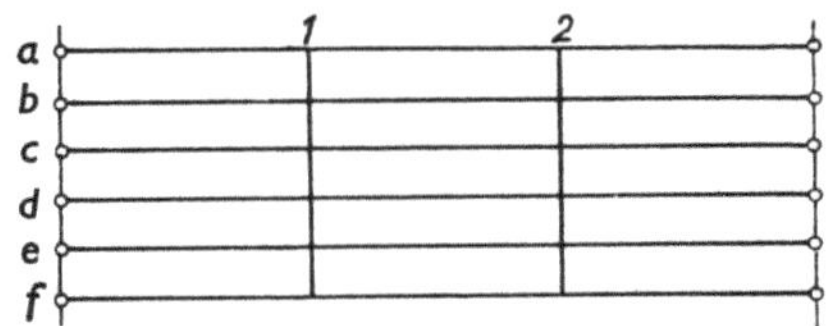

Querschnitt

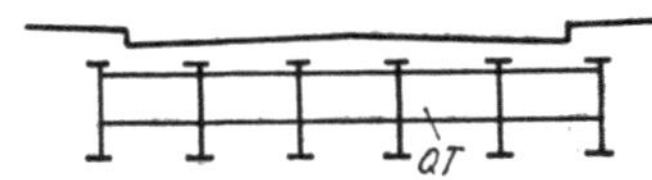

Gruppenbelastung 1 u. Einheitsbiegelinie $\gamma_{u(1)}$

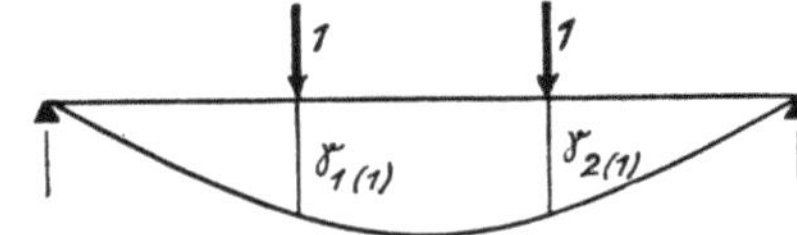

Gruppenbelastung 2 u. Einheitsbiegelinie $\gamma_{u(2)}$

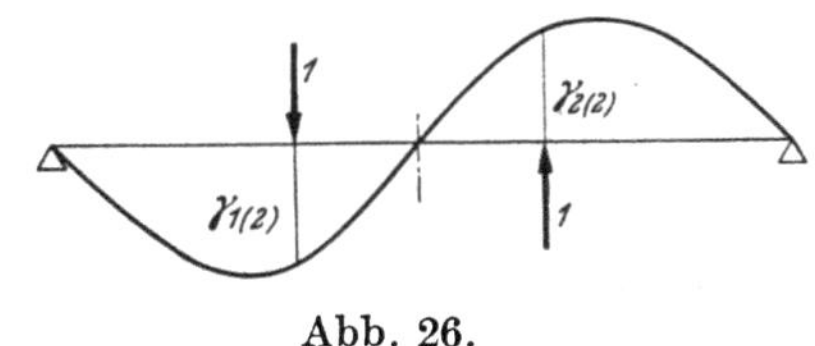

Abb. 26.

Kreuzsteifigkeit bei gleichen Hauptträgerabständen a

$$z = (l:2a)^3\, J_Q : J.$$

Die Gruppenbelastungen bestehen aus einer symmetrischen und einer antimetrischen Kräftegruppe.

Kreuzsteifigkeiten $z_{(n)}$ der Gruppenbelastungszustände

$$z_{(1)} = 1{,}481\,481\ z$$

$$z_{(2)} = 0{,}098\,765\ z$$

Konstanten

$$\mu_1 = 0{,}5$$

$$\mu_2 = 0{,}333\,333$$

$$\mu_3 = 0{,}166\,667$$

$$\omega_{i(1)} = 1{,}481\ l^3 : 48\, E J_i$$

Einflußflächen der Knotenkräfte.

	$\gamma_{u(1)} C_{ik(1)}$	$\gamma_{u(2)} C_{ik(2)}$
$K_{i1,ku} =$	$+\mu_1$	$+\mu_1$
$K_{i2,ku} =$	$+\mu_1$	$-\mu_1$

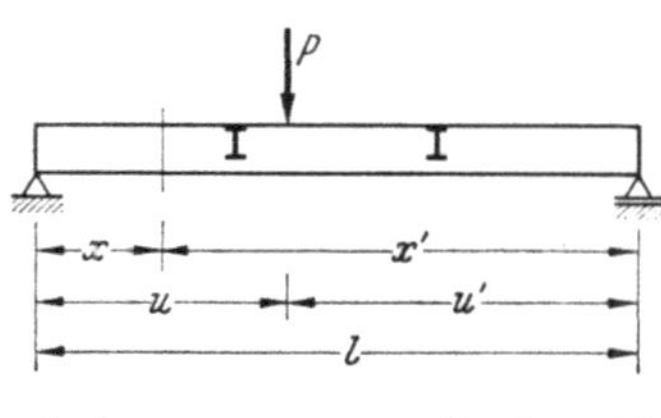

$$i,\, k = a\ldots m, \quad 0 \leq u \leq l.$$

Einflußflächen der Hauptträger — Biegemomente.

		$M^0_{ix,ku}$	$\gamma_{u(1)} C_{ik(1)}$	$\gamma_{u(2)} C_{ik(2)}$
$x \leq l/3$	$M_{ix,ku} =$	$+1$	$+x\,\mu_1$	$+x\,\mu_3$
$l/3 \leq x \leq 2\,l/3$	$M_{ix,ku} =$	$+1$	$+l\,\mu_3$	$+l\,\mu_3 - x\,\mu_2$
$x = l/2$	$M_{ix,ku} =$	$+1$	$+l\,\mu_3$	$-$

Einflußflächen der Hauptträger — Querkräfte.

		$Q^0_{ix,ku}$	$\gamma_{u(1)} C_{ik(1)}$	$\gamma_{u(2)} C_{ik(2)}$
$x \leq l/3$	$Q_{ix,ku} =$	$+1$	$+\mu_1$	$+\mu_3$
$l/3 \leq x \leq 2\,l/3$	$Q_{ix,ku} =$	$+1$	$-$	$-\mu_2$

Einflußflächen der Hauptträger — Durchbiegungen.

		$\delta^0_{ix,ku}$	$\gamma_{u(1)}\,C_{ik(1)}$	$\gamma_{u(2)}\,C_{ik(2)}$
$x = l/2$	$\delta_{ix,ku} =$	$+1$	$+1,15\,\mu_1\,\omega_{i(1)}$	—

Flächenwerte $F_{(n)}$ infolge von Streckenlasten.

In die Gleichungen der Einflußlinie können an Stelle der Ordinaten $\gamma_{u(n)}$ die Flächen $F_{(n)}$ der Einheitsbiegelinie unterhalb von Streckenlasten p_k eingesetzt werden.

1. Gleichmäßig verteilte Vollast p_k.
$$F_{(1)} = 0,7333\,l; \quad F_{(2)} = 0.$$

2. Kurzstreckenlast in Brückenmitte.
$$F_{(2)} = 0.$$

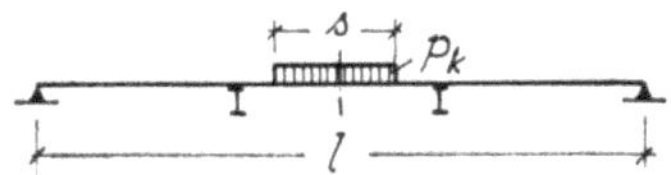

$l:s$	$F_{(1)}:s$	
2	1,0378	
		384
2,5	1,0762	
		238
3	1,1000	
		133
3,5	1,1133	
		86
4	1,1219	
		101
5	1,1320	
		55
6	1,1375	
		55
8	1,1430	
		25
10	1,1455	

4. Kurzstreckenlast am Auflager.

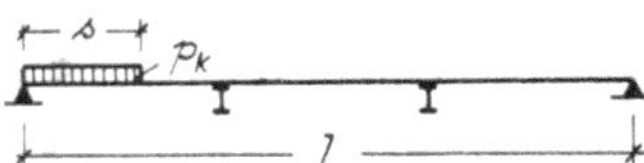

$l:s$	$F_{(1)}:s$		$F_{(2)}:s$	
2	0,7333		0,6875	
		−996		+ 815
2,5	0,6337		0,7690	
		−837		− 190
3	0,5500		0,7500	
		−672		− 503
3,5	0,4828		0,6997	
		−539		− 552
4	0,4289		0,6445	
		−797		− 985
5	0,3492		0,5460	
		−554		− 772
6	0,2938		0,4688	
		−714		−1070
8	0,2224		0,3618	
		−438		− 635
10	0,1786		0,2983	

Einflußflächen der statischen Größen der Querträger.

	$\cdot\,\gamma_{u(1)}\,S_{yv(1)}$	$\cdot\,\gamma_{u(2)}\,S_{yv(2)}$
$S_{1y,uv} =$	$+\mu_1$	$+\mu_1$

$$S = M,\ Q \text{ und } \delta, \quad 0 \le y,\ v \le l_Q.$$

3. Kurzstreckenlast über einem Querträger. Bei Spannweiten $l < 3\,s$ steht die Last nicht symmetrisch über dem Querträger, sondern fällt die rechte Lastbegrenzung mit der Brückenmitte zusammen.

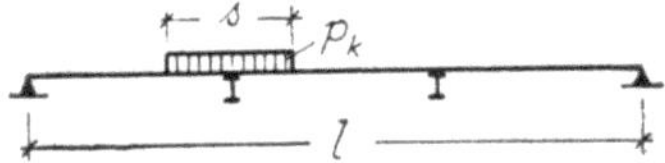

$l:s$	$F_{(1)}:s$		$F_{(2)}:s$	
2	0,7333		0,6875	
		1387		986
2,5	0,8720		0,7861	
		811		108
3	0,9531		0,7969	
		121		490
3,5	0,9652		0,8459	
		80		333
4	0,9732		0,8792	
		95		409
5	0,9827		0,9201	
		52		233
6	0,9879		0,9434	
		52		239
8	0,9931		0,9673	
		25		115
10	0 9956		0,9788	

5. Kurzstreckenlast neben einem Querträger.

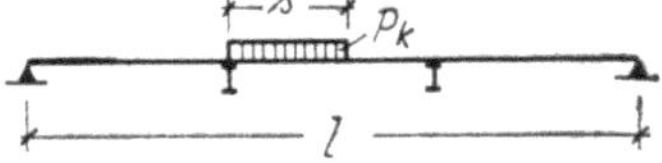

$l:s$	$F_{(1)}:s$		$F_{(2)}:s$	
2	1,0021		−0,3437	
		700		−1667
2,5	1,0721		−0,1770	
		279		−1770
3	1,1000		0,0000	
		102		1516
3,5	1,1102		0,1516	
		23		1218
4	1,1125		0,2734	
		− 45		1746
5	1,1080		0,4480	
		− 80		1145
6	1,1000		0,5625	
		−156		1357
8	1,0844		0,6982	
		−124		753
10	1,0720		0,7735	

Ordinaten der Einheitsbiegelinie $\gamma_{u(n)}$.

$l = 9\lambda$

$3u/l$	$\gamma_{u(1)}$	$\gamma_{u(2)}$
0,33..	0,3926	0,6296
0,66..	0,7407	1,0370
1	1,0	1,0
1,33..	1,1333	0,4074
1,66..	1,1333	—0,4074
2	1,0	—1,0
2,33..	0,7407	—1,0370
2,66..	0,3026	—0,6296

$l = 12\lambda$

$3u/l$	$\gamma_{u(1)}$	$\gamma_{u(2)}$
0,25	0,2969	0,4844
0,5	0,575	0,875
0,75	0,8156	1,0781
1	1,0	1,0
1,25	1,1125	0,5938
1,5	1,15	—
1,75	1,1125	—0,5938
2	1,0	—1,0
2,25	0,8156	—1,0781
2,5	0,575	—0,875
2,75	0,2969	—0,4844

Gleichungen der Einheitsbiegelinien $\gamma_{u(n)}$.

$$0 \leqq u \leqq l/3, \quad u_1 = 3u/l, \quad 0 \leqq u_1 \leqq 1$$

$$\gamma_{u(1)} = 1{,}2_{u1} - 0{,}2u_1^3$$
$$\gamma_{u(2)} = 2_{u1} - u_1^3$$

$$l/3 \leqq u \leqq 2l/3, \quad u_2 = 3u/l - 1, \quad 0 \leqq u_2 \leqq 1$$

$$\gamma_{u(1)} = 1{,}0 + 0{,}6\,u_2 - 0{,}6\,u_2^2$$
$$\gamma_{u(2)} = 1{,}0 - u_2 - 3\,u_2^2 + 2\,u_2^3.$$

2a. Kreuzwerk mit zwei Querträgern in ungleichen Abständen.

Kreuzsteifigkeit bei gleichen Hauptträgerabständen

$$z = (l : 2a)^3 J_Q : J.$$

Die Gruppenbelastungen bestehen aus einer symmetrischen und einer antimetrischen Kraftgruppe, die aus je zwei Kräften $P = \pm 1$ bestehen.

Querträgeranordnung und Kreuzsteifigkeiten $z_{(n)}$ der Gruppenbelastungszustände.

Kreuzwerk	λ_1	λ_2	$z_{(1)}$	$z_{(2)}$
I	0,250 l	0,500 l	1,0 z	0,125 z
II	0,300 l	0,400 l	1,296 z	0,115 z
* IV	0,375 l	0,250 l	1,688 z	0,070 z

* Das Kreuzwerk III mit $\lambda_1 : \lambda_2 = l/3 : l/3$ ist auf Seite 40 behandelt.

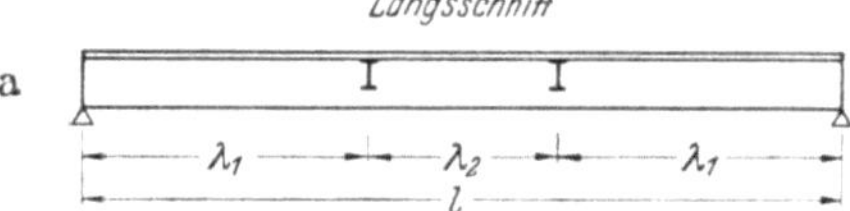

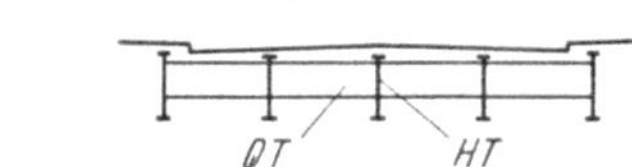

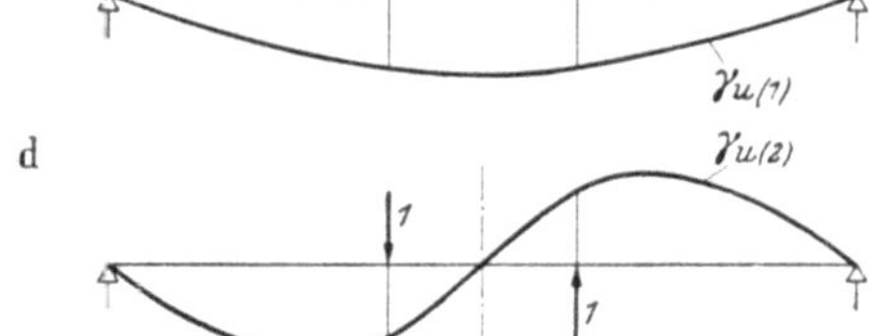

Abb. 27 a—d.

Konstanten μ

Kreuzwerk	μ_1	μ_2	μ_3	μ_4	μ_5
I	0,5	0,25	0,125	0,25	0,688
II	0,5	0 2	0,15	0,3	0,792
IV	0,5	0,125	0,1875	0,375	0,914

Einflußflächen der Knotenkräfte.

	$\cdot \gamma_{u(1)} C_{ik(1)}$	$\cdot \gamma_{u(2)} C_{ik(2)}$
$K_{i1,ku} =$	$+\mu_1$	$+\mu_1$
$K_{i2,ku} =$	$+\mu_1$	$-\mu_1$

Einflußflächen der Hauptträger-Biegemomente.

		$\cdot M^0_{ix,ku}$	$\cdot \gamma_{u(1)} C_{ik(1)}$	$\cdot \gamma_{u(2)} C_{ik(2)}$
$x \leqq \lambda_1$	$M_{ix,ku} =$	$+1$	$+x\,\mu_1$	$+x\,\mu_2$
$\lambda_1 \leqq x \leqq \lambda_2$	$M_{ix,ku} =$	$+1$	$+l\,\mu_3$	$+l\,\mu_3 - x\,\mu_4$
$x = l/2$	$M_{ix,ku} =$	$+1$	$+l\,\mu_3$	

Einflußflächen der Hauptträger-Querkräfte.

		$\cdot Q^0_{ix,ku}$	$\cdot \gamma_{u(1)} C_{ik(1)}$	$\cdot \gamma_{u(2)} C_{ik(2)}$
$x \leqq \lambda_1$	$Q_{ix,ku} =$	$+1$	$+\mu_1$	$+\mu_2$
$l/3 \leqq x \leqq 2l/3$	$Q_{ix,ku} =$	$+1$	$-$	$-\mu_4$

Einflußflächen der Hauptträger-Durchbiegungen.

		$\cdot \delta^0_{ix,ku}$	$\cdot \gamma_{u(1)} C_{ik(1)}$
$x = l/2$	$\delta_{ix,ku} =$	$+1$	$+\mu_5 \cdot l^3 : 48\,E\,J_i$

Einflußflächen der statischen Größen der Querträger.

	$\cdot \gamma_{u(1)} S_{yv(1)}$	$\cdot \gamma_{u(2)} S_{yv(2)}$
$S_{1y,uv} =$	$+\mu_1$	$+\mu_1$

$$S = M,\ Q \text{ und } \delta;\quad 0 \leqq y, v \leqq l_Q.$$

Einheitsbiegelinien für Kreuzwerke I bis IV.

$l = 8\lambda$ Kreuzwerk I

Punkt v	0,5	1	1,25	1,5	1,75	2	2,5
$\gamma_{v(1)} =$	0,547	1,0	1,281	1,375	1,281	1,0	0,547
$\gamma_{v(2)} =$	0,688	1,0	0,688	—	$-0,688$	$-1,0$	$-0,688$

$l = 10\lambda$ Kreuzwerk II

Punkt v	0,33 ..	0,66 ..	1,0	1,25	1,5	1,75	2,0	2,33 ..	2,66 ..
$\gamma_{v(2)} =$	0,383	0,728	1,0	1,167	1,222	1,167	1,0	0,728	0,383
$\gamma_{v(1)} =$	0,555	0,944	1,0	0,625	—	$-0,625$	$-1,0$	$-0,944$	$-0,555$

$l = 8\lambda$ Kreuzwerk IV

Punkt u	0,33..	0,66..	1,0	1,5	2	2,33..	2,66..
$\gamma_{u(1)} =$	0,407	0,759	1,0	1,083	1,0	0,759	0,407
$\gamma_{u(2)} =$	0,778	1,222	1,0	—	$-1,0$	$-1,222$	$-0,778$

3. Kreuzwerk mit drei Querträgern.

Längsschnitt

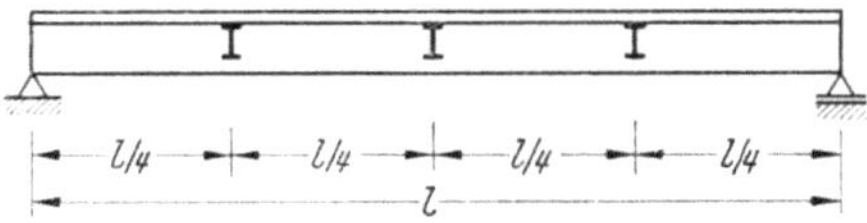

Grundriß

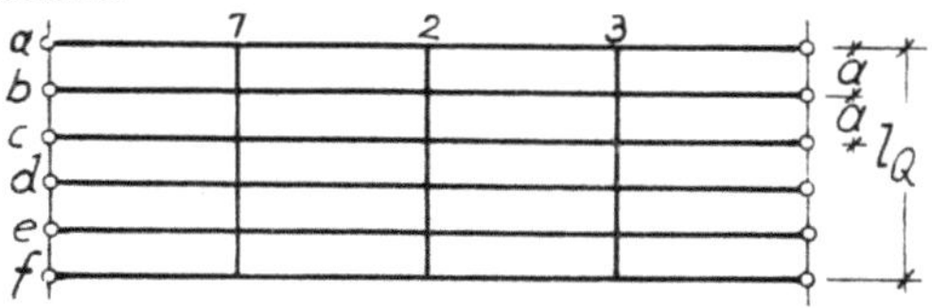

Querschnitt

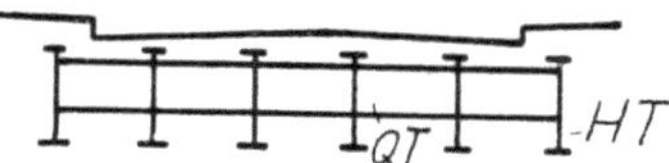

Gruppenbelastung 1 und Einheitsbiegelinie $\gamma_{u(1)}$

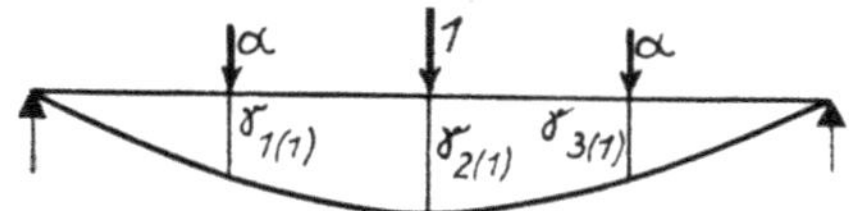

Gruppenbelastung 2 und Einheitsbiegelinie $\gamma_{u(2)}$

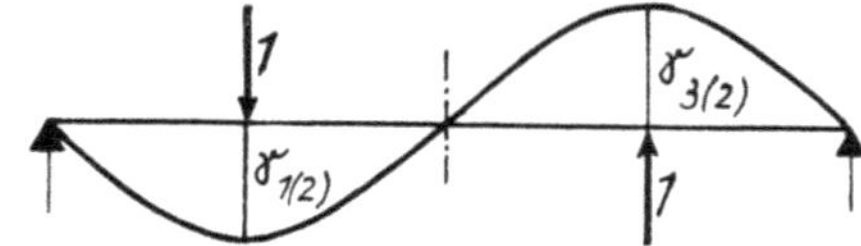

Gruppenbelastung 3 und Einheitsbiegelinie $\gamma_{u(3)}$

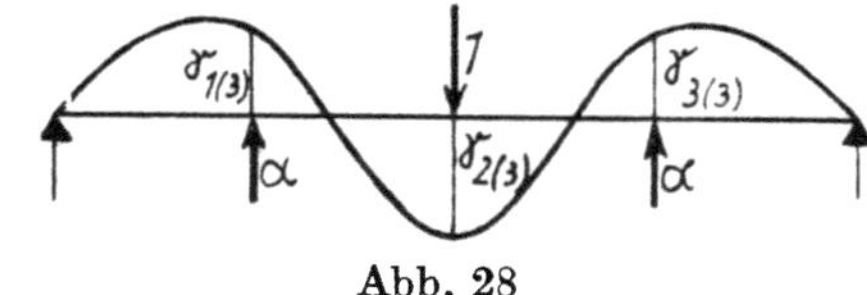

Abb. 28

Kreuzsteifigkeit bei gleichen Hauptträgerabständen a

$$z = (l : 2a)^3 J_Q : J.$$

Die Gruppenbelastungen bestehen aus den Kräften 1 und $\alpha = 0,707107$.

Kreuzsteifigkeiten $z_{(n)}$ der Gruppenbelastungszustände

$$z_{(1)} = 1,972272\,z$$

$$z_{(2)} = 0,125000\,z$$

$$z_{(3)} = 0,027728\,z$$

Konstanten

$$u_1 = 0,353553$$

$$\mu_2 = 0,5$$

$$\mu_3 = 0,213388$$

$$\mu_4 = 0,036612$$

$$\mu_5 = 0,25$$

$$\mu_6 = 0,088388$$

$$\mu_7 = 0,125$$

$$\mu_8 = 0,603553$$

$$\mu_9 = 0,103553$$

$$\omega_{i(1)} = 1,972\,l^3 : 48\,EJ_i$$

$$\omega_{i(3)} = 0,028\,l^3 : 48\,EJ_i$$

Einflußflächen der Knotenkräfte.

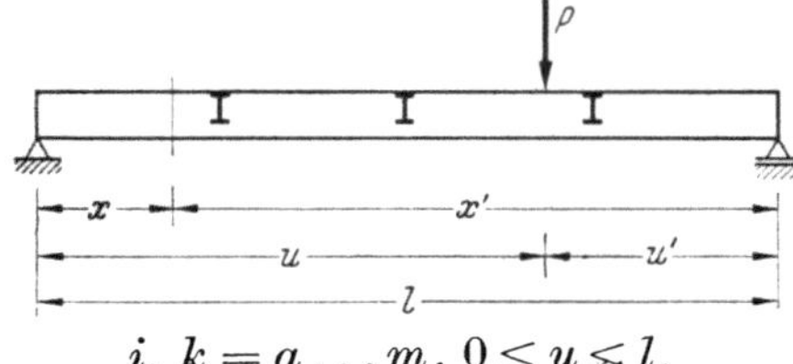

$$i, k = a \ldots m, \quad 0 \leqq u \leqq l.$$

	$\cdot\gamma_{u(1)}\,C_{ik(1)}$	$\cdot\gamma_{u(2)}\,C_{ik(2)}$	$\cdot\gamma_{u(3)}\,C_{ik(3)}$
$K_{i1,ku} =$	$+\mu_1$	$+\mu_2$	$-\mu_1$
$K_{i2,ku} =$	$+\mu_2$	—	$+\mu_2$
$K_{i3,ku} =$	$+\mu_1$	$-\mu_2$	$-\mu_1$

Einflußflächen der Hauptträger — Biegemomente.

		$\cdot M^0_{ix,ku}$	$\cdot \gamma_{u(1)} C_{ik(1)}$	$\cdot \gamma_{u(2)} C_{ik(2)}$	$\cdot \gamma_{u(3)} C_{ik(3)}$
$x < l/4$	$M_{ix,ku} =$	$+1$	$+ x\,\mu_8$	$+ x\,\mu_5$	$- x\,\mu_9$
$l/4 < x < l/2$	$M_{ix,ku} =$	$+1$	$+ l\,\mu_6 + x\,\mu_5$	$+ l\,\mu_7 - x\,\mu_5$	$- l\,\mu_6 + x\,\mu_5$
$x = l/2$	$M_{ix,ku} =$	$+1$	$+ l\,\mu_3$	$-$	$+ l\,\mu_4$

Einflußflächen der Hauptträger — Querkräfte.

		$\cdot \delta^0_{ix,ku}$	$\cdot \gamma_{u(1)} C_{ik(1)}$	$\cdot \gamma_{u(2)} C_{ik(2)}$	$\cdot \gamma_{u(3)} C_{ik(3)}$
$x < l/4$	$Q_{ix,ku} =$	$+1$	$+ \mu_8$	$+ \mu_5$	$- \mu_9$
$l/4 < x < l/2$	$Q_{ix,ku} =$	$+1$	$+ \mu_5$	$- \mu_5$	$+ \mu_5$

Einflußflächen der Hauptträger — Durchbiegungen.

		$\cdot Q^0_{ix,ku}$	$\cdot \gamma_{u(1)} C_{ik(1)}$	$\cdot \gamma_{u(2)} C_{ik(2)}$	$\cdot \gamma_{u(3)} C_{ik(3)}$
$x = l/2$	$\delta_{ix,ku} =$	$+1$	$+ \mu_2\,\omega_{i(1)}$	$-$	$+ \mu_2\,\omega_{i(3)}$

Einflußflächen der statischen Größen der Querträger.

	$\cdot \gamma_{u(1)} S_{yv(1)}$	$\cdot \gamma_{u(2)} S_{yv(2)}$	$\cdot \gamma_{u(3)} S_{yv(3)}$
$S_{1y,uv} =$	$+ \mu_1$	$+ \mu_2$	$- \mu_1$
$S_{2y,uv} =$	$+ \mu_2$	$-$	$+ \mu_2$

$$S = M,\ Q \text{ und } \delta; \qquad 0 \leq y,\ v \leq l_Q.$$

Flächenwerte $F_{(n)}$ infolge von Streckenlasten.

In die Gleichungen der Einflußflächen können an Stelle der Ordinaten $\gamma_{u(n)}$ die Flächen $F_{(n)}$ der Einheitsbiegelinien unterhalb von Streckenlasten p_k eingesetzt werden.

1. Gleichmäßig verteilte Vollast p_k. $F_{(1)} = 0,6362\,l$; $F_{(2)} = 0$; $F_{(3)} = -0,1719\,l$.

2. Kurzstreckenlast p_k symmetrisch in Brückenmitte. $F_{(2)} : s = 0$.

3. Kurzstreckenlast p_k neben dem mittleren Querträger.

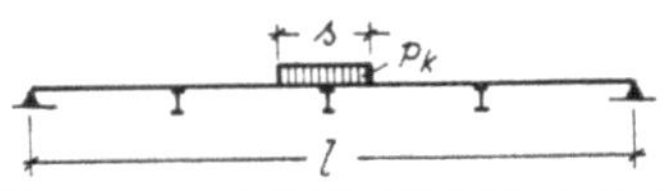

$l:s$	$F_{(1)}:s$		$F_{(3)}:s$	
4	0,9739		0,7402	
		49		436
4,5	0,9788		0,7838	
		44		409
5	0,9832		0,8247	
		29		281
5,5	0,9861		0,8528	
		22		212
6	0,9883		0,8740	
		31		313
7	0,9914		0,9053	
		20		208
8	0,9934		0,9261	
		23		256
10	0,9957		0,9517	
		24		260
15	0,9981		0,9777	
		8		110
20	0,9989		0,9887	

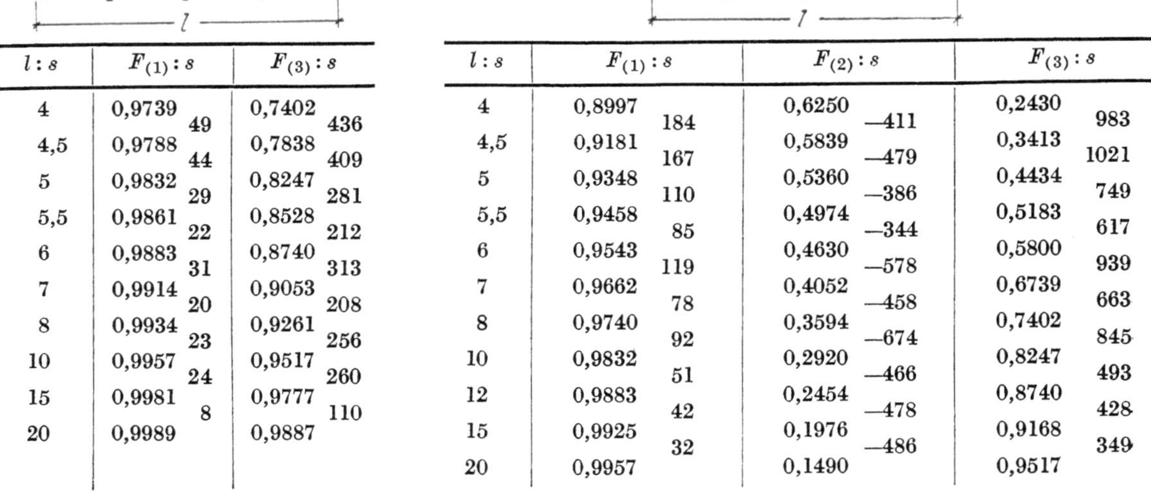

$l:s$	$F_{(1)}:s$		$F_{(2)}:s$		$F_{(3)}:s$	
4	0,8997		0,6250		0,2430	
		184		−411		983
4,5	0,9181		0,5839		0,3413	
		167		−479		1021
5	0,9348		0,5360		0,4434	
		110		−386		749
5,5	0,9458		0,4974		0,5183	
		85		−344		617
6	0,9543		0,4630		0,5800	
		119		−578		939
7	0,9662		0,4052		0,6739	
		78		−458		663
8	0,9740		0,3594		0,7402	
		92		−674		845
10	0,9832		0,2920		0,8247	
		51		−466		493
12	0,9883		0,2454		0,8740	
		42		−478		428
15	0,9925		0,1976		0,9168	
		32		−486		349
20	0,9957		0,1490		0,9517	

4. Kurzstreckenlast p_k neben dem linken Querträger.

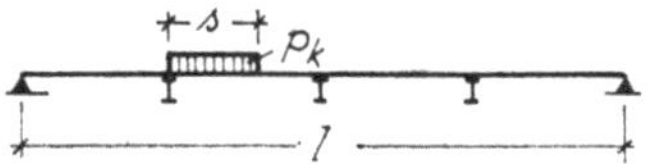

$l:s$	$F_{(1)}:s$		$F_{(2)}:s$		$F_{(3)}:s$	
4	0,8997		0,6250		0,2431	
		−109		611		− 876
4,5	0,8888		0,6861		0,1555	
		−131		579		− 896
5	0,8757		0,7440		0,0659	
		−106		396		− 742
5,5	0,8651		0,7836		−0,0083	
		− 96		312		− 641
6	0,8555		0,8148		−0,0724	
		−165		452		−1039
7	0,8390		0,8600		−0,1763	
		−135		306		− 778
8	0,8255		0,8906		−0,2541	
		−203		374		−1079
10	0,8052		0,9280		−0,3620	
		−145		211		− 688
12	0,7907		0,9491		−0,4308	
		−153		177		− 663
15	0,7754		0,9668		−0,4971	
		−180		142		− 613
20	0,7574		0,9810		−0,5584	

5. Kurzstreckenlast p_k am Auflager.

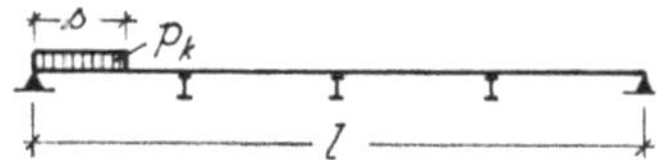

$l:s$	$F_{(1)}:s$		$F_{(2)}:s$		$F_{(3)}:s$	
4	0,3727		0,6250		−0,5870	
		−340		−411		−188
4,5	0,3387		0,5839		−0,5682	
		−350		−479		−314
5	0,3037		0,5360		−0,5368	
		−261		−386		−300
5,5	0,2776		0,4974		−0,5068	
		−221		−344		−291
6	0,2555		0,4630		−0,4777	
		−352		−578		−525
7	0,2203		0,4052		−0,4252	
		−268		−458		−442
8	0,1935		0,3594		−0,3810	
		−380		−674		−678
10	0,1555		0,2920		−0,3132	
		−256		−466		−484
12	0,1299		0,2454		−0,2648	
		−258		−478		−505
15	0,1041		0,1976		−0,2143	
		−259		−486		−521
20	0,0782		0,1490		−0,1622	

Ordinaten der Einheitsbiegelinien $\gamma_{u(n)}$.

$l = 8\lambda$.

$4u/l$	$\gamma_{u(1)}$	$\gamma_{u(2)}$	$\gamma_{u(3)}$
0,5	0,3822	0,6875	−0,7037
1	0,7071	1,0	−0,7071
1,5	0,9228	0,6875	0,2915
2	1,0	—	1,0
2,5	0,9228	−0,6875	0,2915
3	0,7071	−1,0	−0,7071
3,5	0,3822	−0,6875	−0,7037

$l = 12\lambda$.

$4u/l$	$\gamma_{u(1)}$	$\gamma_{u(2)}$	$\gamma_{u(3)}$
0,33 ..	0,2584	0,4815	−0,5123
0,66 ..	0,4997	0,8519	−0,8172
1	0,7071	1,0	−0,7071
1,33 ..	0,8651	0,8519	−0,0926
1,66 ..	0,9651	0,4815	0,6434
2	1,0	—	1,0
2,33 ..	0,9651	−0,4815	0,6434
2,66 ..	0,8651	−0,8519	−0,0926
3	0,7071	−1,0	−0,7071
3,33 ..	0,4997	−0,8519	−0,8172
3,66 ..	0,2584	−0,4815	−0,5123

Gleichungen der Einheitsbiegelinien $\gamma_{u(n)}$.

$$0 \le u \le l/4, \quad u_1 = 4u/l, \quad 0 \le u_1 \le 1.$$

$$\gamma_{u(1)} = 0{,}783\,611\,u_1 - 0{,}076\,504\,u_1^3,$$
$$\gamma_{u(2)} = 1{,}5\,u_1 - 0{,}5\,u_1^3,$$
$$\gamma_{u(3)} = -1{,}640\,752\,u_1 + 0{,}933\,645\,u_1^3.$$

$$l/4 \le u \le l/2, \quad u_2 = 4u/l - 1, \quad 0 \le u_2 \le 1.$$

$$\gamma_{u(1)} = 0{,}707\,107 + 0{,}554\,096\,u_2 - 0{,}229\,514\,u_2^2 - 0{,}031\,689\,u_2^3,$$
$$\gamma_{u(2)} = 1{,}0 - 1{,}5\,u_2^2 + 0{,}5\,u_2^3,$$
$$\gamma_{u(3)} = -0{,}707\,107 + 1{,}160\,173\,u_2 + 2{,}800\,952\,u_2^2 - 2{,}254\,018\,u_2^3.$$

4. Kreuzwerk mit vier Querträgern.

Längsschnitt

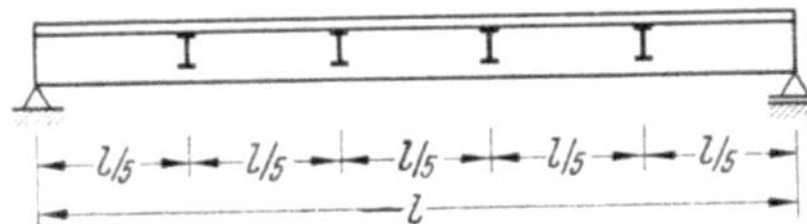

Kreuzsteifigkeit bei gleichen Hauptträgerabständen a

$$z = (l:2a)^3\, J_Q : J\,.$$

Grundriß

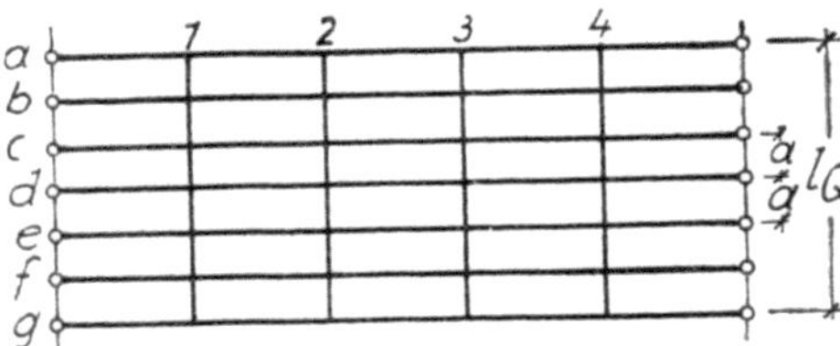

Die Gruppenbelastungen bestehen aus den Kräften

$$1 \text{ und } \alpha = 0{,}618034\,.$$

Querschnitt

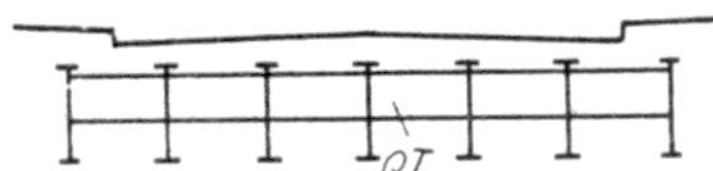

Kreuzsteifigkeiten $z_{(n)}$ der Gruppenbelastungszustände

$$z_{(1)} = 2{,}464420\,z\,,$$
$$z_{(2)} = 0{,}154754\,z\,,$$
$$z_{(3)} = 0{,}031579\,z\,,$$
$$z_{(4)} = 0{,}011646\,z\,.$$

Gruppenbelastung 1 und Einheitsbiegelinie $\gamma_{u(1)}$

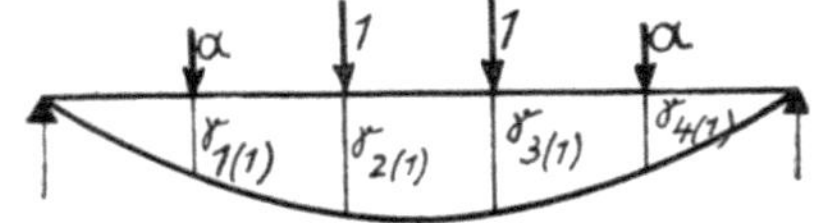

Gruppenbelastung 2 und Einheitsbiegelinie $\gamma_{u(2)}$

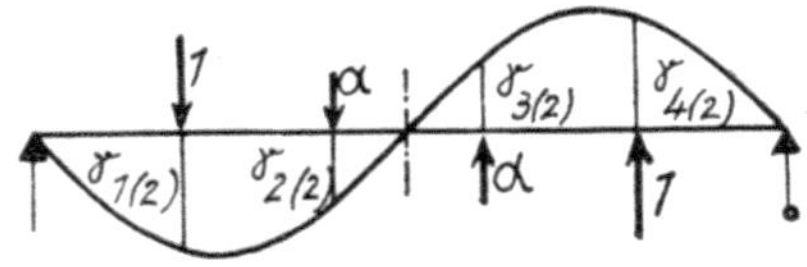

Konstanten

$$\mu_1 = 0{,}223607; \qquad \mu_8 = 0{,}200000;$$
$$\mu_2 = 0{,}361803; \qquad \mu_9 = 0{,}044721;$$
$$\mu_3 = 0{,}189443; \qquad \mu_{10} = 0{,}072361;$$
$$\mu_4 = 0{,}017082; \qquad \mu_{11} = 0{,}585410;$$
$$\mu_5 = 0{,}161803; \qquad \mu_{12} = 0{,}261803;$$
$$\mu_6 = 0{,}323607; \qquad \mu_{13} = 0{,}138197;$$
$$\mu_7 = 0{,}100000; \qquad \mu_{14} = 0{,}061803\,.$$

Gruppenbelastung 3 und Einheitsbiegelinie $\gamma_{u(3)}$

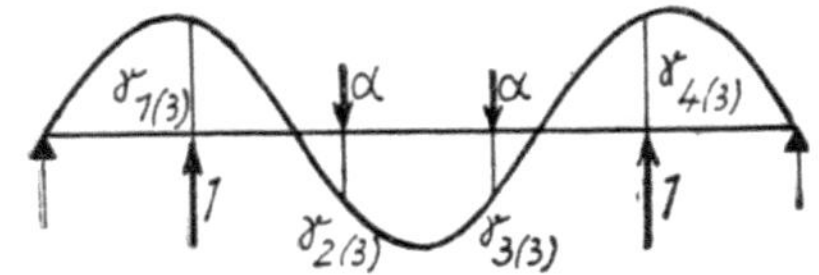

Gruppenbelastung 4 und Einheitsbiegelinie $\gamma_{u(4)}$

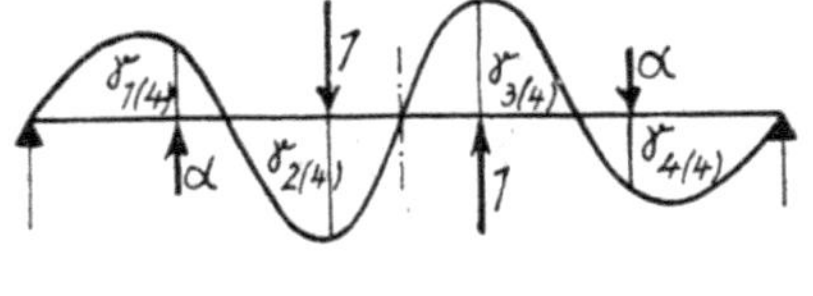

Abb. 29.

$$\omega_{i(1)} = 2{,}464\, l^3 : 48\,E J_i\,,$$
$$\omega_{i(3)} = 0{,}032\, l^3 : 48\,E J_i\,.$$

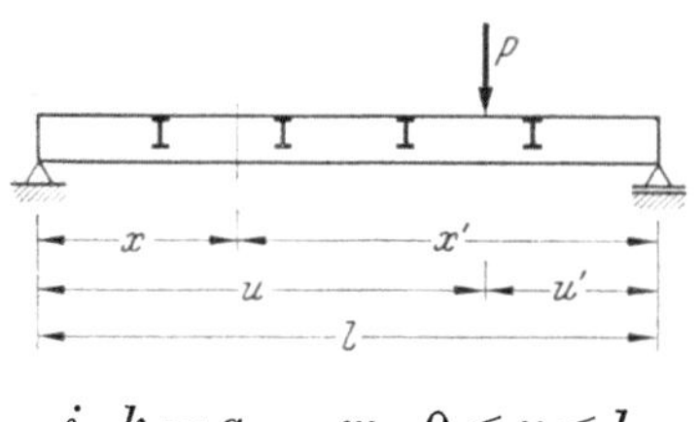

$$i, k = a \ldots m, \quad 0 \leq u \leq l.$$

Einflußflächen der Knotenkräfte.

	$\cdot \gamma_{u(1)} C_{ik(1)}$	$\cdot \gamma_{u(2)} C_{ik(2)}$	$\cdot \gamma_{u(3)} C_{ik(3)}$	$\cdot \gamma_{u(4)} C_{ik(4)}$
$K_{i1,ku} =$	$+\mu_1$	$+\mu_2$	$-\mu_2$	$-\mu_1$
$K_{i2,ku} =$	$+\mu_2$	$+\mu_1$	$+\mu_1$	$+\mu_2$
$K_{i3,ku} =$	$+\mu_2$	$-\mu_1$	$+\mu_1$	$-\mu_2$
$K_{i4,ku} =$	$+\mu_1$	$-\mu_2$	$-\mu_2$	$+\mu_1$

Einflußflächen der Hauptträger — Biegemomente.

		$\cdot M^0_{ix,ku}$	$\cdot \gamma_{u(1)} C_{ik(1)}$	$\cdot \gamma_{u(2)} C_{ik(2)}$	$\cdot \gamma_{u(3)} C_{ik(3)}$	$\cdot \gamma_{u(4)} C_{ik(4)}$
$x \leq l/5$	$M_{ix,ku} =$	$+1$	$+x\mu_{11}$	$+x\mu_{12}$	$-x\mu_{13}$	$-x\mu_{14}$
$l/5 \leq x \leq 2l/5$	$M_{ix,ku} =$	$+1$	$+l\mu_9 + x\mu_1$	$+l\mu_{10} - x\mu_7$	$-l\mu_{10} + x\mu_2$	$-l\mu_9 + x\mu_5$
$2l/5 \leq x \leq 3l/5$	$M_{ix,ku} =$	$+1$	$+l\mu_3$	$+l\mu_6 - x\mu_6$	$+l\mu_4$	$+l\mu_7 - x\mu_8$
$x = l/2$	$M_{ix,ku} =$	$+1$	$+l\mu_3$	$-$	$+l\mu_4$	$-$

Einflußflächen der Hauptträger — Querkräfte.

		$\cdot Q^0_{ix,ku}$	$\cdot \gamma_{u(1)} C_{ik(1)}$	$\cdot \gamma_{u(2)} C_{ik(2)}$	$\cdot \gamma_{u(3)} C_{ik(3)}$	$\cdot \gamma_{u(4)} C_{ik(4)}$
$x \leq l/5$	$Q_{ix,ku} =$	$+1$	$+\mu_{11}$	$+\mu_{12}$	$-\mu_{13}$	$-\mu_{14}$
$l/5 \leq x \leq 2l/5$	$Q_{ix,ku} =$	$+1$	$+\mu_1$	$-\mu_7$	$+\mu_2$	$+\mu_5$
$2l/5 \leq x \leq 3l/5$	$Q_{ix,ku} =$	$+1$	$-$	$-\mu_6$	$-$	$-\mu_8$

Einflußflächen der Hauptträger — Durchbiegungen.

		$\cdot \delta^0_{ix,ku}$	$\cdot \gamma_{u(1)} C_{ik(1)}$	$\cdot \gamma_{u(2)} C_{ik(2)}$	$\cdot \gamma_{u(3)} C_{ik(3)}$	$\cdot \gamma_{u(4)} C_{ik(4)}$
$x = l/2$	$\delta_{ix,ku} =$	$+1$	$+1{,}051\,\mu_2\,\omega_{i(1)}$	$-$	$+0{,}977\,\mu_2\,\omega_{i(3)}$	$-$

Einflußflächen der statischen Größen der Querträger.

	$\cdot \gamma_{u(1)} S_{yv(1)}$	$\cdot \gamma_{u(2)} S_{yv(2)}$	$\cdot \gamma_{u(3)} S_{yv(3)}$	$\cdot \gamma_{u(4)} S_{yv(4)}$
$S_{1y,uv} =$	$+\mu_1$	$+\mu_2$	$-\mu_2$	$-\mu_1$
$S_{2y,uv} =$	$+\mu_2$	$+\mu_1$	$+\mu_1$	$+\mu_2$

$$S = M, Q \text{ und } \delta; \quad 0 \leq y, v \leq l_Q.$$

$l:s$	$F_{(1)}:s$		$F_{(3)}:s$	
5	1,0340		0,8573	
		29		207
5,5	1,0369		0,8780	
		23		158
6	1,0392		0,8938	
		17		123
6,5	1,0409		0,9061	
		14		97
7	1,0423		0,9158	
		21		143
8	1,0444		0,9301	
		14		98
9	1,0458		0,9399	
		9		81
10	1,0467		0,9480	
		13		81
12	1,0480		0,9561	
		8		55
14	1,0488		0,9616	
		5		36
16	1,0493		0,9652	
		6		42
20	1,0499		0,9694	

Flächenwerte $F_{(n)}$ infolge von Streckenlasten.

1. Gleichmäßig verteilte Vollast
$$p_k \cdot F_{(1)} = 0{,}3692\,l;$$
$$F_{(2)} = 0; \quad F_{(3)} = -0{,}2119\,l; \quad F_{(4)} = 0.$$

2. Kurzstreckenlast p_k symmetrisch in Brückenmitte.

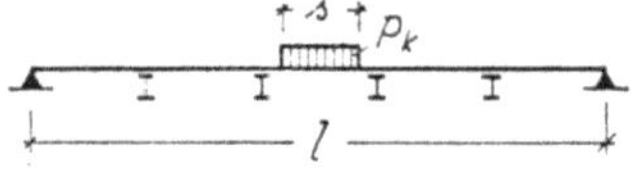

3. Kurzstreckenlast p_k symmetrisch über Querträger 2.

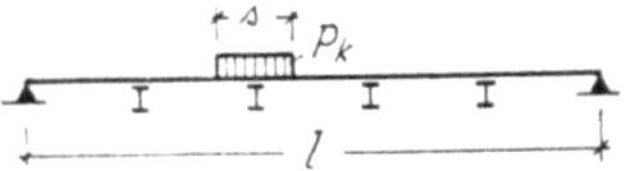

$l:s$	$F_{(1)}:s$		$F_{(2)}:s$		$F_{(3)}:s$		$F_{(4)}:s$	
5	0,9834		0,5758		0,5180		0,7061	
		29		70		159		446
5,5	0,9863		0,5828		0,5339		0,7507	
		21		54		124		353
6	0,9884		0,5882		0,5463		0,7860	
		17		43		99		284
6,5	0,9901		0,5925		0,5562		0,8144	
		14		34		79		232
7	0,9915		0,5959		0,5641		0,8376	
		20		50		120		350
8	0,9935		0,6009		0,5761		0,8726	
		13		35		84		249
9	0,9948		0,6044		0,5845		0,8975	
		10		26		61		183
10	0,9958		0,6070		0,5906		0,9158	
		13		33		81		245
12	0,9971		0,6103		0,5987		0,9403	
		8		20		50		152
14	0,9979		0,6123		0,6037		0,9555	
		5		13		32		100
16	0,9984		0,6136		0,6069		0,9655	
		5		16		40		121
20	0,9989		0,6152		0,6109		0,9776	

4. Kurzstreckenlast p_k am Auflager.

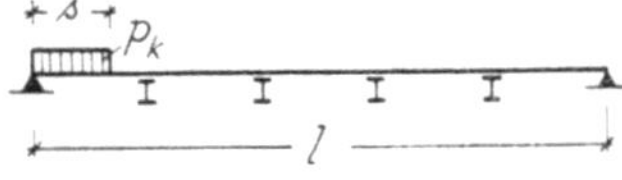

$l:s$	$F_{(1)}:s$		$F_{(2)}:s$		$F_{(3)}:s$		$F_{(4)}:s$	
5	0,3195		0,5748		—0,6935		—0,5437	
		—274		—404		325		124
5,5	0,2921		0,5344		—0,6610		—0,5313	
		—232		—363		338		185
6	0,2689		0,4981		—0,6272		—0,5128	
		—197		—313		329		209
6,5	0,2492		0,4668		—0,5943		—0,4919	
		—173		—300		312		214
7	0,2319		0,4368		—0,5631		—0,4705	
		—282		—490		559		413
8	0,2037		0,3878		—0,5072		—0,4292	
		—222		—397		476		370
9	0,1815		0,3481		—0,4596		—0,3922	
		—178		—326		403		323
10	0,1637		0,3155		—0,4193		—0,3599	
		—269		—502		637		525
12	0,1368		0,2653		—0,3556		—0,3074	
		—194		—367		476		401
14	0,1174		0,2286		—0,3080		—0,2673	
		—146		—279		376		312
16	0,1028		0,2007		—0,2713		—0,2361	
		—205		—395		526		452
20	0,0823		0,1612		—0,2187		—0,1909	

5. Kurzstreckenlast p_k rechts neben Querträger 1.

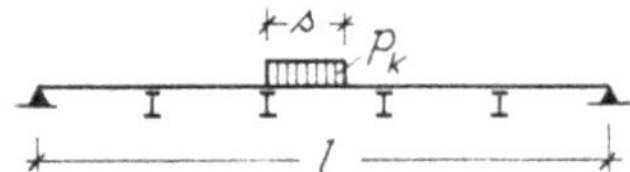

$l:s$	$F_{(1)}:s$		$F_{(2)}:s$		$F_{(3)}:s$		$F_{(4)}:s$	
5	0,8365		0,9301		—0,2649		0,3360	
		—154		266		—814		—673
5,5	0,8211		0,9567		—0,3463		0,2687	
		—135		193		—689		—656
6	0,8076		0,9760		—0,4152		0,2031	
		—120		144		—584		—609
6,5	0,7956		0,9904		—0,4736		0,1422	
		—107		107		—498		—554
7	0,7849		1,0011		—0,5234		0,0868	
		—180		144		—793		—946
8	0,7669		1,0155		—0,6027		0,0078	
		—146		86		—598		—760
9	0,7523		1,0241		—0,6625		0,0838	
		—121		50		—461		—615
10	0,7402		1,0291		—0,7086		0,1453	
		—187		47		—654		—918
12	0,7215		1,0338		—0,7740		0,2371	
		—138		10		—436		—643
14	0,7077		1,0348		—0,8176		0,3014	
		—105		4		—307		—469
16	0,6971		1,0344		—0,8483		0,3483	
		—152		25		—397		—632
20	0,6820		1,0319		—0,8880		0,4115	

6. Kurzstreckenlast p_k rechts neben Querträger 2.

$l:s$	$F_{(1)}:s$		$F_{(2)}:s$		$F_{(3)}:s$		$F_{(4)}:s$	
5	1,0340		0,0		0,8573		0,0	
		25		569		177		966
5,5	1,0365		0,0569		0,8750		0,0966	
		13		482		88		877
6	1,0378		0,1051		0,8838		0,1843	
		4		413		32		776
6,5	1,0382		0,1464		0,8870		0,2619	
		0		356		— 5		681
7	1,0382		0,1820		0,8865		0,3300	
		—10		579		— 68		1118
8	1,0372		0,2399		0,8797		0,4418	
		—15		449		—106		860
9	1,0357		0,2848		0,8691		0,5278	
		—17		358		—119		671
10	1,0340		0,3206		0,8572		0,5949	
		—33		530		—232		961
12	1,0307		0,3736		0,8340		0,6910	
		—29		374		—207		639
14	1,0278		0,4110		0,8133		0,7549	
		—26		276		—177		448
16	1,0252		0,4386		0,7956		0,7997	
		—40		379		—281		571
20	1,0212		0,4765		0,7675		0,8568	

Ordinaten der Einheitsbiegelinien $\gamma_{u(n)}$. 　　$l = 10\lambda$.

$5u/l$	$\gamma_{u(1)}$	$\gamma_{u(2)}$	$\gamma_{u(3)}$	$\gamma_{u(4)}$
0,5	0,3248	0,6122	—0,7903	—0,6610
1	0,6180	1,0	—1,0	—0,6180
1,5	0,8503	0,9906	—0,3019	0,4086
2	1,0	0,6180	0,6180	1,0
2,5	1,0510	—	0,9769	—
3	1,0	—0,6180	0,6180	—1,0
3,5	0,8503	—0,9906	—0,3019	—0,4086
4	0,6180	—1,0	—1,0	0,6180
4,5	0,3248	—0,6122	—0,6122	0,6610

Gleichungen der Einheitsbiegelinien $\gamma_{u(n)}$.

$$0 \leqq u \leqq l/5, \quad u_1 = 5u/l, \quad 0 \leqq u_1 \leqq 1$$

$$\gamma_{u(1)} = 0{,}660053\,u_1 - 0{,}042019\,u_1^3 \qquad \gamma_{u(3)} = -1{,}774117\,u_1 + 0{,}774117\,u_1^3$$
$$\gamma_{u(2)} = 1{,}299253\,u_1 - 0{,}299253\,u_1^3 \qquad \gamma_{u(4)} = 1{,}556783\,u_1 + 0{,}938747\,u_1^3$$

$$l/5 \leqq u \leqq 2l/5, \quad u_2 = 5u/l - 1, \quad 0 \leqq u_2 \leqq 1$$

$$\gamma_{u(1)} = 0{,}618034 + 0{,}533995\,u_2 - 0{,}126059\,u_2^2 - 0{,}025970\,u_2^3$$
$$\gamma_{u(2)} = 1{,}000000 + 0{,}401493\,u_2 - 0{,}897764\,u_2^2 + 0{,}114305\,u_2^3$$
$$\gamma_{u(3)} = -1{,}000000 + 0{,}548235\,u_2 + 2{,}322349\,u_2^2 - 1{,}251549\,u_2^3$$
$$\gamma_{u(4)} = -0{,}618034 + 1{,}259464\,u_2 + 2{,}816244\,u_2^2 - 2{,}457674\,u_2^3$$

$$2l/5 \leqq u \leqq 3l/5, \quad u_3 = 5u/l - 2, \quad 0 \leqq u_3 \leqq 1$$

$$\gamma_{u(1)} = 1{,}000000 + 0{,}203968\,u_3 - 0{,}203968\,u_3^2$$
$$\gamma_{u(2)} = 0{,}618034 - 1{,}051120\,u_3 - 0{,}554848\,u_3^2 + 0{,}369900\,u_3^3$$
$$\gamma_{u(3)} = 0{,}608034 + 1{,}435292\,u_3 - 1{,}435292\,u_3^2$$
$$\gamma_{u(4)} = 1{,}000000 - 0{,}481059\,u_3 - 4{,}556791\,u_3^2 + 3{,}037850\,u_3^3$$

5. Kreuzwerk mit fünf Querträgern.

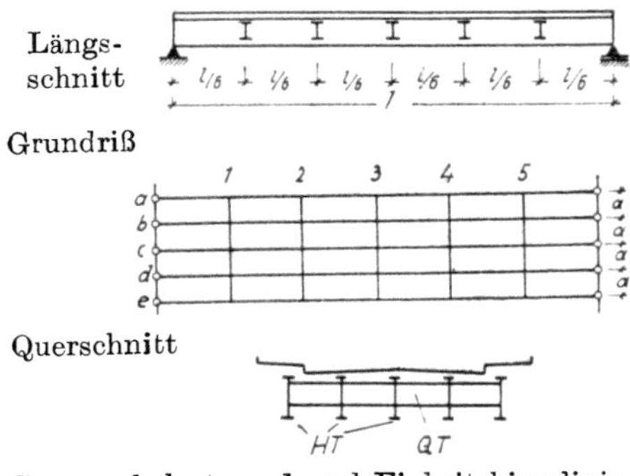

Längsschnitt

Grundriß

Querschnitt

Gruppenbelastung 1 und Einheitsbiegelinie $\gamma_{u(1)}$

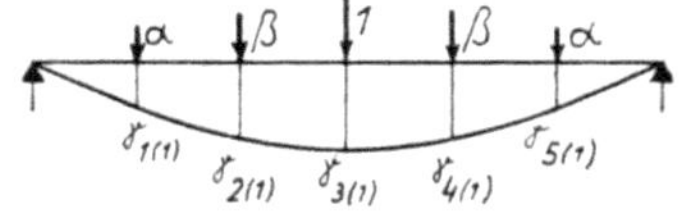

Gruppenbelastung 2 und Einheitsbiegelinie $\gamma_{u(2)}$

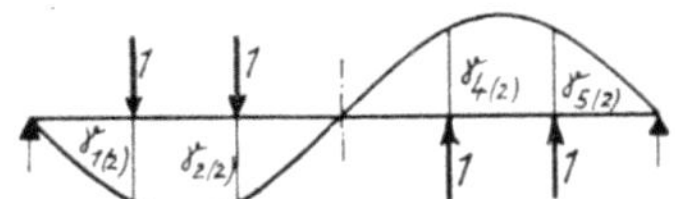

Gruppenbelastung 3 und Einheitsbiegelinie $\gamma_{u(3)}$

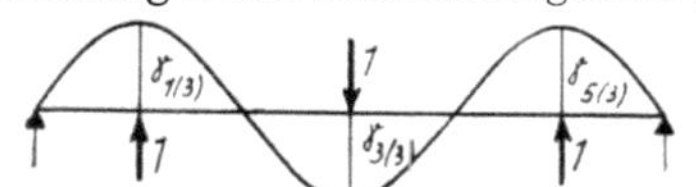

Gruppenbelastung 4 und Einheitsbiegelinie $\gamma_{u(4)}$

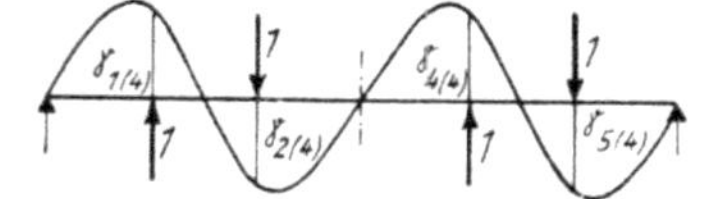

Gruppenbelastung 5 und Einheitsbiegelinie $\gamma_{u(5)}$

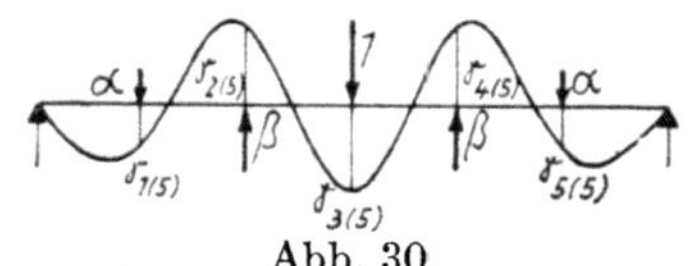

Abb. 30.

Kreuzsteifigkeit bei gleichen Hauptträgerabständen a

$$z = (l : 2a)^3 J_Q : J.$$

Die Gruppenbelastungen bestehen aus den Kräften

$$\alpha = 0{,}5, \quad \beta = 0{,}866025 \text{ und } 1.$$

Kreuzsteifigkeiten $z_{(n)}$ der Gruppenbelastungszustände

$$z_{(1)} = 2{,}956932\,z,$$
$$z_{(2)} = 0{,}185185\,z,$$
$$z_{(3)} = 0{,}037037\,z,$$
$$z_{(4)} = 0{,}012345\,z,$$
$$z_{(5)} = 0{,}006031\,z,$$

Konstanten

$$\mu_1 = 0{,}166667; \quad \mu_{10} = 0{,}055555;$$
$$\mu_2 = 0{,}288675; \quad \mu_{11} = 0{,}041667;$$
$$\mu_3 = 0{,}333333; \quad \mu_{12} = 0{,}068447;$$
$$\mu_4 = 0{,}25 ; \quad \mu_{13} = 0{,}083333;$$
$$\mu_5 = 0{,}207335; \quad \mu_{14} = 0{,}455341;$$
$$\mu_6 = 0{,}027876; \quad \mu_{15} = 0{,}122008;$$
$$\mu_7 = 0{,}014886; \quad \mu_{16} = 0{,}622009;$$
$$\mu_8 = 0{,}124002; \quad \mu_{17} = 0{,}044659.$$
$$\mu_9 = 0{,}125 ;$$

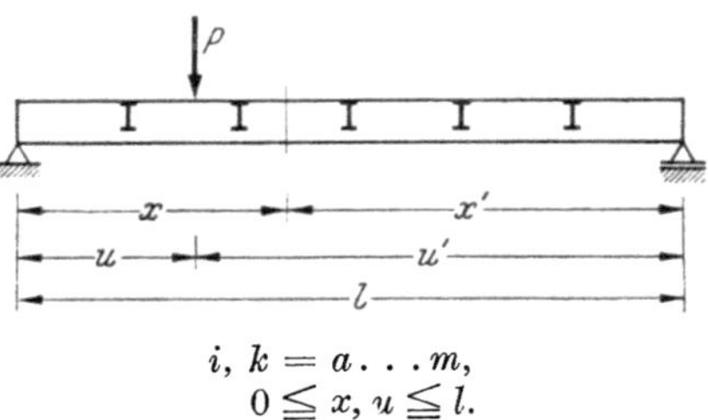

$$i, k = a \dots m,$$
$$0 \leqq x, u \leqq l.$$

Einflußflächen der Knotenkräfte.

	$\cdot\,\gamma_{u(1)}C_{ik(1)}$	$\cdot\,\gamma_{u(2)}C_{ik(2)}$	$\cdot\,\gamma_{u(3)}C_{ik(3)}$	$\cdot\,\gamma_{u(4)}C_{ik(4)}$	$\cdot\cdot\,\gamma_{u(5)}C_{ik(5)}$
$K_{i1,ku} =$	$+\mu_1$	$+\mu_4$	$-\mu_3$	$-\mu_4$	$+\mu_1$
$K_{i2,ku} =$	$+\mu_2$	$+\mu_4$	$-$	$+\mu_4$	$-\mu_2$
$K_{i3,ku} =$	$+\mu_3$	$-$	$+\mu_3$	$-$	$+\mu_3$
$K_{i4,ku} =$	$+\mu_2$	$-\mu_4$	$-$	$-\mu_4$	$-\mu_2$
$K_{i5,ku} =$	$+\mu_1$	$-\mu_4$	$-\mu_3$	$+\mu_4$	$+\mu_1$

Einflußflächen der Hauptträger — Biegemomente.

		$\cdot\,M^0_{ix,ku}$	$\cdot\,\gamma_{u(1)}C_{ik(1)}$	$\cdot\,\gamma_{u(2)}C_{ik(2)}$	$\cdot\,\gamma_{u(3)}C_{ik(3)}$	$\cdot\,\gamma_{u(4)}C_{ik(5)}$	$\cdot\,\gamma_{u(5)}C_{ik(5)}$
$x < l/6$	$M_{ix,ku} =$	$+1$	$+x\,\mu_{16}$	$+x\,\mu_4$	$-x\,\mu_3$	$-x\,\mu_{13}$	$+x\,\mu_{17}$
$l/6 < x < 2l/6$	$M_{ix,ku} =$	$+1$	$+l\,\mu_6+x\,\mu_{14}$	$+l\,\mu_{11}$	$-l\,\mu_{10}+x\,\mu_3$	$-l\,\mu_{11}+x\,\mu_3$	$+l\,\mu_6-x\,\mu_{15}$
$2l/6 < x < 3l/6$	$M_{ix,ku} =$	$+1$	$+l\,\mu_8+x\,\mu_1$	$+l\,\mu_9-x\,\mu_4$	$-l\,\mu_{10}+x\,\mu_3$	$+l\,\mu_{11}-x\,\mu_{13}$	$-l\,\mu_{12}+x\,\mu_1$
$x = l/2$	$M_{ix,ku} =$	$+1$	$+l\,\mu_5$	$-$	$+l\,\mu_6$	$-$	$+l\,\mu_7$

Einflußflächen der Hauptträger — Querkräfte.

		$\cdot\,Q^0_{ix,ku}$	$\cdot\,\gamma_{u(1)}C_{ik(1)}$	$\cdot\,\gamma_{u(2)}C_{ik(2)}$	$\cdot\,\gamma_{u(3)}C_{ik(3)}$	$\cdot\,\gamma_{u(4)}C_{ik(4)}$	$\cdot\,\gamma_{u(5)}C_{ik(5)}$
$x < l/6$	$Q_{ix,ku} =$	$+1$	$+\mu_{16}$	$+\mu_4$	$-\mu_3$	$-\mu_{13}$	$+\mu_{17}$
$l/6 < x < 2l/6$	$Q_{ix,ku} =$	$+1$	$+\mu_{14}$	$-$	$+\mu_3$	$+\mu_3$	$-\mu_{15}$
$2l/6 < x < 3l/6$	$Q_{ix,ku} =$	$+1$	$+\mu_1$	$-\mu_2$	$+\mu_4$	$-\mu_{13}$	$+\mu_1$

Einflußflächen der statischen Größen der Querträger.

	$\cdot\,\gamma_{u(1)}S_{yv(1)}$	$\cdot\,\gamma_{u(2)}S_{yv(2)}$	$\cdot\,\gamma_{u(3)}S_{yv(3)}$	$\cdot\,\gamma_{u(4)}S_{yv(4)}$	$\cdot\,\gamma_{u(5)}S_{yv(5)}$
$S_{1y,uv} =$	$+\mu_1$	$+\mu_4$	$-\mu_3$	$-\mu_4$	$+\mu_1$
$S_{2y,uv} =$	$+\mu_2$	$+\mu_4$	$-$	$+\mu_4$	$-\mu_2$
$S_{3y,uv} =$	$+\mu_3$	$-$	$+\mu_3$	$-$	$+\mu_3$

$$S = M,\ Q \text{ und } \delta; \quad 0 \leq y, v \leq l_Q.$$

Ordinaten der Einheitsbiegelinien $\gamma_{u(n)}$.

$$l = 12\lambda.$$

$6\,u/l$	0,5	1	1,5	2	2,5	3	$\cdot$ 3,5	4	4,5	5	5,5
$\gamma_{u(1)} =$	0,2588	0,5	0,7070	0,8660	0,9657	1,0	0,9657	$\cdot$0,8860	0,7070	0,5	0,2588
$\gamma_{u(2)} =$	0,575	1,0	1,15	1,0	0,575	$-$	$-0,575$	$-1,0$	$-1,15$	$-1,0$	$-0,575$
$\gamma_{u(3)} =$	$-0,6875$	$-1,0$	$-0,6875$	$-$	0,6875	1,0	0,6875	$-$	$-0,6875$	$-1,0$	$-0,6875$
$\gamma_{u(4)} =$	$-0,875$	$-1,0$	$-$	1,0	0,875	$-$	$-0,875$	$-1,0$	$-$	1,0	0,875
$\gamma_{u(5)} =$	0,5585	0,5	$-0,4089$	$-0,8660$	0,1497	1,0	0,1497	$-0,8660$	$-0,4089$	0,5	0,5585

Flächenwerte $F_{(n)}$ infolge von gleichmäßig verteilter Vollast p_k.

$$F_{(1)} = 0,6365\,l; \quad F_{(2)} = 0; \quad F_{(3)} = -0,2083\,l; \quad F_{(4)} = 0; \quad F_{(5)} = 0,0810\,l.$$

6. Kreuzwerk mit unendlich vielen, unendlich schmalen Querträgern.

Allgemeine Lösung.

Trägheitsmomente der Hauptträger gleichbleibend J und rJ, der Querträgerstreifen J_Q. Das Querträgerträgheitsmoment wird für eine Streifenbreite der Längeneinheit [m] berechnet.

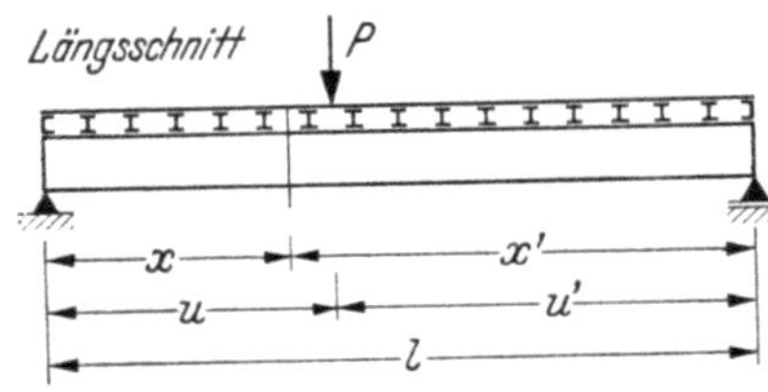

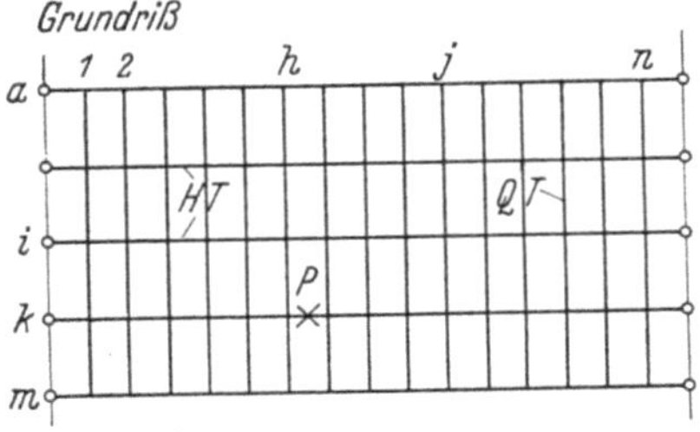

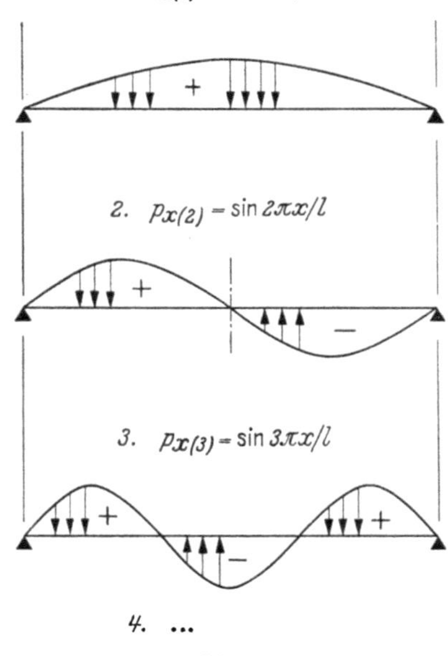

Abb. 31.

Kreuzsteifigkeit bei gleichen Hauptträgerabständen a

$$z = (l : 2a)^3 \, J_Q : J.$$

Gleichungen der Eigenbelastungsfunktionen[1]

$$p_{x(n)} = \sin n\pi x/l, \qquad n = 1, 2, 3, \ldots$$

---

[1] Die Eigenbelastungsfunktionen treten hier an die Stelle der Gruppenbelastungen.

Kreuzsteifigkeiten und Eigenwerte der Eigenbelastungszustände

$$z_{(n)} = 0{,}492767 \frac{l}{n^4} z,$$

$$\omega_{(n)} = \frac{l^4}{n^4 \pi^4 E J}, \qquad n = 1, 2, 3, \ldots$$

Gleichungen der Einflußflächen

Knotenkräfte

$$K_{ix,ku} = \frac{2}{l} \sum_{n=1,2,3,\ldots} \sin n\pi x/l \cdot \sin n\pi u/l \cdot C_{ik(n)},$$

$$K_{il/2,ku} = \frac{2}{l} \sum_{n=1,-3,5,-\ldots} \sin n\pi u/l \cdot C_{ik(n)}.$$

Hauptträger — Biegemomente

$$M_{ix,ku} = M^0_{ix,ku} + \frac{2l}{\pi^2} \sum_{n=1,2,3,\ldots} \frac{1}{n^2} \sin n\pi x/l \cdot \sin n\pi u/l \cdot C_{ik(n)},$$

$$M_{il/2,ku} = M^0_{il/2,ku} + \frac{2l}{\pi^2} \sum_{n=1,-3,5,-\ldots} \frac{1}{n^2} \sin n\pi u/l \cdot C_{ik(n)}.$$

Hauptträger — Querkräfte

$$Q_{ix,ku} = Q^0_{ix,ku} + \frac{2}{\pi} \sum_{n=1,2,3,\ldots} \frac{1}{n} \cos n\pi x/l \cdot \sin n\pi u/l \cdot C_{ik(n)}.$$

Hauptträger — Auflagerdrücke

$$A_{i,ku} = A^0_{i,ku} + \frac{2}{\pi} \sum_{n=1,2,3} \frac{1}{n} \sin n\pi u/l \cdot C_{ik(n)}.$$

Hauptträger — Durchbiegungen

$$\delta_{ix,ku} = \delta^0_{ix,ku} + \frac{2l^3}{\pi^4 E J_i} \sum_{n=1,2,3,\ldots} \frac{1}{n^4} \sin n\pi x/l \cdot \sin n\pi u/l \cdot C_{ik(n)},$$

$$\delta_{il/2,ku} = \delta^0_{il/2,ku} + \frac{2l^3}{\pi^4 E J_i} \sum_{n=1,-3,5,-\ldots} \frac{1}{n^4} \sin n\pi u/l \cdot C_{ik(n)},$$

Statische Größen der Querträger

$$S_{xy,uv} = \frac{2}{l} \sum_{n=1,2,3,\ldots} \sin n\pi x/l \cdot \sin \pi n u/l \cdot S_{yv(n)},$$

$$S = M, Q \text{ und } \delta, \qquad 0 \leqq y, v \leqq l_Q.$$

$$0 \leqq x \leqq l, \qquad 0 \leqq u \leqq l.$$
$$i = a \ldots m \qquad k = a \ldots m$$

Ordinaten der Einheitsbiegelinie $\gamma_{u(n)}$.

$$\gamma_{u(1)} = \sin \pi u/l, \qquad \gamma_{u(2)} = \sin 2\pi u/l, \ldots, \qquad \gamma_{u(5)} = \sin 5\pi u/l, \ldots$$

Flächenwerte $F_{(n)}$ infolge Streckenlasten.

1. Gleichmäßig verteilte Vollast p_k. $F_{(1)} = 0{,}6366 l$; $F_{(3)} = 0{,}2122 l$; $F_{(5)} = 0{,}1273 l$.

2. Kurzstreckenlast p_k symmetrisch in Brückenmitte. $F_{(2)} = 0$; $\quad F_{(4)} = 0$.

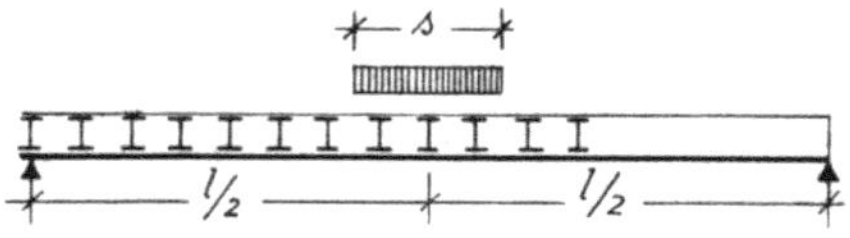

$l : s$	4	5	6	7	8	10	12	14	16	20
$F_{(1)} : s =$	0,9745	0,9836	0,9886	0,9916	0,9936	0,9959	0,9972	0,9980	0,9984	0,9990
$F_{(3)} : s =$	−0,7842	−0,8584	−0,9003	−0,9262	−0,9431	−0,9634	−0,9745	−0,9812	−0,9856	−0,9908
$F_{(5)} : s =$	0,4705	0,6366	0,7379	0,8030	0,8469	0,9003	0,9301	0,9484	0,9603	0,9745

3. Kurzstreckenlast p_k im Brückenviertel. $F_{(4)} = 0$.

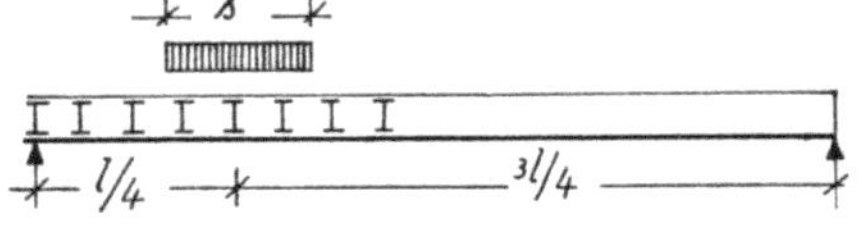

$l : s$	4	5	6	7	8	10	12	14	16	20
$F_{(1)} : s =$	0,6891	0,6955	0,6991	0,7012	0,7026	0,7042	0,7051	0,7056	0,7059	0,7061
$F_{(2)} : s =$	0,9003	0,9355	0,9549	0,9668	0,9745	0,9836	0,9886	0,9916	0,9936	0,9959
$F_{(3)} : s =$	0,5545	0,6070	0,6366	0,6549	0,6669	0,6812	0,6891	0,6938	0,6969	0,7006
$F_{(5)} : s =$	−0,3327	−0,4502	−0,5218	−0,5678	−0,5989	−0,6366	−0,6577	−0,6706	−0,6791	−0,6891

4. Kurzstreckenlast p_k am Auflager.

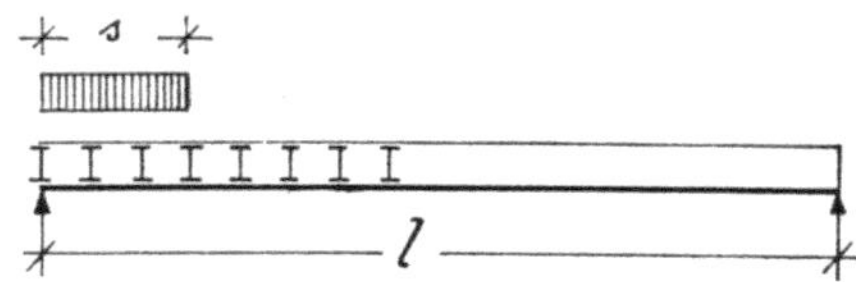

$l : s$	4	5	6	7	8	10	12	14	16	20
$F_{(1)} : s =$	0,3729	0,3040	0,2559	0,2207	0,1938	0,1558	0,1301	0,1117	0,0978	0,0784
$F_{(2)} : s =$	0,6366	0,5499	0,4775	0,4195	0,3729	0,3040	0,2559	0,2207	0,1938	0,1558
$F_{(3)} : s =$	0,7245	0,6945	0,6366	0,5775	0,5240	0,4374	0,3729	0,3241	0,2861	0,2313
$F_{(4)} : s =$	0,6366	0,7198	0,7162	0,6810	0,6366	0,5499	0,4775	0,4195	0,3729	0,3040
$F_{(5)} : s =$	0,4347	0,6366	0,7128	0,7235	0,7042	0,6366	0,5662	0,5046	0,4527	0,3729

Die Zahl der zu berücksichtigenden Reihenglieder kann mit Hilfe der Werte $C_{ii(n)}$ beurteilt werden, da diese Elemente mit wachsendem n gegen Null konvergieren. Der Ansatz von mehr als fünf Gliedern dürfte in keinem Fall erforderlich sein, da bei zahlreichen Querträgern das Einzelträgheitsmoment J_Q niedrig gehalten wird.

Ruht die Fahrbahntafel nur auf den Querträgern, so geht die gute Konvergenz der Reihen teilweise verloren, da die Elemente $B_{ii(n)}$ einzuführen sind, die nicht gegen Null, sondern gegen Eins konvergieren.

II. Kreuzwerke über einer Öffnung, links frei aufliegend, rechts fest eingespannt.

1. Kreuzwerk mit einem Querträger.

Kreuzsteifigkeit bei gleichen Hauptträgerabständen:

$$z = (l : 2a)^3 J_Q : J, \quad z_{(1)} = 0{,}4375\,z.$$

Konstanten:

$$\mu_1 = 0{,}3125; \qquad \mu_2 = 0{,}15\,625;$$
$$\mu_3 = 0{,}6875; \qquad \mu_4 = 0{,}5;$$
$$\mu_5 = 0{,}1875; \qquad \mu_6 = 0{,}0091.$$

Einflußflächen der Knotenkräfte:

$$K_{i1,\,ku} = \gamma_{u(1)}\, C_{ik}$$
$$i,k = a \ldots m, \quad 0 \leqq u \leqq l.$$

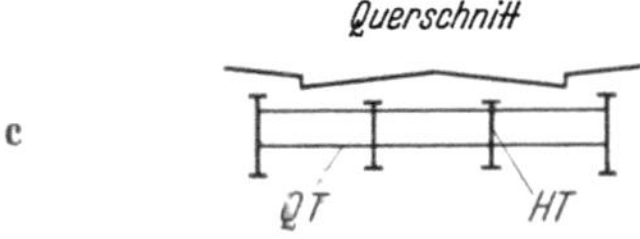

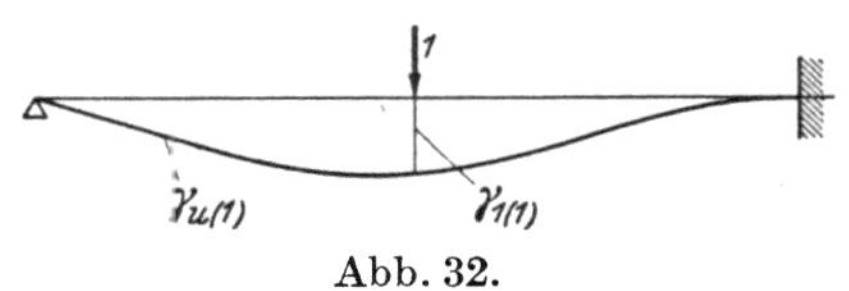

Abb. 32.

Einflußflächen der Hauptträger — Querkräfte.

		$\cdot Q^0_{i\,x,\,ku}$	$\cdot \gamma_{u(1)}\, C_{ik}$
$0 \leqq x \leqq l/2$	$Q_{i\,x,\,ku} =$	$+1$	$+\mu_1$
$l/2 \leqq x \leqq l$	$Q_{i\,x,\,ku} =$	$+1$	$-\mu_3$

Einflußflächen der Hauptträger — Biegemomente.

		$\cdot M^0_{i\,x,\,ku}$	$\cdot \gamma_{u(1)}\, C_{ik}$
$0 \leqq x \leqq l/2$	$M_{i\,x,\,ku} =$	$+1$	$+\mu_1 x$
$x = l/2$	$M_{i\,x,\,ku} =$	$+1$	$+\mu_2 l$
$l/2 \leqq x \leqq l$	$M_{i\,x,\,ku} =$	$+1$	$-\mu_3 x + \mu_4 l$
$x = l$	$M_{i\,x,\,ku} =$	$+1$	$-\mu_5 l$

Einflußflächen der Hauptträger — Durchbiegungen.

		$\cdot \delta^0_{i\,x,\,ku}$	$\cdot \gamma_{u(1)}\, C_{ik}$
$0 \leqq x \leqq l$	$\delta_{i\,x,\,ku} =$	$+1$	$+\mu_6 l^3 : E J_i$

Einflußflächen der statischen Größen der Querträger

$$S_{1y,\,uv} = \gamma_{u(1)}\, S_{yv}, \qquad S = M,\ Q \text{ und } \delta, \qquad 0 \leqq y, v \leqq l_Q.$$

Ordinaten der Einheitsbiegelinie $\gamma_{u(1)}$.

$$l = 10\lambda.$$

Punkt u	1	2	3	4	5	6	7	8	9
$\gamma_{u(1)} =$	0,3371	0,634	0,8743	1,0057	1	0,8411	0,5863	0,3109	0,0903

In die Gleichungen der Einflußflächen können an Stelle der Ordinaten $\gamma_{u(n)}$ die Flächen $F_{(n)}$ der Einheitsbiegelinien unterhalb von Streckenlasten p_k eingesetzt werden.

Für gleichmäßig verteilte Vollast p_k gilt:

$$F_{(1)} = 0{,}5712\,l.$$

2. Kreuzwerk mit zwei Querträgern.

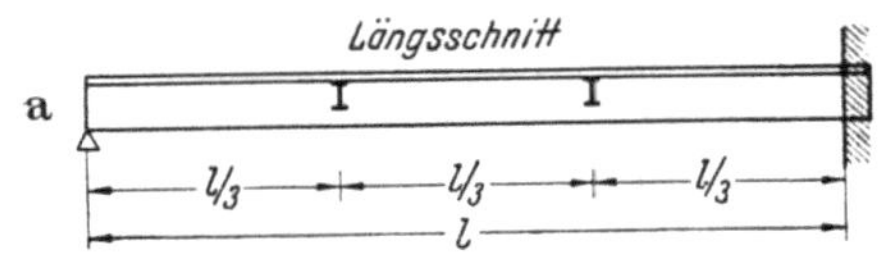

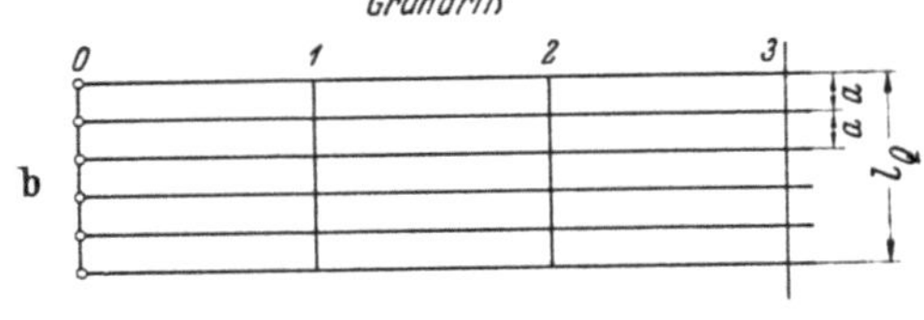

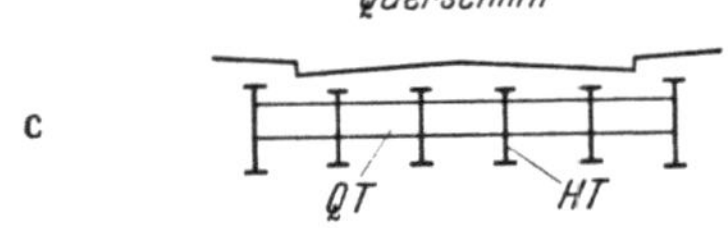

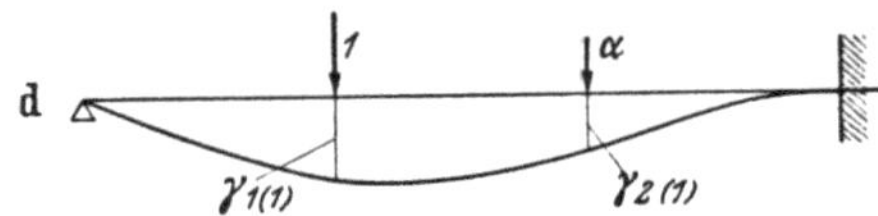

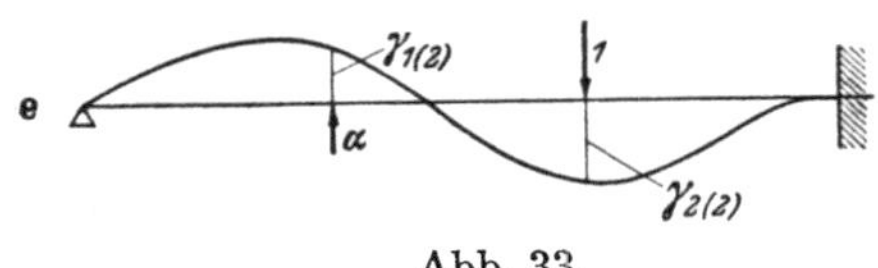

Abb. 33.

Kreuzsteifigkeit bei gleichen Hauptträgerabständen a

$$z = (l:2a)^3\,J_Q : J.$$

Die Gruppenbelastungen bestehen aus den Kräften 1 und $\alpha = 0{,}68253$.

Kreuzsteifigkeiten $z_{(n)}$ der Gruppenbelastungszustände

$$z_{(1)} = 0{,}61123\,z, \qquad z_{(2)} = 0{,}06916\,z.$$

Konstanten

$\mu_1 = 0{,}682200$;	$\mu_7 = 0{,}2274$;	$\mu_{13} = 0{,}5378$;
$\mu_2 = 0{,}465622$;	$\mu_8 = 0{,}2595$;	$\mu_{14} = 0{,}7251$;
$\mu_3 = 0{,}4227$;	$\mu_9 = 0{,}1552$;	$\mu_{15} = 0{,}2996$;
$\mu_4 = 0{,}1404$;	$\mu_{10} = 0{,}3253$;	$\mu_{16} = 0{,}3569$;
$\mu_5 = 0{,}1409$;	$\mu_{11} = 0{,}0544$;	$\mu_{17} = 0{,}1873$;
$\mu_6 = 0{,}0468$;	$\mu_{12} = 0{,}0616$;	$\mu_{18} = 0{,}0574$.

$$\omega_{i(1)} = 0{,}61123\,l^3 : 48\,E\,J_i,$$
$$\omega_{i(2)} = 0{,}06916\,l^3 : 48\,E\,J_i.$$

Einflußflächen der Knotenkräfte.

	$\cdot\,\gamma_{u(1)}\,C_{ik(1)}$	$\cdot\,\gamma_{u(2)}\,C_{ik(2)}$
$K_{i1,\,ku} =$	$+\mu_1$	$-\mu_2$
$K_{i2,\,ku} =$	$+\mu_2$	$+\mu_1$

Einflußflächen der Hauptträger — Biegemomente.

		$\cdot\,M^0_{ix,\,ku}$	$\cdot\,\gamma_{u(1)}\,C_{ik(1)}$	$\cdot\,\gamma_{u(2)}\,C_{ik(2)}$
$0 \leqq x \leqq l/3$	$M_{ix,\,ku} =$	$+1$	$+\mu_3 x$	$-\mu_4 x$
$x = l/3$	$M_{ix,\,ku} =$	$+1$	$+\mu_5 l$	$-\mu_6 l$
$l/3 \leqq x \leqq 2l/3$	$M_{ix,\,ku} =$	$+1$	$+\mu_7 l - \mu_8 x$	$+\mu_9 l - \mu_{10} x$
$x = 2l/3$	$M_{ix,\,ku} =$	$+1$	$+\mu_{11} l$	$-\mu_{12} l$
$2l/3 \leqq x \leqq l$	$M_{ix,\,ku} =$	$+1$	$+\mu_{13} l - \mu_{14} x$	$+\mu_{15} l - \mu_{16} x$
$x = l$	$M_{ix,\,ku} =$	$+1$	$-\mu_{17} l$	$-\mu_{18} l$

Einflußflächen der Hauptträger — Querkräfte.

		$\cdot\,Q^0_{ix,\,ku}$	$\cdot\,\gamma_{u(1)}\,C_{ik(1)}$	$\cdot\,\gamma_{u(2)}\,C_{ik(2)}$
$0 - x - l/3$	$Q_{ix,\,ku} =$	$+1$	$+\mu_3$	$-\mu_4$
$l/3 - x - 2l/3$	$Q_{ix,\,ku} =$	$+1$	$-\mu_8$	$-\mu_{10}$
$2l/3 - x - l$	$Q_{ix,\,ku} =$	$+1$	$-\mu_{14}$	$-\mu_{16}$

$$\text{Einflußflächen der Hauptträger — Durchbiegungen.}$$

		$\cdot\,\delta^{0}_{ix,ku}$	$\cdot\,\gamma_{u(1)}\,C_{ik(1)}$	$\cdot\,\gamma_{u(2)}\,C_{ik(2)}$
$x = l/3$	$\delta_{ix,ku} =$	$+1$	$+\mu_1\,\omega_{i(1)}$	$-\mu_2\,\omega_{i(2)}$
$x = 2l/3$	$\delta_{ix,ku} =$	$+1$	$+\mu_2\,\omega_{i(1)}$	$+\mu_1\,\omega_{i(2)}$

$$\text{Einflußflächen der statischen Größen der Querträger.}$$

	$\cdot\,\gamma_{u(1)}\,S_{yv(1)}$	$\cdot\,\gamma_{u(2)}\,S_{yv(2)}$
$S_{1y,uv} =$	$+\mu_1$	$-\mu_2$
$S_{2y,uv} =$	$+\mu_2$	$+\mu_1$

$$S = M,\ Q \text{ und } \delta, \quad 0 \leqq y, v \leqq l_Q.$$

$$\text{Ordinaten der Einheitsbiegelinien } \gamma_{u(n)}.$$

$$l = 9\lambda$$

Punkt u	0,33	0,67	1	1,33	1,67	2	2,33	2,67
$\gamma_{u(1)}$	0,422336	0,777915	1,0	1,039791	0,920310	0,682530	0,379679	0,114003
$\gamma_{u(2)}$	—0,488667	—0,781526	—0,682530	—0,104142	0,608015	1,0	0,776556	0,277167

$$l = 12\lambda$$

Punkt u	0,25	0,5	0,75	1	1,25	1,5	1,75	2	2,25	2,5	2,75
$\gamma_{u(1)} =$	0,3204	0,6126	0,8486	1	1,0464	0,9974	0,8720	0,6825	0,4564	0,2350	0,0668
$\gamma_{u(2)} =$	—0,3772	—0,6719	—0,8012	—0,6825	—0,2790	0,2636	0,7736	1	0,8777	0,5302	0,1676

In die Gleichungen der Einflußflächen können an Stelle der Ordinaten $\gamma_{u(n)}$ die Flächen $F_{(n)}$ der Einheitsbiegelinien unterhalb von Streckenlasten p_k eingesetzt werden.

Für gleichmäßig verteilte Vollast p_k gilt:

$$F_{(1)} = 0{,}5970\,l,$$
$$F_{(2)} = 0{,}0624\,l.$$

3. Kreuzwerk mit drei Querträgern.

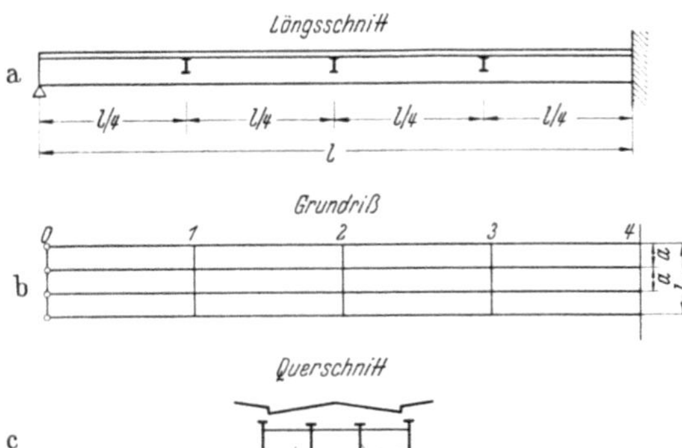

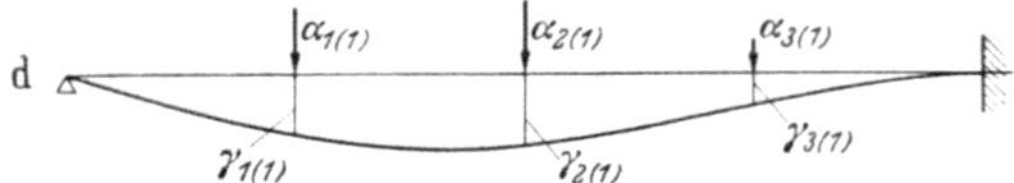

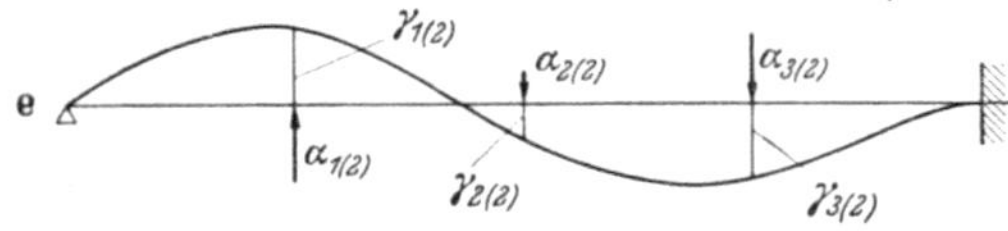

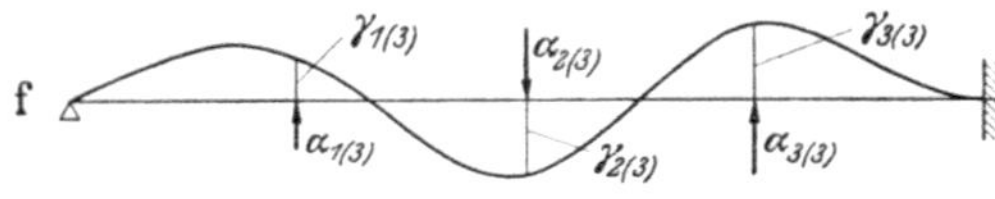

Abb. 34 a—f.

Kreuzsteifigkeit bei gleichen Hauptträgerabständen a

$$z = (l : 2a)^3 J_Q : J.$$

Die Gruppenbelastungen bestehen aus den Kräften

$$\alpha_{1(1)} = 0,845\,260$$
$$\alpha_{1(2)} = -1,019\,699$$
$$\alpha_{1(3)} = -0,624\,533$$

$$\alpha_{2(1)} = 1,0$$
$$\alpha_{2(2)} = 0,411\,626$$
$$\alpha_{2(3)} = 1,0$$

$$\alpha_{3(1)} = 0,450\,285$$
$$\alpha_{3(2)} = 1,0$$
$$\alpha_{3(3)} = -1,048\,463$$

Kreuzsteifigkeiten der Gruppenbelastungszustände

$$z_{(1)} = 0,809\,401z$$
$$z_{(2)} = 0,079\,790z$$
$$z_{(3)} = 0,022\,918z$$

Konstanten

$\mu_1 = 0,440\,878$	$\mu_{15} = 0,0174$	$\mu_{29} = 0,2203$
$\mu_2 = 0,461\,566$	$\mu_{16} = 0,0213$	$\mu_{30} = 0,1381$
$\mu_3 = 0,250\,885$	$\mu_{17} = 0,1102$	$\mu_{31} = 0,0042$
$\mu_4 = 0,521\,588$	$\mu_{18} = 0,2666$	$\mu_{32} = 0,0380$
$\mu_5 = 0,186\,322$	$\mu_{19} = 0,1154$	$\mu_{33} = 0,0271$
$\mu_6 = 0,401\,716$	$\mu_{20} = 0,1815$	$\mu_{34} = 0,7352$
$\mu_7 = 0,234\,863$	$\mu_{21} = 0,0627$	$\mu_{35} = 0,5472$
$\mu_8 = 0,452\,648$	$\mu_{22} = 0,1209$	$\mu_{36} = 0,3728$
$\mu_9 = 0,421\,185$	$\mu_{23} = 0,0179$	$\mu_{37} = 0,3173$
$\mu_{10} = 0,4622$	$\mu_{24} = 0,0280$	$\mu_{38} = 0,2009$
$\mu_{11} = 0,1950$	$\mu_{25} = 0,5003$	$\mu_{39} = 0,1778$
$\mu_{12} = 0,0694$	$\mu_{26} = 0,3710$	$\mu_{40} = 0,1880$
$\mu_{13} = 0,1155$	$\mu_{27} = 0,0803$	$\mu_{41} = 0,0551$
$\mu_{14} = 0,0487$	$\mu_{28} = 0,0222$	$\mu_{42} = 0,0232$

$$\omega_{i(1)} = 0,809\,401\,l^3 : 48\,E\,J_i$$
$$\omega_{i(2)} = 0,070\,790\,l^3 : 48\,E\,J_i$$
$$\omega_{i(3)} = 0,022\,918\,l^3 : 48\,E\,J_i$$

Einflußflächen der Knotenkräfte.

	$\cdot\gamma_{u(1)}\,C_{ik(1)}$	$\cdot\gamma_{u(2)}\,C_{ik(2)}$	$\cdot\gamma_{u(3)}\,C_{ik(3)}$
$K_{i1,\,ku} =$	$+\mu_1$	$-\mu_2$	$-\mu_3$
$K_{i2,\,ku} =$	$+\mu_4$	$+\mu_5$	$+\mu_6$
$K_{i3,\,ku} =$	$+\mu_7$	$+\mu_8$	$-\mu_9$

Einflußflächen der Hauptträger — Biegemomente.

		$\cdot M^0_{ix,\,ku}$	$\cdot\gamma_{u(1)}\,C_{ik(1)}$	$\cdot\gamma_{u(2)}\,C_{ik(2)}$	$\cdot\gamma_{u(3)}\,C_{ik(3)}$
$x \leqq l/4$	$M_{ix,\,ku} =$	$+1$	$+\mu_{10}\,x$	$-\mu_{11}\,x$	$-\mu_{12}\,x$
$x = l/4$	$M_{ix,\,ku} =$	$+1$	$+\mu_{13}\,l$	$-\mu_{14}\,l$	$-\mu_{15}\,l$
$l/4 \leqq x \leqq l/2$	$M_{ix,\,ku} =$	$+1$	$+\mu_{16}\,x + \mu_{17}\,l$	$+\mu_{18}\,x - \mu_{19}\,l$	$+\mu_{20}\,x - \mu_{21}\,l$
$x = l/2$	$M_{ix,\,ku} =$	$+1$	$+\mu_{22}\,l$	$+\mu_{23}\,l$	$+\mu_{24}\,l$
$l/2 \leqq x \leqq 3l/4$	$M_{ix,\,ku} =$	$+1$	$-\mu_{25}\,x + \mu_{26}\,l$	$+\mu_{27}\,x - \mu_{28}\,l$	$-\mu_{29}\,x + \mu_{30}\,l$
$x = 3l/4$	$M_{ix\,ku} =$	$+1$	$-\mu_{31}\,l$	$+\mu_{32}\,l$	$-\mu_{33}\,l$
$3l/4 \leqq x \leqq l$	$M_{ix,\,ku} =$	$+1$	$-\mu_{34}\,x + \mu_{35}\,l$	$-\mu_{36}\,x + \mu_{37}\,l$	$+\mu_{38}\,x - \mu_{39}\,l$
$x = l$	$M_{ix,\,ku} =$	$+1$	$-\mu_{40}\,l$	$-\mu_{41}\,l$	$+\mu_{42}\,l$

Einflußflächen der Hauptträger — Querkräfte.

		$\cdot Q^0_{ix,\,ku}$	$\cdot\gamma_{u(1)}\,C_{ik(1)}$	$\cdot\gamma_{u(2)}\,C_{ik(2)}$	$\cdot\gamma_{u(3)}\,C_{ik(3)}$
$x \leqq l/4$	$Q_{ix,\,ku} =$	$+1$	$+\mu_{10}$	$-\mu_{11}$	$-\mu_{12}$
$l/4 \leqq x \leqq l/2$	$Q_{ix,\,ku} =$	$+1$	$+\mu_{16}$	$+\mu_{18}$	$+\mu_{20}$
$l/2 \leqq x \leqq 3l/4$	$Q_{ix,\,ku} =$	$+1$	$-\mu_{25}$	$+\mu_{27}$	$-\mu_{29}$
$3l/4 \leqq x \leqq l$	$Q_{ix,\,ku} =$	$+1$	$-\mu_{34}$	$-\mu_{36}$	$+\mu_{38}$

Einflußflächen der Hauptträger — Durchbiegungen.

		$\cdot\delta^0_{ix,\,ku}$	$\cdot\gamma_{u(1)}\,C_{ik(1)}$	$\cdot\gamma_{u(2)}\,C_{ik(2)}$	$\cdot\gamma_{u(3)}\,C_{ik(3)}$
$x = l/4$	$\delta_{ix,\,ku} =$	$+1$	$+\mu_1\,\omega_{i(1)}$	$-\mu_2\,\omega_{i(2)}$	$-\mu_3\,\omega_{i(3)}$
$x = l/2$	$\delta_{ix,\,ku} =$	$+1$	$+\mu_4\,\omega_{i(1)}$	$+\mu_5\,\omega_{i(2)}$	$+\mu_6\,\omega_{i(3)}$
$x = 3l/4$	$\delta_{ix,\,ku} =$	$+1$	$+\mu_7\,\omega_{i(1)}$	$+\mu_8\,\omega_{i(2)}$	$-\mu_9\,\omega_{i(3)}$

Einflußflächen der statischen Größe der Querträger.

	$\cdot\gamma_{u(1)}\,S_{yv(1)}$	$\cdot\gamma_{u(2)}\,S_{yv(2)}$	$\cdot\gamma_{u(3)}\,S_{yv(3)}$
$S_{1y,\,uv} =$	$+\mu_1$	$-\mu_2$	$-\mu_3$
$S_{2y,\,uv} =$	$+\mu_4$	$+\mu_5$	$+\mu_6$
$S_{2y,\,uv} =$	$+\mu_7$	$+\mu_8$	$-\mu_8$

$$S = M,\ Q \text{ und } \delta; \quad 0 \leqq y,\ q \leqq l_Q.$$

Ordinaten der Einheitsbiegelinien $\gamma_{u(n)}$.

$$l = 8\lambda$$

Punkt u	0,5	1,0	1,5	2,0	2,5	3,0	3,5
$\gamma_{u(1)} =$	0,473 946	0,845 260	1,027 627	1,0	0,776 955	0,450 285	0,139 780
$\gamma_{u(2)} =$	−0,762 882	−1,019 702	−0,464 081	0,411 626	0,995 987	1,0	0,411 093
$\gamma_{u(3)} =$	−0,665 732	−0,624 537	0,404 720	1,0	−0,004 748	−1,048 464	−0,603 129

$$l = 12\lambda$$

Pkt u	0,333	0,667	1,0	1,333	1,667	2,0	2,333	2,667	3,0	3,333	3,667
$\gamma_{u(1)} =$	0,322 300	0,614 190	0,845 260	0,989 401	1,041 984	1,0	0,868 303	0,674 093	0,450 285	0,232 374	0,066 155
$\gamma_{u(2)} =$	−0,539 827	−0,929 709	−1,019 702	−0,721 267	−0,173 569	0,411 626	0,855 392	1,072 099	1,0	0,635 370	0,206 574
$\gamma_{u(3)} =$	−0,487 459	−0,765 458	−0,624 537	−0,000 336	0,742 617	1,0	0,445 255	−0,459 081	−1,048 464	−0,870 147	−0,318 578

In die Gleichungen der Einflußflächen können an Stelle der Ordinaten $\gamma_{u(n)}$ die Flächen $F_{(n)}$ der Einheitsbiegelinien unterhalb von Streckenlasten p_k eingesetzt werden.

Für gleichmäßig verteilte Vollast p_k gilt:

$$F_{(1)} = 0,5943$$
$$F_{(2)} = 0,0627$$
$$F_{(3)} = -0,2009$$

4. Kreuzwerk mit ∞ vielen, ∞ schmalen Querträgern.

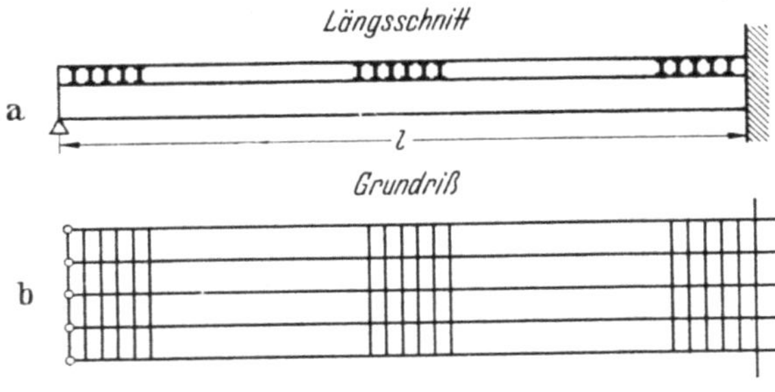

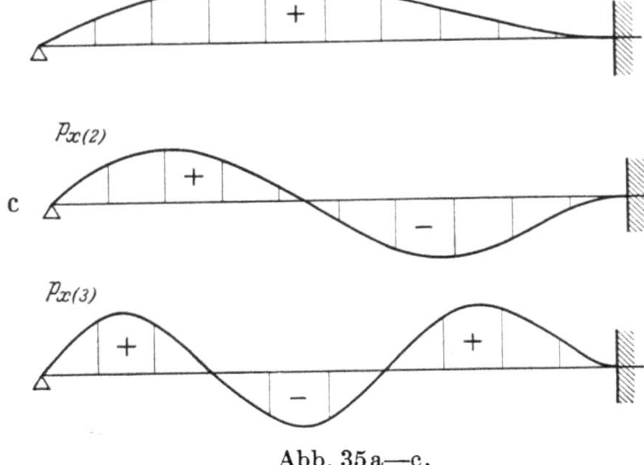

Abb. 35 a—c.

Trägheitsmoment der Hauptträger gleichbleibend J oder rJ. Das Querträgerträgheitsmoment wird für eine Streifenbreite von 1,0 m berechnet.

Kreuzsteifigkeit bei gleichen Hauptträgerabständen a

$$z = (l : 2a)^3 \, J_Q : J.$$

An Stelle der Gruppenbelastungen $\alpha_{h(n)}$ treten die Eigenbelastungsfunktionen $p_{x(n)}$ auf

$$p_{x(n)} = \sin m_{(n)} x + D_{(n)} \operatorname{Sin} m_{(n)} x,$$
$$n = 1, 2, 3, \ldots$$

s. a. Tafel auf der übernächsten Seite

Eigenwerte $m_{(n)}$

$$m_{(1)} = 3{,}926\,514 \,\frac{1}{l} \sim \left(1 + \frac{1}{4}\right)\frac{\pi}{l}$$

$$m_{(n)} = \left(n + \frac{1}{4}\right)\frac{\pi}{l}.$$

$$n = 2, 3, \ldots$$

Konstanten $D_{(n)}$ und $\mu_{(n)}$

$$D_{(1)} = 0{,}027\,874 \qquad\qquad \mu_{(1)} = 2{,}0015 : l$$

$$D_{(2)} = -0{,}001\,204\,1 \qquad\qquad \mu_{(2)} = 2 : l$$

$$D_{(3)} = 0{,}000\,052\,035 \qquad\qquad \mu_{(3)} = 2 : l$$

$$D_{(n)} = -\frac{\sin m_{(n)} l}{\operatorname{Sinh} m_{(n)} l}, \qquad n = 1, 2, 3, \ldots \qquad \mu_{(n)} = 2 : l, \qquad n = 2, 3, \ldots$$

Kreuzsteifigkeiten der Eigenbelastungszustände $z_{(n)}$

$$z_{(1)} = 0{,}201\,935\, lz,$$

$$z_{(n)} = 0{,}492\,767 \frac{lz}{\left(n + \dfrac{1}{4}\right)^4}, \qquad n = 2, 3, \ldots$$

Einflußflächen der Knotenkräfte

$$K_{ix,ku} = \sum_{n=1,2,3,\ldots} \mu_{(n)}\, p_{x(n)}\, p_{u(n)}\, C_{ik(n)}$$

$$0 \leqq x \leqq l, \qquad i, k = a \ldots m$$

Einflußflächen der Hauptträger — Biegemomente

$$M_{ix,ku} = M_{ix,ku}^0 + \sum_{n=1,2,3,\ldots} \mu_{(n)}\, M_{x(n)}\, p_{u(n)}\, C_{ik(n)}.$$

Darin ist

$$M_{x(n)} = \frac{1}{m_{(n)}^2}\left[\sin m_{(n)} x - D_{(n)} \operatorname{Sinh} m_{(n)} x\right]$$

s. a. Tabelle S. 62.

Einflußflächen der Hauptträger — Querkräfte

$$Q_{ix,ku} = Q_{ix,ku}^0 + \sum_{n=1,2,3,\ldots} \mu_{(n)}\, Q_{x(n)}\, p_{u(n)}\, C_{ik(n)}.$$

Darin ist

$$Q_{x(n)} = \frac{1}{m_{(n)}}\left[\cos m_{(n)} x - D_{(n)} \operatorname{Cosh} m_{(n)} x\right].$$

Einflußflächen der Hauptträger — Durchbiegungen

$$\delta_{ix,ku} = \delta_{ix,ku}^0 + \frac{2\, l^3}{\pi^4\, EJ} \sum_{n=1,2,3,\ldots} \frac{1}{(n + 0{,}25)^4}\, p_{x(n)}\, p_{u(n)}\, C_{ik(n)}.$$

Einflußflächen der statischen Größen der Querträger

$$S_{xy,uv} = \sum_{n=1,2,3,\ldots} \mu_{(n)}\, p_{x(n)}\, p_{u(n)}\, S_{yv(n)}, \qquad\qquad S = M, Q \text{ und } \delta; \qquad 0 \leqq y, v \leqq l_Q.$$

Tabelle der Werte $p_{x(n)}$ und $\mu_{(n)}\,M_{x(n)}$.

x/l	$p_{x(1)}$	$p_{x(2)}$	$p_{x(3)}$	$\mu_{(1)}\,M_{x(1)}$	$\mu_{(2)}\,M_{x(2)}$	$\mu_{(3)}\,M_{x(3)}$
0,1	0,3939	0,6485	0,8527	$+0,0482\,l$	$+0,0260\,l$	$+0,0164\,l$
0,2	0,7313	0,9491	0,8912	$0,0886\,l$	$0,0381\,l$	$0,0171\,l$
0,3	0,9648	0,8165	0,0853	$0,1146\,l$	$0,0331\,l$	$0,0016\,l$
0,4	1,0641	0,2989	$-0,8075$	$0,1215\,l$	$0,0128\,l$	$-0,0156\,l$
0,5	1,0213	$-0,4033$	$-0,9194$	$0,1073\,l$	$-0,0145\,l$	$-0,0178\,l$
0,6	0,8530	$-0,9328$	$-0,1445$	$0,0729\,l$	$-0,0340\,l$	$-0,0032\,l$
0,7	0,5998	$-1,0570$	0,8970	$0,0216\,l$	$-0,0355\,l$!	$0,0159\,l$
0,8	0,3222	$-0,7598$	1,0425	$0,0417\,l$	$-0,0166\,l$	$0,0165\,l$
0,9	0,0948	$-0,2101$	0,4943	$0,1115\,l$	$+0,0084\,l$	$-0,0003\,l$
1,0	0,0	0,0	0,0	$0,1835\,l$	$+0,0566\,l$	$-0,0271\,l$

Auf eine Normierung der $p_{x(n)}$-Funktionen, derart, daß max $p_{x(n)} = 1$ ist, wurde verzichtet. Die Größen $p_{u(n)}$ gehen aus den Werten $p_{x(n)}$ hervor, indem x/l durch u/l ersetzt wird.

In die Gleichungen der Einflußflächen können an Stelle der Ordinaten $\gamma_{u(n)}$ die Flächen $F_{(n)}$ der Einheitsbiegelinien unterhalb von Streckenlasten p_k eingesetzt werden.

Für gleichmäßig verteilte Vollast p_k gilt:

$$F_{(1)} = 0,6080\,l, \qquad F_{(2)} = -0,0570\,l, \qquad F_{(3)} = 0,2534\,l, \ldots$$

III. Kreuzwerke mit unendlich vielen, unendlich schmalen Querträgern beiderseits starr eingespannt.

1. Kreuzwerk mit ∞ vielen, ∞ schmalen Querträgern.

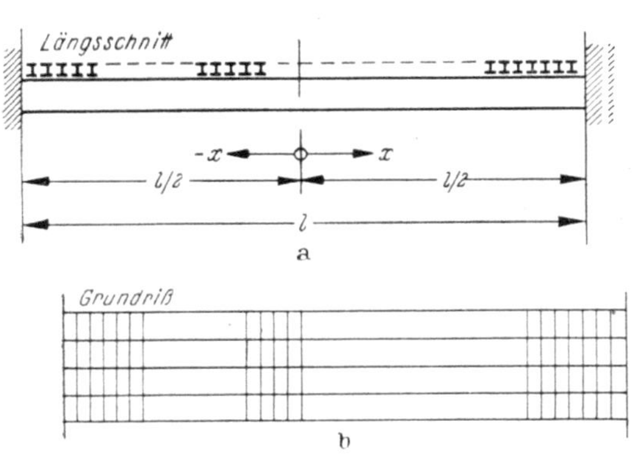

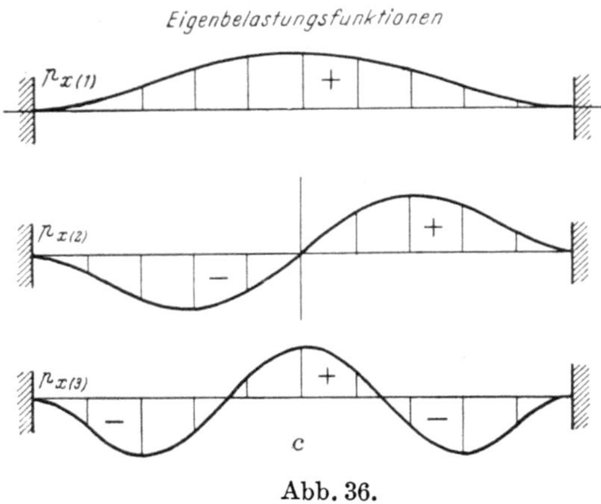

Abb. 36.

Trägheitsmoment der Hauptträger gleichbleibend J oder rJ.

Das Querträgerträgheitsmoment wird für eine Streifenbreite von $1,0$ m berechnet.

Kreuzsteifigkeit bei gleichen Hauptträgerabständen a

$$z = (l : 2a)^3\,J_Q : J.$$

Anstelle der Gruppenbelastung $\alpha_{h(n)}$ treten die Eigenbelastungsfunktionen $p_{x(n)}$ auf. Diese setzen sich aus dem symmetrischen Anteil $p_{x(n=1,3,5,\ldots)}$ und dem antimetrischem Anteil $p_{x(n=2,4,6,\ldots)}$ zusammen.

Symmetrischer Anteil:

$$p_{x(n)} = \cos m_{(n)}\,x + D_{(n)}\,\mathrm{Cosh}\,m_{(n)}\,x;$$
$$n = 1, 3, 5, \ldots$$

s. a. Tafel

Eigenwerte $m_{(n)}$

$$m_{(1)} = 4,73000\,\frac{1}{l}$$

$$m_{(n)} = \left(n + \frac{1}{2}\right)\frac{\pi}{l}; \qquad n = 3, 5, 7, \ldots$$

Konstanten $D_{(n)}$ und $\mu_{(n)}$

$$D_{(1)} = +\,0{,}132\,862 \qquad\qquad \mu_{(1)} = 0{,}9826 : l$$

$$D_{(3)} = -\,0{,}005\,79\,49 \qquad\qquad \mu_{(3)} = 1 : l$$

$$D_{(5)} = +\,0{,}000\,250\,312 \qquad\qquad \mu_{(5)} = 1 : l$$

$$D_{(n)} = \frac{\sin m_{(n)} l/2}{\operatorname{Sinh} m_{(n)} l/2}\,, \qquad n = 3,5,7,\ldots \qquad \mu_{(n)} = 1 : l, \qquad n = 3,5,7,\ldots$$

Kreuzsteifigkeiten der Eigenbelastungszustände $z_{(n)}$

$$z_{(1)} = 0{,}095\,895\, l z;$$

$$z_{(n)} = 0{,}492\,767 \cdot \frac{l z}{\left(n + \dfrac{1}{2}\right)^4}\,, \qquad n = 3,5,7,\ldots$$

Antimetrischer Anteil:

$$p_{x(n)} = \sin m_{(n)}\, x + D_{(n)} \operatorname{Sinh} m_{(n)}\, x; \qquad n = 2,4,6,\ldots$$

s. a. Tafel

Eigenwerte $m_{(n)}$

$$m_{(2)} = 7{,}853\,03\,\frac{1}{l}$$

$$m_{(n)} = \left(n + \frac{1}{2}\right)\frac{\pi}{l}; \qquad n = 4,6,8,\ldots$$

Konstanten $D_{(n)}$ und $\mu_{(n)}$

$$D_{(2)} = 0{,}027\,874 \qquad\qquad \mu_{(2)} = 1{,}0008 : l$$

$$D_{(4)} = -\,0{,}001\,204\,1 \qquad\qquad \mu_{(4)} = 1 : l$$

$$D_{(6)} = 0{,}000\,052\,035 \qquad\qquad \mu_{(6)} = 1 : l$$

$$D_{(n)} = -\,\frac{\sin m_{(n)} l/2}{\operatorname{Sinh} m_{(n)} l/2}\,;$$

$$n = 2,4,6,\ldots \qquad \mu_{(n)} = 1 : l, \qquad n = 4,6,8,\ldots$$

Kreuzsteifigkeiten der Eigenbelastungszustände $z_{(n)}$

$$z_{(2)} = 0{,}012\,621\, l z$$

$$z_{(n)} = 0{,}492\,767 \cdot \frac{l z}{\left(n + \dfrac{1}{2}\right)^4}\,; \qquad n = 4,6,8,\ldots$$

Einflußflächen der Knotenkräfte

$$K_{ix,ku} = \sum_{n=1,2,3,\ldots} \mu_{(n)}\, p_{x(n)}\, p_{u(n)}\, C_{ik(n)}$$

$$0 \leqq x,u \leqq l; \qquad i,k = a\ldots m$$

Einflußflächen der Hauptträger-Biegemomente

$$M_{ix,ku} = M^0_{ix,ku} + \sum_{n=1,2,3,\ldots} \mu_{(n)}\, M_{x(r)}\, p_{u(n)}\, C_{ik(n)}$$

Darin ist für $n = 1, 3, 5, \ldots$

$$M_{x(n)} = \frac{1}{m_{(n)}^2} \left[\cos m_{(n)} x - D_{(n)} \operatorname{Cosh} m_{(n)} x \right]$$

und für $n = 2, 4, 6, \ldots$

$$M_{x(n)} = \frac{1}{m_{(n)}^2} \left[\sin m_{(n)} x - D_{(n)} \operatorname{Sinh} m_{(n)} x \right]$$

Einflußflächen der Hauptträger-Querkräfte

$$Q_{ix,ku} = Q_{ix,ku}^0 + \sum_{n=1,2,3,\ldots} \mu_{(n)} Q_{x(n)} p_{u(n)} C_{ik(n)}$$

Darin ist für $n = 1, 3, 5, \ldots$

$$Q_{x(n)} = \frac{1}{m_{(n)}} \left[-\sin m_{(n)} x - D_{(n)} \operatorname{Sinh} m_{(n)} x \right]$$

und für $n = 2, 4, 6, \ldots$

$$Q_{x(n)} = \frac{1}{m_{(n)}} \left[\cos m_{(n)} x - D_{(n)} \operatorname{Cosh} m_{(n)} x \right]$$

Einflußflächen der Hauptträger-Durchbiegungen

$$\delta_{ix,ku} = \delta_{ix,ku}^0 + \frac{1}{EJ} \sum_{n=1,2,3,\ldots} \frac{\mu_{(n)}}{m_{(n)}^4} p_{x(n)} p_{u(n)} C_{ik(n)}$$

Die Größen $p_{u(n)}$ gehen aus den Werten $p_{x(n)}$ hervor, indem x durch u ersetzt wird.

Einflußflächen der statischen Größe der Querträger

$$S_{xy,uv} = \sum_{n=1,2,3,\ldots} \mu_{(n)} p_{x(n)} p_{u(n)} S_{yv(n)}, \qquad S = M, Q \text{ und } \delta; \quad 0 \leqq y, v \leqq l_Q.$$

Tabelle der Werte $p_{x(n)}$ und $\mu_{(n)} M_{x(n)}$ für $n = 1, 3, 5, \ldots$

x/l	$p_{x(1)}$	$p_{x(3)}$	$p_{x(5)}$	$\mu_{(1)} M_{x(1)}$	$\mu_{(3)} M_{x(3)}$	$\mu_{(5)} M_{x(5)}$
$-0,5$	0	0	0	$-0,0627\,l$	$+0,0117\,l$	$-0,0047\,l$
$-0,4$	$+0,1349$	$-0,5446$	$+0,9343$	$-0,0337\,l$	$-0,0006\,l$	$+0,0023\,l$
$-0,3$	$+0,4418$	$-1,0662$	$+0,4763$	$-0,0061\,l$	$-0,0075\,l$	$+0,0014\,l$
$-0,2$	$+0,7818$	$-0,6142$	$-0,9471$	$+0,0170\,l$	$-0,0046\,l$	$-0,0032\,l$
$-0,1$	$+1,0382$	$+0,4443$	$-0,1558$	$+0,0326\,l$	$+0,0038\,l$	$-0,0005\,l$
± 0	$+1,1329$	$+0,9942$	$+1,0003$	$+0,0381\,l$	$+0,0083\,l$	$+0,0033\,l$
$+0,1$	$+1,0382$	$+0,4443$	$-0,1558$	$+0,0326\,l$	$+0,0038\,l$	$-0,0005\,l$
$+0,2$	$+0,7818$	$-0,6142$	$-0,9471$	$+0,0170\,l$	$-0,0046\,l$	$-0,0032\,l$
$+0,3$	$+0,4418$	$-1,0662$	$+0,4763$	$-0,0061\,l$	$-0,0075\,l$	$+0,0014\,l$
$+0,4$	$+0,1349$	$-0,5446$	$+0,9343$	$-0,0337\,l$	$-0,0006\,l$	$+0,0023\,l$
$+0,5$	0	0	0	$-0,0627\,l$	$+0,0117\,l$	$-0,0047\,l$

Tabelle der Werte $p_{x(n)}$ und $\mu_{(n)} M_{x(n)}$ für $u = 2, 4, 6, \ldots$

x/l	$p_{x(2)}$	$p_{x(4)}$	$p_{x(6)}$	$\mu_{(2)} M_{x(2)}$	$\mu_{(4)} M_{x(4)}$	$\mu_{(6)} M_{x(6)}$
$-0,5$	0	0	0	$0,0918\,l$	$-0,0283\,l$	$0,0136\,l$
$-0,4$	$-0,3222$	$0,7598$	$-1,0425$	$0,0208\,l$	$0,0083\,l$	$-0,0082\,l$
$-0,3$	$-0,8530$	$0,9328$	$0,1445$	$-0,0364\,l$	$0,0170\,l$	$0,0016\,l$
$-0,2$	$-1,0641$	$-0,2989$	$0,8075$	$-0,0608\,l$	$-0,0064\,l$	$0,0078\,l$
$-0,1$	$-0,7313$	$-0,9491$	$-0,8912$	$-0,0443\,l$	$-0,0190\,l$	$-0,0086\,l$
± 0	0	0	0	0	0	0
$+0,1$	$0,7313$	$0,9491$	$0,8912$	$0,0443\,l$	$0,0190\,l$	$0,0086\,l$
$+0,2$	$1,0641$	$0,2989$	$-0,8075$	$0,0608\,l$	$0,0064\,l$	$-0,0078\,l$
$+0,3$	$0,8530$	$-0,9328$	$-0,1445$	$0,0364\,l$	$-0,0170\,l$	$-0,0016\,l$
$+0,4$	$0,3222$	$-0,7598$	$1,0425$	$-0,0208\,l$	$-0,0083\,l$	$0,0082\,l$
$+0,5$	0	0	0	$-0,0918\,l$	$0,0283\,l$	$-0,0136\,l$

IV. Durchlaufende Kreuzwerke über zwei Öffnungen.

1. Kreuzwerk mit zwei Querträgern.

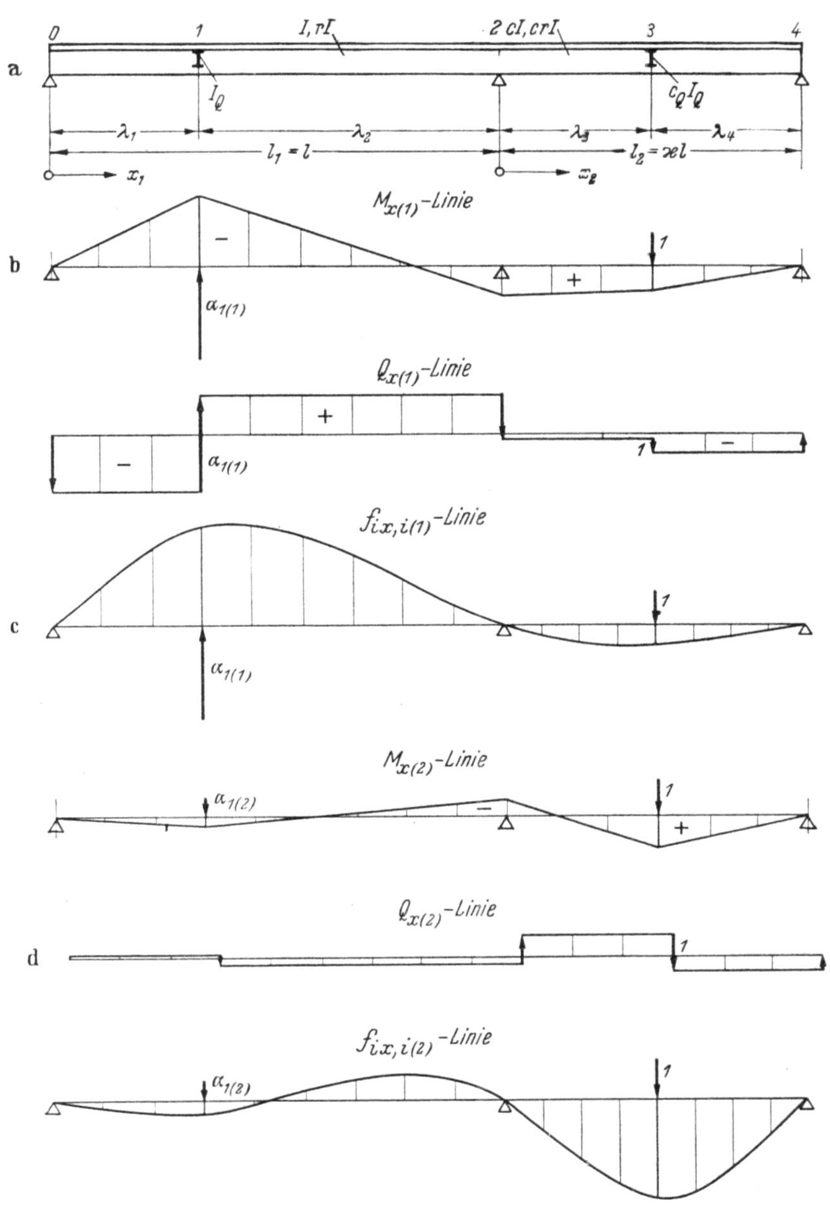

Abb. 37 a—d.

Stützweiten- und Steifigkeitsverhältnisse.

Linke Öffnung: $l_1 = l, J, rJ$ und J_Q,

Rechte Öffnung: $l_2 = ϰl, cJ, crJ$ und

$\qquad c_Q J_Q, \iota = c_Q/c$.

Konstanten $\mu_{(n)}$.

$$\mu_{(n)} = \frac{c_Q}{c_Q + \alpha_{1(n)}^2}, \qquad n = 1, 2.$$

Querträgeranordnung.

Fall	$\lambda_1 : \lambda_2$	$\lambda_4/\varkappa : \lambda_3/\varkappa$	Größen $\alpha_{1(n)} \ldots M_{2(n)}$
1	$l/3 : 2l/3$	$l/3 : 2l/3$	s. Seite 69
2	$l/3 : 2l/3$	$2l/5 : 3l/5$	
3	$l/3 : 2l/3$	$l/2 : l/2$	
4	$2l/5 : 3l/5$	$l/3 : 2l/3$	s. Seite 69
5	$2l/5 : 3l/5$	$2l/5 : 3l/5$	
6	$2l/5 : 3l/5$	$l/2 : l/2$	
7	$l/2 : l/2$	$l/3 : 2l/3$	s. Seite 70
8	$l/2 : l/2$	$2l/5 : 3l/5$	
9	$l/2 : l/2$	$l/2 : l/2$	

Einflußflächen der statischen Größen
der Querträger.

	$\cdot \mu_{(1)} \gamma_{u(1)} S_{yv(1)}$	$\cdot \mu_{(2)} \gamma_{u(2)} S_{yv(2)}$
$S_{hy,uv} =$	$+ \alpha_{h(1)}$	$+ \alpha_{h(2)}$

$$S = M, Q \quad \text{und } \delta; \qquad 0 \leqq y, v \leqq l_Q.$$

Kreuzsteifigkeiten der Gruppenbelastungszustände. Bei gleichen Hauptträgern gilt

$$z_{(n)} = \frac{6EJ_Q}{a^3} \omega_{(n)}, \qquad n = 1, 2.$$

$$\omega_{(1,2)} = k_1 \omega_{1,2}, \qquad k_1 = \frac{l^3}{100(c + \varkappa)EJ},$$

$$\omega_{1,2} = a_1 \pm \sqrt{-a_2 + a_1^2}.$$

Darin sind

$f^0_{i_1 x, i_1}$ und $f^0_{i x_2, i3}$ die Durchbiegungen eines losgelösten Balkens i auf zwei Stützen mit den Stützweiten l_1 bzw. l_2, s. Tabelle Abschnitt B VI,

ω_D, ω_D' die Omega-Zahlen Müller-Breslau [1], $\omega_D = x/l - (x/l)^3$, $\omega_D' = x'/l - (x'/l)^3$.

Ordinaten der Einheitsbiegelinien.

$$\gamma_{u(n)} = f_{iu,i(n)} : f_{i3,i(n)}, \qquad n = 1, 2.$$

Biegemomente $M_{x(n)}$ und Querkräfte $Q_{x(n)}$.

$$0 \leqq x_1 \leqq \lambda_1,$$

$$M_{x(n)} = \alpha_{1(n)} \lambda_2 x_1/l_1 + M_{2(n)} x_1/l_1,$$

$$Q_{x(n)} = \alpha_{1(n)} \lambda_2/l_1 + M_{2(n)}/l_1.$$

$$\lambda_1 \leqq x_1 \leqq l_1.$$

$$M_{x(n)} = \alpha_{1(n)} \lambda_1 [l_1 - x_1]/l_1 + M_{2(n)} x_1/l_1,$$

$$Q_{x(n)} = -\alpha_{1(n)} \lambda_1/l_1 + M_{2(n)}/l_1.$$

$$0 \leqq x_2 \leqq \lambda_3,$$

$$M_{x(n)} = \lambda_4 x_2/l_2 + M_{2(n)}[l_2 - x_2]/l_2,$$

$$Q_{x(n)} = \lambda_4/l_2 - M_{2(n)}/l_2.$$

$$\lambda_3 \leqq x_2 \leqq l_2,$$

$$M_{x(n)} = \lambda_3 [l_2 - x_2]/l_2 + M_{2(n)}[l_2 - x_2]/l_2,$$

$$Q_{x(n)} = -\lambda_3/l_2 + M_{2(n)}/l_2.$$

Durchbiegungen $f_{ix,i(n)}$.

$$0 \leqq x_1 \leqq l_1.$$

$$f_{ix,i(n)} = \alpha_{1(n)} f^0_{ix_1,i_1} + M_{2(n)} \frac{l_1^2}{6EJ_i} \omega_D,$$

$$0 \leqq x_2 \leqq l_2,$$

$$f_{ix,i(n)} = f^0_{ix_2,i3} + M_{2(n)} \frac{l_2^2}{6cEJ_i} \omega_D.$$

Einflußflächen für Knotenkräfte K, Biegemomente M, Querkräfte Q und Durchbiegungen δ.

		$\cdot \mu_{(1)} \gamma_{u(1)} C_{ik(1)}$	$\cdot \mu_{(2)} \gamma_{u(2)} C_{ik(2)}$
$K_{ih,ku} =$	$-$	$+ \alpha_{h(1)}$	$+ \alpha_{h(2)}$
$M_{ix,ku} =$	$M^0_{ix,ku}$	$+ M_{x(1)}$	$+ M_{x(2)}$
$Q_{ix,ku} =$	$Q^0_{ix,ku}$	$+ Q_{x(1)}$	$+ Q_{x(2)}$
$\delta_{ix,ku} =$	$\delta^0_{ix,ku}$	$+ f_{ix,i(1)}$	$+ f_{ix,i(2)}$

$$h = 1 \text{ u. } 3, \qquad 0 \leqq x, u \leqq l_1 + l_2, \qquad i, k = a \ldots m.$$

Für $k \neq i$ ist $S^0_{ix,ku} = 0, \qquad S = M, Q$ und δ.

---

[1] Müller-Breslau: Hütte, Bd. III, 27. Aufl., S. 26.

Hilfsgrößen, Gruppenlasten und Stützmomente.

Fall 1.

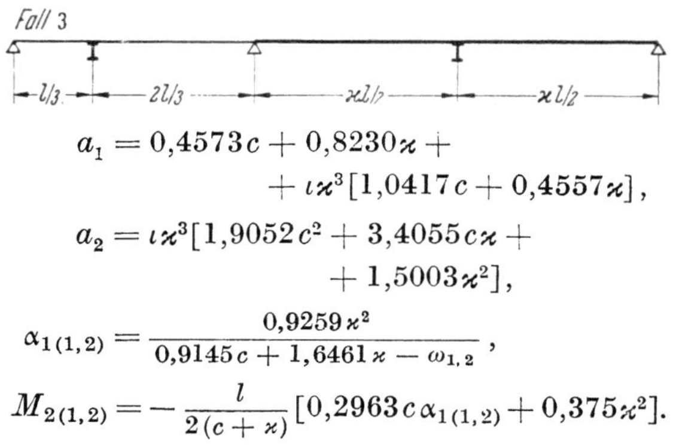

$$a_1 = 0{,}4573[c + \iota \varkappa^4] + 0{,}8230[\varkappa + c\,\iota\,\varkappa^3],$$

$$a_2 = 1{,}5053\,\iota\,\varkappa^3[c^2 + 2c\varkappa + \varkappa^2],$$

$$\alpha_{1(1,2)} = \frac{0{,}73159\,\varkappa^2}{0{,}9145\,c + 1{,}6461\,\varkappa - \omega_{1,2}},$$

$$M_{2(1,2)} = -\frac{0{,}2963\,l}{2(c+\varkappa)} \cdot [c\,\alpha_{1(1,2)} + \varkappa^2].$$

Fall 2.

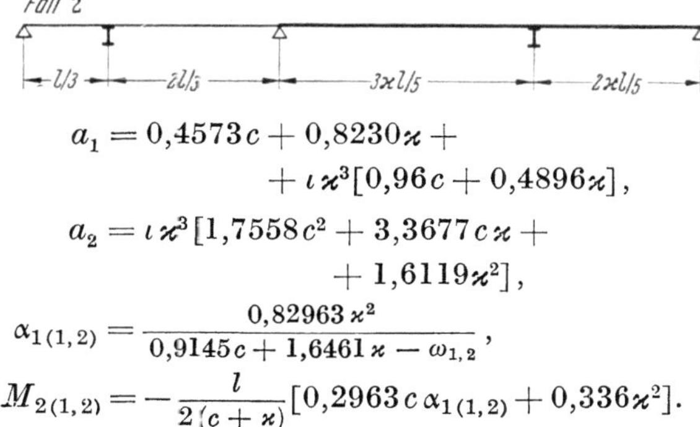

$$a_1 = 0{,}4573\,c + 0{,}8230\,\varkappa + $$
$$ + \iota\,\varkappa^3[0{,}96\,c + 0{,}4896\,\varkappa],$$

$$a_2 = \iota\,\varkappa^3[1{,}7558\,c^2 + 3{,}3677\,c\varkappa + $$
$$ + 1{,}6119\,\varkappa^2],$$

$$\alpha_{1(1,2)} = \frac{0{,}82963\,\varkappa^2}{0{,}9145\,c + 1{,}6461\,\varkappa - \omega_{1,2}},$$

$$M_{2(1,2)} = -\frac{l}{2(c+\varkappa)}[0{,}2963\,c\,\alpha_{1(1,2)} + 0{,}336\,\varkappa^2].$$

Fall 3.

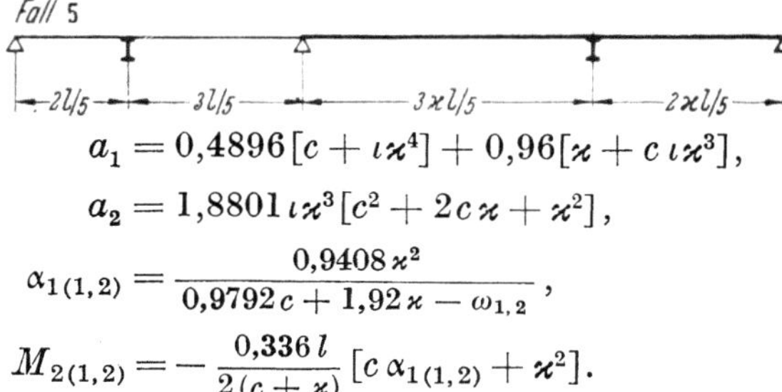

$$a_1 = 0{,}4573\,c + 0{,}8230\,\varkappa + $$
$$ + \iota\varkappa^3[1{,}0417\,c + 0{,}4557\,\varkappa],$$

$$a_2 = \iota\varkappa^3[1{,}9052\,c^2 + 3{,}4055\,c\varkappa + $$
$$ + 1{,}5003\,\varkappa^2],$$

$$\alpha_{1(1,2)} = \frac{0{,}9259\,\varkappa^2}{0{,}9145\,c + 1{,}6461\,\varkappa - \omega_{1,2}},$$

$$M_{2(1,2)} = -\frac{l}{2(c+\varkappa)}[0{,}2963\,c\,\alpha_{1(1,2)} + 0{,}375\,\varkappa^2].$$

Fall 4.

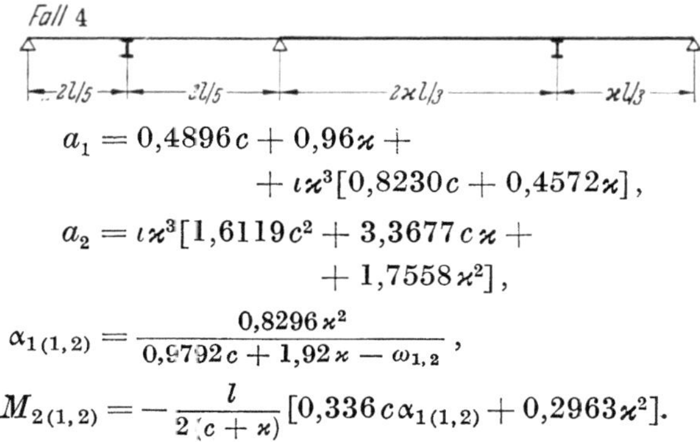

$$a_1 = 0{,}4896\,c + 0{,}96\,\varkappa + $$
$$ + \iota\varkappa^3[0{,}8230\,c + 0{,}4572\,\varkappa],$$

$$a_2 = \iota\varkappa^3[1{,}6119\,c^2 + 3{,}3677\,c\varkappa + $$
$$ + 1{,}7558\,\varkappa^2],$$

$$\alpha_{1(1,2)} = \frac{0{,}8296\,\varkappa^2}{0{,}9792\,c + 1{,}92\,\varkappa - \omega_{1,2}},$$

$$M_{2(1,2)} = -\frac{l}{2(c+\varkappa)}[0{,}336\,c\,\alpha_{1(1,2)} + 0{,}2963\,\varkappa^2].$$

Fall 5.

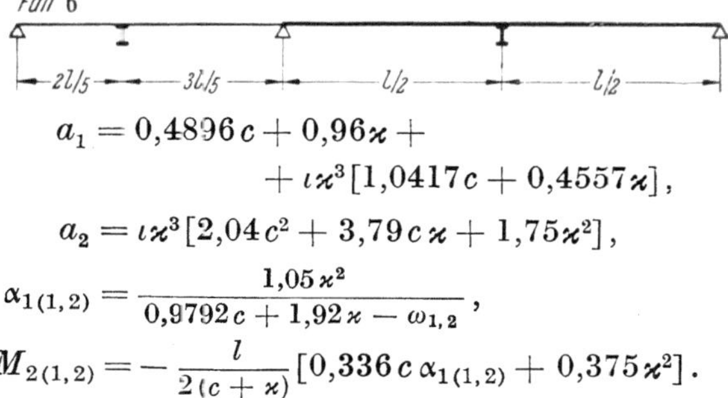

$$a_1 = 0{,}4896[c + \iota\varkappa^4] + 0{,}96[\varkappa + c\,\iota\varkappa^3],$$

$$a_2 = 1{,}8801\,\iota\varkappa^3[c^2 + 2c\varkappa + \varkappa^2],$$

$$\alpha_{1(1,2)} = \frac{0{,}9408\,\varkappa^2}{0{,}9792\,c + 1{,}92\,\varkappa - \omega_{1,2}},$$

$$M_{2(1,2)} = -\frac{0{,}336\,l}{2(c+\varkappa)}[c\,\alpha_{1(1,2)} + \varkappa^2].$$

Fall 6.

$$a_1 = 0{,}4896\,c + 0{,}96\,\varkappa + $$
$$ + \iota\varkappa^3[1{,}0417\,c + 0{,}4557\,\varkappa],$$

$$a_2 = \iota\varkappa^3[2{,}04\,c^2 + 3{,}79\,c\varkappa + 1{,}75\,\varkappa^2],$$

$$\alpha_{1(1,2)} = \frac{1{,}05\,\varkappa^2}{0{,}9792\,c + 1{,}92\,\varkappa - \omega_{1,2}},$$

$$M_{2(1,2)} = -\frac{l}{2(c+\varkappa)}[0{,}336\,c\,\alpha_{1(1,2)} + 0{,}375\,\varkappa^2].$$

Fall 7.

$$a_1 = 0{,}4557\,c + 1{,}0417\,\varkappa + $$
$$ + \iota\varkappa^3[0{,}8230\,c + 0{,}4573\,\varkappa],$$

$$a_2 = \iota\varkappa^3[1{,}5003\,c^2 + 3{,}4055\,c\varkappa + 1{,}9052\,\varkappa^2],$$

$$\alpha_{1(1,2)} = \frac{0{,}9259\,\varkappa^2}{0{,}9115\,c + 2{,}0833\,\varkappa - \omega_{1,2}},$$

$$M_{2(1,2)} = -\frac{l}{2(c+\varkappa)}[0{,}375\,c\,\alpha_{1(1,2)} + 0{,}2963\,\varkappa^2].$$

Fall 8.

$$a_1 = 0{,}4557\,c + 1{,}0417\,\varkappa + $$
$$ + \iota\varkappa^3[0{,}96\,c + 0{,}4896\,\varkappa],$$

$$a_2 = \iota\varkappa^3[1{,}75\,c^2 + 3{,}79\,c\varkappa + 2{,}04\,\varkappa^2],$$

$$\alpha_{1(1,2)} = \frac{1{,}05\,\varkappa^2}{0{,}9115\,c + 2{,}0833\,\varkappa - \omega_{1,2}},$$

$$M_{2(1,2)} = -\frac{l}{2(c+\varkappa)}[0{,}375\,c\,\alpha_{1(1,2)} + 0{,}336\,\varkappa^2].$$

Fall 9.

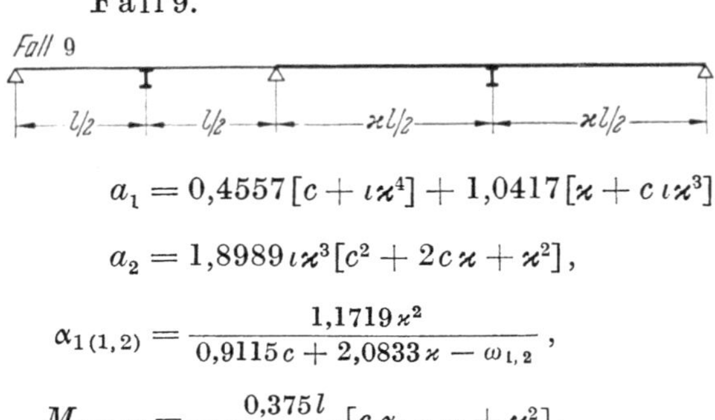

$$a_1 = 0{,}4557\,[c + \iota\varkappa^4] + 1{,}0417\,[\varkappa + c\,\iota\varkappa^3],$$

$$a_2 = 1{,}8989\,\iota\varkappa^3\,[c^2 + 2\,c\,\varkappa + \varkappa^2],$$

$$\alpha_{1(1,2)} = \frac{1{,}1719\,\varkappa^2}{0{,}9115\,c + 2{,}0833\,\varkappa - \omega_{1,2}},$$

$$M_{2(1,2)} = -\frac{0{,}375\,l}{2\,(c + \varkappa)}\,[c\,\alpha_{1(1,2)} + \varkappa^2].$$

2. Das durchlaufende Kreuzwerk mit zwei Öffnungen l_1 und l_2 und mit mehreren Querträgern in jeder Öffnung.

Durchlaufende Kreuzwerke mit zwei Öffnungen und gleich vielen Querträgern in jeder Öffnung können mit Hilfe der Lösungen für beidseits freiaufliegende sowie einseitig freiaufliegende und einseitig fest eingespannte Kreuzwerk berechnet werden, wenn die Kreuzsteifigkeit z für beide Öffnungen gleich groß gewählt wird.

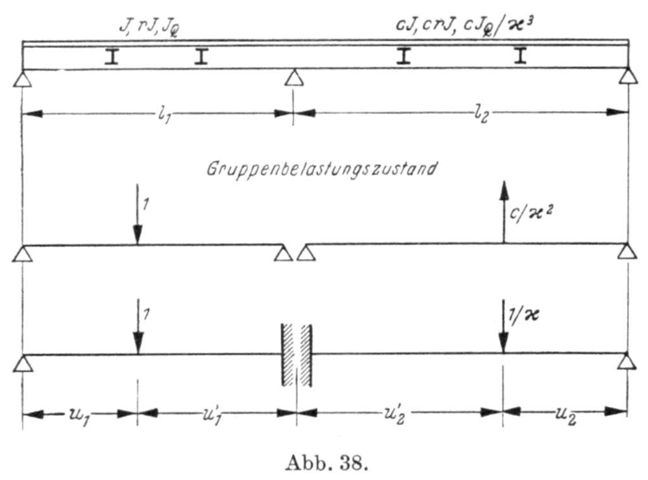

Abb. 38.

Zur Bildung eines statisch unbestimmten Hauptsystems werden die Hauptträger über der mittleren Stützenreihe durchschnitten. Das Hauptsystem besteht also aus zwei Kreuzwerken.

Die Wirkung des Trennschnittes kann beseitigt werden, wenn die Teilkreuzwerke solche Auflagerbedingungen und Belastungen erhalten, daß die Schnittstellen parallel werden und auf der gleichen Höhe liegen, das heißt, daß die Verdrehungen der Endtangenten über der mittleren Stützenreihe für jeden einzelnen Hauptträger gleich groß werden. Die beiden Auflagerungs- und Belastungszustände sind in Abb. 38 dargestellt.

Es ist

$$\varkappa = l_2/l_1 \quad \text{und} \quad z_1 = (l_1 : 2a)^3\,J_Q\,J = z_2 = (\varkappa\,l_1 : 2a)^3\,\frac{c}{\varkappa^3}\,J_Q : c\,J = z.$$

Der beliebige Träger k wird in u_1 bzw. u_2 mit 1 und $-c/\varkappa^2$ bzw. 1 und $1/\varkappa$ belastet. Es gilt dann, wenn

$$u_2 = \varkappa\,u_1 \quad \text{ist}, \quad \tau_{il} = \tau_{ir} \quad \text{bzw.} \quad M_{il} = M_{ir}, \qquad i = a \ldots k \ldots m.$$

Wir bezeichnen die statischen Größen S der Teilkreuzwerke mit

$$S_{ix,ku(\mathrm{I})} \quad \text{und} \quad S_{ix,ku(\mathrm{II})}, \qquad S = K, M, Q, \delta,$$

$$i, k = a \ldots m, \qquad 0 \leqq x, u \leqq l.$$

Die Lösung lautet dann

1. Linke Öffnung belastet mit $P = 1$ in ku_1.

		$\cdot S_{ix,\,ku\,(\mathrm{I})}$	$\cdot S_{ix,\,ku\,(\mathrm{II})}$
Linke Öffnung	$S_{ix_1,\,ku_1} =$	$+\mu_1$	$+\mu_3$
Rechte Öffnung	$S_{ix_2,\,ku_1} =$	$-\mu_2$	$+\mu_2$

2. Rechte Öffnung belastet mit $P = 1$ in ku_2.

		$\cdot S_{ix,\,ku\,(\mathrm{I})}$	$\cdot S_{ix,\,ku\,(\mathrm{II})}$
Linke Öffnung	$S_{ix_1,\,ku_2} =$	$-\mu_4$	$+\mu_4$
Rechte Öffnung	$S_{ix_2,\,ku_2} =$	$+\mu_3$	$+\mu_1$

3. Linke Öffnung belastet mit Vollast p_{k1}.

		$\cdot S_{ix,\,p_{k\,(\mathrm{I})}}$	$\cdot S_{ix,\,p_{k\,(\mathrm{II})}}$
Linke Öffnung	$S_{ix_1,\,p_{k1}} =$	$+\mu_1$	$+\mu_3$
Rechte Öffnung	$S_{ix_2,\,p_{k1}} =$	$-\mu_2$	$+\mu_2$

4. Rechte Öffnung belastet mit Vollast p_{k2}.

		$\cdot S_{ix,\,p_{k\,(\mathrm{I})}}$	$\cdot S_{ix,\,p_{k\,(\mathrm{II})}}$
Linke Öffnung	$S_{ix_1,\,p_{k2}} =$	$-\mu_5$	$+\mu_5$
Rechte Öffnung	$S_{ix_2,\,p_{k2}} =$	$+\mu_6$	$+\mu_4$

Darin ist

$$\mu_1 = \frac{\varkappa}{c+\varkappa}, \qquad \mu_2 = \frac{c}{\varkappa(c+\varkappa)}, \qquad \mu_3 = \frac{c}{c+\varkappa}, \qquad \mu_4 = \frac{\varkappa^2}{c+\varkappa}, \qquad \mu_5 = \frac{\varkappa^3}{c+\varkappa}, \qquad \mu_6 = \frac{c\varkappa}{c+\varkappa}.$$

Die vorliegende Lösung hat den Vorteil, daß die Kreuzwirkung — Querverteilung — in beiden Öffnungen gleich groß wird, jedoch den Nachteil, daß die zulässigen Spannungen bei den Querträgern der kleineren Öffnung nicht ausgenutzt werden können.

Ist $\varkappa = c = 1$, so ist $\mu_1 = \mu_2 = \mu_3 = \mu_4 = \mu_5 = \mu_6 = \tfrac{1}{2}$.

V. Durchlaufende Kreuzwerke über drei Öffnungen.

1. Symmetrisches Kreuzwerk mit drei Querträgern.

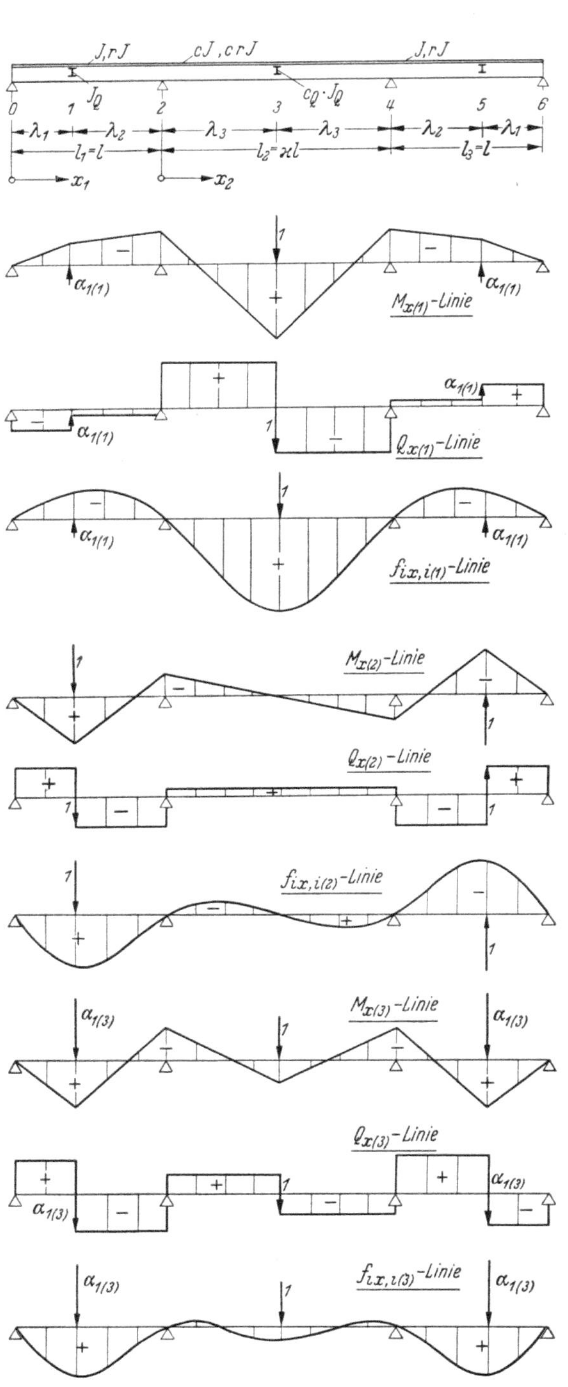

Abb. 39.

Stützweiten- und Steifigkeitsverhältnisse.

Seitenöffnungen

$$l_1 = l_3 = l,\ J,\ rJ \quad \text{und} \quad J_Q$$

Mittelöffnung

$$l_2 = \varkappa l,\ cJ,\ crJ \quad \text{und} \quad c_Q J_Q,\quad \iota = c_Q/c.$$

Querträgeranordnung
in den Seitenöffnungen.

	$\lambda_1 : \lambda_2$	Größen $\alpha_1,\ \alpha_{1(n)} \ldots M_{2(n)}$
Fall 1	$l/3 : 2l/3$	s. S. 74
Fall 2	$2l/5 : 3l/5$	s. S. 74
Fall 3	$l/2 : l/2$	s. S. 74

Gruppenlasten $\alpha_{j(n)}$.

$j =$	1	3	5
$\alpha_{j(1)} =$	$\alpha_{1(1)}$	1	$\alpha_{1(1)}$
$\alpha_{j(2)} =$	1	—	-1
$\alpha_{j(3)} =$	$\alpha_{1(3)}$	1	$\alpha_{1(3)}$

**Kreuzsteifigkeiten der Gruppen-
belastungszustände $z_{(n)}$.**

Bei gleichen Hauptträgerabständen gilt

$$z_{(n)} = \frac{6EJ_Q}{a^3}\,\omega_{(n)}, \qquad n = 1, 2, 3.$$

$$\omega_{(1,3)} = k_1\,\omega_{1,3},$$

$$\omega_{1,3} = a_1 \pm \sqrt{-a_2 + a_1^2},$$

$$\omega_{(2)} = k_2\,\omega_2,$$

$$k_1 = \frac{l^3}{100(2c + 3\varkappa)\,EJ},$$

$$k_2 = \frac{l^3}{100(2c + \varkappa)\,EJ}.$$

Konstanten $\mu_{(n)}$.

$$\mu_{(1,3)} = \frac{c_Q}{c_Q + 2\,\alpha_{1(1,3)}^2}$$

$$\mu_{(2)} = \frac{1}{2}$$

$$\text{Biegemomente } M_{x(n)} \text{ und Querkräfte } Q_{x(n)}.$$

$$0 \leqq x_1 \leqq \lambda_1 \qquad\qquad\qquad\qquad \lambda_1 \leqq x_1 \leqq l_1$$

$$M_{x(n)} = \alpha_{1(n)} \lambda_2 \, x_1/l_1 + M_{2(n)} \, x_1/l_1, \qquad M_{x(n)} = x_{1(n)} \lambda_1 [l_1 - x_1]/l_1 + M_{2(n)} \, x_1/l_1,$$

$$Q_{x(n)} = \alpha_{1(n)} \lambda_2/l_1 + M_{2(n)}/l_1, \qquad\qquad Q_{x(n)} = -\alpha_{1(n)} \lambda_1/l_1 + M_{2(n)}/l_1,$$

$$0 \leqq x_2 \leqq l_2/2$$

$$M_{x(1,3)} = x_2/2 + M_{2(1,3)},$$

$$M_{x(2)} = M_{2(2)} [l_2 - 2x_2]/l_2,$$

$$Q_{x(1,3)} = 1/2,$$

$$Q_{x(2)} = -2 M_{2(2)}/l_2.$$

$$\text{Durchbiegungen } f_{ix, i(r)}.$$

$$0 \leqq x_1 \leqq l_1$$

$$f_{ix, i(n)} = \alpha_{1(n)} f^0_{ix_1, i1} + M_{2(n)} \frac{l_1^2}{6\,E\,J_i} \, \omega_D,$$

$$0 \leqq x_2 \leqq l_2$$

$$f_{ix, i(1,3)} = f^0_{ix_2, i3} + M_{2(1,3)} \frac{l_2^2}{6\,c\,E\,J_i} \, \omega_R,$$

$$f_{ix, i(2)} = M_{2(2)} \frac{l_2^2}{6\,c\,E\,J_i} \, \omega_F.$$

Darin sind

$f^0_{ix_1, i1}$ und $f^0_{ix_2, i3}$ die Durchbiegungen eines losgelösten Balkens i auf zwei Stützen mit den Stützweiten l_1 bzw. l_2, s. Tab. 79

ω_R, ω_D und ω_F die Omega-Zahlen von MÜLLER-BRESLAU[1], $\omega_R = \dfrac{x}{l} - \left(\dfrac{x}{l}\right)^2$,

$$\omega_D = \frac{x}{l} - \left(\frac{x}{l}\right)^3, \qquad\qquad \omega_F = \frac{x}{l} - 3\left(\frac{x}{l}\right)^2 + 2\left(\frac{x}{l}\right)^3.$$

Ordinaten der Einheitsbiegelinien $\gamma_{u(n)}$.

$$\gamma_{u(1,3)} = f_{iu, i(1,3)} : f_{i3, i(1\,3)},$$

$$\gamma_{u(2)} = f_{iu, i(2)} : f_{i1, i(2)}.$$

Einflußflächen für Knotenkräfte K, Biegemomente M, Querkräfte Q und Durchbiegungen δ.

		$\cdot \mu_{(1)} \gamma_{u(1)} C_{ik(1)}$	$\cdot \mu_{(2)} \gamma_{u(2)} C_{ik(2)}$	$\cdot \mu_{(3)} \gamma_{u(3)} C_{ik(3)}$
$K_{ih, ku} =$	$-$	$+\alpha_{h(1)}$	$+\alpha_{h(2)}$	$+\alpha_{h(3)}$
$M_{ix, ku} =$	$M^0_{ix, ku} =$	$+M_{x(1)}$	$+M_{x(2)}$	$+M_{x(3)}$
$Q_{ix, ku} =$	$Q^0_{ix, ku} =$	$+Q_{x(1)}$	$+Q_{x(2)}$	$+Q_{x(3)}$
$\delta_{ix, ku} =$	$\delta^0_{ix, ku} =$	$+f_{ix, i(1)}$	$+f_{ix, i(2)}$	$+f_{ix, i(3)}$

$$h = 1, 3, 5, \qquad 0 \leqq x, u \leqq 2l + \varkappa\, l, \qquad i, k = a \ldots m.$$

Für $\quad k \neq i \quad$ ist $\quad S^0_{ix, ku} = 0, \quad S = M, Q \quad$ und $\quad \delta$.

Einflußflächen der statischen Größen der Querträger.

	$\cdot \mu_{(1)} \gamma_{u(1)} S_{yv(1)}$	$\cdot \mu_{(2)} \gamma_{u(2)} S_{yv(2)}$	$\cdot \mu_{(3)} \gamma_{u(3)} S_{yv(3)}$
$S_{hy, uv} =$	$+\alpha_{h(1)}$	$+\alpha_{h(2)}$	$+\alpha_{h(3)}$

$$S = M, Q \text{ und } \delta; \qquad 0 \leqq y, v \leqq l_Q.$$

---

[1] Siehe Hütte III, 27. Aufl. S. 26.

Hilfsgrößen, Gruppenlasten und Stützmomente.

Fall 1. *Symmetrische Lastgruppen.*

$$a_1 = 0{,}9145\,c + 2{,}4692\,\varkappa +$$
$$+ \iota\,\varkappa^3\,[2{,}0833\,c + 0{,}7813\,\varkappa],$$
$$a_2 = \iota\,\varkappa^3\,[7{,}6208\,c^2 + 16{,}5753\,c\varkappa + 7{,}7161\,\varkappa^2],$$
$$\alpha_{1(1,3)} = \frac{1{,}8519\,\varkappa^2}{1{,}8290\,c + 4{,}9383\,\varkappa - \omega_{1,3}},$$
$$M_{2(1,3)} = M_{4(1,3)}$$
$$= - \frac{l}{2c + 3\varkappa}\,[0{,}2963\,c\,\alpha_{1(1,3)} + 0{,}375\,\varkappa^2].$$

Antimetrische Lastgruppen.

$$\omega_2 = 1{,}8290\,c + 1{,}6461\,\varkappa,$$
$$M_{2(2)} = -M_{4(2)} = -\frac{8\,c\,l}{27\,(2c + \varkappa)}.$$

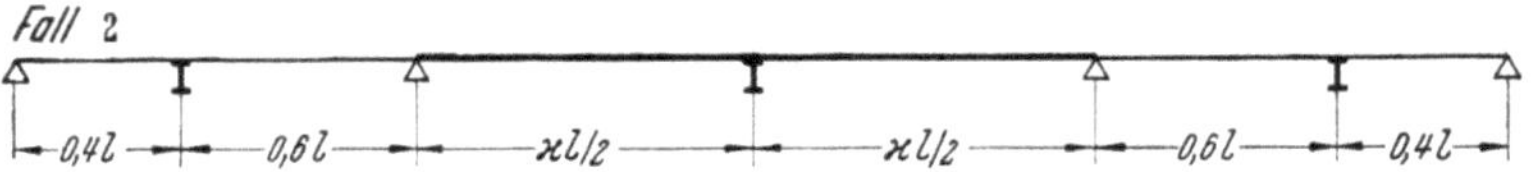

Fall 2. *Symmetrische Lastgruppen.*

$$a_1 = 0{,}9792\,c + 2{,}88\,\varkappa +$$
$$+ \iota\,\varkappa^3\,[2{,}0833\,c + 0{,}7813\,\varkappa],$$
$$a_2 = \iota\,\varkappa^3\,[8{,}16\,c^2 + 18{,}24\,c\varkappa + 9{,}00\,\varkappa^2],$$
$$\alpha_{1(1,3)} = \frac{2{,}1\,\varkappa^2}{1{,}9584\,c + 5{,}76\,\varkappa - \omega_{1,3}},$$
$$M_{2(1,3)} = M_{4(1,3)}$$
$$= - \frac{l}{2c + 3\varkappa}\,[0{,}336\,c\,\alpha_{1(1,3)} + 0{,}375\,\varkappa^2].$$

Antimetrische Lastgruppen.

$$\omega_2 = 1{,}9584\,c + 1{,}92\,\varkappa,$$
$$M_{2(2)} = -M_{4(2)} = -\frac{0{,}336\,c\,l}{2c + \varkappa}.$$

Fall 3. *Symmetrische Lastgruppen.*

$$a_1 = 0{,}9115\,c + 3{,}125\,\varkappa +$$
$$+ \iota\,\varkappa^3\,[2{,}0833\,c + 0{,}7813\,\varkappa],$$
$$a_2 = \iota\,\varkappa^3\,[7{,}5955\,c^2 + 17{,}9036\,c\varkappa + 9{,}7656\,\varkappa^2],$$
$$\alpha_{1(1,3)} = \frac{2{,}3438\,\varkappa^2}{1{,}8229\,c + 6{,}25\,\varkappa - \omega_{1,3}},$$
$$M_{2(1,3)} = M_{4(1,3)} = - \frac{3\,l}{8\,(2c + 3\varkappa)}\,[c\,\alpha_{1(1,3)} + \varkappa^2].$$

Antimetrische Lastgruppen.

$$\omega_2 = 1{,}8229\,c + 2{,}0833\,\varkappa,$$
$$M_{2(2)} = -M_{4(2)} = -\frac{3\,c\,l}{8\,(2c + \varkappa)}.$$

2. Symmetrisches Kreuzwerk mit vier Querträgern.

Stützweiten und Steifigkeitsverhältnisse.

Seitenöffnungen
$$l_1 = l_3 = l,\ J,\ rJ \quad \text{und} \quad J_Q,$$

Mittelöffnung
$$l_2 = \varkappa l,\ cJ,\ crJ \quad \text{und} \quad c_Q J_Q, \quad \iota = c_Q/c.$$

Kreuzsteifigkeiten
der Gruppenbelastungszustände.

$$z_{(n)} = \frac{6 E J_Q}{a^3}\, \omega_{(n)}, \qquad n = 1,2,3,4,$$

$$\omega_{(1,3)} = k_1\, \omega_{1,3}, \qquad \omega_{(2,4)} = k_2\, \omega_{2,4},$$

$$\omega_{1,3} = a_1 \pm \sqrt{-a_2 + a_1^2}, \quad \omega_{2,4} = a_3 \pm \sqrt{-a_4 + a_3^2},$$

$$k_1 = \frac{l^3}{100\,E J\,[2c + 3\varkappa]}, \qquad k_2 = \frac{l^3}{100\,E J\,[2c + \varkappa]}.$$

Konstanten $\mu_{(n)}$.

$$\mu_{(n)} = \frac{c_Q}{2\,[\alpha_{1(n)}^2 + c_Q]}, \qquad n = 1,2,3,4.$$

Biegemomente $M_{x(n)}$ und Querkräfte $Q_{x(n)}$.

$$0 \leqq x_1 \leqq \lambda_1$$
$$M_{x(n)} = \alpha_{1(n)}\, \lambda_2\, x_1/l_1 + M_{2(n)}\, x_1/l_1,$$
$$Q_{x(n)} = \alpha_{1(n)}\, \lambda_2/l_1 + M_{2(n)}/l_1,$$

$$\lambda_1 \leqq x_1 \leqq l_1$$
$$M_{x(n)} = \alpha_{1(n)}\, \lambda_1[l_1 - x_1]/l_1 + M_{2(n)}\, x_1/l_1$$
$$Q_{x(n)} = -\alpha_{1(n)}\, \lambda_1/l_1 + M_{2(n)}/l_1,$$
$$n = 1,2,3,4,$$

$$0 \leqq x_2 \leqq \lambda_3$$
$$M_{x(1,3)} = x_2 + M_{2(1,3)},$$
$$M_{x(2,4)} = \lambda_4\, x_2/l_2 + M_{2(2,4)}[l_2 - 2x_2]/l_2$$
$$Q_{x(1,3)} = 1,$$
$$Q_{x(2,4)} = \lambda_4/l_2 - 2 M_{2(2,4)}/l_2,$$

$$\lambda_3 \leqq x_2 \leqq l_2/2$$
$$M_{x(1,3)} = \lambda_3 + M_{2(1,3)},$$
$$M_{x(2,4)} = [\lambda_3 + M_{2(2,4)}]\,[l_2 - 2x_2]/l_2,$$
$$Q_{x(1,3)} = 0,$$
$$Q_{x(2,4)} = -2[\lambda_3 + M_{2(2,4)}]/l_2.$$

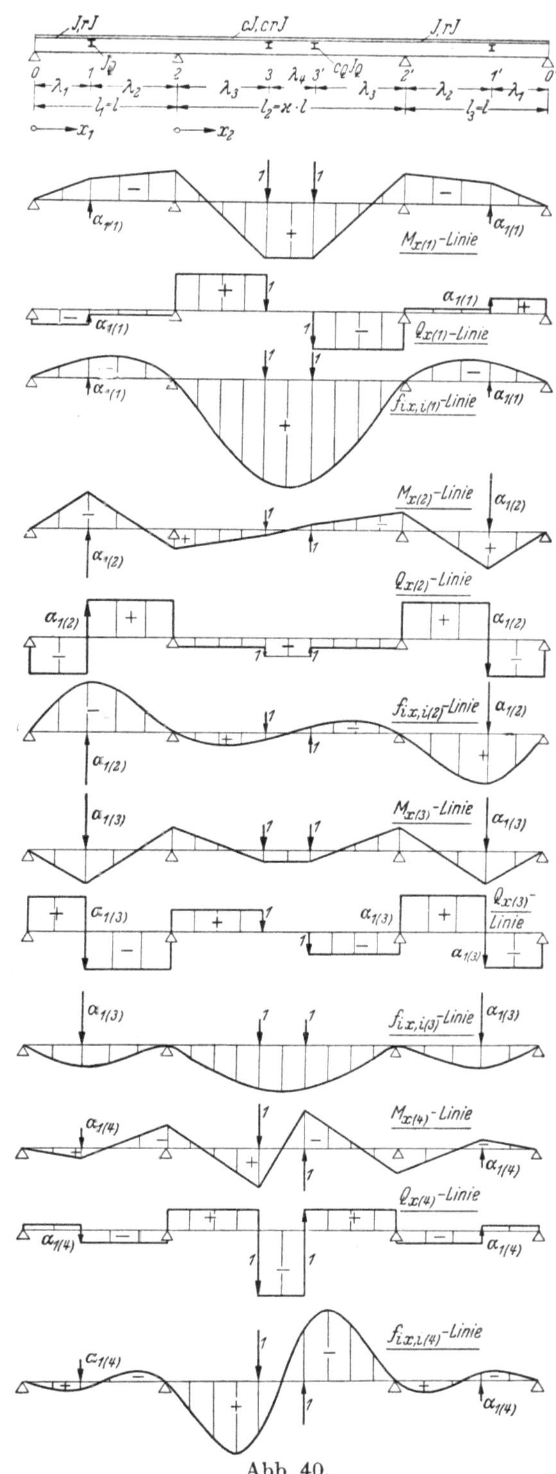

Abb. 40.

<table>
<tr><td colspan="4">Querträgeranordnung.</td><td colspan="5" align="center">Gruppenlasten.</td></tr>
</table>

Fall	$\lambda_1 : \lambda_2$	$\dfrac{\lambda_3}{\varkappa} : \dfrac{\lambda_4}{\varkappa} : \dfrac{\lambda_3}{\varkappa}$	Größen $a_1 \ldots, \alpha_{1(n)}$ u. $M_{2(n)} \ldots$
1	$l/3 : 2l/3$	$l/3 : l/3 : l/3$	s. S. 77
2	$l/3 : 2l/3$	$3l/8 : 2l/8 : 3l/8$	s. S. 77
3	$l/3 : 2l/3$	$2l/5 : l/5 : 2l/5$	s. S. 77
4	$4l/10 : 6l/10$	$l/3 : l/3 : l/3$	s. S. 77
5	$4l/10 : 6l/10$	$3l/8 : 2l/8 : 3l/8$	s. S. 78
6	$4l/10 : 6l/10$	$2l/5 : l/5 : 2l/5$	s. S. 78
7	$l/2 : l/2$	$l/3 : l/3 : l/3$	s. S. 78
8	$l/2 : l/2$	$3l/8 : 2l/8 : 3l/8$	s. S. 79
9	$l/2 : l/2$	$2l/5 : l/5 : 2l/5$	s. S. 79

$j =$	1	3	4	6
$\alpha_{j(1)} =$	$\alpha_{1(1)}$	1	1	$\alpha_{1(1)}$
$\alpha_{j(2)} =$	$\alpha_{1(2)}$	1	-1	$-\alpha_{1(2)}$
$\alpha_{j(3)} =$	$\alpha_{1(3)}$	1	1	$\alpha_{1(3)}$
$\alpha_{j(4)} =$	$\alpha_{1(4)}$	1	-1	$-\alpha_{1(4)}$

$$\text{Durchbiegungen } f_{ix,\,i(n)}.$$

$$0 \leqq x_1 \leqq l_1$$

$$f_{ix,\,i(n)} = \alpha_{1(n)}\, f^0_{ix_1,\,i1} + M_{2(n)}\, \frac{l_1^2}{6\,E\,J_i}\, \omega_D, \qquad n = 1,2,3,4.$$

$$l_1 \leqq x_2 \leqq l_2$$

$$f_{ix,\,i(1,\,3)} = f^0_{ix_2,\,i3} + f^0_{ix_2,\,i4} + M_{2(1,\,3)}\, \frac{l_2^2}{6c\,E\,J_i}\, \omega_R,$$

$$f_{ix,\,i(2,\,4)} = f^0_{ix_2,\,i3} - f^0_{ix_2,\,i4} + M_{2(2,\,4)}\, \frac{l_2^2}{6c\,E\,J_i}\, \omega_F.$$

Darin sind

$f_{x_1,\,i1},\ f^0_{ix_2,\,i3}, \ldots$ die Durchbiegungen des losgelösten Balkens i auf zwei Stützen mit der Stützweite l_1 bzw. l_2, s. Tafel 79.

$\omega_R,\ \omega_D$ und ω_F die Omega-Zahlen von MÜLLER-BRESLAU[1],

$$\omega_R = \frac{x}{l} - \left(\frac{x}{l}\right)^2, \qquad \omega_D = \frac{x}{l} - \left(\frac{x}{l}\right)^3, \qquad \omega_F = \frac{x}{l} - 3\left(\frac{x}{l}\right)^2 + 2\left(\frac{x}{l}\right)^3.$$

$$\text{Ordinaten der Einheitsbiegelinien } \gamma_{u(n)}.$$

$$\gamma_{u(n)} = f_{iu,\,i(n)} : f_{i3,\,i(n)}, \qquad n = 1 \ldots 4.$$

Einflußflächen für Knotenkräfte K, Biegemomente M, Querkräfte Q, und Durchbiegungen δ.

		$\cdot\,\mu_{(1)}\,\gamma_{u(1)}\,C_{ik(1)}$	$\cdot\,\mu_{(2)}\,\gamma_{u(2)}\,C_{ik(2)}$	$\cdot\,\mu_{(3)}\,\gamma_{u(3)}\,C_{ik(3)}$	$\cdot\,\mu_{(4)}\,\gamma_{u(4)}\,C_{ik(4)}$
$K_{ih,\,ku} =$		$+\,\alpha_{h(1)}$	$+\,\alpha_{h(2)}$	$+\,\alpha_{h(3)}$	$+\,\alpha_{h(4)}$
$M_{ix,\,ku} =$	$M^0_{ix,\,ku} +$	$+\,M_{x(1)}$	$+\,M_{x(2)}$	$+\,M_{x(3)}$	$+\,M_{x(4)}$
$Q_{ix,\,ku} =$	$Q^0_{ix,\,ku} +$	$+\,Q_{x(1)}$	$+\,Q_{x(2)}$	$+\,Q_{x(3)}$	$+\,Q_{x(4)}$
$\delta_{ix,\,ku} =$	$\delta^0_{ix,\,ku} +$	$+\,f_{ix,\,i(1)}$	$+\,f_{ix,\,i(2)}$	$+\,f_{ix,\,i(3)}$	$+\,f_{ix,\,i(4)}$

$$h = 1,3,4,6, \quad 0 \leqq x,\ u \leqq 2l_1 + l_2, \quad i,k = a \ldots m.$$

Für $k \neq i$ ist $S^0_{ix,\,ku} = 0$, $\quad S = M, Q$ und δ.

Einflußflächen der statischen Größen der Querträger.

		$\cdot\,\mu_{(1)}\,\gamma_{u(1)}\,S_{yv(1)}$	$\cdot\,\mu_{(2)}\,\gamma_{u(2)}\,S_{yv(2)}$	$\cdot\,\mu_{(3)}\,\gamma_{u(3)}\,S_{yv(3)}$	$\cdot\,\mu_{(4)}\,\gamma_{u(4)}\,S_{yv(4)}$
$S_{hy,\,uv} =$		$+\,\alpha_{h(1)}$	$+\,\alpha_{h(2)}$	$+\,\alpha_{h(3)}$	$+\,\alpha_{h(4)}$

$$S = M, Q \text{ und } \delta; \quad 0 \leqq y,\ v \leqq l_Q.$$

---

[1] Siehe Hütte III, 27. Aufl. S. 26.

Hilfsgrößen, Gruppenlasten und Stützmomente.

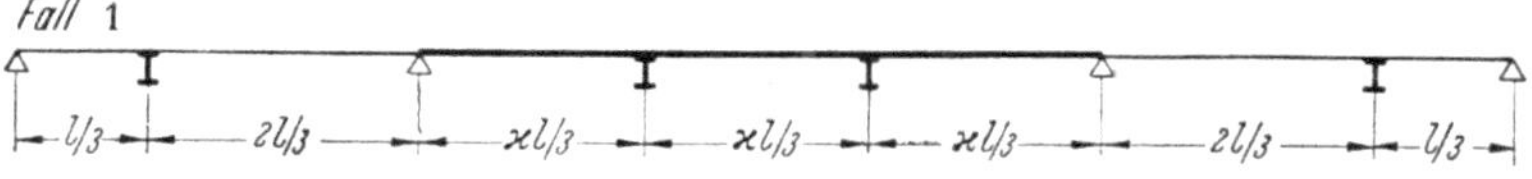

Fall 1. Symmetrische Lastgruppen.

$$a_1 = 0{,}9145c + 2{,}4692\varkappa + {} + \iota\varkappa^3[3{,}0864c + 0{,}9259\varkappa],$$

$$a_2 = \iota\varkappa^3[11{,}2901c^2 + 23{,}0314c\varkappa + 9{,}1447\varkappa^2],$$

$$\alpha_{1(1,3)} = \frac{3{,}2922\varkappa^2}{1{,}8290c + 4{,}9383\varkappa - \omega_{1,3}},$$

$$M_{2(1,3)} = M_{5(1,3)}$$

$$= -\frac{l}{2c + 3\varkappa}[0{,}2963c\,\alpha_{1(1,3)} + 0{,}6667\varkappa^2].$$

Antimetrische Lastgruppen.

$$a_3 = 0{,}9145c + 0{,}8231\varkappa + {} + \iota\varkappa^3[0{,}2058c + 0{,}0572\varkappa],$$

$$a_4 = \iota\varkappa^3[0{,}7528c^2 + 0{,}7529c\varkappa + 0{,}1883\varkappa^2],$$

$$\alpha_{1(2,4)} = \frac{0{,}3658\varkappa^2}{1{,}8290c + 1{,}6461\varkappa - \omega_{2,4}},$$

$$M_{2(2,4)} = -M_{5(2,4)}$$

$$= -\frac{l}{2c + \varkappa}[0{,}2963c\,\alpha_{1(2,4)} + 0{,}0741\varkappa^2].$$

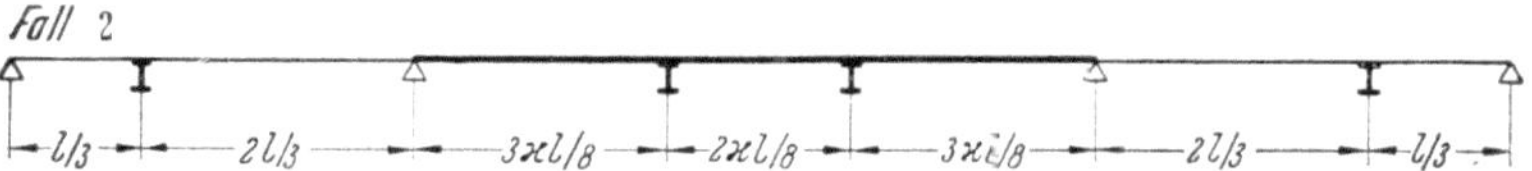

Fall 2. Symmetrische Lastgruppen.

$$a_1 = 0{,}9145c + 2{,}4692\varkappa + {} + \iota\varkappa^3[3{,}5156c + 1{,}1535\varkappa],$$

$$a_2 = \iota\varkappa^3[12{,}8601c^2 + 26{,}8855c\varkappa + 11{,}3927\varkappa^2],$$

$$\alpha_{1(1,3)} = \frac{3{,}4722\varkappa^2}{1{,}8290c + 4{,}9383\varkappa - \omega_{1,3}},$$

$$M_{2(1,3)} = M_{5(1,3)}$$

$$= -\frac{l}{2c + 3\varkappa}[0{,}2963c\,\alpha_{1(1,3)} + 0{,}7032\varkappa^2].$$

Antimetrische Lastgruppen.

$$a_3 = 0{,}9145c + 0{,}8231\varkappa + {} + \iota\varkappa^3[0{,}1465c + 0{,}0446\varkappa],$$

$$a_4 = \iota\varkappa^3[0{,}5359c^2 + 0{,}5618c\varkappa + 0{,}1470\varkappa^2],$$

$$\alpha_{1(2,4)} = \frac{0{,}2894\varkappa^2}{1{,}8290c + 1{,}6461\varkappa - \omega_{2,4}},$$

$$M_{2(2,4)} = -M_{5(2,4)}$$

$$= -\frac{l}{2c + \varkappa}[0{,}2963c\,\alpha_{1(2,4)} + 0{,}0586\varkappa^2].$$

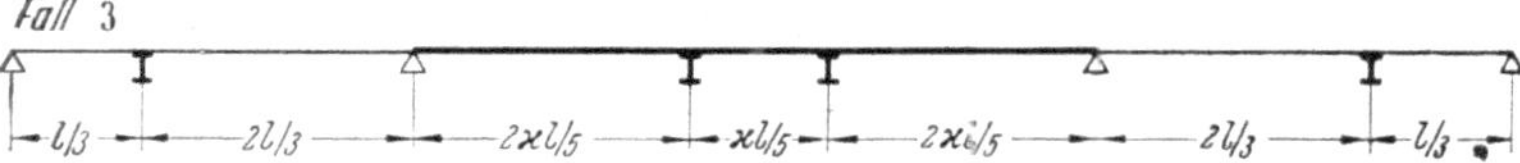

Fall 3. Symmetrische Lastgruppen.

$$a_1 = 0{,}9145c + 2{,}4692\varkappa + {} + \iota\varkappa^3[3{,}7333c + 1{,}2800\varkappa],$$

$$a_2 = \iota\varkappa^3[13{,}6566c^2 + 28{,}9127c\varkappa + 12{,}6420\varkappa^2],$$

$$\alpha_{1(1,3)} = \frac{3{,}5556\varkappa^2}{1{,}8290c + 4{,}9383\varkappa - \omega_{1,3}},$$

$$M_{2(1,3)} = M_{5(1,3)}$$

$$= -\frac{l}{2c + 3\varkappa}[0{,}2963c\,\alpha_{1(1,3)} + 0{,}72\varkappa^2].$$

Antimetrische Lastgruppen.

$$a_3 = 0{,}9145c + 0{,}8231\varkappa + {} + \iota\varkappa^3[0{,}1067c + 0{,}0342\varkappa],$$

$$a_4 = \iota\varkappa^3[0{,}3901c^2 + 0{,}4198c\varkappa + 0{,}1124\varkappa^2],$$

$$\alpha_{1(2,4)} = \frac{0{,}2370\varkappa^2}{1{,}8290c + 1{,}6461\varkappa - \omega_{2,4}},$$

$$M_{2(2,4)} = -M_{5(2,4)}$$

$$= -\frac{l}{2c + \varkappa}[0{,}2963c\,\alpha_{1(2,4)} + 0{,}048\varkappa^2].$$

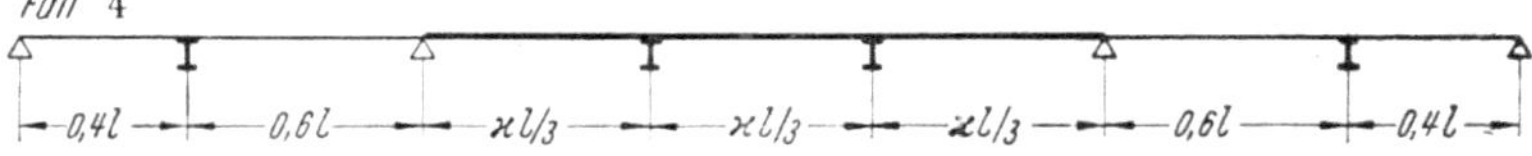

Fall 4. Symmetrische Lastgruppen.

$$a_1 = 0{,}9792c + 2{,}88\varkappa + {} + \iota\varkappa^3[3{,}0864c + 0{,}9259\varkappa],$$

$$a_2 = \iota\varkappa^3[12{,}0888c^2 + 25{,}2444c\varkappa + 10{,}6664\varkappa^2],$$

$$\alpha_{1(1,3)} = \frac{3{,}7333\varkappa^2}{1{,}9584c + 5{,}76\varkappa - \omega_{1,3}},$$

$$M_{2(1,3)} = M_{5(1,3)}$$

$$= -\frac{l}{2c + 3\varkappa}[0{,}336c\,\alpha_{1(1,3)} + 0{,}6667\varkappa^2].$$

Antimetrische Lastgruppen.

$$a_3 = 0{,}9792c + 0{,}96\varkappa + {} + \iota\varkappa^3[0{,}2058c + 0{,}0572\varkappa],$$

$$a_4 = \iota\varkappa^3[0{,}8061c^2 + 0{,}8422c\varkappa + 0{,}2196\varkappa^2],$$

$$\alpha_{1(2,4)} = \frac{0{,}4148\varkappa^2}{1{,}9584c + 1{,}92\varkappa - \omega_{2,4}},$$

$$M_{2(2,4)} = -M_{5(2,4)}$$

$$= -\frac{l}{2c + \varkappa}[0{,}336c\,\alpha_{1(2,4)} + 0{,}0741\varkappa^2].$$

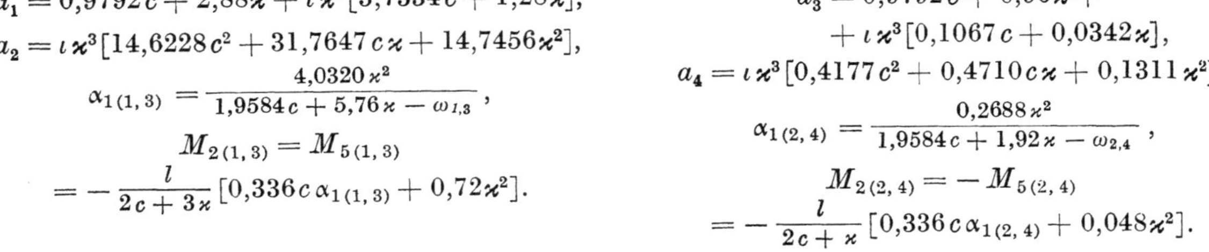

Fall 5. Symmetrische Lastgruppen.

$$a_1 = 0,9792\,c + 2,88\,\varkappa +$$
$$+ \iota\,\varkappa^3[3,5156\,c + 1,1535\,\varkappa],$$
$$a_2 = \iota\,\varkappa^3[13,7699\,c^2 + 29,5138\,c\varkappa + 13,2883\,\varkappa^2],$$
$$\alpha_{1(1,3)} = \frac{3,9375\,\varkappa^2}{1,9584\,c + 5,76\,\varkappa - \omega_{1,3}},$$
$$M_{2(1,3)} = M_{5(1,3)}$$
$$= -\frac{l}{2\,c + 3\,\varkappa}[0,336\,c\,\alpha_{1(1,3)} + 0,7032\,\varkappa^2].$$

Antimetrische Lastgruppen,

$$a_3 = 0,9792\,c + 0,96\,\varkappa +$$
$$+ \iota\,\varkappa^3[0,1465\,c + 0,0446\,\varkappa],$$
$$a_4 = \iota\,\varkappa^3[0,5738\,c^2 + 0,6298\,c\varkappa + 0,1714\,\varkappa^2],$$
$$\alpha_{1(2,4)} = \frac{0,3281\,\varkappa^2}{1,9584\,c + 1,92\,\varkappa - \omega_{2,4}},$$
$$M_{2(2,4)} = -M_{5(2,4)}$$
$$= -\frac{l}{2\,c + \varkappa}[0,336\,c\,\alpha_{1(2,4)} + 0,0586\,\varkappa^2].$$

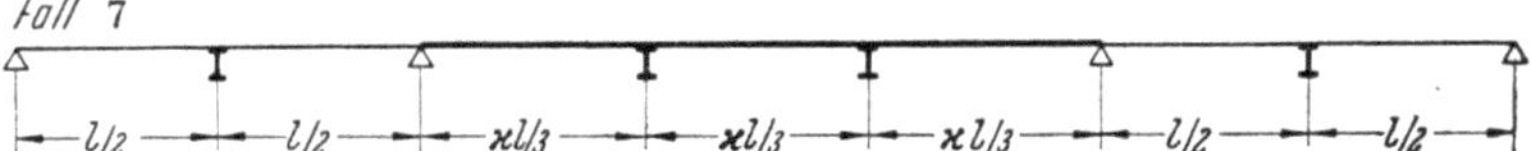

Fall 6. Symmetrische Lastgruppen.

$$a_1 = 0,9792\,c + 2,88\,\varkappa + \iota\,\varkappa^3[3,7334\,c + 1,28\,\varkappa],$$
$$a_2 = \iota\,\varkappa^3[14,6228\,c^2 + 31,7647\,c\varkappa + 14,7456\,\varkappa^2],$$
$$\alpha_{1(1,3)} = \frac{4,0320\,\varkappa^2}{1,9584\,c + 5,76\,\varkappa - \omega_{1,3}},$$
$$M_{2(1,3)} = M_{5(1,3)}$$
$$= -\frac{l}{2\,c + 3\,\varkappa}[0,336\,c\,\alpha_{1(1,3)} + 0,72\,\varkappa^2].$$

Antimetrische Lastgruppen.

$$a_3 = 0,9792\,c + 0,96\,\varkappa +$$
$$+ \iota\,\varkappa^3[0,1067\,c + 0,0342\,\varkappa],$$
$$a_4 = \iota\,\varkappa^3[0,4177\,c^2 + 0,4710\,c\varkappa + 0,1311\,\varkappa^2],$$
$$\alpha_{1(2,4)} = \frac{0,2688\,\varkappa^2}{1,9584\,c + 1,92\,\varkappa - \omega_{2,4}},$$
$$M_{2(2,4)} = -M_{5(2,4)}$$
$$= -\frac{l}{2\,c + \varkappa}[0,336\,c\,\alpha_{1(2,4)} + 0,048\,\varkappa^2].$$

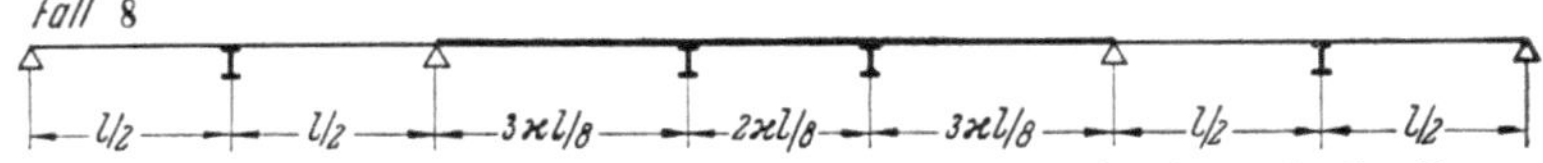

Fall 7. Symmetrische Lastgruppen.

$$a_1 = 0,9115\,c + 3,125\,\varkappa +$$
$$+ \iota\,\varkappa^3[3,0864\,c + 0,9259\,\varkappa],$$
$$a_2 = \iota\,\varkappa^3[11,2524\,c^2 + 24,5942\,c\varkappa + 11,5738\,\varkappa^2],$$
$$\alpha_{1(1,3)} = \frac{4,1667\,\varkappa^2}{1,8229\,c + 6,25\,\varkappa - \omega_{1,3}},$$
$$M_{2(1,3)} = M_{5(1,3)}$$
$$= -\frac{l}{2\,c + 3\,\varkappa}[0,375\,c\,\alpha_{1(1,3)} + 0,6667\,\varkappa^2].$$

Antimetrische Lastgruppen.

$$a_3 = 0,9115\,c + 1,0417\,\varkappa +$$
$$+ \iota\,\varkappa^3[0,2058\,c + 0,0572\,\varkappa],$$
$$a_4 = \iota\,\varkappa^3[0,7503\,c^2 + 0,8516\,c\varkappa + 0,2383\,\varkappa^2],$$
$$\alpha_{1(2,4)} = \frac{0,4630\,\varkappa^2}{1,8229\,c + 2,0833\,\varkappa - \omega_{2,4}},$$
$$M_{2(2,4)} = -M_{5(2,4)}$$
$$= -\frac{l}{2\,c + \varkappa}[0,375\,c\,\alpha_{1(2,4)} + 0,0741\,\varkappa^2].$$

Fall 8. Symmetrische Lastgruppen.

$$a_1 = 0,9115\,c + 3,125\,\varkappa +$$
$$+ \iota\,\varkappa^3[3,5156\,c + 1,1535\,\varkappa],$$
$$a_2 = \iota\,\varkappa^3[12,8172\,c^2 + 28,8388\,c\varkappa + 14,4188\,\varkappa^2],$$
$$\alpha_{1(1,3)} = \frac{4,3945\,\varkappa^2}{1,8229\,c + 6,25\,\varkappa - \omega_{1,3}},$$
$$M_{2(1,3)} = M_{5(1,3)}$$
$$= -\frac{l}{2\,c + 3\,\varkappa}[0,375\,c\,\alpha_{1(1,3)} + 0,7032\,\varkappa^2].$$

Antimetrische Lastgruppen.

$$a_3 = 0,9115\,c + 1,0417\,\varkappa +$$
$$+ \iota\,\varkappa^3[0,1465\,c + 0,0446\,\varkappa],$$
$$a_4 = \iota\,\varkappa^3[0,5341\,c^2 + 0,6390\,c\varkappa + 0,1860\,\varkappa^2].$$
$$\alpha_{1(2,4)} = \frac{0,3662\,\varkappa^2}{1,8229\,c + 2,0833\,\varkappa - \omega_{2,4}},$$
$$M_{2(2,4)} = -M_{5(2,4)}$$
$$= -\frac{l}{2\,c + \varkappa}[0,375\,c\,\alpha_{1(2,4)} + 0,0586\,\varkappa^2].$$

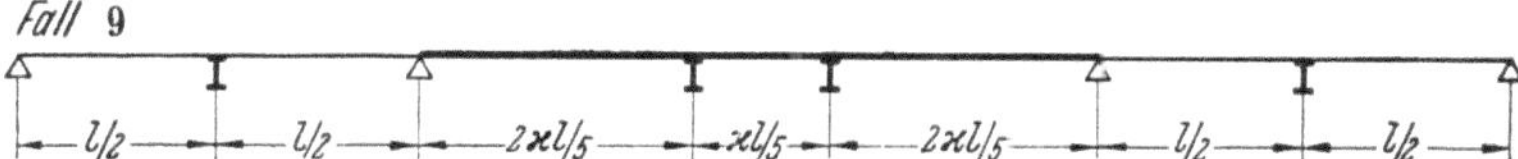

Fall 9. *Symmetrische Lastgruppen.*

$$a_1 = 0{,}9115\,c + 3{,}1250\,\varkappa +$$
$$+ \iota\,\varkappa^3\,[3{,}7334\,c + 1{,}280\,\varkappa],$$
$$a_2 = \iota\,\varkappa^3\,[13{,}6110\,c^2 + 31{,}0835\,c\,\varkappa + 16{,}0\,\varkappa^2],$$
$$\alpha_{1(1,3)} = \frac{4{,}5\,\varkappa^2}{1{,}8229\,c + 6{,}25\,\varkappa - \omega_{1,3}},$$
$$M_{2(1,3)} = M_{5(1,3)}$$
$$= -\frac{l}{2c + 3\varkappa}\,[0{,}375\,c\,\alpha_{1(1,3)} + 0{,}72\,\varkappa^2].$$

Antimetrische Lastgruppen.

$$a_3 = 0{,}9115\,c + 1{,}0417\,\varkappa +$$
$$+ \iota\,\varkappa^3\,[0{,}1067\,c + 0{,}0342\,\varkappa],$$
$$a_4 = \iota\,\varkappa^3\,[0{,}3888\,c^2 + 0{,}4789\,c\,\varkappa + 0{,}1423\,\varkappa^2],$$
$$\alpha_{1(2,4)} = \frac{0{,}3\,\varkappa^2}{1{,}8229\,c + 2{,}0833\,\varkappa - \omega_{2,4}},$$
$$M_{2(2,4)} = -M_{5(2,4)}$$
$$= -\frac{l}{2c + \varkappa}\,[0{,}375\,c\,\alpha_{1(2,4)} + 0{,}048\,\varkappa^2].$$

VI. Ordinaten f_{hj} der Biegelinien des Balkens auf zwei Stützen.

$$l = 8\lambda, \quad h = 1\ldots 7, \quad j = 1\ldots 4$$

$h =$	1	2	3	4	5	6	7
f_{h1}	98	162	190	188	162	118	62
f_{h2}	162	288	350	352	306	224	118
f_{h3}	190	350	450	468	414	306	162
f_{h4}	188	352	468	512	468	352	188

Multiplikator $\lambda^3 : 48\,E\,J$

$$l = 9\lambda, \quad h = 1\ldots 8, \quad j = 1\ldots 4$$

$h =$	1	2	3	4	5	6	7	8
f_{h1}	128	217	264	275	256	213	152	79
f_{h2}	217	392	492	520	488	408	292	152
f_{h3}	264	492	648	705	672	567	408	213
f_{h4}	275	520	705	800	784	672	488	256

Multiplikator $\lambda^3 : 54\,E\,J$

$$l = 10\lambda, \quad h = 1\ldots 9, \quad j = 1\ldots 5$$

$h =$	1	2	3	4	5	6	7	8	9
f_{h1}	81	140	175	189	185	166	135	95	49
f_{h2}	140	256	329	360	355	320	261	184	95
f_{h3}	175	329	441	495	495	450	369	261	135
f_{h4}	189	360	495	576	590	544	450	320	166
f_{h5}	185	355	495	590	625	590	495	355	185

Multiplikator $\lambda^3 : 30\,E\,J$

$$l = 12\lambda, \quad h = 1\ldots 11, \quad j = 2, 3, 4, 6$$

$h =$	1	2	3	4	5	6	7	8	9	10	11
f_{h2}	430	800	1062	1216	1274	1248	1150	992	786	544	278
f_{h3}	558	1062	1458	1704	1806	1782	1650	1428	1134	786	402
f_{h4}	632	1216	1704	2048	2212	2208	2060	1792	1428	992	508
f_{h6}	642	1248	1782	2208	2490	2592	2490	2208	1782	1248	642

Multiplikator $\lambda^3 : 72\,E\,J$

C. Tafeln der Einflußflächen usw. von Kreuzwaben (orthotropen Platten).

1. Freiaufliegende Kreuzwabe, Vollstreifen.

1. Einflußfläche für das Mittenmoment M_{xm} der beiderseits frei aufliegenden unendlich langen Kreuzwabe (Vollstreifen).

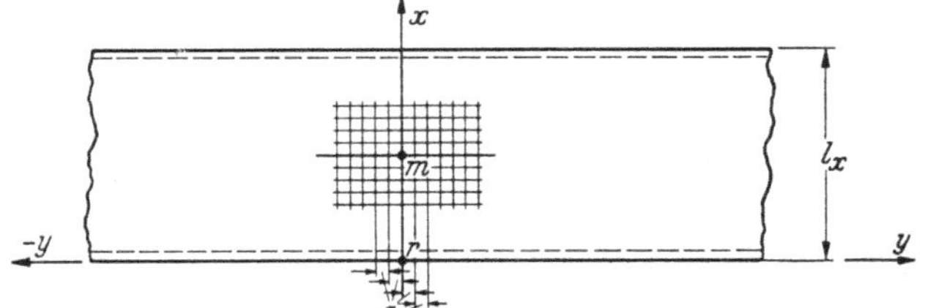

alle Momente in $t\,m/m$

$\dfrac{y}{l_x}$	$x:l_x$				
	0,1	0,2	0,3	0,4	0,5
0,0	0,0360	0,0759	0,1265	0,2074	∞
0,1	0,0377	0,0804	0,1373	0,2309	0,2956
0,2	0,0419	0,0892	0,1471	0,1981	0,2152
0,3	0,0445	0,0903	0,1317	0,1574	0,1651
0,4	0,0413	0,0787	0,1067	0,1225	0,1274
0,5	0,0333	0,0614	0,0813	0,0927	0,0962
0,6	0,0238	0,0440	0,0586	0,0671	0,0698
0,7	0,0156	0,0292	0,0394	0,0456	0,0477
0,8	0,0092	0,0174	0,0239	0,0280	0,0294
0,9	0,0046	0,0087	0,0121	0,0144	0,0152
1,0	0,0024	0,0047	0,0066	0,0078	0,0083
1,2	−0,0021	−0,0039	−0,0054	−0,0064	−0,0067
1,5	−0,0029	−0,0055	−0,0076	−0,0089	−0,0094
2,0	−0,0010	−0,0019	−0,0026	−0,0031	−0,0033

$$\frac{J_Q}{J} = \frac{B_2}{B_1} = 1,$$

$$G J_T = 2 H = 0.$$

Transformationsformeln für $J'_Q \neq J$.

Transformation der Längen:

$$x = x',$$

$$y = \sqrt[4]{\frac{J}{J'_Q}}\, y'.$$

Transformation der Momente:

$$M'_{xm} = \sqrt[4]{\frac{J}{J'_Q}}\, M_{xm}.$$

2. Mittenmomente M_{xm} bei mittiger Rechtecklast der beiderseits frei aufliegenden unendlich langen Kreuzwabe (Vollstreifen).

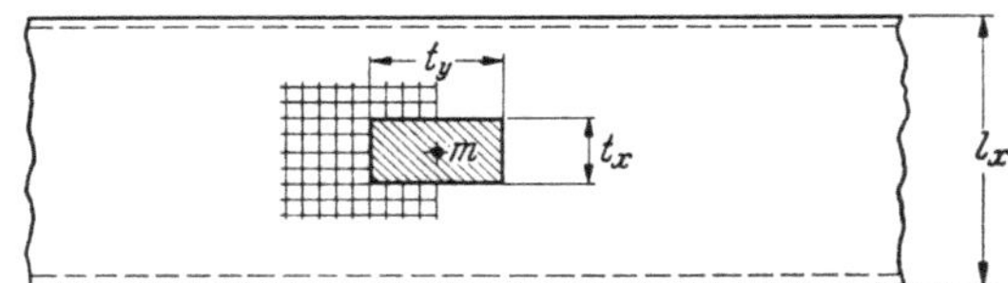

$\dfrac{t_y}{l_x}$	$t_x:l_x$											Faktor
	1,0	0,9	0,8	0,7	0,6	0,5	0,4	0,3	0,2	0,1	0,05	
1,0	0,1060	0,1166	0,1275	0,1385	0,1496	0,1611	0,1727	0,1845	0,1965	0,2087	0,2150	$\cdot P$
0,9	0,1101	0,1212	0,1326	0,1442	0,1561	0,1684	0,1809	0,1938	0,2070	0,2205	0,2274	$\cdot P$
0,8	0,1141	0,1256	0,1375	0,1498	0,1626	0,1758	0,1894	0,2036	0,2182	0,2332	0,2409	$\cdot P$
0,7	0,1178	0,1298	0,1422	0,1552	0,1688	0,1831	0,1981	0,2138	0,2301	0,2470	0,2560	$\cdot P$
0,6	0,1211	0,1334	0,1464	0,1601	0,1747	0,1902	0,2068	0,2243	0,2429	0,2624	0,2727	$\cdot P$
0,5	0,1241	0,1368	0,1503	0,1647	0,1803	0,1971	0,2155	0,2354	0,2569	0,2799	0,2922	$\cdot P$
0,4	0,1266	0,1397	0,1536	0,1686	0,1850	0,2033	0,2237	0,2466	0,2720	0,2998	0,3150	$\cdot P$
0,3	0,1286	0,1419	0,1562	0,1717	0,1890	0,2085	0,2310	0,2572	0,2880	0,3232	0,3430	$\cdot P$
0,2	0,1301	0,1435	0,1581	0,1740	0,1920	0,2125	0,2367	0,2663	0,3036	0,3510	0,3795	$\cdot P$
0,1	0,1310	0,1444	0,1592	0,1755	0,1938	0,2149	0,2404	0,2724	0,3158	0,3816	0,4298	$\cdot P$
0,05	0,1312	0,1448	0,1595	0,1759	0,1942	0,2156	0,2412	0,2740	0,3197	0,3954	0,4626	$\cdot P$

$$\frac{J_Q}{J} = \frac{B_2}{B_1} = 1. \qquad\qquad G J_T = 2 H = 0. \qquad\qquad \max M_{xm} = 0{,}13359 \cdot p\, l^2.$$

Transformationsformeln für $J'_Q \neq J$ wie oben.

3. Aufpunktsordinaten für die Mittenmomente M_{xm} der beiderseits frei aufliegenden unendlich langen Kreuzwabe (Vollstreifen) mit endlichen Hauptträgerabständen a.

M_{xm} [tm/m]		J/J_Q'					
		0,5	1	7,5	15	30	100
	1	0,214	0,228	0,246	0,248	0,249	0,250
	2,5	0,301	0,339	0,471	0,518	0,558	0,601
$\dfrac{l_x}{a}$	5	0,367	0,416	0,596	0,670	0,754	0,916
	7,5	0,403	0,460	0,670	0,762	0,862	1,056
	10	0,432	0,497	0,725	0,823	0,934	1,154
	20	0,498	0,582	0,850	0,980	1,118	1,406

$$G J_T = 2 H = 0.$$

Bei den Aufpunktsordinaten findet keine Transformation statt.

J_Q' ist das Querträger-Trägheitsmoment auf der laufenden m bezogen.

4. Einflußfläche für das Mittenmoment M_{ym} der beiderseits frei aufliegenden unendlich langen Kreuzwabe (Vollstreifen).

$\dfrac{y}{l_x}$	$x : l_x$				
	0,1	0,2	0,3	0,4	0,5
0,0	0,0360	0,0759	0,1265	0,2074	∞
0,1	0,0340	0,0707	0,1123	0,1451	0,1214
0,2	0,0274	0,0528	0,0675	0,0575	0,0463
0,3	0,0155	0,0246	0,0214	0,0106	0,0054
0,4	0,0019	$-0,0011$	$-0,0090$	$-0,0169$	$-0,0199$
0,5	$-0,0088$	$-0,0176$	$-0,0266$	$-0,0330$	$-0,0353$
0,6	$-0,0135$	$-0,0257$	$-0,0353$	$-0,0413$	$-0,0434$
0,7	$-0,0150$	$-0,0281$	$-0,0380$	$-0,0440$	$-0,0460$
0,8	$-0,0143$	$-0,0269$	$-0,0366$	$-0,0426$	$-0,0445$
0,9	$-0,0127$	$-0,0240$	$-0,0327$	$-0,0383$	$-0,0401$
1,0	$-0,0106$	$-0,0202$	$-0,0277$	$-0,0325$	$-0,0342$
1,2	$-0,0065$	$-0,0124$	$-0,0171$	$-0,0201$	$-0,0211$
1,5	$-0,0020$	$-0,0038$	$-0,0052$	$-0,0060$	$-0,0069$
2,0	$+0,0006$	$+0,0011$	$+0,0015$	$+0,0018$	$+0,0018$

$$\frac{J_Q}{J} = \frac{B_2}{B_1} = 1,$$

$$G J_T = 0.$$

Transformationsformeln für $J_Q' \neq J$.

Transformation der Längen:

$$x = x',$$

$$y = \sqrt[4]{\frac{J}{J_Q'}}\, y'.$$

Transformation der Momente:

$$M_{ym}' = \sqrt[4]{\frac{J_Q'}{J}}\, M_{ym}.$$

5. Mittenmomente M_{ym} bei mittiger Rechtecklast der beiderseits frei aufliegenden unendlich langen Kreuzwabe (Vollstreifen).

$\dfrac{t_y}{l_x}$	$t_x : l_x$											Faktor
	1,0	0,9	0,8	0,7	0,6	0,5	0,4	0,3	0,2	0,1	0,05	
1,0	0,0381	0,0418	0,0453	0,0485	0,0513	0,0538	0,0559	0,0575	0,0587	0,0594	0,0596	$\cdot\, P$
0,9	0,0443	0,0487	0,0527	0,0565	0,0599	0,0628	0,0653	0,0673	0,0687	0,0695	0,0698	$\cdot\, P$
0,8	0,0513	0,0563	0,0611	0,0655	0,0695	0,0731	0,0761	0,0785	0,0802	0,0813	0,0815	$\cdot\, P$
0,7	0,0589	0,0647	0,0703	0,0755	0,0804	0,0847	0,0885	0,0914	0,0937	0,0950	0,0953	$\cdot\, P$
0,6	0,0673	0,0739	0,0804	0,0867	0,0926	0,0979	0,1026	0,1065	0,1094	0,1111	0,1115	$\cdot\, P$
0,5	0,0763	0,0839	0,0941	0,0989	0,1061	0,1129	0,1190	0,1242	0,1281	0,1305	0,1311	$\cdot\, P$
0,4	0,0861	0,0947	0,1034	0,1123	0,1211	0,1297	0,1379	0,1452	0,1508	0,1545	0,1554	$\cdot\, P$
0,3	0,0964	0,1062	0,1163	0,1267	0,1374	0,1485	0,1596	0,1703	0,1793	0,1854	0,1870	$\cdot\, P$
0,2	0,1074	0,1184	0,1299	0,1421	0,1551	0,1691	0,1842	0,2002	0,2159	0,2281	0,2316	$\cdot\, P$
0,1	0,1190	0,1313	0,1444	0,1585	0,1741	0,1916	0,2116	0,2350	0,2629	0,2938	0,3060	$\cdot\, P$
0,05	0,1251	0,1380	0,1519	0,1671	0,1841	0,2035	0,2263	0,2542	0,2905	0,3411	0,3727	$\cdot\, P$

$$\frac{J_Q}{J} = \frac{B_2}{B_1} = 1. \qquad G J_T = 2 H = 0. \qquad \text{Transformationsformeln für } J_Q' \neq J \text{ wie oben.}$$

Homberg, Kreuzwerke, 2. Aufl.

6. Aufpunktsordinate M_{ym} der beiderseits frei aufliegenden unendlich langen Kreuzwabe (Vollstreifen) mit endlichen Hauptträgerabständen a.

M_{ym} [tm/m]		J/J'_Q					
		0,5	1	7,5	15	30	100
	1	0,120	0,070	0,012	0,006	0,002	0
	2,5	0,275	0,211	0,086	0,056	0,034	0,012
$\dfrac{l_x}{a}$	5	0,369	0,288	0,141	0,108	0,082	0,048
	7,5	0,426	0,331	0,169	0,131	0,102	0,065
	10	0,461	0,361	0,189	0,147	0,116	0,075
	20	0,554	0,446	0,235	0,188	0,145	0,100

$$GJ_T = 2H = 0.$$

Bei den Aufpunktsordinaten findet keine Transformation statt.

J'_Q ist das Querträger-Trägheitsmoment auf den laufenden m bezogen.

7. Einflußfläche für die Randquerkraft V_{xr} der frei aufliegenden, unendlich langen Kreuzwabe (Vollstreifen).

$\dfrac{y}{l_x}$	$x:l_x$								Faktor
	0,0	0,1	0,2	0,3	0,4	0,5	0,6	0,8	
0,0	∞	2,2323	1,0881	0,6939	0,4866	0,3535	0,2569	0,1149	$1/l_x$
0,1	0	2,2321	1,2869	0,7664	0,5190	0,3701	0,2668	0,1181	$1/l_x$
0,2	0	0,6483	1,0946	0,8339	0,5799	0,4289	0,2861	0,1335	$1/l_x$
0,3	0	0,2554	0,5638	0,6921	0,5876	0,4412	0,3162	0,1375	$1/l_x$
0,4	0	0,1289	0,2910	0,4401	0,4806	0,4189	0,3237	0,1469	$1/l_x$
0,5	0	0,0702	0,1634	0,2641	0,3316	0,3415	0,2970	0,1465	$1/l_x$
0,6	0	0,0428	0,0943	0,1556	0,2134	0,2447	0,2364	0,1358	$1/l_x$
0,8	0	0,0131	0,0288	0,0488	0,0720	0,0933	0,1048	0,0784	$1/l_x$
1,0	0	−0,0007	−0,0002	0,0024	0,0072	0,0135	0,0193	0,0173	$1/l_x$
1,2	0	−0,0069	−0,0130	−0,0179	−0,0205	−0,0214	−0,0198	−0,0115	$1/l_x$

$\dfrac{J_Q}{J} = \dfrac{B_2}{B_1} = 1.$ $\qquad\qquad GJ_T = 2H = 0.$ $\qquad\qquad$ Transformationsformeln für $J'_Q \neq J$.

Transformation der Längen $x = x'$,

$$y = \sqrt[4]{\frac{J}{J'_Q}}\, y'.$$

Transformation der Querkräfte:

$$V'_{xr} = \sqrt[4]{\frac{J}{J'_Q}}\, V_{xr}.$$

8. Einflußfläche für die Mittenquerkraft V_{ym} der frei aufliegenden unendlich langen Kreuzwabe (Vollstreifen).

$\dfrac{y}{l_x}$	$x:l_x$						Faktor
	0,0	0,1	0,2	0,3	0,4	0,5	
0,0	0	0	0	0	0	∞	$1/l_x$
0,1	0	0,0411	0,1110	0,3092	1,1076	1,1073	$1/l_x$
0,2	0	0,0942	0,2472	0,5179	0,6220	0,5239	$1/l_x$
0,3	0	0,1361	0,2891	0,3812	0,3482	0,3197	$1/l_x$
0,4	0	0,1254	0,2131	0,2314	0,2091	0,1963	$1/l_x$
0,5	0	0,0764	0,1193	0,1263	0,1184	0,1139	$1/l_x$
0,6	0	0,0301	0,0478	0,0528	0,0522	0,0514	$1/l_x$
0,8	0	−0,0131	−0,0230	−0,0288	−0,0313	−0,0319	$1/l_x$
1,0	0	−0,0213	−0,0398	−0,0535	−0,0618	−0,0645	$1/l_x$
1,2	0	−0,0191	−0,0363	−0,0500	−0,0588	−0,0618	$1/l_x$

$\dfrac{J_Q}{J} = \dfrac{B_2}{B_1} = 1,$

$GJ_T = 2H = 0.$

Transformationsformeln für $J'_Q \neq J$.

Transformation der Längen:

$$x = x',$$
$$y = \sqrt[4]{\frac{J}{J'_Q}}\, y'.$$

Transformation der Querkräfte:

$$V'_{ym} = V_{ym}.$$

9. Einflußfläche für die Mittendurchbiegung w_m der beiderseits frei aufliegenden unendlich langen Kreuzwabe (Vollstreifen).

$\dfrac{y}{l_x}$	$x:l_x$					Faktor
	0,1	0,2	0,3	0,4	0,5	
0,0	0,00651	0,01265	0,01803	0,02210	0,02395	l_x^2/B_1
0,1	0,00632	0,01225	0,01738	0,02112	0,02252	l_x^2/B_1
0,2	0,00581	0,01119	0,01566	0,01868	0,01975	l_x^2/B_1
0,3	0,00502	0,00961	0,01329	0,01567	0,01649	l_x^2/B_1
0,4	0,00410	0,00778	0,01068	0,01253	0,01316	l_x^2/B_1
0,5	0,00314	0,00595	0,00815	0,00954	0,01002	l_x^2/B_1
0,6	0,00226	0,00429	0,00589	0,00691	0,00725	l_x^2/B_1
0,7	0,00152	0,00289	0,00397	0,00466	0,00489	l_x^2/B_1
0,8	0,00092	0,00176	0,00242	0,00284	0,00299	l_x^2/B_1
0,9	0,00047	0,00090	0,00124	0,00146	0,00153	l_x^2/B_1
1,0	0,00015	0,00028	0,00038	0,00045	0,00047	l_x^2/B_1
1,2	—0,00021	—0,00040	—0,00055	—0,00065	—0,00068	l_x^2/B_1
1,5	—0,00029	—0,00056	—0,00077	—0,00090	—0,00095	l_x^2/B_1
2,0	—0,00010	—0,00019	—0,00027	—0,00031	—0,00033	l_x^2/B_1

$$\frac{J_Q}{J} = \frac{B_2}{B_1} = 1,$$
$$G\,J_T = 2\,H = 0.$$

Transformationsformeln für $J'_Q \neq J$.

Transformation der Längen:
$$x = x',$$
$$y = \sqrt[4]{\frac{J}{J'_Q}}\; y'.$$

Transformation der Durchbiegungen:
$$w'_m = \sqrt[4]{\frac{J}{J'_Q}}\; w_m.$$

2. Freiaufliegende Kreuzwabe, Halbstreifen.

10. Einflußfläche für das Randmoment M_{xr} des freien Randes der beiderseits frei aufliegenden unendlich langen Kreuzwabe (Halbstreifen).

$\dfrac{y}{l_x}$	$x:l_x$				
	0,1	0,2	0,3	0,4	0,5
0,0	0,1438	0,3035	0,5060	0,8296	∞
0,1	0,1435	0,3023	0,4994	0,7516	0,7333
0,2	0,1384	0,2840	0,4285	0,5111	0,5217
0,3	0,1198	0,2295	0,3057	0,3356	0,3403
0,4	0,0863	0,1552	0,1951	0,2109	0,2145
0,5	0,0497	0,0874	0,1093	0,1191	0,1217
0,6	0,0202	0,0363	0,0462	0,0511	0,0526
0,7	0,0010	0,0019	0,0025	0,0028	0,0029
0,8	—0,0103	—0,0191	—0,0255	—0,0292	—0,0304
0,9	—0,0162	—0,0305	—0,0412	—0,0478	—0,0500
1,0	—0,0183	—0,0352	—0,0480	—0,0561	—0,0588
1,2	—0,0172	—0,0327	—0,0451	—0,0530	—0,0557
1,5	—0,0098	—0,0186	—0,0256	—0,0301	—0,0316
2,0	—0,0009	—0,0016	—0,0023	—0,0027	—0,0028

$$\frac{J_Q}{J} = \frac{B_2}{B_1} = 1.$$
$$G\,J_T = 2\,H = 0.$$

Transformationsformeln für $J'_Q \neq J$.

Transformation der Längen:
$$x = x',$$
$$y = \sqrt[4]{\frac{J}{J'_Q}}\; y'.$$

Transformation der Momente:
$$M'_{xm} = \sqrt[4]{\frac{J}{J'_Q}}\; M_{xm}.$$

11. Aufpunktsordinaten für das Mittenmoment M_{xr1} des Randträgers der beiderseits frei aufliegenden, unendlich langen Kreuzwabe (Halbstreifen) mit endlichen Hauptträgerabständen a.

M_{xr1} [tm/m]		$G\,J_T = 2\,H = 0$						
		J/J'_Q						
		0,5	1	7,5	15	30	100	500
$\dfrac{l}{a}$	1	0,245	0,247	0,250	0,250	0,250	0,250	0,250
	2,5	0,510	0,539	0,598	0,608	0,616	0,622	0,625
	5	0,758	0,825	1,015	1,073	1,123	1,188	1,233
	7,5	0,907	1,002	1,295	1,395	1,492	1,640	1,781
	10	1,014	1,131	1,502	1,637	1,773	1,999	2,251
	20	1,282	1,442	2,001	2,242	2,482	2,932	3,562

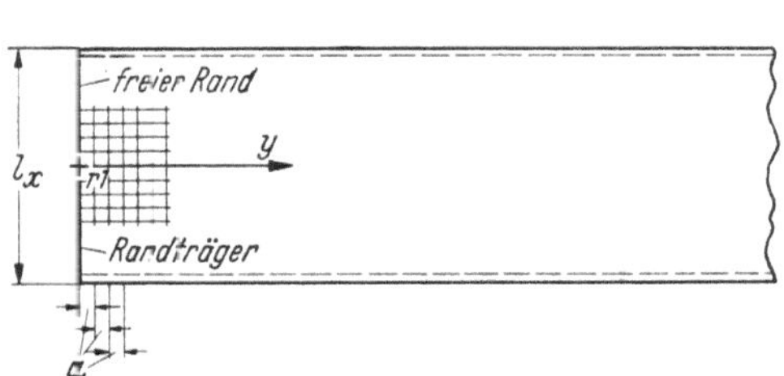

12. Aufpunktsordinaten für das Mittenmoment M_{xr2} des 2. Hauptträgers am freien Rand der beiderseits frei aufliegenden, unendlich langen Kreuzwabe (Halbstreifen) mit endlichen Hauptträgerabständen a.

| M_{xr2} | $G\,J_T = 2\,H = 0$ | | | | | | |
| | J/J'_Q | | | | | | |
[tm/m]	0,5	1	7,5	15	30	100	500
1	0,221	0,233	0,248	0,249	0,249	0,250	0,250
2,5	0,313	0,348	0,492	0,538	0,574	0,607	0,621
$\frac{l}{a}$ 5	0,468	0,499	0,621	0,690	0,778	0,958	1,151
7,5	0,599	0,644	0,775	0,831	0,902	1,084	1,433
10	0,700	0,759	0,931	0,990	1,057	1,211	1,566
20	0,954	1,060	1,390	1,508	1,628	1,830	2,122

3. Einseitig freiaufliegende und einseitig festeingespannte Kreuzwabe, Vollstreifen.

13. Einflußfläche für das Einspannmoment M_e der links frei aufliegenden und rechts fest eingespannten Kreuzwabe (Vollstreifen).

| $y:l_x$ | $x:l_x$ | | | | | | | | | |
	1,0	8,0	0,7	0,6	0,5	0,4	0,3	0,2	0,1	0,0
0,0	−0,0528	−0,1044	−0,1541	−0,2006	−0,2427	−0,2798	−0,3110	−0,3335	−0,3487	−0,3535
0,1	−0,0517	−0,1023	−0,1505	−0,1951	−0,2342	−0,2660	−0,2863	−0,2784	−0,1718	0
0,2	−0,0487	−0,0958	−0,1398	−0,1785	−0,2089	−0,2259	−0,2174	−0,1571	−0,0502	0
0,3	−0,0436	−0,0850	−0,1222	−0,1519	−0,1694	−0,1673	−0,1354	−0,0749	−0,0199	0
0,4	−0,0366	−0,0706	−0,0989	−0,1179	−0,1225	−0,1080	−0,0750	−0,0364	−0,0092	0
0,5	−0,0283	−0,0536	−0,0726	−0,0818	−0,0783	−0,0622	−0,0390	−0,0177	−0,0043	0
0,6	−0,0195	−0,0361	−0,0467	−0,0493	−0,0434	−0,0316	−0,0183	−0,0078	−0,0018	0
0,7	−0,0113	−0,0202	−0,0247	−0,0240	−0,0192	−0,0124	−0,0063	−0,0022	−0,0004	0
0,8	−0,0045	−0,0075	−0,0082	−0,0066	−0,0038	−0,0010	+0,0007	+0,0009	+0,0004	0
0,9	+0,0003	+0,0011	+0,0025	+0,0041	+0,0052	+0,0054	+0,0044	+0,0026	+0,0008	0
1,0	+0,0031	+0,0060	+0,0083	+0,0096	+0,0097	+0,0084	+0,0061	+0,0033	+0,0010	0
1,2	+0,0043	+0,0080	+0,0105	+0,0114	+0,0108	+0,0089	+0,0061	+0,0032	+0,0009	0
1,5	+0,0022	+0,0041	+0,0053	+0,0058	+0,0055	+0,0045	+0,0032	+0,0017	+0,0005	0

$\dfrac{J_Q}{J} = 1$ $G \cdot J_T = 2\,H = 0$ Transformationsformeln für $J'_Q \neq J$ Transformation der Längen $x = x'$ $y = \sqrt[4]{\dfrac{J}{J'_Q}} \cdot y'$

Transformation der Momente $M'_{xm} = \sqrt[4]{\dfrac{J}{J'_Q}}\, M_{xm}$

Beidseitig fest eingespannte Kreuzwaben, Vollstreifen.

14. Einflußfläche für das Einspannmoment M_e der beidseitig eingespannten Kreuzwabe (Vollstreifen).

$y:l_x$	$x:l_x$									
	0,0	0,1	0,2	0,3	0,4	0,5	0,6	0,7	0,8	0,9
0,0	—0,3535	—0,3437	—0,3184	—0,2803	—0,2327	—0,1809	—0,1283	—0,0785	—0,0385	—0,0100
0,1	0	—0,1670	—0,2635	—0,2557	—0,2200	—0,1737	—0,1242	—0,0772	—0,0376	—0,0098
0,2	0	—0,0457	—0,1431	—0,1888	—0,1826	—0,1520	—0,1120	—0,0710	—0,0351	—0,0093
0,3	0	—0,0160	—0,0621	—0,1098	—0,1282	—0,1181	—0,0921	—0,0604	—0,0306	—0,0083
0,4	0	—0,0075	—0,0249	—0,0530	—0,0748	—0,0779	—0,0673	—0,0464	—0,0239	—0,0066
0,5	0	—0,0016	—0,0085	—0,0210	—0,0347	—0,0425	—0,0406	—0,0306	—0,0170	—0,0050
0,6	0	+0,0002	—0,0007	—0,0043	—0,0106	—0,0164	—0,0186	—0,0158	—0,0095	—0,0030
0,7	0	+0,0011	+0,0029	+0,0026	+0,0023	—0,0005	+0,0032	—0,0043	—0,0033	—0,0013
0,8	0	+0,0013	+0,0042	+0,0069	+0,0081	+0,0074	+0,0054	+0,0029	+0,0011	+0,0002
0,9	0	+0,0013	+0,0043	+0,0075	+0,0097	+0,0102	+0,0088	+0,0063	+0,0033	+0,0009
1,0	0	+0,0011	+0,0038	+0,0068	+0,0090	+0,0099	+0,0091	+0,0068	+0,0038	+0,0011
1,2	0	+0,0006	+0,0022	+0,0040	+0,0054	+0,0060	+0,0057	+0,0044	+0,0025	+0,0008
1,5	0	+0,0001	+0,0004	+0,0007	+0,0009	+0,0010	+0,0010	+0,0007	+0,0004	+0,0001

$$\frac{J_Q}{J} = 1 \qquad G \cdot J_T = 2H = 0 \qquad \text{Transformationsformeln wie oben.}$$

15. Einflußfläche für das Mittenmoment M_{xm} der beiderseits eingespannten Kreuzwabe (Vollstreifen).

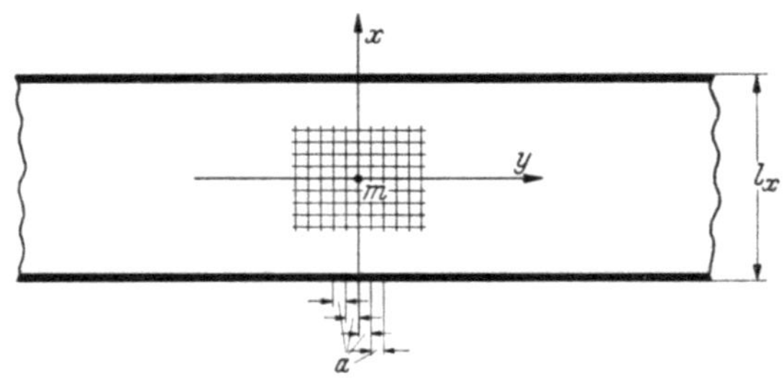

$y:l_x$	$x:l_x$				
	0,1	0,2	0,3	0,4	0,5
0,0	+0,0014	+0,0119	+0,0401	+0,1074	∞
0,1	+0,0025	+0,0163	+0,0517	+0,1321	+0,1924
0,2	+0,0051	+0,0250	+0,0630	+0,1028	+0,1163
0,3	+0,0073	+0,0274	+0,0517	+0,0673	+0,0718
0,4	+0,0066	+0,0207	+0,0334	+0,0405	+0,0426
0,5	+0,0039	+0,0115	+0,0178	+0,0213	+0,0224
0,6	+0,0015	+0,0044	+0,0068	+0,0083	+0,0088
0,7	+0,0001	+0,0003	+0,0004	+0,0005	+0,0006
0,8	—0,0006	—0,0019	—0,0031	—0,0040	—0,0043
0,9	—0,0008	—0,0025	—0,0043	—0,0056	—0,0060
1,0	—0,0007	—0,0023	—0,0042	—0,0055	—0,0060
1,2	—0,0005	—0,0014	—0,0025	—0,0034	—0,0037
1,5	—0,0001	—0,0002	—0,0004	—0,0006	—0,0006

$$\frac{J_Q}{J} = 1$$
$$G \cdot J_T = 2H = 0$$
Transformationsformeln wie oben.

16. Einflußfläche für das Mittenmoment M_{ym} der beiderseits eingespannten unendlichen Kreuzwabe (Plattenstreifen).

$y:l_x$	$x:l_x$				
	0,1	0,2	0,3	0,4	0,5
0,0	+0,0069	+0,0300	+0,0710	+0,1475	∞
0,1	+0,0067	+0,0274	+0,0599	+0,0882	+0,0631
0,2	+0,0054	+0,0173	+0,0241	+0,0097	—0,0028
0,3	+0,0017	+0,0011	—0,0088	—0,0234	—0,0300
0,4	—0,0024	—0,0110	—0,0239	—0,0350	—0,0393
0,5	—0,0044	—0,0150	—0,0268	—0,0356	—0,0388
0,6	—0,0043	—0,0137	—0,0236	—0,0306	—0,0331
0,7	—0,0032	—0,0104	—0,0179	—0,0233	—0,0253
0,8	—0,0021	—0,0069	—0,0121	—0,0159	—0,0173
0,9	—0,0012	—0,0041	—0,0072	—0,0096	—0,0104
1,0	—0,0006	—0,0020	—0,0036	—0,0048	—0,0052
1,2	+0,0001	+0,0002	+0,0003	+0,0004	+0,0004
1,5	+0,0002	+0,0006	+0,0011	+0,0014	+0,0015

$$\frac{J_Q}{J} = 1$$
$$G \cdot J_T = 2H = 0$$
Transformationsformeln für
$$J'_Q \neq J$$
Transformation der Längen
$$x = x'$$
$$y = \sqrt{\frac{J}{J'_Q}} \cdot y'$$
Transformation der Momente
$$M'_{ym} = \sqrt{\frac{J'_Q}{J}} \cdot M_{ym}$$

17. Aufpunktsordinaten für die Mittenmomente M_{xm} und M_{ym} der beiderseits eingespannten unendlich langen Kreuzwabe (Vollstreifen) mit endlichen Hauptträgerabständen a.

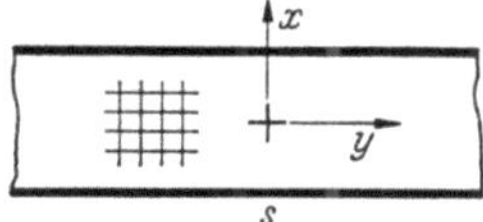

$$G J_T = 2H = 0$$

M_{xm}		J/J_Q'							M_{ym}		J/J_Q'					
		0,5	1	7,5	15	30	100	500			0,5	1	7,5	15	30	100	500
$\dfrac{l}{a}$	1	0,121	0,123	0,125	0,125	0,125	0,125	0,125	$\dfrac{l}{a}$	1	0,032	0,020	0,004	0,002	0	0	0
	2,5	0,213	0,235	0,289	0,299	0,305	0,310	0,312		2,5	0,194	0,139	0,037	0,021	0,010	0,004	0,001
	5	0,279	0,312	0,422	0,466	0,509	0,570	0,611		5	0,294	0,225	0,100	0,071	0,048	0,021	0,005
	7,5	0,317	0,358	0,497	0,554	0,613	0,723	0,854		7,5	0,346	0,272	0,130	0,099	0,074	0,041	0,014
	10	0,345	0,390	0,551	0,618	0,689	0,823	1,021		10	0,387	0,306	0,149	0,115	0,088	0,053	0,024
	20	0,418	0,472	0,684	0,772	0,870	1,070	1,382		20	0,476	0,380	0,196	0,154	0,121	0,080	0,044

D. Allgemeine Lösungen für die Auflagerkräfte B_{ik} für Balken auf drei bis zehn elastischen Stützen[1].

Tabelle 1. Der Balken auf drei elastischen Stützen (Hauptträgern).

$$z = \frac{l^3 \cdot J_Q}{8 \cdot a^3 \cdot J}$$

Es ist z. B. $B_{aa} = (4 + 5 \cdot z) : (4 + 6 \cdot z)$

	B_{ik}-Werte	gleiche Hauptträger			verstärkte Randträger			
		Zahlenwert	$\cdot z$	Nenner	$\cdot r$	$\cdot r z$	$\cdot z$	Nenner
Einflußwerte für Auflagerkraft B_{ak}	$B_{aa} =$	4	5	$: N_1$	4	4	1	$: N_1$
	$B_{ab} =$		2	$: N_1$		2		$: N_1$
	$B_{ac} =$		-1	$: N_1$			-1	$: N_1$
Einflußwerte für Auflagerkraft	$B_{ba} =$		2	$: N_1$			2	$: N_1$
	$B_{bb} =$	4	2	$: N_1$	4		2	$: N_1$
	$B_{bc} =$		2	$: N_1$			2	$: N_1$
Nenner	$N_1 =$	4	6		4	4	2	

Tabelle 2. Der Balken auf vier elastischen Stützen (Hauptträgern).

	B_{ik}-Werte		gleiche Hauptträger			verstärkte Randträger			
			Zahlenwert	$\cdot z$	Nenner	$\cdot r$	$\cdot r z$	$\cdot z$	Nenner
Einflußwerte für Auflagerkraft B_{ak}	$B_{aa}=\begin{Bmatrix}+\\+\end{Bmatrix}$	$B_{ad}=\begin{Bmatrix}+\\-\end{Bmatrix}$	5 3	1 9	$: N_1$ $: N_2$	5 3	1 9		$: N_1$ $: N_2$
	$B_{ab}=\begin{Bmatrix}+\\+\end{Bmatrix}$	$B_{ac}=\begin{Bmatrix}+\\-\end{Bmatrix}$		1 3	$: N_1$ $: N_2$		1 3		$: N_1$ $: N_2$
Einflußwerte für Auflagerkraft B_{bk}	$B_{ba}=\begin{Bmatrix}+\\+\end{Bmatrix}$	$B_{bd}=\begin{Bmatrix}+\\-\end{Bmatrix}$		$+1$ $+3$	$: N_1$ $: N_2$			1 3	$: N_1$ $: N_2$
	$B_{bb}=\begin{Bmatrix}+\\+\end{Bmatrix}$	$B_{bc}=\begin{Bmatrix}+\\-\end{Bmatrix}$	5 3	1 1	$: N_1$ $: N_2$	5 3		1 1	$: N_1$ $: N_2$
Nenner	$N_1 =$		10	4		10	2	2	
	$N_2 =$		6	20		6	18	2	

Bemerkung: Der zweite Zeiger bei B_{ik} gibt an, unter welchem Träger die B_{ik}-Ordinate aufzutragen ist.

---

[1] Die Tafeln 1, 4, 5 und 6 wurden der Veröffentlichung Leonhardt „Anleitung für die vereinfachte Trägerrostberechnung", Berlin 1940, mit Einverständnis des Verfassers entnommen.

Tabelle 3. Der Balken auf fünf elastischen Stützen (Hauptträgern).

Beam diagram: points $a\ b\ c\ d\ e$; J bzw. $r\cdot J$; spans $a + a + a + a$.

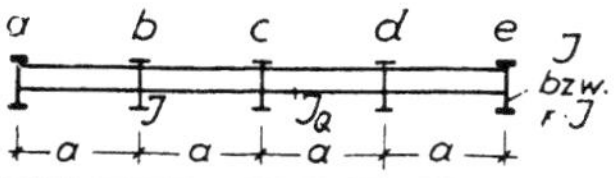	B_{ik}-Werte	gleiche Hauptträger				verstärkte Randträger					
		Zahlenwert	$\cdot z$	$\cdot z^2$	Nenner	$\cdot r$	$\cdot r\,z$	$\cdot z$	$\cdot r\,z^2$	$\cdot z^2$	Nenner
Einflußwerte für Auflagerkraft B_{ak}	$B_{aa}=\{+,+\}$ $B_{ae}=\{+,-\}$	7 / 4	32 / 4	2	:N_1 / :N_2	7 / 4	32 / 4		2		:N_1 / :N_2
	$B_{ab}=\{+,+\}$ $B_{ad}=\{+,-\}$		5 / 2	2	:N_1 / :N_2		5 / 2		2		:N_1 / :N_2
	$B_{ac}=$		−6	2	:N_1		−6		2		:N_1
Einflußwerte für Auflagerkraft B_{bk}	$B_{ba}=\{+,+\}$ $B_{be}=\{+,-\}$		5 / 2	2	:N_1 / :N_2			5 / 2		2	:N_1 / :N_2
	$B_{bb}=\{+,+\}$ $B_{bd}=\{+,-\}$	7 / 4	18 / 1	2	:N_1 / :N_2	7 / 4	16	2 / 1		2	:N_1 / :N_2
	$B_{bc}=$		22	2	:N_1		22			2	:N_1
Einflußwerte für Auflagerkraft B_{ck}	$B_{ca}=$　$B_{ce}=$		−6	2	:N_1		−6			2	:N_1
	$B_{cb}=$　$B_{cd}=$		22	2	:N_1		22			2	:N_1
	$B_{cc}=$	14	36	2	:N_1	14	32	4		2	:N_1
Nenner	$N_1=$	14	68	10		14	64	4	4	6	
	$N_2=$	8	10			8	8	2			

Tabelle 4. Der Balken auf sechs elastischen Stützen (Hauptträgern).

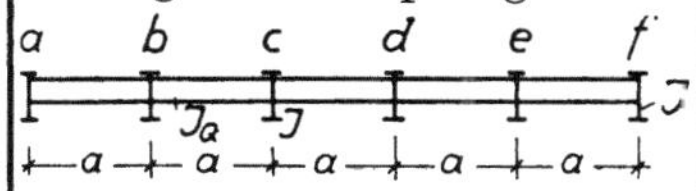

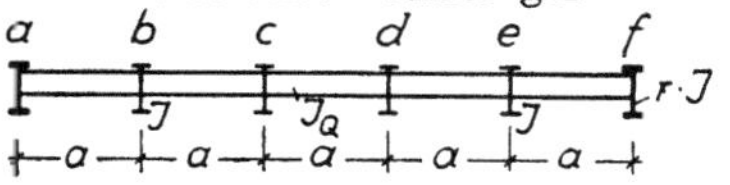

$$z = \frac{l^3 \cdot J_Q}{8 \cdot a^3 \cdot J}$$

Beam diagrams: points $a\ b\ c\ d\ e\ f$; spans $a + a + a + a + a$.

	B_{ik}-Werte	gleiche Hauptträger				verstärkte Randträger					
		Zahlenwert	$\cdot z$	$\cdot z^2$	Nenner	$\cdot r$	$\cdot r\,z$	$\cdot z$	$\cdot r\,z^2$	$\cdot z^2$	Nenner
Einflußwerte für Auflagerkraft B_{ak}	$B_{aa}=\{+,+\}$ $B_{af}=\{+,-\}$	19 / 11	39 / 65	1 / 25	:N_1 / :N_2	19 / 11	39 / 65		1 / 25		:N_1 / :N_2
	$B_{ab}=\{+,+\}$ $B_{ae}=\{+,-\}$		11 / 7	1 / 15	:N_1 / :N_2		11 / 7		1 / 15		:N_1 / :N_2
	$B_{ac}=\{+,+\}$ $B_{ad}=\{+,-\}$		−6 / −6	1 / 5	:N_1 / :N_2		−6 / −6		1 / 5		:N_1 / :N_2
Einflußwerte für Auflagerkraft B_{bk}	$B_{ba}=\{+,+\}$ $B_{bf}=\{+,-\}$		11 / 7	1 / 15	:N_1 / :N_2			11 / 7		1 / 15	:N_1 / :N_2
	$B_{bb}=\{+,+\}$ $B_{be}=\{+,-\}$	19 / 11	16 / 48	1 / 9	:N_1 / :N_2	19 / 11	11 / 45	5 / 3		1 / 9	:N_1 / :N_2
	$B_{bc}=\{+,+\}$ $B_{bd}=\{+,-\}$		17 / 25	1 / 3	:N_1 / :N_2		17 / 25			1 / 3	:N_1 / :N_2
Einflußwerte für Auflagerkraft B_{ck}	$B_{ca}=\{+,+\}$ $B_{cf}=\{+,-\}$		−6 / −6	1 / 5	:N_1 / :N_2			−6 / −6		1 / 5	:N_1 / :N_2
	$B_{cb}=\{+,+\}$ $B_{ce}=\{+,-\}$		17 / 25	1 / 3	:N_1 / :N_2		17 / 25			1 / 3	:N_1 / :N_2
	$B_{cc}=\{+,+\}$ $B_{cd}=\{+,-\}$	19 / 11	33 / 23	1 / 1	:N_1 / :N_2	19 / 11	28 / 20	5 / 3		1 / 1	:N_1 / :N_2
Nenner	$N_1=$	38	88	6		38	78	10	2	4	
	$N_2=$	22	136	70		22	130	6	50	20	

Tabelle 5. Der Balken auf sieben gleiche Hauptträger

$z = \dfrac{l^3 \cdot J_Q}{8 \cdot a^3 \cdot J}$	B_{ik}-Werte		Zahlenwert	$\cdot z$	$\cdot z^2$
Einflußwerte für Auflagerkraft B_{ak}	$B_{aa} = \left\{ \begin{matrix} + \\ + \end{matrix} \right.$	$B_{ag} = \left\{ \begin{matrix} + \\ - \end{matrix} \right.$	26 15	186 48	162 9
	$B_{ab} = \left\{ \begin{matrix} + \\ + \end{matrix} \right.$	$B_{af} = \left\{ \begin{matrix} + \\ - \end{matrix} \right.$		16 9	62 6
	$B_{ac} = \left\{ \begin{matrix} + \\ + \end{matrix} \right.$	$B_{ae} = \left\{ \begin{matrix} + \\ - \end{matrix} \right.$		-12 $-\,6$	-10 3
	$B_{ad} =$			6	-36
Einflußwerte für Auflagerkraft B_{bk}	$B_{ba} = \left\{ \begin{matrix} + \\ + \end{matrix} \right.$	$B_{bg} = \left\{ \begin{matrix} + \\ - \end{matrix} \right.$		16 9	62 6
	$B_{bb} = \left\{ \begin{matrix} + \\ + \end{matrix} \right.$	$B_{bf} = \left\{ \begin{matrix} + \\ - \end{matrix} \right.$	25 15	149 28	60 4
	$B_{bc} = \left\{ \begin{matrix} + \\ + \end{matrix} \right.$	$B_{be} = \left\{ \begin{matrix} + \\ - \end{matrix} \right.$		46 21	51 2
	$B_{bd} =$			-36	46
Einflußwerte für Auflagerkraft B_{ck}	$B_{ca} = \left\{ \begin{matrix} + \\ + \end{matrix} \right.$	$B_{cg} = \left\{ \begin{matrix} + \\ - \end{matrix} \right.$		-12 $-\,6$	-10 3
	$B_{cb} = \left\{ \begin{matrix} + \\ + \end{matrix} \right.$	$B_{cf} = \left\{ \begin{matrix} + \\ - \end{matrix} \right.$		46 21	51 2
	$B_{cc} = \left\{ \begin{matrix} + \\ + \end{matrix} \right.$	$B_{ce} = \left\{ \begin{matrix} + \\ - \end{matrix} \right.$	26 15	113 28	98 1
	$B_{cd} =$			92	114
Einflußwerte für Auflagerkraft B_{dk}	$B_{da} =$	$B_{dg} =$		6	-36
	$B_{db} =$	$B_{df} =$		-36	46
	$B_{dc} =$	$B_{de} =$		92	114
	$B_{dd} =$		52	262	144
Nenner	$N_1 =$		52	386	392
	$N_2 =$		30	104	28

elastischen Stützen (Hauptträgern).

| gleiche Hauptträger | | verstärkte Randträger | | | | | | | |
$\cdot z^3$	Nenner	$\cdot r$	$\cdot r z$	$\cdot z$	$\cdot r z^2$	$\cdot z^2$	$\cdot r z^3$	$\cdot z^3$	Nenner
2	$:N_1$	26	186		132		2		$:N_1$
	$:N_2$	15	48		9				$:N_2$
2	$:N_1$		16		62		2		$:N_1$
	$:N_2$		9		6				$:N_2$
2	$:N_1$		−12		−10		2		$:N_1$
	$:N_2$		− 6		3				$:N_2$
2	$:N_1$		6		−36		2		$:N_1$
2	$:N_1$			16		62		2	$:N_1$
	$:N_2$			9		6			$:N_2$
2	$:N_1$	26	142	7	28	32		2	$:N_1$
	$:N_2$	15	24	4		4			$:N_2$
2	$:N_1$		46		46	5		2	$:N_1$
	$:N_2$		21			2			$:N_2$
2	$:N_1$		−36		52	−6		2	$:N_1$
2	$:N_1$			−12		−10		2	$:N_1$
	$:N_2$			− 6		3			$:N_2$
2	$:N_1$		46		46	5		2	$:N_1$
	$:N_2$		21			2			$:N_2$
2	$:N_1$	26	106	7	80	18		2	$:N_1$
	$:N_2$	15	24	4		1			$:N_2$
2	$:N_1$		92		92	22		2	$:N_1$
2	$:N_1$			6		−36		2	$:N_1$
2	$:N_1$		−36		52	− 6		2	$:N_1$
2	$:N_1$		92		92	22		2	$:N_1$
2	$:N_1$	52	248	14	108	36		2	$:N_1$
14		52	372	14	324	68	4	10	
		30	96	8	18	10			

Tabelle 6. Der Balken auf acht

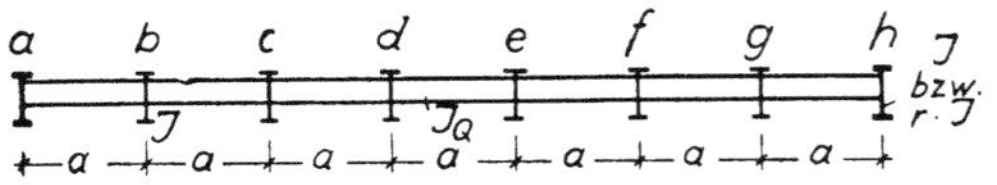			gleiche Hauptträger		
$z = \frac{l^3 \cdot J_Q}{8 \cdot a^3 \cdot J}$	B_{ik}-Werte		Zahlenwert	$\cdot z$	$\cdot z^2$
Einflußwerte für Auflagerkraft B_{ak}	$B_{aa} = \left\{\begin{matrix}+\\+\end{matrix}\right.$	$B_{ah} = \left\{\begin{matrix}+\\-\end{matrix}\right.$	71 41	311 343	150 490
	$B_{ab} = \left\{\begin{matrix}+\\+\end{matrix}\right.$	$B_{ag} = \left\{\begin{matrix}+\\-\end{matrix}\right.$		43 25	69 133
	$B_{ac} = \left\{\begin{matrix}+\\+\end{matrix}\right.$	$B_{af} = \left\{\begin{matrix}+\\-\end{matrix}\right.$		−30 −18	5 −49
	$B_{ad} = \left\{\begin{matrix}+\\+\end{matrix}\right.$	$B_{ae} = \left\{\begin{matrix}+\\-\end{matrix}\right.$		6 6	−30 −42
Einflußwerte für Auflagerkraft B_{bk}	$B_{ba} = \left\{\begin{matrix}+\\+\end{matrix}\right.$	$B_{bh} = \left\{\begin{matrix}+\\-\end{matrix}\right.$		43 25	69 133
	$B_{bb} = \left\{\begin{matrix}+\\+\end{matrix}\right.$	$B_{bg} = \left\{\begin{matrix}+\\-\end{matrix}\right.$	71 41	214 286	56 240
	$B_{bc} = \left\{\begin{matrix}+\\+\end{matrix}\right.$	$B_{bf} = \left\{\begin{matrix}+\\-\end{matrix}\right.$		109 67	40 196
	$B_{bd} = \left\{\begin{matrix}+\\+\end{matrix}\right.$	$B_{be} = \left\{\begin{matrix}+\\-\end{matrix}\right.$		−36 −36	29 71
Einflußwerte für Auflagerkraft B_{ck}	$B_{ca} = \left\{\begin{matrix}+\\+\end{matrix}\right.$	$B_{ch} = \left\{\begin{matrix}+\\-\end{matrix}\right.$		−30 −18	5 −49
	$B_{cb} = \left\{\begin{matrix}+\\+\end{matrix}\right.$	$B_{cg} = \left\{\begin{matrix}+\\-\end{matrix}\right.$		109 67	40 196
	$B_{cc} = \left\{\begin{matrix}+\\+\end{matrix}\right.$	$B_{cf} = \left\{\begin{matrix}+\\-\end{matrix}\right.$	71 41	178 250	68 300
	$B_{cd} = \left\{\begin{matrix}+\\+\end{matrix}\right.$	$B_{ce} = \left\{\begin{matrix}+\\-\end{matrix}\right.$		73 103	81 137
Einflußwerte für Auflagerkraft B_{dk}	$B_{da} = \left\{\begin{matrix}+\\+\end{matrix}\right.$	$B_{dh} = \left\{\begin{matrix}+\\-\end{matrix}\right.$		6 6	−30 −42
	$B_{db} = \left\{\begin{matrix}+\\+\end{matrix}\right.$	$B_{dg} = \left\{\begin{matrix}+\\-\end{matrix}\right.$		−36 −36	29 71
	$B_{dc} = \left\{\begin{matrix}+\\+\end{matrix}\right.$	$B_{df} = \left\{\begin{matrix}+\\-\end{matrix}\right.$		73 103	81 137
	$B_{dd} = \left\{\begin{matrix}+\\+\end{matrix}\right.$	$B_{de} = \left\{\begin{matrix}+\\-\end{matrix}\right.$	71 41	287 183	114 86
	Nenner	$N_1 =$	142	660	388
		$N_2 =$	82	708	1116

elastischen Stützen (Hauptträgern).

gleiche Hauptträger		verstärkte Randträger							
$\cdot z^3$	Nenner	$\cdot r$	$\cdot r z$	$\cdot z$	$\cdot r z^2$	$\cdot z^2$	$\cdot r z^3$	$\cdot z^3$	Nenner
1	$: N_1$	213	933		450		3		$: N_1$
49	$: N_2$	41	343		490		49		$: N_2$
1	$: N_1$		129		207		3		$: N_1$
35	$: N_2$		25		133		35		$: N_2$
1	$: N_1$		—90		15		3		$: N_1$
21	$: N_2$		—18		—49		21		$: N_2$
1	$: N_1$		18		—90		3		$: N_1$
7	$: N_2$		6		—42		7		$: N_2$
1	$: N_1$			129		207		3	$: N_1$
35	$: N_2$			25		133		35	$: N_2$
1	$: N_1$	213	585	57	51	117		3	$: N_1$
25	$: N_2$	41	275	11	175	65		25	$: N_2$
1	$: N_1$		327		87	33		3	$: N_1$
15	$: N_2$		67		189	7		15	$: N_2$
1	$: N_1$		—108		105	—18		3	$: N_1$
5	$: N_2$		— 36		77	— 6		5	$: N_2$
1	$: N_1$			—90		15		3	$: N_1$
21	$: N_2$			—18		—49		21	$: N_2$
1	$: N_1$		327		87	33		3	$: N_1$
15	$: N_2$		67		189	7		15	$: N_2$
1	$: N_1$	213	477	57	156	48		3	$: N_1$
9	$: N_2$	41	239	11	252	48		9	$: N_2$
1	$: N_1$		219		192	51		3	$: N_1$
3	$: N_2$		103		112	25		3	$: N_2$
1	$: N_1$			18		—90		3	$: N_1$
7	$: N_2$			6		—42		7	$: N_2$
1	$: N_1$		—108		105	—18		3	$: N_1$
5	$: N_2$		— 36		77	— 6		5	$: N_2$
1	$: N_1$		219		192	51		3	$: N_1$
3	$: N_2$		103		112	25		3	$: N_2$
1	$: N_1$	213	804	57	243	99		3	$: N_1$
1	$: N_2$	41	172	11	63	23		1	$: N_2$
8		426	1866	114	900	264	6	18	
168		82	686	22	980	136	98	70	

Tabelle 7. Der Balken auf neun

$z = \dfrac{l^3 \cdot J_Q}{8 \cdot a^3 \cdot J}$	B_{ik}-Werte		Zahlenwert	$\cdot z$	$\cdot z^2$	$\cdot z^3$	$\cdot z^4$	Nenner
	$B_{aa}=\{{+\atop+}$	$B_{ai}=\{{+\atop-}$	97 56	928 312	1868 272	512 16	2	$:N_1$ $:N_2$
Einflußwerte für Auflagerkraft B_{ak}	$B_{ab}=\{{+\atop+}$	$B_{ah}=\{{+\atop-}$		59 34	390 92	267 12	2	$:N_1$ $:N_2$
	$B_{ac}=\{{+\atop+}$	$B_{ag}=\{{+\atop-}$		-42 -24	-179 -16	62 8	2	$:N_1$ $:N_2$
	$B_{ad}=\{{+\atop+}$	$B_{af}=\{{+\atop-}$		12 6	-60 -36	-73 4	2	$:N_1$ $:N_2$
	$B_{ae}=$			-6	84	-120	2	$:N_1$
	$B_{ba}=\{{+\atop+}$	$B_{bi}=\{{+\atop-}$		59 34	390 92	267 12	2	$:N_1$ $:N_2$
Einflußwerte für Auflagerkraft B_{bk}	$B_{bb}=\{{+\atop+}$	$B_{bh}=\{{+\atop-}$	97 56	794 235	1095 120	202 9	2	$:N_1$ $:N_2$
	$B_{bc}=\{{+\atop+}$	$B_{bg}=\{{+\atop-}$		155 88	704 97	132 6	2	$:N_1$ $:N_2$
	$B_{\ d}=\{{+\atop+}$	$B_{kf}=\{{+\atop-}$		-72 -36	13 50	78 3	2	$:N_1$ $:N_2$
	$B_{be}=$			36	-282	58	2	$:N_1$
	$B_{ca}=\{{+\atop+}$	$B_{ci}=\{{+\atop-}$		-42 -24	-179 -16	62 8	2	$:N_1$ $:N_2$
Einflußwerte für Auflagerkraft B_{ck}	$B_{cb}=\{{+\atop+}$	$B_{ch}=\{{+\atop-}$		155 88	704 97	132 6	2	$:N_1$ $:N_2$
	$B_{cc}=\{{+\atop+}$	$B_{cg}=\{{+\atop-}$	97 56	722 199	1083 156	188 4	2	$:N_1$ $:N_2$
	$B_{cd}=\{{+\atop+}$	$B_{cf}=\{{+\atop-}$		191 88	446 109	215 2	2	$:N_1$ $:N_2$
	$B_{ce}=$			-144	14	222	2	$:N_1$
	$B_{da}=\{{+\atop+}$	$B_{di}=\{{+\atop-}$		12 6	-60 -36	-73 4	2	$:N_1$ $:N_2$
Einflußwerte für Auflagerkraft B_{dk}	$B_{db}=\{{+\atop+}$	$B_{dh}=\{{+\atop-}$		-72 -36	13 50	78 3	2	$:N_1$ $:N_2$
	$B_{dc}=\{{+\atop+}$	$B_{dg}=\{{+\atop-}$		191 88	446 109	215 2	2	$:N_1$ $:N_2$
	$B_{dd}=\{{+\atop+}$	$B_{df}=\{{+\atop-}$	97 56	650 235	1072 100	314 1	2	$:N_1$ $:N_2$
	$B_{de}=$			346	1180	348	2	$:N_1$
	$B_{ea}=$	$B_{ei}=$		-6	84	-120	2	$:N_1$
Einflußwerte für Auflagerkraft B_{ek}	$B_{eb}=$	$B_{eh}=$		36	-282	58	2	$:N_1$
	$B_{ec}=$	$B_{eg}=$		-144	14	222	2	$:N_1$
	$B_{ed}=$	$B_{ef}=$		346	1180	348	2	$:N_1$
	$B_{ee}=$		194	1444	2130	400	2	$:N_1$
Nenner	$N_1=$		194	1908	4122	1416	18	
	$N_2=$		112	654	648	60		

gleiche Hauptträger

elastischen Stützen (Hauptträgern).

verstärkte Randträger

$\cdot r$	$\cdot r\,z$	$\cdot z$	$\cdot r\,z^2$	$\cdot z^2$	$\cdot r\,z^3$	$\cdot z^3$	$\cdot r\,z^4$	$\cdot z^4$	Nenner
97	928		1868		512		2		$:N_1$
56	312		272		16				$:N_2$
	59		390		267		2		$:N_1$
	34		92		12				$:N_2$
	$-\,42$		-179		62		2		$:N_1$
	$-\,24$		$-\,16$		8				$:N_2$
	12		$-\,60$		$-\,73$		2		$:N_1$
	6		$-\,36$		4				$:N_2$
	$-\,6$		84		-120		2		$:N_1$
		59		390		267		2	$:N_1$
		34		92		12			$:N_2$
97	768	26	909	186	40	162		2	$:N_1$
56	220	15	72	48		9			$:N_2$
	155		688	16	70	62		2	$:N_1$
	88		88	9		6			$:N_2$
	$-\,72$		25	$-\,12$	88	$-\,10$		2	$:N_1$
	$-\,36$		56	$-\,6$		3			$:N_2$
	36		-288	6	94	$-\,36$		2	$:N_1$
		-42		-179		62		2	$:N_1$
		-24		$-\,16$		8			$:N_2$
	155		688	16	70	62		2	$:N_1$
	88		88	9		6			$:N_2$
97	696	26	934	149	128	60		2	$:N_1$
56	184	15	128	28		4			$:N_2$
	191		400	46	164	51		2	$:N_1$
	88		88	21		2			$:N_2$
	-144		50	$-\,36$	176	46		2	$:N_1$
		12		$-\,60$		$-\,73$		2	$:N_1$
		6		$-\,36$		4			$:N_2$
	$-\,72$		25	$-\,12$	88	$-\,10$		2	$:N_1$
	$-\,36$		56	$-\,6$		3			$:N_2$
	191		400	46	164	51		2	$:N_1$
	88		88	21		2			$:N_2$
97	624	26	959	113	216	98		2	$:N_1$
56	220	15	72	28		1			$:N_2$
	346		1088	92	234	114		2	$:N_1$
		$-\,6$		84		-120		2	$:N_1$
	36		-288	6	94	$-\,36$		2	$:N_1$
	-144		50	$-\,36$	176	46		2	$:N_1$
	346		1088	92	234	114		2	$:N_1$
194	1392	52	1868	262	256	144		2	$:N_1$
194	1856	52	3736	386	1024	392	4	14	
112	624	30	544	104	32	28			

Tabelle 8. Der Balken auf zehn gleiche Hauptträger

$$z = \frac{l^3 \cdot J_Q}{8 \cdot a^3 \cdot J}$$

	B_{ik}-Werte		Zahlenwert	$\cdot z$	$\cdot z^2$	$\cdot z^3$	$\cdot z^4$	Nenner
Einflußwerte für Auflagerkraft B_{ak}	$B_{aa}=\{+$	$B_{ak}=\{+$	265	1793	2373	410	1	$: N_1$
	$+$	$-$	153	1647	4293	2214	81	$: N_2$
	$B_{ab}=\{+$	$B_{ai}=\{+$		161	623	234	1	$: N_1$
	$+$	$-$		93	729	882	63	$: N_2$
	$B_{ac}=\{+$	$B_{ah}=\{+$		-114	-197	81	1	$: N_1$
	$+$	$-$		-66	-369	-9	45	$: N_2$
	$B_{ad}=\{+$	$B_{ag}=\{+$		30	-174	-31	1	$: N_1$
	$+$	$-$		18	-54	-315	27	$: N_2$
	$B_{ae}=\{+$	$B_{af}=\{+$		-6	78	-90	1	$: N_1$
	$+$	$-$		-6	90	-162	9	$: N_2$
Einflußwerte für Auflagerkraft B_{bk}	$B_{ba}=\{+$	$B_{bk}=\{+$		161	623	234	1	$: N_1$
	$+$	$-$		93	729	882	63	$: N_2$
	$B_{bb}=\{+$	$B_{bi}=\{+$	265	1428	1241	173	1	$: N_1$
	$+$	$-$	153	1436	2809	931	49	$: N_2$
	$B_{bc}=\{+$	$B_{bh}=\{+$		419	886	110	1	$: N_1$
	$+$	$-$		243	1438	718	35	$: N_2$
	$B_{bd}=\{+$	$B_{bg}=\{+$		-180	199	58	1	$: N_1$
	$+$	$-$		-108	-189	410	21	$: N_2$
	$B_{be}=\{+$	$B_{bf}=\{+$		36	-246	29	1	$: N_1$
	$+$	$-$		36	-318	129	7	$: N_2$
Einflußwerte für Auflagerkraft B_{ck}	$B_{ca}=\{+$	$B_{ck}=\{+$		-114	-197	81	1	$: N_1$
	$+$	$-$		-66	-369	-9	45	$: N_2$
	$B_{cb}=\{+$	$B_{ci}=\{+$		419	886	110	1	$: N_1$
	$+$	$-$		243	1438	718	35	$: N_2$
	$B_{cc}=\{+$	$B_{ch}=\{+$	265	1248	1373	132	1	$: N_1$
	$+$	$-$	153	1328	2581	1140	25	$: N_2$
	$B_{cd}=\{+$	$B_{cg}=\{+$		455	700	140	1	$: N_1$
	$+$	$-$		279	1156	952	15	$: N_2$
	$B_{ce}=\{+$	$B_{cf}=\{+$		-144	-59	141	1	$: N_1$
	$+$	$-$		-144	117	359	5	$: N_2$
Einflußwerte für Auflagerkraft B_{dk}	$B_{da}=\{+$	$B_{dk}=\{+$		30	-174	-31	1	$: N_1$
	$+$	$-$		18	-54	-315	27	$: N_2$
	$B_{db}=\{+$	$B_{di}=\{+$		-180	199	58	1	$: N_1$
	$+$	$-$		-108	-189	410	21	$: N_2$
	$B_{dc}=\{+$	$B_{dh}=\{+$		455	700	140	1	$: N_1$
	$+$	$-$		279	1156	952	15	$: N_2$
	$B_{dd}=\{+$	$B_{dg}=\{+$	265	1284	1085	203	1	$: N_1$
	$+$	$-$	153	1292	2869	1029	9	$: N_2$
	$B_{de}=\{+$	$B_{df}=\{+$		275	893	234	1	$: N_1$
	$+$	$-$		387	1363	434	3	$: N_2$
Einflußwerte für Auflagerkraft B_{ek}	$B_{ea}=\{+$	$B_{ek}=\{+$		-6	78	-90	1	$: N_1$
	$+$	$-$		-6	90	-162	9	$: N_2$
	$B_{eb}=\{+$	$B_{ei}=\{+$		36	-246	29	1	$: N_1$
	$+$	$-$		36	-318	129	7	$: N_2$
	$B_{ec}=\{+$	$B_{eh}=\{+$		-144	-59	141	1	$: N_1$
	$+$	$-$		-144	117	359	5	$: N_2$
	$B_{ed}=\{+$	$B_{eg}=\{+$		275	893	234	1	$: N_1$
	$+$	$-$		387	1363	434	3	$: N_2$
	$B_{ee}=\{+$	$B_{ef}=\{+$	265	1703	2037	290	1	$: N_1$
	$+$	$-$	153	1049	1389	230	1	$: N_2$
Nenner	$N_1 =$		530	3728	5406	1208	10	
	$N_2 =$		306	3376	9294	5544	330	

elastischen Stützen (Hauptträgern).

verstärkte Randträger

$\cdot r$	$\cdot r\,z$	$\cdot z$	$\cdot r\,z^2$	$\cdot z^2$	$\cdot r\,z^3$	$\cdot z^3$	$\cdot r\,z^4$	$\cdot z^4$	Nenner
265	1793		2373		410		1		: N_1
153	1647		4293		2214		81		: N_2
	161		623		234		1		: N_1
	93		729		882		63		: N_2
	−114		−197		81		1		: N_1
	− 66		−369		− 9		45		: N_2
	30		−174		− 31		1		: N_1
	18		− 54		−315		27		: N_2
	− 6		78		− 90		1		: N_1
	− 6		90		−162		9		: N_2
		161		623		234		1	: N_1
		93		729		882		63	: N_2
265	1357	71	930	311	23	150		1	: N_1
153	1395	41	2466	343	441	490		49	: N_2
	419		843	43	41	69		1	: N_1
	243		1413	25	585	133		35	: N_2
	−180		229	− 30	53	5		1	: N_1
	−108		−171	− 18	459	− 49		21	: N_2
	36		−252	6	59	− 30		1	: N_1
	36		−324	6	171	− 42		7	: N_2
		−114		−197		81		1	: N_1
		− 66		−369		− 9		45	: N_2
	419		843	43	41	69		1	: N_1
	243		1413	25	585	133		35	: N_2
265	1177	71	1159	214	76	56		1	: N_1
153	1287	41	2295	286	900	240		25	: N_2
	455		591	109	100	40		1	: N_1
	279		1089	67	756	196		15	: N_2
	−144		− 23	− 36	112	29		1	: N_1
	−144		153	− 36	288	71		5	: N_2
		30		−174		− 31		1	: N_1
		18		− 54		−315		27	: N_2
	−180		229	− 30	53	5		1	: N_1
	−108		−171	− 18	459	− 49		21	: N_2
	455		591	109	100	40		1	: N_1
	279		1089	67	756	196		15	: N_2
265	1213	71	907	178	135	68		1	: N_1
153	1251	41	2619	250	729	300		9	: N_2
	275		820	73	153	81		1	: N_1
	387		1260	103	297	137		3	: N_2
		− 6		78		− 90		1	: N_1
		− 6		90		−162		9	: N_2
	36		−252	6	59	− 30		1	: N_1
	36		−324	6	171	− 42		7	: N_2
	−144		− 23	− 36	112	29		1	: N_1
	−144		153	− 36	288	71		5	: N_2
	275		820	73	153	81		1	: N_1
	387		1260	103	297	137		3	: N_2
265	1632	71	1750	287	176	114		1	: N_1
153	1008	41	1206	183	144	86		1	: N_2
530	3586	142	4746	660	820	388	2	8	
306	3294	82	8586	708	4428	1116	162	168	

E. Tafeln der Auflagerkräfte B_{ik} von Balken auf elastischen Stützen (Querverteilungszahlen).

I. Balken auf 3 bis 8 Stützen.

1. Querverteilungszahlen für das Kreuzwerk mit einem Querträger und drei Hauptträgern bei verstärkten Randträgern ($1 \leqq r \leqq 2$).

z	0,1				0,2				0,3			
r	1,0	1,2	1,5	2,0	1,0	1,2	1,5	2,0	1,0	1,2	1,5	2,0

Träger „a".

	0,1				0,2				0,3			
B_{aa}	0,9783	0,9818	0,9853	0,9889	0,9615	0,9675	0,9737	0,9800	0,9483	0,9561	0,9643	0,9727
B_{ab}	0,0435	0,0438	0,0441	0,0444	0,0769	0,0779	0,0789	0,0800	0,1035	0,1053	0,1071	0,1091
B_{ac}	−0,0217	−0,0182	−0,0147	−0,0111	−0,0385	−0,0325	−0,0263	−0,0200	−0,0517	−0,0439	−0,0357	−0,0273

Träger „b".

	0,1				0,2				0,3			
B_{ba}	0,0435	0,0365	0,0294	0,0222	0,0769	0,0649	0,0526	0,0400	0,1035	0,0877	0,0714	0,0545
B_{bb}	0,9130	0,9124	0,9118	0,9111	0,8462	0,8442	0,8421	0,8400	0,7931	0,7895	0,7857	0,7818
B_{bc}	0,0435	0,0365	0,0294	0,0222	0,0769	0,0649	0,0526	0,0400	0,1035	0,0877	0,0714	0,0545

z	0,4				0,5				0,6			
r	1,0	1,2	1,5	2,0	1,0	1,2	1,5	2,0	1,0	1,2	1,5	2,0

Träger „a".

	0,4				0,5				0,6			
B_{aa}	0,9375	0,9468	0,9565	0,9667	0,9286	0,9390	0,9500	0,9615	0,9211	0,9324	0,9444	0,9571
B_{ab}	0,1250	0,1277	0,1304	0,1333	0,1429	0,1463	0,1500	0,1538	0,1579	0,1622	0,1667	0,1714
B_{ac}	−0,0625	−0,0532	−0,0435	−0,0333	−0,0714	−0,0610	−0,0500	−0,0385	−0,0790	−0,0676	−0,0556	−0,0429

Träger „b".

	0,4				0,5				0,6			
B_{ba}	0,1250	0,1064	0,0870	0,0667	0,1429	0,1220	0,1000	0,0769	0,1579	0,1351	0,1111	0,0857
B_{bb}	0,7500	0,7447	0,7391	0,7333	0,7143	0,7073	0,7000	0,6923	0,6842	0,6757	0,6667	0,6571
B_{bc}	0,1250	0,1064	0,0870	0,0667	0,1429	0,1220	0,1000	0,0769	0,1579	0,1351	0,1111	0,0857

z	0,8				1,0				1,5			
r	1,0	1,2	1,5	2,0	1,0	1,2	1,5	2,0	1,0	1,2	1,5	2,0

Träger „a".

	0,8				1,0				1,5			
B_{aa}	0,9091	0,9219	0,9355	0,9500	0,9000	0,9138	0,9286	0,9444	0,8846	0,9000	0,9167	0,9348
B_{ab}	0,1818	0,1875	0,1935	0,2000	0,2000	0,2069	0,2143	0,2222	0,2308	0,2400	0,2500	0,2609
B_{ac}	−0,0909	−0,0781	−0,0645	−0,0500	−0,1000	−0,0862	−0,0714	−0,0556	−0,1154	−0,1000	−0,0833	−0,0652

Träger „b".

	0,8				1,0				1,5			
B_{ba}	0,1818	0,1563	0,1290	0,1000	0,2000	0,1724	0,1429	0,1111	0,2308	0,2000	0,1667	0,1304
B_{bb}	0,6364	0,6250	0,6129	0,6000	0,6000	0,5862	0,5714	0,5556	0,5385	0,5200	0,5000	0,4783
B_{bc}	0,1818	0,1563	0,1290	0,1000	0,2000	0,1724	0,1429	0,1111	0,2308	0,2000	0,1667	0,1304

Querverteilungszahlen für das Kreuzwerk mit einem Querträger
und drei Hauptträgern bei verstärkten Randträgern ($1 \leqq r \leqq 2$). (Fortsetzung.)

z	2,0				2,5				3,0			
r	1,0	1,2	1,5	2,0	1,0	1,2	1,5	2,0	1,0	1,2	1,5	2,0

Träger „a".

	2,0				2,5				3,0			
B_{aa}	0,8750	0,8913	0,9091	0,9286	0,8684	0,8853	0,9038	0,9242	0,8636	0,8810	0,9000	0,9211
B_{ab}	0,2500	0,2609	0,2727	0,2857	0,2632	0,2752	0,2885	0,3030	0,2727	0,2857	0,3000	0,3158
B_{ac}	−0,1250	−0,1087	−0,0909	−0,0714	−0,1316	−0,1147	−0,0962	−0,0758	−0,1364	−0,1190	−0,1000	−0,0789

Träger „b".

	2,0				2,5				3,0			
B_{ba}	0,2500	0,2174	0,1818	0,1429	0,2632	0,2294	0,1923	0,1515	0,2727	0,2381	0,2000	0,1579
B_{bb}	0,5000	0,4783	0,4545	0,4286	0,4737	0,4495	0,4231	0,3939	0,4545	0,4286	0,4000	0,3684
B_{bc}	0,2500	0,2174	0,1818	0,1429	0,2632	0,2294	0,1923	0,1515	0,2727	0,2381	0,2000	0,1579

z	3,5				4,0				4,5			
r	1,0	1,2	1,5	2,0	1,0	1,2	1,5	2,0	1,0	1,2	1,5	2,0

Träger „a".

	3,5				4,0				4,5			
B_{aa}	0,8600	0,8776	0,8971	0,9186	0,8571	0,8750	0,8947	0,9167	0,8548	0,8729	0,8929	0,9151
B_{ab}	0,2800	0,2937	0,3088	0,3256	0,2857	0,3000	0,3158	0,3333	0,2903	0,3051	0,3214	0,3396
B_{ac}	−0,1400	−0,1224	−0,1029	−0,0814	−0,1428	−0,1250	−0,1053	−0,0833	−0,1452	−0,1271	−0,1071	−0,0849

Träger „b".

	3,5				4,0				4,5			
B_{ba}	0,2800	0,2448	0,2059	0,1628	0,2857	0,2500	0,2105	0,1667	0,2903	0,2542	0,2143	0,1698
B_{bb}	0,4400	0,4126	0,3824	0,3488	0,4286	0,4000	0,3684	0,3333	0,4194	0,3898	0,3571	0,3208
B_{bc}	0,2800	0,2448	0,2059	0,1628	0,2857	0,2500	0,2105	0,1667	0,2903	0,2542	0,2143	0,1698

z	5,0				5,5				6,0			
r	1,0	1,2	1,5	2,0	1,0	1,2	1,5	2,0	1,0	1,2	1,5	2,0

Träger „a".

	5,0				5,5				6,0			
B_{aa}	0,8529	0,8711	0,8913	0,9138	0,8514	0,8697	0,8900	0,9127	0,8500	0,8684	0,8889	0,9118
B_{ba}	0,2941	0,3093	0,3261	0,3448	0,2973	0,3128	0,3300	0,3492	0,3000	0,3158	0,3333	0,3529
B_{ac}	−0,1471	−0,1289	−0,1087	−0,0862	−0,1486	−0,1303	−0,1100	−0,0873	−0,1500	−0,1316	−0,1111	−0,0882

Träger „b".

	5,0				5,5				6,0			
B_{ba}	0,2941	0,2577	0,2174	0,1724	0,2973	0,2607	0,2200	0,1746	0,3000	0,2632	0,2222	0,1735
B_{bb}	0,4118	0,3814	0,3478	0,3103	0,4054	0,3744	0,3400	0,3016	0,4000	0,3684	0,3333	0,2941
B_{bc}	0,2941	0,2577	0,2174	0,1724	0,2973	0,2607	0,2200	0,1746	0,3000	0,2632	0,2222	0,1735

Querverteilungszahlen für das Kreuzwerk mit einem Querträger
und drei Hauptträgern bei verstärkten Randträgern ($1 \leqq r \leqq 2$).   (Fortsetzung.)

z	7,0				8,0				9,0			
r	1,0	1,2	1,5	2,0	1,0	1,2	1,5	2,0	1,0	1,2	1,5	2,0

Träger „a".

	7,0				8,0				9,0			
B_{aa}	0,8479	0,8664	0,8871	0,9103	0,8462	0,8649	0,8857	0,9091	0,8448	0,8636	0,8846	0,9082
B_{ab}	0,3043	0,3206	0,3387	0,3590	0,3077	0,3243	0,3429	0,3636	0,3103	0,3273	0,3462	0,3673
B_{ac}	−0,1522	−0,1336	−0,1129	−0,0897	−0,1538	−0,1351	−0,1143	−0,0909	−0,1552	−0,1364	−0,1154	−0,0918

Träger „b".

	7,0				8,0				9,0			
B_{ba}	0,3043	0,2672	0,2258	0,1795	0,3077	0,2703	0,2286	0,1818	0,3103	0,2727	0,2308	0,1837
B_{bb}	0,3915	0,3588	0,3226	0,2821	0,3846	0,3514	0,3143	0,2727	0,3793	0,3455	0,3077	0,2653
B_{bc}	0,3043	0,2672	0,2258	0,1795	0,3077	0,2703	0,2286	0,1818	0,3103	0,2727	0,2308	0,1837

z	10				12				14			
r	1,0	1,2	1,5	2,0	1,0	1,2	1,5	2,0	1,0	1,2	1,5	2,0

Träger „a".

	10				12				14			
B_{aa}	0,8438	0,8626	0,8837	0,9074	0,8421	0,8611	0,8824	0,9063	0,8409	0,8600	0,8814	0,9054
B_{ab}	0,3126	0,3297	0,3488	0,3704	0,3158	0,3333	0,3529	0,3750	0,3182	0,3360	0,3559	0,3784
B_{ac}	−0,1563	−0,1374	−0,1163	−0,0926	−0,1578	−0,1389	−0,1176	−0,0938	−0,1591	−0,1400	−0,1186	−0,0946

Träger „b".

	10				12				14			
B_{ba}	0,3126	0,2747	0,2326	0,1852	0,3158	0 2778	0,2353	0,1875	0,3182	0,2800	0,2373	0,1892
B_{bb}	0,3750	0,3407	0,3023	0,2593	0,3684	0,3333	0,2941	0,2500	0,3636	0,3280	0,2881	0,2432
B_{bc}	0,3126	0,2747	0,2326	0,1852	0,3158	0,2778	0,2353	0,1875	0,3182	0,2800	0,2373	0,1892

z	16				18				20			
r	1,0	1,2	1,5	2,0	1,0	1,2	1,5	2,0	1,0	1,2	1,5	2,0

Träger „a".

	16				18				20			
B_{aa}	0,8400	0,8592	0,8806	0,9048	0,8393	0,8585	0,8800	0,9043	0,8387	0,8580	0,8795	0,9038
B_{ab}	0,3200	0,3380	0,3582	0,3810	0,3214	0,3396	0,3600	0,3830	0,3226	0,3409	0,3614	0,3846
B_{ac}	−0,1600	−0,1408	−0,1194	−0,0952	−0,1607	−0,1415	−0,1200	−0,0957	−0,1613	−0,1420	−0,1205	−0,0962

Träger „b".

	16				18				20			
B_{ba}	0,3200	0,2817	0,2388	0,1905	0,3214	0,2830	0,2400	0,1915	0,3226	0,2841	0,2410	0,1923
B_{bb}	0,3600	0,3239	0,2836	0,2381	0,3571	0,3208	0,2800	0,2340	0,3548	0,3182	0,2771	0,2308
B_{bc}	0,3200	0,2817	0,2388	0,1905	0,3214	0,2830	0,2400	0,1915	0,3226	0,2841	0,2410	0,1923

Querverteilungszahlen für das Kreuzwerk mit einem Querträger
und drei Hauptträgern bei verstärkten Randträgern ($1 \leqq r \leqq 2$).   (Fortsetzung.)

z	25				30				35			
r	1,0	1,2	1,5	2,0	1,0	1,2	1,5	2,0	1,0	1,2	1,5	2,0

Träger ,,a".

	1,0	1,2	1,5	2,0	1,0	1,2	1,5	2,0	1,0	1,2	1,5	2,0
B_{aa}	0,8377	0,8570	0,8786	0,9031	0,8370	0,8563	0,8780	0,9026	0,8364	0,8558	0,8776	0,9022
B_{ab}	0,3247	0,3432	0,3641	0,3876	0,3261	0,3448	0,3659	0,3896	0,3271	0,3460	0,3671	0,3911
B_{ac}	−0,1623	−0,1430	−0,1214	−0,0969	−0,1630	−0,1437	−0,1220	−0,0974	−0,1636	−0,1442	−0,1224	−0,0978

Träger ,,b".

	1,0	1,2	1,5	2,0	1,0	1,2	1,5	2,0	1,0	1,2	1,5	2,0
B_{ba}	0,3247	0,2860	0,2427	0,1938	0,3261	0,2874	0,2439	0,1948	0,3271	0,2883	0,2448	0,1955
B_{bb}	0,3506	0,3135	0,2718	0,2248	0,3478	0,3103	0,2683	0,2208	0,3458	0,3081	0,2657	0,2179
B_{bc}	0,3247	0,2860	0,2427	0,1938	0,3261	0,2874	0,2439	0,1948	0,3271	0,2883	0,2448	0,1955

z	40				50				60			
r	1,0	1,2	1,5	2,0	1,0	1,2	1,5	2,0	1,0	1,2	1,5	2,0

Träger ,,a".

	1,0	1,2	1,5	2,0	1,0	1,2	1,5	2,0	1,0	1,2	1,5	2,0
B_{aa}	0,8361	0,8555	0,8773	0,9020	0,8355	0,8550	0,8768	0,9016	0,8352	0,8547	0,8765	0,9013
B_{ab}	0,3279	0,3468	0,3681	0,3922	0,3289	0,3480	0,3695	0,3937	0,3297	0,3488	0,3704	0,3947
B_{ac}	−0,1639	−0,1445	−0,1227	−0,0980	−0,1645	−0,1450	−0,1232	−0,0984	−0,1648	−0,1453	−0,1235	−0,0987

Träger ,,b".

	1,0	1,2	1,5	2,0	1,0	1,2	1,5	2,0	1,0	1,2	1,5	2,0
B_{ba}	0,3279	0,2890	0,2454	0,1961	0,3289	0,2900	0,2463	0,1969	0,3297	0,2907	0,2469	0,1974
B_{bb}	0,3443	0,3064	0,2638	0,2157	0,3421	0,3039	0,2611	0,2126	0,3406	0,3023	0,2593	0,2105
B_{bc}	0,3279	0,2890	0,2454	0,1961	0,3289	0,2900	0,2463	0,1969	0,3297	0,2907	0,2469	0,1974

z	80				100				150			
r	1,0	1,2	1,5	2,0	1,0	1,2	1,5	2,0	1,0	1,2	1,5	2,0

Träger ,,a".

	1,0	1,2	1,5	2,0	1,0	1,2	1,5	2,0	1,0	1,2	1,5	2,0
B_{aa}	0,8347	0,8542	0,8762	0,9010	0,8344	0,8540	0,8759	0,9008	0,8341	0,8536	0,8756	0,9005
B_{ab}	0,3306	0,3499	0,3715	0,3960	0,3311	0,3505	0,3722	0,3968	0,3319	0,3513	0,3731	0,3979
B_{ac}	−0,1653	−0,1458	−0,1238	−0,0990	−0,1656	−0,1460	−0,1241	−0,0992	−0,1659	−0,1464	−0,1244	−0,0995

Träger ,,b".

	1,0	1,2	1,5	2,0	1,0	1,2	1,5	2,0	1,0	1,2	1,5	2,0
B_{ba}	0,3306	0,2915	0,2477	0,1980	0,3311	0,2921	0,2481	0,1984	0,3319	0,2927	0,2488	0,1989
B_{bb}	0,3388	0,3003	0,2570	0,2079	0,3377	0,2991	0,2556	0,2063	0,3363	0,2974	0,2537	0,2042
B_{bc}	0,3306	0,2915	0,2477	0,1980	0,3311	0,2921	0,2481	0,1984	0,3319	0,2927	0,2488	0,1989

Querverteilungszahlen für das Kreuzwerk mit einem Querträger und drei Hauptträgern bei verstärkten Randträgern ($1 \leqq r \leqq 2$).

(Fortsetzung.)

z	200				300				400			
r	1,0	1,2	1,5	2,0	1,0	1,2	1,5	2,0	1,0	1,2	1,5	2,0

Träger „a".

	200 1,0	200 1,2	200 1,5	200 2,0	300 1,0	300 1,2	300 1,5	300 2,0	400 1,0	400 1,2	400 1,5	400 2,0
B_{aa}	0,8339	0,8535	0,8755	0,9004	0,8337	0,8533	0,8753	0,9003	0,8336	0,8532	0,8752	0,9002
B_{ab}	0,3322	0,3517	0,3736	0,3984	0,3326	0,3521	0,3741	0,3989	0,3328	0,3523	0,3743	0,3992
B_{ac}	−0,1661	−0,1465	−0,1245	−0,0996	−0,1663	−0,1467	−0,1247	−0,0997	−0,1664	−0,1468	−0,1248	−0,0998

Träger „b".

	200 1,0	200 1,2	200 1,5	200 2,0	300 1,0	300 1,2	300 1,5	300 2,0	400 1,0	400 1,2	400 1,5	400 2,0
B_{ba}	0,3322	0,2931	0,2491	0,1992	0,3326	0,2934	0,2494	0,1995	0,3328	0,2936	0,2495	0,1996
B_{bb}	0,3355	0,2966	0,2528	0,2032	0,3348	0,2958	0,2519	0,2021	0,3344	0,2954	0,2514	0,2016
B_{bc}	0,3322	0,2931	0,2491	0,1992	0,3326	0,2934	0,2494	0,1995	0,3328	0,2936	0,2495	0,1996

z	500				1000				∞			
r	1,0	1,2	1,5	2,0	1,0	1,2	1,5	2,0	1,0	1,2	1,5	2,0

Träger „a".

	500 1,0	500 1,2	500 1,5	500 2,0	1000 1,0	1000 1,2	1000 1,5	1000 2,0	∞ 1,0	∞ 1,2	∞ 1,5	∞ 2,0
B_{aa}	0,8336	0,8531	0,8752	0,9002	0,8334	0,8530	0,8751	0,9001	0,8333	0,8529	0,8750	0,9000
B_{ab}	0,3329	0,3524	0,3744	0,3994	0,3331	0,3527	0,3747	0,3997	0,3333	0,3529	0,3750	0,4000
B_{ac}	−0,1664	−0,1469	−0,1248	−0,0998	−0,1666	−0,1470	−0,1249	−0,0999	−0,1667	−0,1471	−0,1250	−0,1000

Träger „b".

	500 1,0	500 1,2	500 1,5	500 2,0	1000 1,0	1000 1,2	1000 1,5	1000 2,0	∞ 1,0	∞ 1,2	∞ 1,5	∞ 2,0
B_{ba}	0,3329	0,2937	0,2496	0,1997	0,3331	0,2939	0,2498	0,1998	0,3333	0,2941	0,2500	0,2000
B_{bb}	0,3342	0,2951	0,2511	0,2013	0,3338	0,2946	0,2506	0,2006	0,3333	0,2941	0,2500	0,2000
B_{bc}	0,3329	0,2937	0,2496	0,1997	0,3331	0,2939	0,2498	0,1998	0,3333	0,2941	0,2500	0,2000

2. Querverteilungszahlen für das Kreuzwerk mit einem Querträger und vier Hauptträgern bei verstärkten Randträgern ($1 \leqq r \leqq 2$).

z	0,1				0,15				0,2			
r	1,0	1,2	1,5	2,0	1,0	1,2	1,5	2,0	1,0	1,2	1,5	2,0

Träger „a".

	1,0	1,2	1,5	2,0	1,0	1,2	1,5	2,0	1,0	1,2	1,5	2,0
B_{aa}	0,9779	0,9815	0,9851	0,9888	0,9692	0,9742	0,9792	0,9844	0,9615	0,9677	0,9740	0,9804
B_{ab}	0,0471	0,0473	0,0475	0,0477	0,0642	0,0645	0,0649	0,0652	0,0785	0,0790	0,0796	0,0801
B_{ac}	—0,0279	—0,0280	—0,0281	—0,0283	—0,0359	—0,0361	—0,0363	—0,0365	—0,0415	—0,0418	—0,0421	—0,0424
B_{ad}	0,0029	0,0024	0,0020	0,0015	0,0025	0,0021	0,0017	0,0013	0,0015	0,0013	+0,0010	0,0008

Träger „b".

	1,0	1,2	1,5	2,0	1,0	1,2	1,5	2,0	1,0	1,2	1,5	2,0
B_{ba}	0,0471	0,0394	0,0317	0,0238	0,0642	0,0537	0,0432	0,0326	0,0785	0,0659	0,0530	0,0401
B_{bb}	0,8779	0,8774	0,8769	0,8764	0,8359	0,8349	0,8340	0,8331	0,8015	0,8002	0,7988	0,7975
B_{bc}	0,1029	0,1033	0,1038	0,1042	0,1359	0,1366	0,1374	0,1382	0,1615	0,1626	0,1637	0,1648
B_{bd}	—0,0279	—0,0234	—0,0188	—0,0141	—0,0359	—0,0301	—0,0242	—0,0182	—0,0415	—0,0348	—0,0281	—0,0212

z	0,3				0,4				0,5			
r	1,0	1,2	1,5	2,0	1,0	1,2	1,5	2,0	1,0	1,2	1,5	2,0

Träger „a".

	1,0	1,2	1,5	2,0	1,0	1,2	1,5	2,0	1,0	1,2	1,5	2,0
B_{aa}	0,9482	0,9565	0,9649	0,9734	0,9369	0,9469	0,9571	0,9674	0,9271	0,9335	0,9502	0,9621
B_{ab}	0,1018	0,1027	0,1035	0,1045	0,1202	0,1214	0,1227	0,1240	0,1354	0,1370	0,1386	0,1403
B_{ac}	—0,0482	—0,0486	—0,0490	—0,0494	—0,0512	—0,0517	—0,0521	—0,0525	—0,0521	—0,0525	—0,0529	—0,0533
B_{ad}	—0,0018	—0,0015	—0,0012	—0,0009	—0,0059	—0,0050	—0,0041	—0,0032	—0,0104	—0,0040	—0,0073	—0,0056

Träger „b".

	1,0	1,2	1,5	2,0	1,0	1,2	1,5	2,0	1,0	1,2	1,5	2,0
B_{ba}	0,1018	0,0855	0,0690	0,0522	0,1202	0,1012	0,0818	0,0620	0,1354	0,1142	0,0924	0,0701
B_{bb}	0,7482	0,7461	0,7439	0,7417	0,7084	0,7055	0,7026	0,6996	0,6771	0,6735	0,6699	0,6662
B_{bc}	0,1982	0,1999	0,2015	0,2033	0,2227	0,2247	0,2268	0,2290	0,2396	0,2420	0,2444	0,2468
B_{bd}	—0,0482	—0,0405	—0,0327	—0,0247	—0,0512	—0,0431	—0,0347	—0,0263	—0,0521	—0,0437	—0,0353	—0,0267

z	0,6				0,7				0,8			
r	1,0	1,2	1,5	2,0	1,0	1,2	1,5	2,0	1,0	1,2	1,5	2,0

Träger „a".

	1,0	1,2	1,5	2,0	1,0	1,2	1,5	2,0	1,0	1,2	1,5	2,0
B_{aa}	0,9183	0,9309	0,9439	0,9573	0,9103	0,9241	0,9383	0,9529	0,9030	0,9178	0,9331	0,9489
B_{ab}	0,1484	0,1503	0,1523	0,1543	0,1597	0,1619	0,1643	0,1667	0,1697	0,1723	0,1750	0,1777
B_{ac}	—0,0516	—0,0519	—0,0523	—0,0526	—0,0503	—0,0505	—0,0508	—0,0510	—0,0485	—0,0486	—0,0486	—0,0487
B_{ad}	—0,0151	—0,0013	—0,0106	—0,0082	—0,0197	—0,0169	—0,0140	—0,0108	—0,0242	—0,0209	—0,0173	—0,0134

Träger „b".

	1,0	1,2	1,5	2,0	1,0	1,2	1,5	2,0	1,0	1,2	1,5	2,0
B_{ba}	0,1484	0,1252	0,1015	0,0772	0,1597	0,1349	0,1095	0,0833	0,1697	0,1436	0,1167	0,0889
B_{bb}	0,6516	0,6474	0,6432	0,6388	0,6303	0,6256	0,6207	0,6157	0,6121	0,6069	0,6014	0,5959
B_{bc}	0,2516	0,2542	0,2568	0,2595	0,2603	0,2630	0,2658	0,2686	0,2667	0,2694	0,2722	0,2751
B_{bd}	—0,0516	—0,0433	—0,0349	—0,0263	—0,0503	—0,0421	—0,0338	—0,0255	—0,0485	—0,0405	—0,0324	—0,0244

Querverteilungszahlen für das Kreuzwerk mit einem Querträger
und vier Hauptträgern bei verstärkten Randträgern ($1 \leqq r \leqq 2$).   (Fortsetzung.)

z	0,9				1,0				1,1			
r	1,0	1,2	1,5	2,0	1,0	1,2	1,5	2,0	1,0	1,2	1,5	2,0

Träger „a".

	0,9				1,0				1,1			
B_{aa}	0,8963	0,9120	0,9282	0,9451	0,8901	0,9066	0,9237	0,9415	0,8843	0,9015	0,9194	0,9382
B_{ab}	0,1787	0,1816	0,1846	0,1878	0,1868	0,1901	0,1934	0,1969	0,1943	0,1978	0,2015	0,2054
B_{ac}	—0,0463	—0,0463	—0,0462	—0,0460	—0,0440	—0,0437	—0,0434	—0,0431	—0,0415	—0,0410	—0,0405	—0,0400
B_{ad}	—0,0287	—0,0248	—0,0205	—0,0160	—0,0330	—0,0285	—0,0237	—0,0185	—0,0371	—0,0322	—0,0268	—0,0209

Träger „b".

	0,9				1,0				1,1			
B_{ba}	0,1787	0,1513	0,1231	0,0939	0,1868	0,1584	0,1289	0,0985	0,1943	0,1648	0,1344	0,1027
B_{bb}	0,5963	0,5906	0,5846	0,5785	0,5824	0,5762	0,5697	0,5631	0,5700	0,5633	0,5564	0,5493
B_{bc}	0,2713	0,2741	0,2769	0,2798	0,2747	0,2775	0,2803	0,2831	0,2772	0,2799	0,2826	0,2853
B_{bd}	—0,0463	—0,0385	—0,0308	—0,0230	—0,0440	—0,0364	—0,0290	—0,0215	—0,0415	—0,0342	—0,0270	—0,0200

z	1,2				1,4				1,6			
r	1,0	1,2	1,5	2,0	1,0	1,2	1,6	2,0	1,0	1,2	1,5	2,0

Träger „a".

	1,2				1,4				1,6			
B_{aa}	0,8789	0,8968	0,9155	0,9351	0,8691	0,8881	0,9081	0,9292	0,8603	0,8804	0,9015	0,9240
B_{ab}	0,2011	0,2050	0,2090	0,2132	0,2133	0,2178	0,2225	0,2274	0,2239	0,2290	0,2343	0,2400
B_{ac}	—0,0389	—0,0383	—0,0376	—0,0368	—0,0338	—0,0328	—0,0316	—0,0302	—0,0289	—0,0273	—0,0256	—0,0238
B_{ad}	—0,0411	—0,0357	—0,0297	—0,0233	—0,0486	—0,0423	—0,0354	—0,0278	—0,0555	—0,0485	—0,0407	—0,0321

Träger „b".

	1,2				1,4				1,6			
B_{ba}	0,2011	0,1708	0,1393	0,1066	0,2133	0,1815	0,1483	0,1137	0,2239	0,1908	0,1562	0,1200
B_{bb}	0,5589	0,5518	0,5444	0,5368	0,5397	0,5317	0,5235	0,5149	0,5235	0,5148	0,5058	0,4963
B_{bc}	0,2789	0,2815	0,2842	0,2868	0,2808	0,2832	0,2856	0,2879	0,2814	0,2835	0,2855	0,2875
B_{bd}	—0,0389	—0,0319	—0,0251	—0,0184	—0,0338	—0,0273	—0,0211	—0,0151	—0,0289	—0,0227	—0,0171	—0,0119

z	1,8				2,0				2,2			
r	1,0	1,2	1,5	2,0	1,0	1,2	1,5	2,0	1,0	1,2	1,5	2,0

Träger „a".

	1,8				2,0				2,2			
B_{aa}	0,8525	0,8734	0,8966	0,9192	0,8454	0,8671	0,8901	0,9148	0,8390	0,8613	0,8852	0,9107
B_{ab}	0,2332	0,2389	0,2449	0,2512	0,2415	0,2477	0,2543	0,2614	0,2490	0,2557	0,2629	0,2706
B_{ac}	—0,0239	—0,0220	—0,0199	—0,0175	—0,0193	—0,0170	—0,0143	—0,0114	—0,0150	—0,0122	—0,0091	—0,0056
B_{ad}	—0,0618	—0,0541	—0,0456	—0,0361	—0,0676	—0,0594	—0,0502	—0,0398	—0,0730	—0,0643	—0,0544	—0,0433

Träger „b".

	1,8				2,0				2,2			
B_{ba}	0,2332	0,1991	0,1632	0,1256	0,2415	0,2064	0,1695	0,1307	0,2490	0,2131	0,1753	0,1353
B_{bb}	0,5096	0,5003	0,4904	0,4801	0,4976	0,4876	0,4770	0,4659	0,4870	0,4763	0,4651	0,4532
B_{bc}	0,2811	0,2829	0,2846	0,2861	0,2802	0,2817	0,2830	0,2841	0,2790	0,2801	0,2810	0,2817
B_{bd}	—0,0239	—0,0183	—0,0132	—0,0087	—0,0193	—0,0141	—0,0096	—0,0057	—0,0150	—0,0102	—0,0061	—0,0028

Querverteilungszahlen für das Kreuzwerk mit einem Querträger
und vier Hauptträgern bei verstärkten Randträgern ($1 \leq r \leq 2$). (Fortsetzung.)

z	2,4				2,6				2,8			
r	1,0	1,2	1,5	2,0	1,0	1,2	1,5	2,0	1,0	1,2	1,5	2,0

Träger „a".

	1,0	1,2	1,5	2,0	1,0	1,2	1,5	2,0	1,0	1,2	1,5	2,0
B_{aa}	0,8331	0,8560	0,8806	0,9070	0,8277	0,8511	0,8763	0,9035	0,8228	0,8466	0,8724	0,9003
B_{ab}	0,2558	0,2630	0,2707	0,2791	0,2619	0,2696	0,2779	0,2869	0,2676	0,2757	0,2845	0,2941
B_{ac}	—0,0109	—0,0077	—0,0041	Ø	—0,0070	—0,0034	+0,0007	+0,0053	—0,0034	+0,0006	0,0051	0,0103
B_{ad}	—0,0780	—0,0688	—0,0584	—0,0465	—0,0826	—0,0730	—0,0621	—0,0496	—0,0869	—0,0769	—0,0655	—0,0524

Träger „b".

	1,0	1,2	1,5	2,0	1,0	1,2	1,5	2,0	1,0	1,2	1,5	2,0
B_{ba}	0,2558	0,2174	0,1805	0,1395	0.2619	0,2247	0,1853	0,1434	0,2676	0,2298	0,1897	0,1470
B_{bb}	0,4776	0,4663	0,4545	0,4419	0,4691	0,4573	0,4448	0,4316	0,4615	0,4492	0,4361	0,4222
B_{bc}	0,2776	0,2784	0,2789	0,2791	0,2760	0,2765	0,2766	0,2763	0,2744	0,2745	0,2742	0,2735
B_{bd}	—0,0109	—0,0047	—0,0027	Ø	—0,0070	—0,0028	+0,0004	+0,0026	—0,0034	0,0005	0,0034	0,0051

z	3,0				3,5				4,0			
r	1,0	1,2	1,5	2,0	1,0	1,2	1,5	2,0	1,0	1,2	1,5	2,0

Träger „a".

	1,0	1,2	1,5	2,0	1,0	1,2	1,5	2,0	1,0	1,2	1,5	2,0
B_{aa}	0,8182	0,8425	0,8688	0,8972	0,8081	0,8333	0,8606	0,8905	0,7996	0,8255	0,8537	0,8847
B_{ab}	0,2727	0,2813	0,2906	0,3008	0,2840	0,2936	0,3041	0,3156	0,2934	0,3038	0,3154	0,3282
B_{ac}	—	0,0044	0,0094	0,0150	0,0077	0,0130	0,0190	0,0259	0,0143	0,0204	0,0274	0,0355
B_{ad}	—0,0909	—0,0806	—0,0688	—0,0551	—0,1000	—0,0888	—0,0760	—0,0612	—0,1073	—0,0958	—0,0823	—0,0665

Träger „b".

	1,0	1,2	1,5	2,0	1,0	1,2	1,5	2,0	1,0	1,2	1,5	2,0
B_{ba}	0,2727	0,2344	0,1938	0,1504	0,2840	0,2447	0,2027	0,1578	0,2934	0,2532	0,2103	0,1641
B_{bb}	0,4545	0,4418	0,4281	0,4135	0,4397	0,4258	0,4109	0,3948	0,4275	0,4126	0,3966	0,3792
B_{bc}	0,2727	0,2725	0,2719	0,2707	0,2686	0,2677	0,2661	0,2638	0,2648	0,2630	0,2606	0,2572
B_{bd}	—	0,0037	0,0063	0,0075	0,0077	0,0108	0,0127	0,0130	0,0143	0,0170	0,0183	0,0177

z	4,5				5,0				6,0			
r	1,0	1,2	1,5	2,0	1,0	1,2	1,5	2,0	1,0	1,2	1,5	2,0

Träger „a".

	1,0	1,2	1,5	2,0	1,0	1,2	1,5	2,0	1,0	1,2	1,5	2,0
B_{aa}	0,7924	0,8188	0,8477	0,8797	0,7862	0,8130	0,8425	0,8753	0,7759	0,8034	0,8339	0,8679
B_{ab}	0,3013	0,3126	0,3252	0,3390	0,3082	0,3202	0,3336	0,3485	0,3193	0,3327	0,3475	0,3643
B_{ac}	0,0201	0,0270	0,0348	0,0439	0,0252	0,0327	0,0414	0,0515	0,0336	0,0423	0,0525	0,0643
B_{ad}	—0,1138	—0,1018	—0,0877	—0,0712	—0,1195	—0,1071	—0,0925	—0,0753	—0,1289	—0,1159	—0,1006	—0,0821

Träger „b".

	1,0	1,2	1,5	2,0	1,0	1,2	1,5	2,0	1,0	1,2	1,5	2,0
B_{ba}	0,3013	0,2605	0,2168	0,1695	0,3082	0,2669	0,2224	0,1743	0,3193	0,2772	0,2317	0,1821
B_{bb}	0,4174	0,4016	0,3845	0,3659	0,4088	0,3922	0,3742	0,3545	0,3950	0,3770	0,3574	0,3357
B_{bc}	0,2612	0,2588	0,2555	0,2511	0,2579	0,2548	0,2508	0,2455	0,2521	0,2480	0,2426	0,2357
B_{bd}	0,0201	0,0225	0,0232	0,0220	0,0252	0,0273	0,0276	0,0257	0,0336	0,0353	0,0350	0,0321

Querverteilungszahlen für das Kreuzwerk mit einem Querträger
und vier Hauptträgern bei verstärkten Randträgern $(1 \leqq r \leqq 2)$.   (Fortsetzung.)

z	7,0				8,0				9,0			
r	1,0	1,2	1,5	2,0	1,0	1,2	1,5	2,0	1,0	1,2	1,5	2,0

Träger „a".

	7,0				8,0				9,0			
B_{aa}	0,7678	0,7958	0,8270	0,8619	0,7613	0,7897	0,8214	0,8570	0,7560	0,7846	0,8167	0,8530
B_{ab}	0,3280	0,3424	0,3586	0,3769	0,3351	0,3503	0,3676	0,3872	0,3408	0,3568	0,3750	0,3958
B_{ac}	0,0404	0,0501	0,0614	0,0747	0,0459	0,0564	0,0688	0,0834	0,0505	0,0618	0,0750	0,0907
B_{ad}	—0,1363	—0,1230	—0,1070	—0,0877	—0,1423	—0,1287	—0,1123	—0,0923	—0,1473	—0,1334	—0,1167	—0,0962

Träger „b".

	7,0				8,0				9,0			
B_{ba}	0,3280	0,2854	0,2391	0,1884	0,3351	0,2919	0,2450	0,1936	0,3408	0,2974	0,2500	0,1979
B_{bb}	0,3843	0,3652	0,3443	0,3210	0,3758	0,3558	0,3337	0,3090	0,3689	0,3481	0,3250	0,2991
B_{bc}	0,2473	0,2423	0,2358	0,2274	0,2433	0,2374	0,2299	0,2204	0,2398	0,2333	0,2250	0,2144
B_{bd}	0,0404	0,0418	0,0409	0,0374	0,0459	0,0471	0,0459	0,0417	0,0505	0,0515	0,0500	0,0454

z	10				12				14			
r	1,0	1,2	1,5	2,0	1,0	1,2	1,5	2,0	1,0	1,2	1,5	2,0

Träger „a".

	10				12				14			
B_{aa}	0,7515	0,7803	0,8127	0,8495	0,7443	0,7735	0,8064	0,8439	0,7389	0,7683	0,8016	0,8397
B_{ab}	0,3456	0,3623	0,3813	0,4031	0,3532	0,3710	0,3913	0,4147	0,3590	0,3775	0,3989	0,4236
B_{ac}	0,0544	0,0663	0,0803	0,0969	0,0606	0,0735	0,0887	0,1070	0,0653	0,0790	0,0953	0,1148
B_{ad}	—0,1515	—0,1375	—0,1204	—0,0995	—0,1581	—0,1439	—0,1264	—0,1048	—0,1632	—0,1488	—0,1310	—0,1089

Träger „b".

	10				12				14			
B_{ba}	0,3456	0,3019	0,2542	0,2015	0,3532	0,3091	0,2608	0,2074	0,3590	0,3146	0,2659	0,2118
B_{bb}	0,3631	0,2416	0,3177	0,2908	0,3541	0,3315	0,3062	0,2776	0,3473	0,3239	0,2975	0,2675
B_{bc}	0,2369	0,2298	0,2207	0,2092	0,2321	0,2241	0,2138	0,2007	0,2284	0,2196	0,2084	0,1940
B_{bd}	0,0544	0,0552	0,0535	0,0485	0,0606	0,0618	0,0592	0,0535	0,0653	0,0658	0,0635	0,0574

z	16				18				20			
r	1,0	1,2	1,5	2,0	1,0	1,2	1,5	2,0	1,0	1,2	1,5	2,0

Träger „a".

	16				18				20			
B_{aa}	0,7347	0,7642	0,7978	0,8363	0,7313	0,7610	0,7947	0,8335	0,7285	0,7583	0,7921	0,8312
B_{ab}	0,3635	0,3827	0,4049	0,4307	0,3671	0,3868	0,4097	0,4364	0,3700	0,3903	0,4137	0,4412
B_{ac}	0,0690	0,0833	0,1004	0,1210	0,0720	0,0868	0,1046	0,1261	0,0744	0,0898	0,1081	0,1303
B_{ad}	—0,1671	—0,1526	—0,1346	—0,1121	—0,1703	—0,1557	—0,1375	—0,1148	—0,1730	—0,1583	—0,1400	—0,1170

Träger „b".

	16				18				20			
B_{ba}	0,3635	0,3189	0,2699	0,2154	0,3671	0,3224	0,2731	0,2182	0,3700	0,3252	0,2758	0,2206
B_{bb}	0,3421	0,3179	0,2907	0,2596	0,3379	0,3132	0,2852	0,2532	0,3344	0,3092	0,2807	0,2480
B_{bc}	0,2255	0,2161	0,2040	0,1887	0,2231	0,2132	0,2005	0,1843	0,2211	0,2108	0,1975	0,1806
B_{bd}	0,0690	0,0694	0,0669	0,0605	0,0720	0,0724	0,0697	0,0630	0,0744	0,0748	0,0720	0,0651

Querverteilungszahlen für das Kreuzwerk mit einem Querträger
und vier Hauptträgern bei verstärkten Randträgern ($1 \leqq r \leqq 2$). (Fortsetzung.)

z	25				30				35			
r	1,0	1,2	1,5	2,0	1,0	1,2	1,5	2,0	1,0	1,2	1,5	2,0

Träger „a".

	25				30				35			
B_{aa}	0,7233	0,7532	0,7874	0,8270	0,7198	0,7497	0,7841	0,8240	0,7171	0,7471	0,7816	0,8218
B_{ab}	0,3755	0,3966	0,4211	0,4500	0,3792	0,4010	0,4263	0,4563	0,3820	0,4042	0,4301	0,4608
B_{ac}	0,0791	0,0952	0,1146	0,1382	0,0822	0,0990	0,1191	0,1438	0,0846	0,1018	0,1225	0,1479
B_{ad}	−0,1779	−0,1631	−0,1445	−0,1211	−0,1812	−0,1664	−0,1477	−0,1240	−0,1837	−0,1688	−0,1500	−0,1261

Träger „b".

	25				30				35			
B_{ba}	0,3755	0,3305	0,2808	0,2250	0,3792	0,3342	0,2842	0,2231	0,3820	0,3369	0,2868	0,2304
B_{bb}	0,3281	0,3020	0,2723	0,2381	0,3239	0,2969	0,2665	0,2313	0,3206	0,2933	0,2623	0,2262
B_{bc}	0,2174	0,2062	0,1920	0,1737	0,2147	0,2030	0,1880	0,1638	0,2128	0,2007	0,1851	0,1651
B_{bd}	0,0791	0,0793	+0,0764	0,0691	0,0822	0,0825	0,0794	0,0719	0,0846	0,0848	0,0817	0,0739

z	40				50				60			
r	1,0	1,2	1,5	2,0	1,0	1,2	1,5	2,0	1,0	1,2	1,5	2,0

Träger „a".

	40				50				60			
B_{aa}	0,7151	0,7452	0,7797	0,8200	0,7122	0,7452	0,7771	0,8176	0,7103	0,7404	0,7752	0,8159
B_{ab}	0,3841	0,4067	0,4331	0,4644	0,3872	0,4102	0,4372	0,4694	0,3892	0,4126	0,4401	0,4729
B_{ac}	0,0864	0,1039	0,1251	0,1510	0,0890	0,1070	0,1288	0,1556	0,0907	0,1091	0,1313	0,1587
B_{ad}	−0,1856	−0,1707	−0,1518	−0,1277	−0,1884	−0,1734	−0,1544	−0,1301	−0,1902	−0,1752	−0,1562	−0,1317

Träger „b".

	40				50				60			
B_{ba}	0,3841	0,3389	0,2887	0,2322	0,3872	0,3419	0,2915	0,2347	0,3892	0,3439	0,2934	0,2364
B_{bb}	0,3182	0,2905	0,2590	0,2223	0,3147	0,2865	0,2544	0,2168	0,3123	0,2838	0,2512	0,2130
B_{bc}	0,2113	0,1989	0,1829	0,1623	0,2092	0,1962	0,1796	0,1582	0,2077	0,1945	0,1774	0,1554
B_{bd}	0,0864	0,0866	0,0834	0,0755	0,0890	0,0892	0,0859	0,0778	0,0907	0,0909	0,0876	0,0794

z	80				100				150			
r	1,0	1,2	1,5	2,0	1,0	1,2	1,5	2,0	1,0	1,2	1,5	2,0

Träger „a".

	80				100				150			
B_{aa}	0,7078	0,7380	0,7729	0,8138	0,7063	0,7365	0,7715	0,8125	0,7042	0,7345	0,7695	0,8107
B_{ab}	0,3918	0,4157	0,4437	0,4773	0,3934	0,4176	0,4460	0,4800	0,3956	0,4201	0,4490	0,4837
B_{ac}	0,0930	0,1118	0,1346	0,1627	0,0943	0,1134	0,1366	0,1652	0,0962	0,1156	0,1393	0,1685
B_{ad}	−0,1926	−0,1776	−0,1584	−0,1338	−0,1940	−0,1790	−0,1598	−0,1351	−0,1960	−0,1809	−0,1617	−0,1368

Träger „b".

	80				100				150			
B_{ba}	0,3918	0,3464	0,2958	0,2386	0,3934	0,3480	0,2973	0,2400	0,3956	0,3501	0,2993	0,2413
B_{bb}	0,3093	0,2804	0,2471	0,2082	0,3075	0,2783	0,2447	0,2052	0,3050	0,2754	0,2413	0,2012
B_{bc}	0,2059	0,1922	0,1746	0,1518	0,2047	0,1908	0,1728	0,1496	0,2032	0,1888	0,1704	0,1466
B_{bd}	0,0930	0,0932	0,0897	0,0814	0,0943	0,0945	0,0910	0,0826	0,0962	0,0964	0,0928	0,0843

Querverteilungszahlen für das Kreuzwerk mit einem Querträger und vier Hauptträgern bei verstärkten Randträgern ($1 \leqq r \leqq 2$).

(Fortsetzung.)

z	200				300				400			
r	1,0	1,2	1,5	2,0	1,0	1,2	1,5	2,0	1,0	1,2	1,5	2,0

Träger „a".

B_{aa}	0,7032	0,7345	0,7685	0,8098	0,7021	0,7324	0,7675	0,8089	0,7016	0,7319	0,7670	0,8084
B_{ab}	0,3967	0,4214	0,4505	0,4855	0,3978	0,4227	0,4520	0,4874	0,3983	0,4233	0,4528	0,4884
B_{ac}	0,0971	0,1168	0,1406	0,1702	0,0981	0,1179	0,1420	0,1719	0,0986	0,1185	0,1427	0,1728
B_{ad}	—0,1970	—0,1819	—0,1626	—0,1377	—0,1980	—0,1829	—0,1636	—0,1386	—0,1985	—0,1834	—0,1641	—0,1390

Träger „b".

B_{ba}	0,3967	0,3511	0,3003	0,2428	0,3978	0,3522	0,3014	0,2437	0,3983	0,3528	0,3019	0,2442
B_{bb}	0,3037	0,2740	0,2396	0,1992	0,3025	0,2726	0,2379	0,1971	0,3019	0,2718	0,2371	0,1961
B_{bc}	0,2024	0,1879	0,1692	0,1451	0,2016	0,1869	0,1680	0,1435	0,2012	0,1864	0,1674	0,1427
B_{bd}	0,0971	0,0973	0,0938	0,0851	0,0981	0,0982	0,0947	0,0860	0,0986	0,0987	0,0951	0,0864

z	500				750				1000			
r	1,0	1,2	1,5	2,0	1,0	1,2	1,5	2,0	1,0	1,2	1,5	2,0

Träger „a".

B_{aa}	0,7013	0,7316	0,7667	0,8081	0,7009	0,7312	0,7663	0,8078	0,7006	0,7310	0,7661	0,8076
B_{ab}	0,3987	0,4237	0,4533	0,4889	0,3991	0,4242	0,4539	0,4897	0,3993	0,4245	0,4542	0,4901
B_{ac}	0,0988	0,1188	0,1431	0,1733	0,0992	0,1193	0,1437	0,1740	0,0994	0,1195	0,1440	0,1744
B_{ad}	—0,1988	—0,1837	—0,1644	—0,1393	—0,1992	—0,1841	—0,1647	—0,1396	—0,1994	—0,1843	—0,1649	—0,1398

Träger „b".

B_{ba}	0,3987	0,3531	0,3022	0,2445	0,3991	0,3535	0,3026	0,2448	0,3993	0,3537	0,3028	0,2450
B_{bb}	0,3015	0,2714	0,2366	0,1955	0,3010	0,2708	0,2359	0,1947	0,3008	0,2705	0 2355	0,1942
B_{bc}	0,2010	0,1861	0,1670	0,1423	0,2007	0,1857	0,1665	0,1416	0,2005	0,1855	0,1663	0,1413
B_{bd}	0,0988	0,0990	0,0954	0,0867	0,0992	0,0994	0,9580	0,0870	0,0994	0,0996	0,0960	0,0872

z									∞			
r									1,0	1,2	1,5	2,0

Träger „a".

B_{aa}									0,7000	0,7304	0,7655	0,8070
B_{ab}									0,4000	0,4252	0,4552	0,4912
B_{ac}									0,1000	0,1202	0,1448	0,1754
B_{ad}									—0,2000	—0,1849	—0,1655	—0,1404

Träger „b".

B_{ba}									0,4000	0,3543	0,3035	0,2456
B_{bb}									0,3000	0,2700	0,2345	0,1930
B_{bc}									0,2000	0,1849	0,1655	0,1404
B_{bd}									0,1000	0,1001	0,0966	0,0877

3. Querverteilungszahlen für das Kreuzwerk mit einem Querträger und fünf Hauptträgern bei verstärkten Randträgern ($1 \leq r \leq 2$).

z	1				1,2				1,4			
r	1,0	1,2	1,5	2,0	1,0	1,2	1,5	2,0	1,0	1,2	1,5	2,0

Träger „a".

	1,0	1,2	1,5	2,0	1,0	1,2	1,5	2,0	1,0	1,2	1,5	2,0
B_{aa}	0,8901	0,9067	0,9240	0,9419	0,8789	0,8970	0,9159	0,9356	0,8690	0,8884	0,9087	0,9289
B_{ab}	0,1872	0,1907	0,1943	0,1981	0,2007	0,2049	0,2092	0,2136	0,2121	0,2168	0,2217	0,2268
B_{ac}	−0,0435	−0,0443	−0,0451	−0,0460	−0,0393	−0,0401	−0,0409	−0,0418	−0,0348	−0,0356	−0,0364	−0,0373
B_{ad}	−0,0350	−0,0357	−0,0364	−0,0372	−0,0393	−0,0400	−0,0409	−0,0417	−0,0425	−0,0433	−0,0441	−0,0450
B_{ae}	0,0012	+0,0010	+0,0009	+0,0007	−0,0011	−0,0010	−0,0008	−0,0006	−0,0038	−0,0033	−0,0027	−0,0022

Träger „b".

	1,0	1,2	1,5	2,0	1,0	1,2	1,5	2,0	1,0	1,2	1,5	2,0
B_{ba}	0,1872	0,1589	0,1296	0,0991	0,2007	0,1707	0,1394	0,1068	0,2121	0,1806	0,1478	0,1134
B_{bb}	0,5713	0,5651	0,5587	0,5521	0,5462	0,5391	0,5317	0,5239	0,5259	0,5179	0,5096	0,5009
B_{bc}	0,2609	0,2620	0,2632	0,2644	0,2662	0,2673	0,2684	0,2696	0,2696	0,2706	0,2716	0,2727
B_{bd}	0,0157	0,0179	0,0202	0,0227	0,0262	0,0289	0,0317	0,0346	0,0350	0,0380	0,0412	0,0446
B_{be}	−0,0350	−0,0298	−0,0243	−0,0186	−0,0393	−0,0334	−0,0272	−0,0208	−0,0425	−0,0361	−0,0294	−0,0225

Träger „c".

	1,0	1,2	1,5	2,0	1,0	1,2	1,5	2,0	1,0	1,2	1,5	2,0
B_{ca}	−0,0435	−0,0369	−0,0301	−0,0230	−0,0393	−0,0334	−0,0273	−0,0209	−0,0348	−0,0297	−0,0243	−0,0187
B_{cb}	0,2609	0,2620	0,2632	0,2644	0,2662	0,2673	0,2684	0,2696	0,2696	0,2706	0,2716	0,2727
B_{cc}	0,5652	0,5646	0,5639	0,5632	0,5462	0,5457	0,5451	0,5445	0,5304	0,5300	0,5296	0,5291
B_{cd}	0,2609	0,2620	0,2632	0,2644	0,2662	0,2673	0,2684	0,2696	0,2696	0,2706	0,2716	0,2727
B_{ce}	−0,0435	−0,0369	−0,0301	−0,0230	−0,0393	−0,0334	−0,0273	−0,0209	−0,0348	−0,0297	−0,0243	−0,0187

z	1,6				1,8				2,0			
r	1,0	1,2	1,5	2,0	1,0	1,2	1,5	2,0	1,0	1,2	1,5	2,0

Träger „a".

	1,0	1,2	1,5	2,0	1,0	1,2	1,5	2,0	1,0	1,2	1,5	2,0
B_{aa}	0,8600	0,8806	0,9021	0,9248	0,8519	0,8734	0,8961	0,9200	0,8444	0,8669	0,8905	0,9156
B_{ab}	0,2217	0,2270	0,2325	0,2383	0,2302	0,2359	0,2420	0,2483	0,2376	0,2438	0,2504	0,2573
B_{ac}	−0,0302	−0,0310	−0,0317	−0,0326	−0,0256	−0,0263	−0,0270	−0,0278	−0,0211	−0,0217	−0,0223	−0,0230
B_{ad}	−0,0449	−0,0457	−0,0466	−0,0475	−0,0468	−0,0475	−0,0484	−0,0492	−0,0481	−0,0488	−0,0496	−0,0504
B_{ae}	−0,0067	−0,0058	−0,0049	−0,0038	−0,0097	−0,0085	−0,0071	−0,0056	−0,0128	−0,0112	−0,0095	−0,0075

Träger „b".

	1,0	1,2	1,5	2,0	1,0	1,2	1,5	2,0	1,0	1,2	1,5	2,0
B_{ba}	0,2217	0,1892	0,1550	0,1191	0,2302	0,1966	0,1613	0,1242	0,2376	0,2032	0,1669	0,1287
B_{bb}	0,5091	0,5003	0,4912	0,4816	0,4949	0,4855	0,4756	0,4652	0,4827	0,4727	0,4621	0,4509
B_{bc}	0,2717	0,2726	0,2736	0,2746	0,2730	0,2738	0,2746	0,2755	0,2737	0,2744	0,2751	0,2759
B_{bd}	0,0424	0,0458	0,0493	0,0530	0,0487	0,0524	0,0562	0,0602	0,0541	0,0580	0,0621	0,0663
B_{be}	−0,0449	−0,0381	−0,0311	−0,0237	−0,0468	−0,0396	−0,0322	−0,0246	−0,0481	−0,0407	−0,0331	−0,0252

Träger „c".

	1,0	1,2	1,5	2,0	1,0	1,2	1,5	2,0	1,0	1,2	1,5	2,0
B_{ca}	−0,0302	−0,0258	−0,0212	−0,0163	−0,0256	−0,0219	−0,0180	−0,0139	−0,0211	−0,0181	−0,0149	−0,0115
B_{cb}	0,2717	0,2726	0,2736	0,2746	0,2730	0,2738	0,2746	0,2755	0,2737	0,2744	0,2751	0,2759
B_{cc}	0,5170	0,5167	0,5163	0,5160	0,5052	0,5050	0,5048	0,5045	0,4947	0,4946	0,4944	0,4943
B_{cd}	0,2717	0,2726	0,2736	0,2746	0,2730	0,2738	0,2746	0,2755	0,2737	0,2744	0,2751	0,2759
B_{ce}	−0,0302	−0,0258	−0,0212	−0,0163	−0,0256	−0,0219	−0,0180	−0,0139	−0,0211	−0,0181	−0,0149	−0,0115

Querverteilungszahlen für das Kreuzwerk mit einem Querträger
und fünf Hauptträgern bei verstärkten Randträgern ($1 \leqq r \leqq 2$).   (Fortsetzung.)

z	2,2				2,4				2,6			
r	1,0	1,2	1,5	2,0	1,0	1,2	1,5	2,0	1,0	1,2	1,5	2,0

Träger „a".

	2,2				2,4				2,6			
B_{aa}	0,8374	0,8607	0,8853	0,9114	0,8310	0,8550	0,8805	0,9076	0,8249	0,8496	0,8759	0,9039
B_{ab}	0,2442	0,2509	0,2579	0,2654	0,2502	0,2573	0,2648	0,2727	0,2556	0,2631	0,2710	0,2795
B_{ac}	—0,0166	—0,0171	—0,0177	—0,0182	—0,0123	—0,0127	—0,0131	—0,0135	—0,0081	—0,0083	—0,0086	—0,0089
B_{ad}	—0,0491	—0,0498	—0,0505	—0,0512	—0,0498	—0,0504	—0,0510	—0,0516	—0,0503	—0,0508	—0,0513	—0,0518
B_{ae}	—0,0159	—0,0140	—0,0119	—0,0094	—0,0190	—0,0168	—0,0143	—0,0114	—0,0221	—0,0196	—0,0166	—0,0133

Träger „b".

	2,2				2,4				2,6			
B_{ba}	0,2442	0,2091	0,1720	0,1327	0,2502	0,2144	0,1765	0,1364	0,2556	0,2192	0,1807	0,1397
B_{bb}	0,4721	0,4615	0,4503	0,4385	0,4629	0,4517	0,4399	0,4275	0,4546	0,4430	0,4307	0,4176
B_{bc}	0,2740	0,2745	0,2751	0,2757	0,2739	0,2744	0,2748	0,2753	0,2737	0,2740	0,2743	0,2746
B_{bd}	0,0588	0,0629	0,0671	0,0716	0,0629	0,0671	0,0715	0,0761	0,0664	0,0708	0,0753	0,0801
B_{be}	—0 0491	—0,0415	—0,0337	—0,0256	—0,0498	—0,0420	—0,0340	—0,0258	—0,0503	—0,0424	—0,0342	—0,0259

Träger „c".

	2,2				2,4				2,6			
B_{ca}	—0,0166	—0,0143	—0,0118	—0,0091	—0,0123	—0,0106	—0,0087	—0,0068	—0,0081	—0,0069	—0,0057	—0,0045
B_{cb}	0,2740	0,2745	0,2751	0,2757	0,2739	0,2744	0,2748	0,2753	0,2737	0,2740	0,2743	0,2746
B_{cc}	0,4853	0,4852	0,4851	0,4850	0,4767	0,4766	0,4766	0,4765	0,4687	0,4687	0,4687	0,4687
B_{cd}	0,2740	0,2745	0,2751	0,2757	0,2739	0,2744	0,2748	0,2753	0,2737	0,2740	0,2743	0,2746
B_{ce}	—0,0166	—0,0143	—0,0118	—0,0091	—0,0123	—0,0106	—0,0087	—0,0068	—0,0081	—0,0069	—0,0057	—0,0045

z	2,8				3				3,5			
r	1,0	1,2	1,5	2,0	1,0	1,2	1,5	2,0	1,0	1,2	1,5	2,0

Träger „a".

	2,8				3				3,5			
B_{aa}	0,8193	0,8446	0,8716	0,9004	0,8139	0,8398	0,8675	0,8971	0,8018	0,8290	0,8582	0,8896
B_{ab}	0,2605	0,2684	0,2768	0,2857	0,2650	0,2733	0,2821	0,2914	0,2749	0,2840	0,2938	0,3042
B_{ac}	—0,0040	—0,0041	—0,0043	—0,0044	—	0,0000	0,0000	—	0,0096	0,0097	0,0102	0,0106
B_{ad}	—0,0506	—0,0510	—0,0514	—0,0517	—0,0508	—0,0511	—0,0513	—0,0514	—0,0506	—0,0506	—0,0505	—0,0502
B_{ae}	—0,0252	—0,0223	—0,0190	—0,0152	—0,0282	—0,0250	—0,0214	—0,0171	—0,0354	—0,0316	—0,0271	—0,0218

Träger „b".

	2,8				3				3,5			
B_{ba}	0,2605	0,2237	0,1845	0,1428	0,2650	0,2277	0,1880	0,1457	0,2749	0,2367	0,1958	0,1521
B_{bb}	0,4473	0,4352	0,4224	0,4088	0,4407	0,4282	0,4149	0,4008	0,4268	0,4133	0,3990	0,3837
B_{bc}	0,2733	0,2734	0,2736	0,2737	0,2727	0,2727	0,2727	0,2727	0,2712	0,2707	0,2703	0,2698
B_{bd}	0,0695	0,0740	0,0787	0,0835	0,0723	0,0769	0,0816	0,0865	0,0779	0,0826	0,0875	0,0925
B_{be}	—0,0506	—0,0425	—0,0343	—0,0258	—0,0508	—0,0426	—0,0342	—0,0257	—0,0506	—0,0422	—0,0337	—0,0251

Träger „c".

	2,8				3				3,5			
B_{ca}	—0,0040	—0,0034	—0,0028	—0,0022	—	0,0000	±0,0000	—	0,0096	0,0081	0,0068	0,0053
B_{cb}	0,2733	0,2734	0,2736	0,2737	0,2727	0,2727	0,2727	0,2727	0,2712	0,2707	0,2703	0,2698
B_{cc}	0,4614	0,4614	0,4614	0,4614	0,4546	0,4546	0,4546	0,4546	0,4394	0,4392	0,4392	0,4392
B_{cd}	0,2733	0,2734	0,2736	0,2737	0,2727	0,2727	0,2727	0,2727	0,2712	0,2707	0,2703	0,2698
B_{ce}	—0,0040	—0,0034	—0,0028	—0,0022	—	0,0000	0,0000	—	0,0096	0,0081	0,0068	0,0053

Querverteilungszahlen für das Kreuzwerk mit einem Querträger
und fünf Hauptträgern bei verstärkten Randträgern ($1 \leqq r \leqq 2$). (Fortsetzung.)

z	4				4,5				5			
r	1,0	1,2	1,5	2,0	1,0	1,2	1,5	2,0	1,0	1,2	1,5	2,0

Träger „a".

	1,0	1,2	1,5	2,0	1,0	1,2	1,5	2,0	1,0	1,2	1,5	2,0
B_{aa}	0,7911	0,8194	0,8498	0,8827	0,7816	0,8108	0,8423	0,8766	0,7731	0,8030	0,8355	0,8709
B_{ab}	0,2833	0,2931	0,3037	0,3152	0,2904	0,3010	0,3124	0,3247	0,2966	0,3078	0,3200	0,3332
B_{ac}	0,0179	0,0187	0,0196	0,0205	0,0260	0,0270	0,0284	0,0298	0,0331	0,0347	0,0365	0,0385
B_{ad}	−0,0501	−0,0498	−0,0492	−0,0485	−0,0492	−0,0486	−0,0477	−0,0464	−0,0482	−0,0472	−0,0459	−0,0442
B_{ae}	−0,0422	−0,0378	−0,0325	−0,0263	−0,0486	−0,0436	−0,0377	−0,0306	−0,0545	−0,0491	−0,0426	−0,0347

Träger „b".

	1,0	1,2	1,5	2,0	1,0	1,2	1,5	2,0	1,0	1,2	1,5	2,0
B_{ba}	0,2833	0,2443	0,2025	0,1576	0,2904	0,2508	0,2082	0,1624	0,2966	0,2565	0,2133	0,1666
B_{bb}	0,4156	0,4013	0,3861	0,3697	0,4063	0,3914	0,3753	0,3580	0,3986	0,3830	0,3662	0,3481
B_{bc}	0,2691	0,2683	0,2675	0,2667	0,2671	0,2659	0,2647	0,2634	0,2649	0,2635	0,2619	0,2601
B_{bd}	0,0822	0,0870	0,0919	0,0970	0,0856	0,0904	0,0953	+0,1003	0,0882	0,0930	0,0979	0,1028
B_{be}	−0,0501	−0,0415	−0,0328	−0,0242	−0,0492	−0,0405	−0,0318	−0,0232	−0,0482	−0,0394	−0,0306	−0,0221

Träger „c".

	1,0	1,2	1,5	2,0	1,0	1,2	1,5	2,0	1,0	1,2	1,5	2,0
B_{ca}	0,0179	0,0156	0,0131	0,0103	0,0260	0,0225	0,0189	0,0149	0,0331	0,0290	0,0244	0,0193
B_{cb}	0,2691	0,2683	0,2675	0,2667	0,2671	0,2659	0,2647	0,2634	0,2649	0,2635	0,2619	0,2601
B_{cc}	0,4260	0,4259	0,4258	0,4256	0,4145	0,4141	0,4139	0,4136	0,4040	0,4036	0 4032	0,4027
B_{cd}	0,2691	0,2683	0,2675	0,2667	0,2671	0,2659	0,2647	0,2634	0,2649	0,2635	0,2619	0,2601
B_{ce}	0,0179	0,0156	0,0131	0,0103	0,0260	0,0225	0,0189	0,0149	0,0331	0,0290	0,0244	0,0193

z	6				7				8			
r	1,0	1,2	1,5	2,0	1,0	1,2	1,5	2,0	1,0	1,2	1,5	2,0

Träger „a".

	1,0	1,2	1,5	2,0	1,0	1,2	1,5	2,0	1,0	1,2	1,5	2,0
B_{aa}	0,7583	0,7895	0,8235	0,8610	0,7460	0,7781	0,8134	0,8524	0,7355	0,7683	0,8046	0,8450
B_{ab}	0,3069	0,3193	0,3328	0,3476	0,3152	0,3286	0,3433	0,3596	0,3221	0,3364	0,3521	0,3697
B_{ac}	0,0460	0,0485	0,0513	0,0544	0,0571	0,0605	0,0642	0,0684	0,0668	0,0709	0,0755	0,0803
B_{ad}	−0,0460	−0,0444	−0,0422	−0,0395	−0,0438	−0,0414	−0,0385	−0,0348	−0,0416	−0,0387	−0,0350	−0,0303
B_{ae}	−0,0652	−0,0590	−0,0515	−0,0423	−0,0745	−0,0678	−0,0594	−0,0490	−0,0827	−0,0755	−0,0664	−0,0551

Träger „b".

	1,0	1,2	1,5	2,0	1,0	1,2	1,5	2,0	1,0	1,2	1,5	2,0
B_{ba}	0,3069	0,2661	0,2219	0,1738	0,3152	0,2738	0,2289	0,1798	0,3221	0,2803	0,2348	0,1849
B_{bb}	0,3862	0,3695	0,3515	0,3319	0,3767	0,3592	0,3401	0,3193	0,3693	0,3509	0,3310	0,3091
B_{bc}	0,2609	0,2588	0,2564	0,2538	0,2571	0,2544	0,2513	0,2479	0,2538	0,2504	0,2467	0,2424
B_{bd}	0,0921	0,0968	0,1015	0,1061	0,0947	0,0993	0,1038	0,1080	0,0965	0,1009	0,1052	0,1091
B_{be}	−0,0460	−0,0370	−0,0281	−0,0197	−0,0438	−0,0345	−0,0257	−0,0174	−0,0416	−0,0322	−0,0233	−0,0152

Träger „c".

	1,0	1,2	1,5	2,0	1,0	1,2	1,5	2,0	1,0	1,2	1,5	2,0
B_{ca}	0,0460	0,0404	0,0342	0,0272	0,0571	0,0504	0,0428	0,0342	0,0668	0,0591	0,0504	0,0404
B_{cb}	0,2609	0,2588	0,2564	0,2538	0,2571	0,2544	0,2513	0,2479	0,2538	0,2504	0,2467	0,2424
B_{cc}	0,3862	0,3854	0,3846	0,3837	0,3714	0,3703	0,3690	0,3675	0,3589	0,3574	0,3556	0,3535
B_{cd}	0,2609	0,2588	0,2564	0,2538	0,2571	0,2544	0,2513	0,2479	0,2538	0,2504	0,2467	0,2424
B_{ce}	0,0460	0,0404	0,0342	0,0272	0,0571	0,0504	0,0428	0,0342	0,0668	0,0591	0,0554	0,0404

**Querverteilungszahlen für das Kreuzwerk mit einem Querträger
und fünf Hauptträgern bei verstärkten Randträgern ($1 \leqq r \leqq 2$).**   (Fortsetzung.)

z	9				10				12			
r	1,0	1,2	1,5	2,0	1,0	1,2	1,5	2,0	1,0	1,2	1,5	2,0

Träger „a".

	9 (1,0)	9 (1,2)	9 (1,5)	9 (2,0)	10 (1,0)	10 (1,2)	10 (1,5)	10 (2,0)	12 (1,0)	12 (1,2)	12 (1,5)	12 (2,0)
B_{aa}	0,7264	0,7598	0,7969	0,8384	0,7185	0,7524	0,7901	0,8325	0,7054	0,7399	0,7787	0,8226
B_{ab}	0,3278	0,3429	0,3597	0,3784	0,3328	0,3486	0,3662	0,3860	0,3408	0,3579	0,3770	0,3987
B_{ac}	0,0752	0,0801	0,0857	0,0919	0,0826	0,0882	0,0946	0,1019	0,0952	0,1020	0,1099	0,1191
B_{ad}	—0,0395	—0,0360	—0,0316	—0,0261	—0,0376	—0,0336	—0,0285	—0,0221	—0,0342	—0,0292	—0,0230	—0,0151
B_{ae}	—0,0899	—0,0823	—0,0727	—0,0605	—0,0963	—0,0884	—0,0783	—0,0654	—0,1071	—0,0988	—0,0880	—0,0740

Träger „b".

	9 (1,0)	9 (1,2)	9 (1,5)	9 (2,0)	10 (1,0)	10 (1,2)	10 (1,5)	10 (2,0)	12 (1,0)	12 (1,2)	12 (1,5)	12 (2,0)
B_{ba}	0,3278	0,2858	0,2398	0,1892	0,3328	0,2905	0,2441	0,1930	0,3408	0,2982	0,2513	0,1994
B_{bb}	0,3632	0,3442	0,3234	0,3006	0,3581	0,3385	0,3171	0,2934	0,3501	0,3296	0,3070	0,2819
B_{bc}	0,2507	0,2469	0,2425	0,2375	0,2479	0,2436	0,2386	0,2329	0,2432	0,2380	0,2319	0,2249
B_{bd}	0,0979	0,1021	0,1060	0,1096	0,0988	0,1029	0,1066	0,1098	0,1001	0,1038	0,1070	0,1095
B_{be}	—0,0395	—0,0300	—0,0211	—0,0130	—0,0376	—0,0280	—0,0190	—0,0111	—0,0342	—0,0244	—0,0153	—0,0075

Träger „c".

	9 (1,0)	9 (1,2)	9 (1,5)	9 (2,0)	10 (1,0)	10 (1,2)	10 (1,5)	10 (2,0)	12 (1,0)	12 (1,2)	12 (1,5)	12 (2,0)
B_{ca}	0,0752	0,0667	0,0571	0,0460	0,0826	0,0735	0,0630	0,0510	0,0952	0,0850	0,0733	0,0595
B_{cb}	0,2507	0,2469	0,2425	0,2375	0,2479	0,2436	0,2386	0,2329	0,3234	0,3201	0,3164	0,3120
B_{cc}	0,3482	0,3462	0,3439	0,3413	0,3388	0,3364	0,3336	0,3304	0,3234	0,3201	0,3164	0,3120
B_{cd}	0,2507	0,2469	0,2425	0,2375	0,2479	0,2436	0,2386	0,2329	0,2432	0,2380	0,2319	0,2249
B_{ce}	0,0752	0,0667	0,0571	0,0460	0,0826	0,0735	0,0630	0,0510	0,0952	0,0850	0,0733	0,0595

z	14				16				18			
r	1,0	1,2	1,5	2,0	1,0	1,2	1,5	2,0	1,0	1,2	1,5	2,0

Träger „a".

	14 (1,0)	14 (1,2)	14 (1,5)	14 (2,0)	16 (1,0)	16 (1,2)	16 (1,5)	16 (2,0)	18 (1,0)	18 (1,2)	18 (1,5)	18 (2,0)
B_{aa}	0,6949	0,7299	0,7694	0,8144	0,6863	0,7217	0,7617	0,8076	0,6792	0,7148	0,7553	0,8018
B_{ab}	0,3471	0,3652	0,3856	0,4090	0,3521	0,3711	0,3926	0,4174	0,3563	0,3760	0,3985	0,4244
B_{ac}	0,1053	0,1132	0,1225	0,1333	0,1136	0,1225	0,1330	0,1454	0,1206	0,1304	0,1419	0,1556
B_{ad}	—0,0313	—0,0255	—0,0183	—0,0090	—0,0288	—0,0224	—0,0142	—0,0037	—0,0267	—0,0196	—0,0107	+0,0009
B_{ae}	—0,1159	—0,1073	—0,0960	—0,0811	—0,1232	—0,1144	—0,1027	—0,0871	—0,1294	—0,1204	—0,1084	—0,0923

Träger „b".

	14 (1,0)	14 (1,2)	14 (1,5)	14 (2,0)	16 (1,0)	16 (1,2)	16 (1,5)	16 (2,0)	18 (1,0)	18 (1,2)	18 (1,5)	18 (2,0)
B_{ba}	0,3471	0,3043	0,2571	0,2045	0,3521	0,3092	0,2617	0,2087	0,3563	0,3133	0,2656	0,2122
B_{bb}	0,3441	0,3229	0,2993	0,2730	0,3394	0,3175	0,2932	0,2659	0,3357	0,3132	0,2882	0,2600
B_{bc}	0,2392	0,2333	0,2264	0,2182	0,2359	0,2293	0,2216	0,2124	0,2331	0,2260	0,2176	0,2075
B_{bd}	0,1009	0,1043	0,1070	0,1088	0,1013	0,1044	0,1068	0,1080	0,1016	0,1044	0,1064	0,1071
B_{be}	—0,0313	—0,0213	—0,0122	—0,0045	—0,0288	—0,0186	—0,0094	—0,0018	—0,0267	—0,0164	—0,0071	+0,0005

Träger „c".

	14 (1,0)	14 (1,2)	14 (1,5)	14 (2,0)	16 (1,0)	16 (1,2)	16 (1,5)	16 (2,0)	18 (1,0)	18 (1,2)	18 (1,5)	18 (2,0)
B_{ca}	0,1053	0,0943	0,0816	0,0668	0,1136	0,1021	0,0886	0,0727	0,1206	0,1086	0,0946	0,0778
B_{cb}	0,2392	0,2333	0,2264	0,2182	0,2359	0,2293	0,2216	0,2124	0,2331	0,2260	0,2176	0,2075
B_{cc}	0,3110	0,3070	0,3024	0,2970	0,3009	0,2963	0,2909	0,2844	0,2925	0,2873	0,2811	0,2738
B_{cd}	0,2392	0,2333	0,2264	0,2182	0,2359	0,2293	0,2216	0,2124	0,2331	0,2260	0,2176	0,2075
B_{ce}	0,1053	0,0943	0,0816	0,0668	0,1136	0,1021	0,0886	0,0727	0,1206	0,1086	0,0946	0,0778

Querverteilungszahlen für das Kreuzwerk mit einem Querträger
und fünf Hauptträgern bei verstärkten Randträgern (1 ≦ r ≦ 2). (Fortsetzung.)

z	20				25				30			
r	1,0	1,2	1,5	2,0	1,0	1,2	1,5	2,0	1,0	1,2	1,5	2,0

Träger „a".

	1,0	1,2	1,5	2,0	1,0	1,2	1,5	2,0	1,0	1,2	1,5	2,0
B_{aa}	0,6731	0,7089	0,7497	0,7968	0,6614	0,6975	0,7388	0,7870	0,6529	0,6892	0,7309	0,7797
B_{ab}	0,3598	0,3801	0,4034	0,4305	0,3664	0,3881	0,4130	0,4423	0,3712	0,3938	0,4200	0,4509
B_{ac}	0,1265	0,1371	0,1495	0,1645	0,1381	0,1502	0,1647	0,1822	0,1466	0,1599	0,1158	0,1953
B_{ad}	−0,0248	−0,0173	−0,0076	0,0049	−0,0211	−0,0125	−0,0014	0,0131	−0,0184	−0,0089	0,0033	0,0193
B_{ae}	−0,1346	−0,1255	−0,1133	−0,0968	−0,1448	−0,1356	−0,1230	−0,1057	−0,1523	−0,1431	−0,1303	−0,1124

Träger „b".

	1,0	1,2	1,5	2,0	1,0	1,2	1,5	2,0	1,0	1,2	1,5	2,0
B_{ba}	0,3598	0,3168	0,2689	0,2152	0,3664	0,3234	0,2753	0,2211	0,3712	0,3281	0,2800	0,2255
B_{bb}	0,3325	0,3097	0,2841	0,2552	0,3267	0,3030	0,2763	0,2458	0,3227	0,2983	0,2708	0,2392
B_{bc}	0,2307	0,2231	0,2140	0,2032	0,2260	0,2174	0,2071	0,1946	0,2225	0,2131	0,2019	0,1881
B_{bd}	0,1018	0,1044	0,1060	0,1062	0,1019	0,1041	0,1050	0,1042	0,1019	0,1037	0,1041	0,1025
B_{be}	−0,0248	−0,0144	−0,0050	+0,0025	−0,0211	−0,0104	−0,0009	0,0066	−0,0184	−0,0074	0,0022	0,0096

Träger „c".

	1,0	1,2	1,5	2,0	1,0	1,2	1,5	2,0	1,0	1,2	1,5	2,0
B_{ca}	0,1265	0,1142	0,0997	0,0822	0,1381	0,1252	0,1098	0,0911	0,1466	0,1332	0,1172	0,0977
B_{cb}	0,2307	0,2231	0,2140	0,2032	0,2260	0,2174	0,2071	0,1946	0,2225	0,2131	0,2019	0,1881
B_{cc}	0,2855	0,2797	0,2728	0,2646	0,2717	0,2648	0,2566	0,2466	0,2618	0,2540	0,2446	0,2332
B_{cd}	0,2307	0,2231	0,2140	0,2032	0,2260	0,2174	0,2071	0,1946	0,2225	0,2131	0,2019	0,1881
B_{ce}	0,1265	0,1142	0,0997	0,0822	0,1381	0,1252	0,1098	0,0911	0,1466	0,1332	0,1172	0,0977

z	35				40				45			
r	1,0	1,2	1,5	2,0	1,0	1,2	1,5	2,0	1,0	1,2	1,5	2,0

Träger „a".

	1,0	1,2	1,5	2,0	1,0	1,2	1,5	2,0	1,0	1,2	1,5	2,0
B_{aa}	0,6465	0,6852	0,7248	0,7740	0,6415	0,6778	0,7199	0,7695	0,6374	0,6738	0,7160	0,7659
B_{ab}	0,3748	0,3981	0,4253	0,4576	0,3776	0,4015	0,4294	0,4628	0,3798	0,4042	0,4328	0,4671
B_{ac}	0,1530	0,1672	0,1844	0,2055	0,1580	0,1730	0,1912	0,2137	0,1621	0,1777	0,1967	0,2203
B_{ad}	−0,0163	−0,0062	0,0069	0,0241	−0,0146	−0,0040	0,0098	0,0230	−0,0132	−0,0022	0,0122	0,0312
B_{ae}	−0,1580	−0,1512	−0,1358	−0,1176	−0,1625	−0,1533	−0,1402	−0,1218	−0,1661	−0,1569	−0,1438	−0,1252

Träger „b".

	1,0	1,2	1,5	2,0	1,0	1,2	1,5	2,0	1,0	1,2	1,5	2,0
B_{ba}	0,3748	0,3317	0,2835	0,2288	0,3776	0,3345	0,2863	0,2314	0,3798	0,3368	0,2885	0,2335
B_{bb}	0,3197	0,2949	0,2667	0,2342	0,3175	0,2922	0,2635	0,2303	0,3157	0,2901	0,2609	0,2272
B_{bc}	0,2199	0,2099	0,1979	0,1830	0,2178	0,2073	0,1947	0,1790	0,2161	0,2052	0,1921	0,1757
B_{bd}	0,1019	0,1033	0,1033	0,1011	0,1018	0,1030	0,1026	0,0999	0,1017	0,1027	0,1020	0,0988
B_{be}	−0,0163	−0,0051	0,0046	0,0121	−0,0146	−0,0033	0,0066	0,0140	−0,0132	−0,0018	0,0081	0,0156

Träger „c".

	1,0	1,2	1,5	2,0	1,0	1,2	1,5	2,0	1,0	1,2	1,5	2,0
B_{ca}	0,1530	0,1394	0,1229	0,1028	0,1580	0,1442	0,1275	0,1068	0,1621	0,1481	0,1312	0,1102
B_{cb}	0,2199	0,2099	0,1979	0,1830	0,2178	0,2073	0,1947	0,1790	0,2161	0,2052	0,1921	0,1757
B_{cc}	0,2543	0,2458	0,2355	0,2229	0,2484	0,2393	0,2283	0,2147	0,2437	0,2341	0,2224	0,2081
B_{cd}	0,2199	0,2099	0,1979	0,1830	0,2178	0,2073	0,1947	0,1790	0,2161	0,2052	0,1921	0,1757
B_{ce}	0,1530	0,1394	0,1229	0,1028	0,1580	0,1442	0,1275	0,1068	0,1621	0,1481	0,1312	0,1102

Querverteilungszahlen für das Kreuzwerk mit einem Querträger
und fünf Hauptträgern bei verstärkten Randträgern ($1 \leqq r \leqq 2$).   (Fortsetzung.)

z	50				60				80			
r	1,0	1,2	1,5	2,0	1,0	1,2	1,5	2,0	1,0	1,2	1,5	2,0

Träger ,,a".

	1,0	1,2	1,5	2,0	1,0	1,2	1,5	2,0	1,0	1,2	1,5	2,0
B_{aa}	0,6341	0,6705	0,7128	0,7629	0,6290	0,6653	0,7077	0,7581	0,6222	0,6586	0,7011	0,7521
B_{ab}	0,3816	0,4064	0,4355	0,4706	0,3844	0,4098	0,4398	0,4761	0,3881	0,4143	0,4455	0,4829
B_{ac}	0,1654	0,1816	0,2013	0,2258	0,1706	0,1876	0,2085	0,2345	0,1774	0,1956	0,2179	0,2459
B_{ad}	—0,0121	—0,0007	0,0142	0,0339	—0,0103	0,0017	0,0173	0,0381	—0,0080	0,0047	0,0214	0,0437
B_{ae}	—0,1691	—0,1599	—0,1468	—0,1280	—0,1737	—0,1646	—0,1514	—0,1324	—0,1797	—0,1708	—0,1576	—0,1383

Träger ,,b".

	1,0	1,2	1,5	2,0	1,0	1,2	1,5	2,0	1,0	1,2	1,5	2,0
B_{ba}	0,3816	0,3387	0,2904	0,2353	0,3844	0,3415	0,2932	0,2380	0,3881	0,3453	0,2970	0,2416
B_{bb}	0,3142	0,2883	0 2588	0,2246	0,3120	0,2857	0,2557	0,2206	0,3091	0,2823	0,2515	0,2155
B_{bc}	0,2147	0,2035	0,1899	0,1730	0,2125	0,2008	0,1865	0,1686	0,2096	0,1973	0,1820	0,1629
B_{bd}	0,1016	0,1025	0,1015	0,0980	0,1015	0,1020	0,1007	0,0966	0,1012	0,1014	0,0996	0,0946
B_{be}	—0,0121	—0,0006	0,0095	0,0170	—0,0103	0,0014	0,0115	0,0191	—0,0080	0,0040	0,0143	0,0219

Träger ,,c".

	1,0	1,2	1,5	2,0	1,0	1,2	1,5	2,0	1,0	1,2	1,5	2,0
B_{ca}	0,1654	0,1513	0,1342	0,1129	0,1706	0,1564	0,1390	0,1172	0,1774	0,1630	0,1453	0,1230
B_{cb}	0,2147	0,2035	0,1899	0,1730	0,2125	0,2008	0,1865	0,1686	0,2096	0,1973	0,1820	0,1629
B_{cc}	0,2398	0,2298	0,2176	0,2025	0,2338	0,2231	0,2101	0,1938	0,2260	0,2144	0,2002	0,1823
B_{cd}	0,3147	0,2035	0,1899	0,1730	0,2125	0,2008	0,1865	0,1686	0,2096	0,1973	0,1820	0,1629
B_{ce}	0,1654	0,1513	0,1342	0,1129	0,1706	0,1564	0,1390	0,1172	0,1774	0,1630	0,1453	0,1230

z	100				150				200			
r	1,0	1,2	1,5	2,0	1,0	1,2	1,5	2,0	1,0	1,2	1,5	2,0

Träger ,,a".

	1,0	1,2	1,5	2,0	1,0	1,2	1,5	2,0	1,0	1,2	1,5	2,0
B_{aa}	0,6181	0,6544	0,6969	0,7478	0,6123	0,6485	0,6911	0,7423	0,6094	0,6455	0,6881	0,7394
B_{ab}	0,3903	0,4171	0,4490	0,4878	0,3934	0,4209	0,4538	0,4942	0,3950	0,4239	0,4564	0,4975
B_{ac}	0,1817	0,2005	0,2238	0,2532	0,1875	0,2074	0,2321	0,2634	0,1905	0,2110	0,2364	0,2688
B_{ad}	—0,0065	0,0067	0,0240	0,0473	—0,0044	0,0094	0,0277	0,0524	—0,0034	0,0108	0,0296	0,0550
B_{ae}	—0,1835	—0,1746	—0,1615	—0,1420	—0,1888	—0,1800	—0,1669	—0,1473	—0,1915	—0,1828	—0,1697	—0,1500

Träger ,,b".

	1,0	1,2	1,5	2,0	1,0	1,2	1,5	2,0	1,0	1,2	1,5	2,0
B_{ba}	0,3903	0,3476	0,2993	0,2439	0,3934	0,3508	0,3026	0,2471	0,3950	0,3524	0,3042	0,2487
B_{bb}	0,3073	0,2802	0,2490	0,2123	0,3050	0,2774	0,2455	0,2078	0,3037	0,2759	0,2437	0,2056
B_{bc}	0,2079	0,1950	0,1792	0,1592	0,2053	0,1919	0,1753	0,1541	0,2041	0,1903	0,1732	0,1514
B_{bd}	0,1010	0,1010	0,0988	0,0933	0,1007	0,1004	0,0977	0,0915	0,1005	0,1001	0,0972	0,0905
B_{be}	—0,0065	0,0056	0,0160	0,0237	—0,0044	0,0079	0,0185	0,0262	—0,0034	0,0090	0,0198	0,0275

Träger ,,c".

	1,0	1,2	1,5	2,0	1,0	1,2	1,5	2,0	1,0	1,2	1,5	2,0
B_{ca}	0,1817	0,1671	0,1492	0,1266	0,1876	0,1729	0,1547	0,1317	0,1905	0,1758	0,1576	0,1344
B_{cb}	0,2079	0,1950	0,1792	0,1592	0,2053	0,1919	0,1753	0,1541	0,2041	0,1903	0,1732	0,1514
B_{cc}	0,2212	0,2089	0,1940	0,1751	0,2143	0,2014	0,1853	0 1649	0,2108	0,1975	0,1808	0,1597
B_{cd}	0,2079	0,1950	0,1792	0,1592	0,2053	0,1919	0,1753	0,1541	0,2041	0,1903	0,1732	0,1514
B_{ce}	0,1817	0,1671	0,1492	0,1266	0,1876	0,1729	0,1547	0,1317	0,1905	0,1758	0,1576	0,1344

Querverteilungszahlen für das Kreuzwerk mit einem Querträger
und fünf Hauptträgern bei verstärkten Randträgern (1 ≦ r ≦ 2). (Fortsetzung.)

z	250				300				400			
r	1,0	1,2	1,5	2,0	1,0	1,2	1,5	2,0	1,0	1,2	1,5	2,0

Träger „a".

	250				300				400			
B_{aa}	0,6075	0,6437	0,6862	0,7376	0,6063	0,6424	0,6850	0,7364	0,6049	0,6408	0,6834	0,7349
B_{ab}	0,3960	0,4241	0,4579	0,4995	0,3967	0,4250	0,4589	0,5009	0,3974	0,4260	0,4603	0,5026
B_{ac}	0,1924	0,2132	0,2390	0,2720	0,1937	0,2146	0,2408	0,2742	0,1950	0,2165	0,2431	0,2770
B_{ad}	—0,0027	0,0117	0,0308	0,0566	—0,0023	0,0123	0,0316	0,0577	—0,0018	0,0130	0,0326	0,0592
B_{ae}	—0,1931	—0,1845	—0,1714	—0,1517	—0,1943	—0,1857	—0,1726	—0,1528	—0,1955	—0,1871	—0,1740	—0,1543

Träger „b".

	250				300				400			
B_{ba}	0,3960	0,3534	0,3053	0,2498	0,3967	0,3541	0,3060	0,2504	0,3974	0,3550	0,3068	0,2513
B_{bb}	0,3030	0,2750	0,2426	0,2042	0,3025	0,2741	0,2419	0,2032	0,3020	0,2737	0,2409	0,2020
B_{bc}	0,2033	0,1893	0,1719	0,1498	0,2027	0,1886	0,1711	0,1487	0,2022	0,1878	0,1700	0,1472
B_{bd}	0,1004	0,0999	0,0968	0,0899	0,1004	0,1000	0,0966	0,0895	0,1003	0,0996	0,0962	0,0890
B_{be}	—0,0027	0,0098	0,0205	0,0283	—0,0023	0,0102	0,0211	0,0289	—0,0018	0,0109	0,0217	0,0296

Träger „c".

	250				300				400			
B_{ca}	0,1924	0,1776	0,1594	0,1360	0,1938	0,1789	0,1605	0,1371	0,1950	0,1804	0,1620	0,1385
B_{cb}	0,2033	0,1893	0,1719	0,1498	0,2025	0,1886	0,1711	0,1487	0,2022	0,1878	0,1700	0,1472
B_{cc}	0,2087	0,1951	0,1781	0,1564	0,2073	0,1935	0,1762	0,1542	0,2055	0,1914	0,1739	0,1514
B_{cd}	0,2033	0,1893	0,1719	0,1498	0,2025	0,1886	0,1711	0,1487	0,2022	0,1878	0,1700	0,1472
B_{ce}	0,1924	0,1776	0,1594	0,1360	0,1938	0,1789	0,1605	0,1371	0,1950	0,1804	0,1620	0,1385

z	500				750				1000			
r	1,0	1,2	1,5	2,0	1,0	1,2	1,5	2,0	1,0	1,2	1,5	2,0

Träger „a".

	500				750				1000			
B_{aa}	0,6040	0,6399	0,6825	0,7339	0,6024	0,6386	0,6812	0,7327	0,6019	0,6380	0,6805	0,7321
B_{ab}	0,3980	0,4266	0,4611	0,5037	0,3987	0,4274	0,4621	0,5051	0,3990	0,4279	0,4627	0,5058
B_{ac}	0,1961	0,2176	0,2444	0,2787	0,1974	0,2192	0,2463	0,2810	0,1981	0,2199	0,2472	0,2822
B_{ad}	—0,0014	0,0135	0,0332	0,0600	—0,0009	0,0141	0,0340	0,0611	—0,0007	0,0144	0,0345	0,0617
B_{ae}	—0,1965	—0,1880	—0,1749	—0,1551	—0,1977	—0,1892	—0,1761	—0,1563	—0,1983	—0,1898	—0,1767	—0,1569

Träger „b".

	500				750				1000			
B_{ba}	0,3980	0,3555	0,3074	0,2518	0,3987	0,3562	0,3081	0,2525	0,3990	0,3565	0,3084	0,2529
B_{bb}	0,3015	0,2732	0,2404	0,2013	0,3010	0,2726	0,2396	0,2004	0,3008	0,2723	0,2392	0,1999
B_{bc}	0,2017	0,1873	0,1693	0,1464	0,2012	0,1866	0,1685	0,1452	0,2009	0,1862	0,1680	0,1446
B_{bd}	0,1002	0,0994	0,0960	0,0886	0,1002	0,0993	0,0958	0,0882	0,1001	0,0992	0,0956	0,0880
B_{be}	—0,0014	0,0112	0,0221	0,0300	—0,0009	0,0117	0,0227	0,0306	—0,0007	0,0120	0,0230	0,0309

Träger „c".

	500				750				1000			
B_{ca}	0,1961	0,1814	0,1630	0,1394	0,1974	0,1826	0,1642	0,1405	0,1981	0,1833	0,1648	0,1411
B_{cb}	0,2017	0,1873	0,1693	0,1464	0,2011	0,1866	0,1685	0,1452	0,2008	0,1862	0,1680	0,1446
B_{cc}	0,2045	0,1902	0,1725	0,1498	0,2030	0,1885	0,1706	0,1475	0,2021	0,1877	0,1696	0,1463
B_{cd}	0,2017	0,1873	0,1693	0,1464	0,2011	0,1866	0,1685	0,1452	0,2008	0,1862	0,1680	0,1446
B_{ce}	0,1961	0,1814	0,1630	0,1394	0,1974	0,1826	0,1642	0,1405	0,1981	0,1833	0,1648	0,1411

Querverteilungszahlen für das Kreuzwerk mit einem Querträger
und fünf Hauptträgern bei verstärkten Randträgern ($1 \leq r \leq 2$).   (Fortsetzung.)

z	∞				z	∞				z	∞			
r	1,0	1,2	1,5	2,0	r	1,0	1,2	1,5	2,0	r	1,0	1,2	1,5	2,0
	Träger „a".					*Träger* „b".					*Träger* „c".			
B_{aa}	0,6000	0,6360	0,6786	0,7302	B_{ba}	0,4000	0,3576	0,3095	0,2540	B_{ca}	0,2000	0,1852	0,1667	0,1429
B_{ab}	0,4000	0,4291	0,4643	0,5079	B_{bb}	0,3000	0,2714	0,2381	0,1984	B_{cb}	0,2000	0,1852	0,1667	0,1429
B_{ac}	0,2000	0,2222	0,2500	0,2857	B_{bc}	0,2000	0,1852	0,1667	0,1429	B_{cc}	0,2000	0,1852	0,1667	0,1429
B_{ad}	—0,0000	0,0153	0,0357	0,0635	B_{bd}	0,1000	0,0990	0,0952	0,0873	B_{cd}	0,2000	0,1852	0,1667	0,1429
B_{ae}	—0,2000	—0,1916	—0,1786	—0,1587	B_{be}	0,0000	0,0128	0,0238	0,0318	B_{ce}	0,2000	0,1852	0,1667	0,1429

4. Querverteilungszahlen für das Kreuzwerk mit einem Querträger und sechs Hauptträgern bei verstärkten Randträgern ($1 \leqq r \leqq 2$).

z	1				1,2				1,4			
r	1,0	1,2	1,5	2,0	1,0	1,2	1,5	2,0	1,0	1,2	1,5	2,0

Träger „a".

	1,0	1,2	1,5	2,0	1,0	1,2	1,5	2,0	1,0	1,2	1,5	2,0
B_{aa}	0,8900	0,9066	0,9238	0,9418	0,8787	0,8969	0,9157	0,9355	0,8688	0,8882	0,9085	0,9298
B_{ab}	0,1874	0,1909	0,1945	0,1983	0,2011	0,2052	0,2095	0,2141	0,2125	0,2173	0,2222	0,2275
B_{ac}	—0,0423	—0,0430	—0,0438	—0,0447	—0,0378	—0,0386	—0,0394	—0,0402	—0,0332	—0,0339	—0,0347	—0,0354
B_{ad}	—0,0335	—0,0341	—0,0347	—0,0354	—0,0378	—0,0386	—0,0394	—0,0402	—0,0412	—0,0421	—0,0431	—0,0440
B_{ae}	—0,0056	—0,0058	—0,0061	—0,0063	—0,0087	—0,0091	—0,0094	—0,0098	—0,0118	—0,0122	—0,0127	—0,0132
B_{af}	+0,0040	0,0035	0,0029	0,0022	0,0046	0,0040	0,0033	0,0026	+0,0049	0,0043	0,0036	0,0028

Träger „b".

	1,0	1,2	1,5	2,0	1,0	1,2	1,5	2,0	1,0	1,2	1,5	2,0
B_{ba}	0,1874	0,1591	0,1297	0,0992	0,2011	0,1710	0,1397	0,1070	0,2125	0,1811	0,1482	0,1137
B_{bb}	0,5710	0,5650	0,5588	0,5524	0,5456	0,5387	0,5315	0,5240	0,5248	0,5171	0,5090	0,5006
B_{bc}	0,2592	0,2605	0,2618	0,2633	0,2635	0,2647	0,2660	0,2673	0,2656	0,2670	0,2682	0,2694
B_{bd}	0,0136	0,0146	0,0156	0,0167	0,0235	0,0247	0,0260	0,0273	0,0322	0,0334	0,0349	0,0365
B_{be}	—0,0255	—0,0252	—0,0247	—0,0244	—0,0248	—0,0242	—0,0236	—0,0229	—0,0235	—0,0226	—0,0217	—0,0207
B_{bf}	—0,0056	—0,0049	—0,0040	—0,0032	—0,0087	—0,0076	—0,0063	—0,0049	—0,0118	—0,0102	—0,0085	—0,0066

Träger „c".

	1,0	1,2	1,5	2,0	1,0	1,2	1,5	2,0	1,0	1,2	1,5	2,0
B_{ca}	—0,0423	—0,0359	—0,0292	—0,0223	—0,0378	—0,0322	—0,0262	—0,0201	—0,0332	—0,0283	—0,0231	—0,0177
B_{cb}	0,2592	0,2605	0,2618	0,2633	0,2635	0,2647	0,2660	0,2673	0,2656	0,2670	0,2682	0,2694
B_{cc}	0,5550	0,5545	0,5540	0,5535	0,5344	0,5339	0,5334	0,5329	0,5175	0,5170	0,5165	0,5160
B_{cd}	0,2480	0,2475	0,2470	0,2465	0,2544	0,2539	0,2534	0,2529	0,2591	0,2587	0,2582	0,2577
B_{ce}	0,0136	0,0146	0,0156	0,0167	0,0235	0,0247	0,0260	0,0273	0,0322	0,0334	0,0349	0,0365
B_{cf}	—0,0335	—0,0284	—0,0231	—0,0177	—0,0378	—0,0322	—0,0262	—0,0201	—0,0412	—0,0351	—0,0287	—0,0220

z	1,6				1,8				2,0			
r	1,0	1,2	1,5	2,0	1,0	1,2	1,5	2,0	1,0	1,2	1,5	2,0

Träger „a".

	1,0	1,2	1,5	2,0	1,0	1,2	1,5	2,0	1,0	1,2	1,5	2,0
B_{aa}	0,8598	0,8804	0,9020	0,9246	0,8517	0,8733	0,8960	0,9199	0,8442	0,8667	0,8905	0,9155
B_{ab}	0,2223	0,2276	0,2332	0,2391	0,2307	0,2366	0,2428	0,2493	0,2382	0,2445	0,2512	0,2583
B_{ac}	—0,0286	—0,0293	—0,0299	—0,0307	—0,0241	—0,0247	—0,0253	—0,0259	—0,0197	—0,0202	—0,0207	—0,0212
B_{ad}	—0,0439	—0,0449	—0,0460	—0,0471	—0,0460	—0,0471	—0,0483	—0,0496	—0,0476	—0,0488	—0,0501	—0,0515
B_{ae}	—0,0146	—0,0152	—0,0157	—0,0163	—0,0172	—0,0179	—0,0186	—0,0193	—0,0197	—0,0204	—0,0212	—0,0220
B_{af}	0,0050	0,0044	0,0037	0,0029	0,0049	0,0043	0,0036	0,0028	0,0045	0,0040	0,0033	0,0027

Träger „b".

	1,0	1,2	1,5	2,0	1,0	1,2	1,5	2,0	1,0	1,2	1,5	2,0
B_{ba}	0,2223	0,1897	0,1554	0,1195	0,2307	0,1972	0,1618	0,1246	0,2382	0,2038	0,1675	0,1292
B_{bb}	0,5076	0,4991	0,4902	0,4809	0,4929	0,4837	0,4741	0,4640	0,4802	0,4705	0,4601	0,4492
B_{bc}	0,2671	0,2681	0,2691	0,2702	0,2676	0,2685	0,2693	0,2702	0,2677	0,2683	0,2690	0,2697
B_{bd}	0,0394	0,0410	0,0427	0,0444	0,0459	0,0477	0,0495	0,0514	0,0517	0,0535	0,0555	0,0576
B_{be}	—0,0218	—0,0207	—0,0195	—0,0182	—0,0199	—0,0186	—0,0171	—0,0156	—0,0180	—0,0164	—0,0147	—0,0129
B_{bf}	—0,0146	—0,0126	—0,0104	—0,0082	—0,0172	—0,0149	—0,0124	—0,0096	—0,0197	—0,0170	—0,0141	—0,0110

Träger „c".

	1,0	1,2	1,5	2,0	1,0	1,2	1,5	2,0	1,0	1,2	1,5	2,0
B_{ca}	—0,0286	—0,0244	—0,0200	—0,0153	—0,0241	—0,0205	—0,0168	—0,0130	—0,0197	—0,0168	—0,0138	—0,0106
B_{cb}	0,2671	0,2681	0,2691	0,2702	0,2676	0,2685	0,2693	0,2702	0,2677	0,2683	0,2690	0,2697
B_{cc}	0,5032	0,5028	0,5023	0,5018	0,4910	0,4905	0,4900	0,4895	0,4802	0,4798	0,4793	0,4788
B_{cd}	0,2627	0,2623	0,2619	0,2614	0,2655	0,2651	0,2647	0,2643	0,2677	0,2674	0,2670	0,2667
B_{ce}	0,0394	0,0410	0,0427	0,0444	0,0459	0,0477	0,0495	0,0514	0,0517	0,0535	0,0555	0,0576
B_{cf}	—0,0439	—0,0374	—0,0307	—0,0236	—0,0460	—0,0393	—0,0322	—0,0248	—0,0476	—0,0407	—0,0334	—0,0258

Querverteilungszahlen für das Kreuzwerk mit einem Querträger
und sechs Hauptträgern bei verstärkten Randträgern $(1 \leqq r \leqq 2)$.   (Fortsetzung.)

z	2,2				2,4				2,6			
r	1,0	1,2	1,5	2,0	1,0	1,2	1,5	2,0	1,0	1,2	1,5	2,0

Träger „a".

	2,2 (1,0)	1,2	1,5	2,0	2,4 (1,0)	1,2	1,5	2,0	2,6 (1,0)	1,2	1,5	2,0
B_{aa}	0,8373	0,8607	0,8853	0,9115	0,8309	0,8550	0,8805	0,9076	0,8249	0,8497	0,8760	0,9040
B_{ab}	0,2448	0,2516	0,2588	0,2665	0,2507	0,2579	0 2656	0,2738	0,2559	0,2637	0,2718	0,2806
B_{ac}	—0,0154	—0,0158	—0,0162	—0,0167	—0,0113	—0,0116	—0,0119	—0,0122	—0,0073	—0,0075	—0,0077	—0,0080
B_{ad}	—0,0487	—0,0501	—0,0515	—0,0530	—0,0496	—0,0511	—0,0526	—0,0542	—0,0502	—0,0517	—0,0533	—0,0550
B_{ae}	—0,0219	—0,0227	—0,0235	—0,0244	—0,0240	—0,0248	—0,0257	—0,0267	—0,0259	—0,0268	—0,0277	—0,0287
B_{af}	0,0040	0,0035	0,0030	0,0024	0,0033	0,0029	0,0025	0,0020	0,0026	0,0023	0,0019	0,0015

Träger „b".

	1,0	1,2	1,5	2,0	1,0	1,2	1,5	2,0	1,0	1,2	1,5	2,0
B_{ba}	0,2448	0,2097	0,1725	0,1332	0,2507	0,2149	0,1771	0,1369	0,2559	0,2197	0,1812	0,1403
B_{bb}	0,4692	0,4588	0,4479	0,4363	0,4595	0,4486	0,4371	0,4248	0,4508	0,4395	0,4274	0,4146
B_{bc}	0,2674	0,2679	0,2683	0,2689	0,2669	0,2672	0,2675	0,2678	0,2663	0,2664	0,2665	0,2666
B_{bd}	0,0567	0,0587	0,0608	0,0630	0,0613	0,0634	0,0656	0,0679	0,0653	0,0675	0,0698	0,0723
B_{be}	—0,0162	—0,0143	—0,0123	—0,0102	—0,0143	—0,0122	—0,0100	—0,0077	—0,0125	—0 0102	—0,0078	—0,0052
B_{bf}	—0,0219	—0,0189	—0,0157	—0,0122	—0,0240	—0,0207	—0,0171	—0,0133	—0,0259	—0,0223	—0,0185	—0,0144

Träger „c".

	1,0	1,2	1,5	2,0	1,0	1,2	1,5	2,0	1,0	1,2	1,5	2,0
B_{ca}	—0,0154	—0,0132	—0,0108	—0,0083	—0,0113	—0,0097	—0,0079	—0,0061	—0,0073	—0,0063	—0,0051	—0,0040
B_{cb}	0,2674	0,2679	0,2683	0,2689	0,2669	0,2672	0,2675	0,2678	0,2663	0,2664	0,2665	0,2666
B_{cc}	0,4707	0,4702	0,4698	0,4693	0,4621	0,4617	0,4612	0,4607	0,4543	0,4539	0,4534	0,4529
B_{cd}	0,2693	0,2691	0,2688	0,2685	0,2706	0,2704	0,2702	0,2700	0,2716	0,2715	0,2713	0,2712
B_{ce}	0,0567	0,0587	0,0608	0,0630	0,0613	0,0634	0,0656	0,0679	0,0653	0,0675	0,0698	0,0723
B_{cf}	—0,0487	—0,0417	—0,0343	—0,0265	—0,0496	—0,0425	—0,0350	—0,0271	—0,0502	—0,0431	—0,0355	—0,0275

z	2,8				3,0				3,5			
r	1,0	1,2	1,5	2,0	1,0	1,2	1,5	2,0	1,0	1,2	1,5	2,0

Träger „a".

	1,0	1,2	1,5	2,0	1,0	1,2	1,5	2,0	1,0	1,2	1,5	2,0
B_{aa}	0,8194	0,8447	0,8718	0,9006	0,8139	0,8400	0,8677	0,8974	0,8018	0,8292	0,8585	0,8900
B_{ab}	0,2604	0,2689	0,2775	0,2867	0,2652	0,2736	0,2827	0,2924	0,2746	0 2840	0,2940	0,3048
B_{ac}	—0,0034	—0,0036	—0,0037	—0,0038	+0,0002	0,0002	0,0002	0,0002	0,0088	0,0091	0,0094	0,0097
B_{ad}	—0,0507	—0,0521	—0,0538	—0,0556	—0,0508	—0,0524	—0,0541	—0,0559	—0,0506	—0,0523	—0,0541	—0,0561
B_{ae}	—0,0277	—0,0285	—0,0295	—0,0306	—0,0292	—0,0302	—0,0312	—0,0323	—0,0327	—0,0337	—0,0348	—0,0359
B_{af}	0,0018	0,0015	+0,0013	0,0010	0,0007	0,0006	+0,0005	0,0004	—0,0020	—0,0018	—0,0015	—0,0012

Träger „b".

	1,0	1,2	1,5	2,0	1,0	1,2	1,5	2,0	1,0	1,2	1,5	2,0
B_{ba}	0,2605	0,2241	0,1850	0,1433	0,2652	0,2280	0,1885	0,1462	0,2746	0,2367	0,1960	0,1524
B_{bb}	0,4433	0,4313	0,4187	0,4053	0,4361	0,4239	0,4108	0,3969	0,4214	0,4082	0,3941	0,3789
B_{bc}	0,2656	0,2655	0,2654	0,2653	0,2648	0,2645	0,2642	0,2639	0,2627	0,2620	0,2612	0,2605
B_{bd}	0,0688	0,0712	0,0736	0,0762	0,0723	0,0746	0,0771	0,0797	0,0794	0,0818	0,0844	0,0872
B_{be}	—0,0107	—0,0083	—0,0057	—0,0029	—0,0092	—0,0065	—0,0037	—0,0006	—0,0054	—0,0023	0,0010	0,0045
B_{bf}	—0,0277	—0,0238	—0,0197	—0,0153	—0,0292	—0,0251	—0,0208	—0,0162	—0,0327	—0,0281	—0,0232	—0,0180

Träger „c".

	1,0	1,2	1,5	2,0	1,0	1,2	1,5	2,0	1,0	1,2	1,5	2,0
B_{ca}	—0,0034	—0,0030	—0,0025	—0,0019	0,0002	0,0002	0,0001	0,0001	0,0088	0,0076	0,0063	0,0049
B_{cb}	0,2657	0,2655	0,2654	0,2653	0,2648	0,2645	0,2642	0,2639	0,2627	0,2620	0,2612	0,2605
B_{cc}	0,4471	0,4468	0,4463	0,4458	0,4407	0,4403	0,4398	0,4393	0,4264	0,4259	0,4254	0,4249
B_{cd}	0,2723	0,2722	0,2722	0,2721	0,2728	0,2728	0,2728	0,2728	0,2733	0,2734	0,2736	0,2738
B_{ce}	0,0688	0,0712	0,0736	0,0762	0,0723	0,0746	0,0771	0,0797	0,0794	0,0818	0,0844	0,0872
B_{cf}	—0,0507	—0,0435	—0,0359	—0,0278	—0,0508	—0,0437	—0,0361	—0,0280	—0,0506	—0,0436	—0,0361	—0,0281

Querverteilungszahlen für das Kreuzwerk mit einem Querträger
und sechs Hauptträgern bei verstärkten Randträgern ($1 \leqq r \leqq 2$).   (Fortsetzung.)

z	4				4,5				5			
r	1,0	1,2	1,5	2,0	1,0	1,2	1,5	2,0	1,0	1,2	1,5	2,0
Träger „a".												
B_{aa}	0,7910	0,8195	0,8502	0,8833	0,7813	0,8109	0,8427	0,8772	0,7725	0,8029	0,8359	0,8715
B_{ab}	0,2824	0,2926	0,3037	0,3153	0,2890	0,2999	0,3116	0,3243	0,2946	0,3061	0,3186	0,3321
B_{ac}	0,0168	0,0173	0,0180	0,0186	0,0240	0,0249	0,0258	0,0267	0,0308	0,0319	0,0331	0,0344
B_{ad}	—0,0497	—0,0515	—0,0534	—0,0554	—0,0483	—0,0501	—0,0521	—0,0542	—0,0467	—0,0485	—0,0504	—0,0525
B_{ae}	—0,0355	—0,0365	—0,0378	—0,0388	—0,0379	—0,0389	—0,0399	—0,0410	—0,0398	—0,0408	—0,0418	—0,0428
B_{af}	—0,0050	—0,0045	—0,0038	—0,0031	—0,0081	—0,0073	—0,0063	—0,0051	—0,0114	—0,0102	—0,0089	—0,0072
Träger „b".												
B_{ba}	0,2824	0,2438	0,2025	0,1576	0,2890	0,2499	0,2077	0,1621	0,2946	0,2551	0,2124	0,1661
B_{bb}	0,4096	0,3955	0,3807	0,3643	0,3998	0,3851	0,3692	0,3521	0,3916	0,3763	0,3597	0,3418
B_{bc}	0,2606	0,2595	0,2584	0,2570	0,2586	0,2571	0,2555	0,2537	0,2567	0,2548	0,2528	0,2506
B_{bd}	0,0851	0,0876	0,0902	0,0932	0,0897	0,0923	0,0951	0,0981	0,0936	0,0962	0,0990	0,1020
B_{be}	—0,0021	—0,0014	0,0048	0,0090	+0,0008	0,0046	0,0086	0,0129	0,0033	0,0074	0,0117	0,0162
B_{bf}	—0,0355	—0,0304	—0,0252	—0,0194	—0,0379	—0,0324	—0,0266	—0,0205	—0,0398	—0,0340	—0,0279	—0,0214
Träger „c".												
B_{ca}	0,0168	0,0144	0,0120	0,0093	0,0240	0,0207	0,0172	0,0134	0,0308	0,0266	0,0221	0,0172
B_{cb}	0,2606	0,2595	0,2584	0,2570	0,2586	0,2571	0,2555	0,2537	0,2567	0,2548	0,2528	0,2506
B_{cc}	0,4142	0,4137	0,4133	0,4127	0,4037	0,4032	0,4026	0,4020	0,3944	0,3938	0,3933	0,3926
B_{cd}	0,2730	0,2733	0,2735	0,2740	0,2723	0,2727	0,2731	0,2736	0,2712	0,2717	0,2723	0,2728
B_{ce}	0,0851	0,0876	0,0902	0,0932	0,0897	0,0923	0,0951	0,0981	0,0936	0,0962	0,0990	0,1020
B_{cf}	—0,0497	—0,0429	—0,0356	—0,0277	—0,0483	—0,0418	—0,0347	—0,0271	—0,0467	—0,0404	—0,0336	—0,0262

z	6				7				8			
r	1,0	1,2	1,5	2,0	1,0	1,2	1,5	2,0	1,0	1,2	1,5	2,0
Träger „a".												
B_{aa}	0,7570	0,7889	0,8236	0,8616	0,7437	0,7768	0,8130	0,8528	0,7320	0,7661	0,8036	0,8449
B_{ab}	0,3038	0,3164	0,3302	0,3453	0,3109	0,3246	0,3396	0,3560	0,3168	0,3313	0,3473	0,3649
B_{ac}	0,0429	0,0446	0,0464	0,0483	0,0535	0,0557	0,0581	0,0607	0,0629	0,0656	0,0686	0,0719
B_{ad}	—0,0429	—0,0446	—0,0464	—0,0483	—0,0387	—0,0402	—0,0418	—0,0436	—0,0345	—0,0357	—0,0371	—0,0385
B_{ae}	—0,0429	—0,0437	—0,0445	—0,0453	—0,0451	—0,0458	—0,0463	—0,0468	—0,0468	—0,0472	—0,0475	—0,0476
B_{af}	—0,0179	—0,0162	—0,0141	—0,0116	—0,0243	—0,0221	—0,0193	—0,0160	—0,0304	—0,0278	—0,0245	—0,0203
Träger „b".												
B_{ba}	0,3038	0,2637	0,2202	0,1727	0,3109	0,2705	0,2264	0,1780	0,3168	0,2761	0,2315	0,1825
B_{bb}	0,3786	0,3623	0,3446	0,3252	0,3688	0,3516	0,3329	0,3124	0,3611	0,3432	0,3237	0,3022
B_{bc}	0,2533	0,2507	0,2479	0,2449	0,2503	0,2471	0,2437	0,2399	0,2478	0,2440	0,2399	0,2355
B_{bd}	0,0996	0,1022	0,1050	0,1080	0,1041	0,1066	0,1093	0,1122	0,1075	0,1099	0,1125	0,1153
B_{be}	0,0076	0,0121	0,0168	0,0219	0,0109	0,0158	0,0209	0,0263	0,0137	0,0188	0,0241	0,0298
B_{bf}	—0,0429	—0,0364	—0,0297	—0,0227	—0,0451	—0,0381	—0,0309	—0,0234	—0,0468	—0,0393	—0,0317	—0,0238
Träger „c".												
B_{ca}	0,0429	0,0371	0,0309	0,0242	0,0535	0,0464	0,0387	0,0304	0,0629	0,0547	0,0458	0,0360
B_{cb}	0,2533	0,2507	0,2479	0,2449	0,2503	0,2471	0,2437	0,2399	0,2478	0,2440	0,2399	0,2355
B_{cc}	0,3786	0,3780	0,3773	0,3766	0,3656	0,3648	0,3640	0,3631	0,3545	0,3536	0,3526	0,3516
B_{cd}	0,2684	0,2691	0,2698	0,2705	0,2652	0,2659	0,2667	0,2676	0,2618	0,2626	0,2634	0,2643
B_{ce}	0,0996	0,1022	0,1050	0,1080	0,1041	0 1066	0,1093	0,1122	0,1075	0,1099	0,1125	0,1153
B_{cf}	—0,0429	—0,0371	—0,0309	—0,0242	—0,0387	—0,0335	—0,0279	—0,0218	—0,0345	—0,0298	—0,0247	—0,0193

Querverteilungszahlen für das Kreuzwerk mit einem Querträger
und sechs Hauptträgern bei verstärkten Randträgern $(1 \leqq r \leqq 2)$.   (Fortsetzung.)

z	9				10				12			
r	1,0	1,2	1,5	2,0	1,0	1,2	1,5	2,0	1,0	1,2	1,5	2,0

Träger „a".

	1,0	1,2	1,5	2,0	1,0	1,2	1,5	2,0	1,0	1,2	1,5	2,0
B_{aa}	0,7217	0,7566	0,7951	0,8378	0,7124	0,7480	0,7874	0,8314	0,6965	0,7332	0,7741	0,8200
B_{ab}	0,3216	0,3369	0,3558	0,3725	0,3257	0,3419	0,3594	0,3792	0,3322	0,3495	0,3687	0,3902
B_{ac}	0,0713	0,0745	0,0781	0,0821	0,0788	0,0826	0,0868	0,0914	0,0920	0,0967	0,1020	0,1079
B_{ad}	—0,0302	—0,0312	—0,0323	—0,0334	—0,0261	—0,0269	—0,0276	—0,0283	—0,0185	—0,0186	—0,0186	—0 0185
B_{ae}	—0,0480	—0,0482	—0,0482	—0,0479	—0,0490	—0,0491	—0,0486	—0,0479	—0,0503	—0,0498	—0,0488	—0,0473
B_{af}	—0,0363	—0,0332	—0,0294	—0,0245	—0,0418	—0,0384	—0,0341	—0,0285	—0,0519	—0,0480	—0,0429	—0,0361

Träger „b".

	1,0	1,2	1,5	2,0	1,0	1,2	1,5	2,0	1,0	1,2	1,5	2,0
B_{ba}	0,3216	0,2808	0,2359	0,1863	0,3257	0,2847	0,2396	0,1896	0,3322	0,2912	0,2458	0,1951
B_{bb}	0,3549	0,3364	0,3162	0,2938	0,3497	0,3308	0,3099	0,2868	0,3418	0,3220	0,3001	0,2758
B_{bc}	0,2455	0,2412	0,2366	0,2315	0,2435	0.2388	0,2336	0,2279	0,2401	0,2346	0,2285	0,2217
B_{bd}	0,1101	0,1124	0,1149	0,1175	0,1123	0,1144	0,1167	0,1191	0,1154	0,1172	0,1191	0,1211
B_{be}	0,0160	0,0212	0,0268	0,0326	0,0178	0,0233	0,0290	0,0349	0.0208	0,0265	0,0324	0,0385
B_{bf}	—0,0480	—0,0402	—0,0321	—0,0240	—0,0490	—0,0408	—0,0324	—0,0240	—0,0503	—0,0415	—0,0326	—0,0237

Träger „c".

	1,0	1,2	1,5	2,0	1,0	1,2	1,5	2,0	1,0	1,2	1,5	2,0
B_{ca}	0.0713	0,0621	0,0521	0,0410	0,0788	0,0688	0,0579	0,0457	0,0920	0,0806	0,0680	0,0540
B_{cb}	0,2455	0,2412	0,2366	0,2315	0,2435	0,2388	0,2336	0,2279	0,2401	0,2346	0,2285	0,2217
B_{cc}	0,3449	0,3439	0,3427	0,3415	0,3365	0,3353	0,3339	0,3325	0,3222	0,3207	0,3190	0,3171
B_{cd}	0,2584	0,2592	0,2600	0,2609	0,2551	0,2558	0,2566	0,2574	0,2488	0,2494	0,2500	0,2506
B_{ce}	0,1101	0,1124	0,1149	0,1175	0,1123	0,1144	0,1167	0,1191	0,1154	0,1172	0,1191	0,1211
B_{cf}	—0,0302	—0,0260	—0,0215	—0,0167	—0,0261	—0,0224	—0,0184	—0,0142	—0,0185	—0,0155	—0,0124	—0,0092

z	14				16				18			
r	1,0	1,2	1,5	2,0	1,0	1,2	1,5	2,0	1,0	1,2	1,5	2,0

Träger „a".

	1,0	1,2	1,5	2,0	1,0	1,2	1,5	2,0	1,0	1,2	1,5	2,0
B_{aa}	0,6832	0,7206	0,7627	0,8102	0,6718	0,7099	0,7529	0,8017	0,6621	0,7006	0,7443	0,7942
B_{ab}	0,3373	0,3555	0,3760	0,3991	0,3413	0,3605	0,3820	0,4065	0,3446	0,3645	0,3870	0,4127
B_{ac}	0,1031	0,1087	0,1150	0,1221	0,1125	0,1190	0,1263	0,1346	0,1207	0,1279	0,1361	0,1456
B_{ad}	—0,0115	—0,0110	—0,0102	—0,0092	—0,0052	—0,0041	—0,0026	—0,0007	+0,0005	0,0022	0,0044	0,0072
B_{ae}	—0,0511	—0,0501	—0,0486	—0,0463	—0,0516	—0,0502	—0,0481	—0,0450	—0,0519	—0,0501	—0,0474	—0,0436
B_{af}	—0,0609	—0,0566	—0,0508	—0,0431	—0,0689	—0,0643	—0,0580	—0,0494	—0,0760	—0,0711	—0,0644	—0,0551

Träger „b".

	1,0	1,2	1,5	2,0	1,0	1,2	1,5	2,0	1,0	1,2	1,5	2,0
B_{ba}	0,3373	0,2963	0,2507	0,1995	0,3413	0,3004	0,2547	0,2032	0,3446	0,3038	0,2580	0,2064
B_{bb}	0,3359	0,3155	0,2928	0,2674	0,3313	0,3104	0,2870	0,2608	0,3277	0,3063	0,2824	0,2554
B_{bc}	0,2374	0,2312	0,2243	0,2166	0,2351	0,2283	0,2207	0,2121	0,2332	0,2259	0,2176	0,2083
B_{bd}	0,1175	0,1190	0,1206	0,1222	0,1190	0,1203	0,1215	0,1226	0,1201	0,1211	0,1220	0,1227
B_{be}	0,0231	0,0289	0,0349	0,0411	0,0248	0,0308	0,0369	0,0430	0,0262	0,0322	0,0384	0,0444
B_{bf}	0,0511	—0,0418	—0,0324	—0,0231	—0,0516	—0,0418	—0,0320	—0,0225	—0,0519	—0,0417	—0,0316	—0,0218

Träger „c".

	1,0	1,2	1,5	2,0	1,0	1,2	1,5	2,0	1,0	1,2	1,5	2,0
B_{ca}	0,1031	0,0906	0,0767	0,0611	0,1125	0,0991	0,0842	0,0673	0,1207	0,1066	0,0908	0,0729
B_{cb}	0,2374	0,2312	0,2243	0,2166	0,2351	0,2283	0,2207	0,2121	0,2332	0,2259	0,2176	0,2083
B_{cc}	0,3106	0,3087	0,3066	0,3042	0,3008	0,2986	0,2961	0,2933	0,2925	0,2899	0,2871	0,2838
B_{cd}	0,2430	0,2434	0,2438	0,2441	0,2377	0,2379	0,2380	0,2381	0,2330	0,2329	0,2328	0,2325
B_{ce}	0,1175	0,1190	0,1206	0,1222	0,1190	0,1203	0,1215	0,1226	0,1201	0,1211	0,1220	0,1227
B_{cf}	—0,0115	—0,0091	—0,0068	—0,0046	—0,0052	—0,0034	—0,0017	—0,0003	+0,0005	0,0018	0,0029	0,0036

Querverteilungszahlen für das Kreuzwerk mit einem Querträger
und sechs Hauptträgern bei verstärkten Randträgern ($1 \leqq r \leqq 2$). (Fortsetzung.)

z	20				25				30			
r	1,0	1,2	1,5	2,0	1,0	1,2	1,5	2,0	1,0	1,2	1,5	2,0

Träger „a“.

	1,0	1,2	1,5	2,0	1,0	1,2	1,5	2,0	1,0	1,2	1,5	2,0
B_{aa}	0,6535	0,6925	0,7367	0,7875	0,6363	0,6758	0,7211	0,7735	0,6231	0,6630	0,7089	0,7625
B_{ab}	0,3474	0,3680	0,3913	0,4181	0,3528	0,3747	0,3998	0,4289	0,3566	0,3796	0,4061	0,4371
B_{ac}	0,1279	0,1358	0,1449	0,1554	0,1424	0,1519	0,1629	0,1758	0,1535	0,1644	0,1770	0,1920
B_{ad}	0,0056	0,0079	0,0108	0,0144	0,0163	0,0199	0,0244	0,0301	0,0248	0,0295	0,0355	0,0430
B_{ae}	—0,0520	—0,0499	—0,0467	—0,0421	—0,0522	—0,0492	—0,0449	—0,0387	—0,0521	—0,0484	—0,0431	—0,0356
B_{af}	—0,0823	—0,0773	—0,0702	—0,0604	—0,0956	—0,0903	—0,0826	—0,0716	—0,1059	—0,1005	—0,0925	—0,0808

Träger „b“.

	1,0	1,2	1,5	2,0	1,0	1,2	1,5	2,0	1,0	1,2	1,5	2,0
B_{ba}	0,3474	0,3067	0,2609	0,2091	0,3528	0,3122	0,2665	0,2145	0,3566	0,3163	0,2707	0,2185
B_{bb}	0,3247	0,3030	0,2786	0,2510	0,3193	0,2968	0,2715	0,2426	0,3155	0,2925	0,2665	0,2367
B_{bc}	0,2316	0,2238	0,2150	0,2050	0,2284	0,2196	0,2096	0,1981	0,2260	0,2165	0,2055	0,1929
B_{bd}	0,1210	0,1217	0,1222	0,1225	0,1224	0,1225	0,1223	0,1216	0,1231	0,1228	0,1220	0,1205
B_{be}	0,0273	0,0334	0,0395	0,0455	0,0294	0,0356	0,0417	0,0474	0,0309	0,0370	0,0430	0,0486
B_{bf}	—0,0520	—0,0416	—0,0311	—0,0211	—0,0522	—0,0410	—0,0299	—0,0194	—0,0521	—0,0403	—0,0288	—0,0178

Träger „c“.

	1,0	1,2	1,5	2,0	1,0	1,2	1,5	2,0	1,0	1,2	1,5	2,0
B_{ca}	0,1279	0,1132	0,0966	0,0777	0,1424	0,1266	0,1086	0,0879	0,1535	0,1370	0,1180	0,0960
B_{cb}	0,2316	0,2238	0,2150	0,2050	0,2284	0,2196	0,2096	0,1981	0,2260	0,2165	0,2055	0,1929
B_{cc}	0,2854	0,2825	0,2792	0,2754	0,2710	0,2673	0,2631	0,2582	0,2602	0,2559	0,2508	0,2449
B_{cd}	0,2287	0,2284	0,2280	0,2273	0,2197	0,2188	0,2176	0,2161	0,2125	0,2110	0,2092	0,2068
B_{ce}	0,1210	0,1217	0,1222	0,1225	0,1224	0,1225	0,1223	0,1216	0,1231	0,1228	0,1220	0,1205
B_{cf}	0,0056	0,0066	0,0072	0,0072	0,0163	0,0166	0,0163	0,0151	0,0248	0,0246	0,0236	0,0215

z	35				40				45			
r	1,0	1,2	1,5	2,0	1,0	1,2	1,5	2,0	1,0	1,2	1,5	2,0

Träger „a“.

	1,0	1,2	1,5	2,0	1,0	1,2	1,5	2,0	1,0	1,2	1,5	2,0
B_{aa}	0,6128	0,6528	0,6992	0,7536	0,6044	0,6445	0,6912	0,7463	0,5974	0,6376	0,6845	0,7400
B_{ab}	0,3595	0,3833	0,4109	0,4435	0,3618	0,3863	0,4148	0,4486	0,3636	0,3887	0,4180	0,4529
B_{ac}	0,1623	0,1743	0,1883	0,2051	0,1694	0,1823	0,1976	0,2159	0,1753	0,1891	0,2054	0,2251
B_{ad}	0,0316	0,0374	0,0446	0,0538	0,0373	0,0439	0,0522	0,0628	0,0420	0,0494	0,0586	0,0705
B_{ae}	—0,0519	—0,0477	—0,0416	—0,0329	0,0517	—0,0470	—0,0402	—0,0305	—0,0515	—0,0464	—0,0390	—0,0284
B_{af}	—0,1143	—0,1089	—0,1006	—0,0883	0,1212	—0,1158	—0,1074	—0,0947	—0,1269	—0,1216	—0,1131	—0,1001

Träger „b“.

	1,0	1,2	1,5	2,0	1,0	1,2	1,5	2,0	1,0	1,2	1,5	2,0
B_{ba}	0,3595	0,3194	0,2740	0,2217	0,3618	0,3219	0,2766	0,2243	0,3636	0,3239	0,2787	0,2265
B_{bb}	0,3128	0,2894	0,2628	0,2322	0,3107	0,2870	0,2600	0,2288	0,3091	0,2851	0,2578	0,2260
B_{bc}	0,2241	0,2140	0,2023	0,1887	0,2227	0,2120	0,1997	0,1852	0,2215	0,2104	0,1976	0,1824
B_{bd}	0,1236	0,1229	0,1215	0,1193	0,1239	0,1228	0,1210	0,1181	0,1241	0,1227	0,1205	0,1171
B_{be}	0,0319	0,0380	0,0440	0,0493	0,0327	0,0388	0,0446	0,0498	0,0333	0,0394	0,0452	0,0501
B_{bf}	—0,0519	—0,0397	—0,0277	—0,0165	—0,0517	—0,0391	—0,0268	—0,0153	—0,0515	—0,0386	—0,0260	—0,0142

Träger „c“.

	1,0	1,2	1,5	2,0	1,0	1,2	1,5	2,0	1,0	1,2	1,5	2,0
B_{ca}	0,1623	0,1452	0,1255	0,1025	0,1694	0,1519	0,1317	0,1080	0,1753	0,1575	0,1369	0,1126
B_{cb}	0,2241	0,2140	0,2023	0,1887	0,2227	0,2120	0,1997	0,1852	0,2215	0,2104	0,1976	0,1824
B_{cc}	0,2517	0,2468	0,2411	0,2342	0,2449	0,2395	0,2331	0,2255	0,2393	0,2334	0,2265	0,2181
B_{cd}	0,2066	0,2047	0,2022	0,1990	0,2018	0,1995	0,1964	0,1925	0,1978	0,1950	0,1915	0,1869
B_{ce}	0,1236	0,1229	0,1215	0,1193	0,1239	0,1228	0,1210	0,1181	0,1241	0,1227	0,1205	0,1171
B_{cf}	0,0316	0,0311	0,0297	0,0269	0,0373	0,0366	0,0348	0,0314	0,0420	0,0411	0,0391	0,0353

Querverteilungszahlen für das Kreuzwerk mit einem Querträger und sechs Hauptträgern bei verstärkten Randträgern ($1 \leqq r \leqq 2$).

z	50				60				70			
r	1,0	1,2	1,5	2,0	1,0	1,2	1,5	2,0	1,0	1,2	1,5	2,0

Träger „a".

B_{aa}	0,5916	0,6318	0,6788	0,7347	0,5823	0,6225	0,6697	0,7261	0,5753	0,6154	0,6629	0,7195
B_{ab}	0,3651	0,3907	0,4207	0,4566	0,3674	0,3938	0,4249	0,4623	0,3692	0,3961	0,4281	0,4667
B_{ac}	0,1803	0,1947	0,2119	0,2329	0,1882	0,2038	0,2226	0,2456	0,1942	0,2107	0,2307	0,2554
B_{ad}	0,0461	0,0540	0,0641	0,0772	0,0526	0,0616	0,0731	0,0881	0,0576	0,0674	0,0801	0,0967
B_{ae}	—0,0513	—0,0458	—0,0380	—0,0266	—0,0509	—0,0449	—0,0362	—0,0236	—0,0506	—0,0441	—0,0348	—0,0211
B_{af}	—0,0318	—0,1265	—0,1180	—0,1048	—0,1396	—0,1345	—0,1259	—0,1124	—0,1456	—0,1406	—0,1321	—0,1183

Träger „b".

B_{ba}	0,3651	0,3256	0,2805	0,2283	0,3674	0,3282	0,2833	0,2312	0,3692	0,3301	0,2854	0,2334
B_{bb}	0,3078	0,2836	0,2559	0,2237	0,3058	0,2813	0,2531	0,2202	0,3043	0,2796	0,2510	0,2176
B_{bc}	0,2205	0,2091	0,1958	0,1799	0,2189	0,2070	0,1929	0,1760	0,2177	0,2053	0,1907	0,1730
B_{bd}	0,1242	0,1226	0,1200	0,1161	0,1244	0,1223	0,1192	0,1144	0,1244	0,1220	0,1185	0,1130
B_{be}	0,0337	0,0399	0,0456	0,0503	0,0345	0,0406	0,0461	0,0506	0,0350	0,0411	0,0465	0,0507
B_{bf}	—0,0513	—0,0382	—0,0253	—0,0133	—0,0509	—0,0347	—0,0241	—0,0118	—0,0506	—0,0368	—0,0232	—0,0106

Träger „c".

B_{ca}	0,1803	0,1623	0,1413	0,1165	0,1882	0,1698	0,1483	0,1228	0,1942	0,1756	0,1538	0,1277
B_{cb}	0,2205	0,2091	0,1958	0,1799	0,2189	0,2070	0,1929	0,1760	0,2177	0,2053	0,1907	0,1730
B_{cc}	0,2346	0,2284	0,2209	0,2118	0,2272	0,2203	0,2120	0,2018	0,2216	0,2141	0,2051	0,1940
B_{cd}	0,1943	0,1912	0,1872	0,1820	0,1880	0,1851	0,1803	0,1741	0,1846	0,1804	0,1750	0,1679
B_{ce}	0,1242	0,1226	0,1200	0,1161	0,1244	0,1223	0,1192	0,1144	0,1244	0,1220	0,1185	0,1130
B_{cf}	0,0461	0,0450	0,0427	0,0386	0,0526	0,0513	0,0487	0,0441	0,0576	0,0562	0,0534	0,0483

z	80				90				100			
r	1,0	1,2	1,5	2,0	1,0	1,2	1,5	2,0	1,0	1,2	1,5	2,0

Träger „a".

B_{aa}	0,5698	0,6099	0,6571	0,7141	0,5653	0,6053	0,6526	0,7098	0,5617	0,6016	0,6489	0,7062
B_{ab}	0,3705	0,3979	0,4306	0,4702	0,3716	0,3994	0,4326	0,4730	0,3724	0,4006	0,4342	0,4753
B_{ac}	0,1989	0,2162	0,2372	0,2633	0,2027	0,2206	0,2424	0,2697	0,2058	0,2242	0,2468	0,2750
B_{ad}	0,0615	0,0721	0,0856	0,1035	0,0647	0,0758	0,0902	0,1092	0,0673	0,0790	0,0940	0,1139
B_{ae}	—0,0503	—0,0435	—0,0336	—0,0191	—0,0501	—0,0430	—0,0326	—0,0175	—0,0499	—0,0426	—0,0318	—0,0163
B_{af}	—0,1503	—0,1454	—0,1370	—0,1231	—0,1541	—0,1494	—0,1410	—0,1270	—0,1573	—0,1527	—0,1443	—0,1301

Träger „b".

B_{ba}	0,3705	0,3316	0,2870	0,2351	0,3716	0,3328	0,2884	0,2365	0,3724	0,3338	0,2895	0,2377
B_{bb}	0,3032	0,2783	0,2495	0,2156	0,3023	0,2773	0,2482	0,2140	0,3017	0,2764	0,2472	0,2127
B_{bc}	0,2168	0,2041	0,1890	0,1707	0,2161	0,2031	0,1876	0,1687	0,2155	0,2022	0,1864	0,1671
B_{bd}	0,1244	0,1218	0,1178	0,1119	0,1244	0,1216	0,1173	0,1109	0,1244	0,1214	0,1169	0,1101
B_{be}	0,0354	0,0414	0,0468	0,0508	0,0357	0,0417	0,0470	0,0508	0,0359	0,0419	0,0471	0,0508
B_{bf}	—0,0503	—0,0362	—0,0224	—0,0096	—0,0501	—0,0358	—0,0218	—0,0087	—0,0499	—0,0355	—0,0212	—0,0080

Träger „c".

B_{ca}	0,1989	0,1801	0,1581	0,1316	0,2027	0,1838	0,1616	0,1348	0,2058	0,1869	0,1645	0,1375
B_{cb}	0,2168	0,2041	0,1890	0,1707	0,2161	0,2031	0,1876	0,1687	0,2155	0,2022	0,1864	0,1671
B_{cc}	0,2172	0,2093	0,1997	0,1878	0,2136	0,2054	0,1953	0,1828	0,2107	0,2022	0,1917	0,1786
B_{cd}	0,1812	0,1766	0,1707	0,1628	0,1785	0,1736	0,1672	0,1587	0,1762	0,1710	0,1643	0,1553
B_{ce}	0,1244	0,1218	0,1178	0,1119	0,1244	0,1216	0,1173	0,1109	0,1244	0,1214	0,1169	0,1101
B_{cf}	0,0615	0,0601	0,0571	0,0518	0,0647	0,0632	0,0601	0,0546	0,0673	0,0658	0,0627	0,0570

Querverteilungszahlen für das Kreuzwerk mit einem Querträger
und sechs Hauptträgern bei verstärkten Randträgern ($1 \leq r \leq 2$). (Fortsetzung.)

z	150				200				250			
r	1,0	1,2	1,5	2,0	1,0	1,2	1,5	2,0	1,0	1,2	1,5	2,0

Träger „a".

	150				200				250			
B_{aa}	0,5501	0,5897	0,6370	0,6945	0,5439	0,5834	0,6305	0,6882	0,5400	0,5795	0,6265	0,6842
B_{ab}	0,3751	0,4043	0,4394	0,4828	0,3765	0,4062	0,4421	0,4867	0,3774	0,4074	0,4438	0,4892
B_{ac}	0,2157	0,2358	0,2607	0,2922	0,2209	0,2420	0,2682	0,3016	0,2242	0,2459	0,2729	0,3075
B_{ad}	0,0758	0,0890	0,1062	0,1293	0,0803	0,0944	0,1129	0,1377	0,0831	0,0978	0,1171	0,1431
B_{ae}	−0,0493	−0,0411	−0,0292	−0,0115	−0,0489	−0,0403	−0,0277	−0,0089	−0,0487	−0,0398	−0,0267	−0,0073
B_{af}	−0,1674	−0,1631	−0,1551	−0,1409	−0,1727	−0,1687	−0,1609	−0,1467	−0,1761	−0,1723	−0,1645	−0,1504

Träger „b".

	150				200				250			
B_{ba}	0,3751	0,3369	0,2929	0,2414	0,3765	0,3385	0,2948	0,2434	0,3774	0,3395	0,2959	0,2446
B_{bb}	0,2995	0,2739	0,2441	0,2087	0,2985	0,2727	0,2425	0,2066	0,2978	0,2719	0,2416	0,2054
B_{bc}	0,2136	0,1996	0,1828	0,1620	0,2127	0,1983	0,1809	0,1593	0,2121	0,1974	0,1796	0,1575
B_{bd}	0,1243	0,1207	0,1153	0,1073	0,1242	0,1203	0,1145	0,1057	0,1242	0,1200	0,1139	0,1047
B_{be}	0,0367	0,0426	0,0475	0,0507	0,0370	0,0429	0,0477	0,0506	0,0372	0,0431	0,0478	0,0505
B_{bf}	−0,0493	−0,0343	−0,0194	−0,0057	−0,0489	−0,0336	−0,0185	−0,0045	−0,0487	−0,0332	−0,0178	−0,0037

Träger „c".

	150				200				250			
B_{ca}	0,2157	0,1965	0,1738	0,1461	0,2209	0,2017	0,1788	0,1508	0,2242	0,2049	0,1819	0,1537
B_{cb}	0,2136	0,1996	0,1828	0,1620	0,2127	0,1983	0,1809	0,1593	0,2121	0,1974	0,1796	0,1575
B_{cc}	0,2016	0,1920	0,1802	0,1652	0,1967	0,1866	0,1740	0,1579	0,1937	0,1832	0,1701	0,1533
B_{cd}	0,1690	0,1629	0,1543	0,1440	0,1652	0,1585	0,1497	0,1379	0,1627	0,1557	0,1465	0,1340
B_{ce}	0,1243	0,1207	0,1153	0,1073	0,1242	0,1203	0,1145	0,1057	0,1242	0,1200	0,1139	0,1047
B_{cf}	0,0758	0,0742	0,0708	0,0647	0,0803	0,0787	0,0753	0,0689	0,0831	0,0815	0,0780	0,0715

z	300				400				600			
r	1,0	1,2	1,5	2,0	1,0	1,2	1,5	2,0	1,0	1,2	1,5	2,0

Träger „a".

	300				400				600			
B_{aa}	0,5375	0,5768	0,6238	0,6814	0,5342	0,5733	0,6202	0,6779	0,5308	0,5698	0,6166	0,6743
B_{ab}	0,3780	0,4083	0,4450	0,4910	0,3787	0,4093	0,4465	0,4931	0,3794	0,4103	0,4480	0,4953
B_{ac}	0,2264	0,2485	0,2761	0,3115	0,2292	0,2519	0,2802	0,3167	0,2321	0,2553	0,2844	0,3221
B_{ad}	0,0850	0,1001	0,1199	0,1468	0,0875	0,1031	0,1236	0,1515	0,0900	0,1061	0,1274	0,1564
B_{ae}	−0,0485	−0,0394	−0,0261	−0,0062	−0,0483	−0,0390	−0,0253	−0,0047	−0,0481	−0,0385	−0,0244	−0,0032
B_{af}	−0,1783	−0,1747	−0,1670	−0,1530	−0,1813	−0,1778	−0,1702	−0,1562	−0,1843	−0,1809	−0,1735	−0,1596

Träger „b".

	300				400				600			
B_{ba}	0,3780	0,3402	0,2967	0,2455	0,3787	0,3411	0,2977	0,2466	0,3794	0,3419	0,2987	0,2477
B_{bb}	0,2974	0,2714	0,2409	0,2045	0,2969	0,2707	0,2401	0,2034	0,2963	0,2701	0,2393	0,2023
B_{bc}	0,2117	0,1968	0,1788	0,1564	0,2111	0,1961	0,1778	0,1548	0,2106	0,1953	0,1767	0,1533
B_{bd}	0,1241	0,1198	0,1135	0,1040	0,1241	0,1196	0,1130	0,1030	0,1240	0,1193	0,1124	0,1021
B_{be}	0,0374	0,0432	0,0479	0,0504	0,0376	0,0433	0,0479	0,0504	0,0377	0,0435	0,0480	0,0503
B_{bf}	−0,0485	−0,0329	−0,0174	−0,0031	−0,0483	−0,0325	−0,0168	−0,0024	−0,0481	−0,0321	−0,0163	−0,0016

Träger „c".

	300				400				600			
B_{ca}	0,2264	0,2071	0,1841	0,1558	0,2292	0,2099	0,1868	0,1584	0,2321	0,2128	0,1896	0,1610
B_{cb}	0,2117	0,1968	0,1788	0,1564	0,2111	0,1961	0,1778	0,1548	0,2106	0,1953	0,1767	0,1533
B_{cc}	0,1917	0,1809	0,1674	0,1502	0,1891	0,1780	0,1641	0,1461	0,1864	0,1750	0,1606	0,1420
B_{cd}	0,1611	0,1538	0,1442	0,1312	0,1590	0,1514	0,1414	0,1278	0,1569	0,1489	0,1385	0,1242
B_{ce}	0,1241	0,1198	0,1135	0,1040	0,1241	0,1196	0,1130	0,1030	0,1240	0,1193	0,1124	0,1021
B_{cf}	0,0850	0,0834	0,0800	0,0734	0,0875	0,0859	0,0824	0,0757	0,0900	0,0885	0,0849	0,0782

Querverteilungszahlen für das Kreuzwerk mit einem Querträger
und sechs Hauptträgern bei verstärkten Randträgern ($1 \leqq r \leqq 2$).   (Fortsetzung.)

z	800				1000				∞			
r	1,0	1,2	1,5	2,0	1,0	1,2	1,5	2,0	1,0	1,2	1,5	2,0

Träger „a".

	1,0	1,2	1,5	2,0	1,0	1,2	1,5	2,0	1,0	1,2	1,5	2,0
B_{aa}	0,5291	0,5680	0,6147	0,6724	0,5281	0,5669	0,6136	0,6713	0,5238	0,5625	0,6090	0,6667
B_{ab}	0,3797	0,4109	0,4488	0,4965	0,3800	0,4112	0,4492	0,4972	0,3810	0,4125	0,4511	0,5000
B_{ac}	0,2336	0,2571	0,2868	0,3248	0,2345	0,2582	0,2879	0,3265	0,2381	0,2625	0,2932	0,3333
B_{ad}	0,0913	0,1077	0,1293	0,1589	0,0921	0,1086	0,1305	0,1604	0,0952	0,1125	0,1353	0,1667
B_{ae}	—0,0481	—0,0383	—0,0239	—0,0024	—0,0479	—0,0381	—0,0237	—0,0020	—0,0476	—0,0375	—0,0226	—0,0000
B_{af}	—0,1858	—0,1825	—0,1752	—0,1613	—0,1867	—0,1835	—0,1763	—0,1624	—0,1905	—0,1875	—0,1804	—0,1667

Träger „b".

	1,0	1,2	1,5	2,0	1,0	1,2	1,5	2,0	1,0	1,2	1,5	2,0
B_{ba}	0,3798	0,3424	0,2992	0,2483	0,3800	0,3427	0,2995	0,2486	0,3810	0,3438	0,3008	0,2500
B_{bb}	0,2960	0,2697	0,2389	0,2017	0,2959	0,2695	0,2386	0,2014	0,2952	0,2688	0,2376	0,2000
B_{bc}	0,2103	0,1949	0,1761	0,1525	0,2102	0,1947	0,1758	0,1520	0,2095	0,1938	0,1744	0,1500
B_{bd}	0,1240	0,1192	0,1122	0,1016	0,1239	0,1191	0,1120	0,1013	0,1238	0,1188	0,1113	0,1000
B_{be}	—0,0378	0,0435	0,0480	0,0502	0,0379	0,0436	0,0481	0,0502	0,0381	0,0438	0,0481	0,0500
B_{bf}	—0,0480	—0,0319	—0,0160	—0,0012	—0,0479	—0,0318	—0,0158	—0,0010	—0,0476	—0,0313	—0,0150	0,0000

Träger „c".

	1,0	1,2	1,5	2,0	1,0	1,2	1,5	2,0	1,0	1,2	1,5	2,0
B_{ca}	0,2336	0,2143	0,1911	0,1624	0,2345	0,2151	0,1919	0,1632	0,2381	0,2188	0,1955	0,1667
B_{cb}	0,2103	0,1949	0,1761	0,1525	0,2102	0,1947	0,1758	0,1520	0,2095	0,1938	0,1744	0,1500
B_{cc}	0,1851	0,1734	0,1588	0,1399	0,1843	0,1725	0,1578	0,1386	0,1810	0,1688	0,1534	0,1333
B_{cd}	0,1558	0,1477	0,1370	0,1224	0,1551	0,1469	0,1361	0,1213	0,1524	0,1438	0,1323	0,1167
B_{ce}	0,1240	0,1192	0,1122	0,1016	0,1239	0,1191	0,1120	0,1013	0,1238	0,1188	0,1113	0,1000
B_{cf}	0,0913	0,0898	0,0862	0,0794	0,0921	0,0905	0,0870	0,0802	0,0952	0,0938	0,0902	0,0833

5. Querverteilungszahlen für das Kreuzwerk mit einem Querträger und sieben Hauptträgern bei verstärkten Randträgern ($1 \leqq r \leqq 2$).

z	1				1,2				1,4				1,6			
r	1,0	1,2	1,5	2,0	1,0	1,2	1,5	2,0	1,0	1,2	1,5	2,0	1,0	1,2	1,5	2,0
Träger „a".																
B_{aa}	0,8899	0,9066	0,9238	0,9418	0,8787	0,8968	0,9157	0,9354	0,8687	0,8882	0,9085	0,9298	0,8598	0,8804	0,9019	0,9246
B_{ab}	0,1874	0,1909	0,1945	0,1983	0,2010	0,2052	0,2095	0,2140	0,2125	0,2172	0,2222	0,2274	0,2223	0,2276	0,2332	0,2390
B_{ac}	—0,0422	—0,0430	—0,0438	—0,0447	—0,0377	—0,0385	—0,0393	—0,0402	—0,0330	—0,0338	—0,0345	—0,0353	—0,0283	—0,0290	—0,0297	—0,0304
B_{ad}	—0,0332	—0,0338	0,0344	—0,0351	—0,0373	—0,0381	0,0389	—0,0397	—0,0405	—0,0414	—0,0423	—0,0433	—0,0430	—0,0440	—0,0450	—0,0461
B_{ae}	—0,0052	—0,0053	—0,0054	—0,0055	—0,0082	—0,0084	—0,0085	—0,0087	—0,0112	—0,0114	—0,0117	—0,0119	—0,0140	—0,0143	—0,0146	—0,0150
B_{af}	0,0022	0,0022	0,0022	0,0022	0,0018	0,0018	0,0017	0,0017	0,0011	0,0010	0,0010	0,0009	0,0002	0,0001	0,0000	—0,0001
B_{ag}	0,0010	0,0009	0,0008	0,0006	0,0017	0,0015	0,0012	0,0010	0,0024	0,0021	0,0017	0,0014	0,0030	0,0026	0,0022	0,0017
Träger „b".																
B_{ba}	0,1874	0,1297	0,1318	0,0992	0,2010	0,1710	0,1397	0,1070	0,2125	0,1810	0,1481	0,1137	0,2223	0,1897	0,1554	0,1195
B_{bb}	0,5709	0,5650	0,5588	0,5524	0,5455	0,5387	0,5315	0,5240	0,5248	0,5171	0,5091	0,5007	0,5076	0,4991	0,4903	0,4810
B_{bc}	0,2593	0,2606	0,2620	0,2635	0,2636	0,2649	0,2662	0,2676	0,2660	0,2672	0,2684	0,2697	0,2672	0,2682	0,2694	0,2705
B_{bd}	0,0142	0,0153	0,0164	0,0175	0,0240	0,0253	0,0266	0,0280	0,0323	0,0338	0,0354	0,0370	0,0395	0,0411	0,0428	0,0446
B_{be}	—0,0247	—0,0245	—0,0243	—0,0241	—0,0242	—0,0240	—0,0237	—0,0233	—0,0232	0,0228	—0,0223	—0,0219	—0,0217	—0,0212	—0,0206	—0,0201
B_{bf}	—0,0093	—0,0095	—0,0096	—0,0098	—0,0117	—0,0118	—0,0119	—0,0120	—0,0135	—0,0136	—0,0137	—0,0138	—0,0150	—0,0150	—0,0150	—0,0150
B_{bg}	0,0022	0,0018	+0,0015	0,0011	0,0018	0,0015	—0,0012	0,0009	0,0011	0,0009	0,0006	0,0004	0,0002	0,0001	0,0001	—0,0001
Träger „c".																
B_{ca}	—0,0422	—0,0358	—0,0292	—0,0223	—0,0377	—0,0321	—0,0262	—0,0201	—0,0330	—0,0281	—0,0230	—0,0177	—0,0283	—0,0242	—0,0198	—0,0152
B_{cb}	0,2593	0,2606	0,2620	0,2635	0,2636	0,2649	0,2662	0,2676	0,2660	0,2672	0,2684	0,2697	0,2672	0,2682	0,2694	0,2705
B_{cc}	0,5548	0,5545	0,5542	0,5538	0,5338	0,5336	0,5333	0,5330	0,5165	0,5163	0,5161	0,5159	0,5018	0,5017	0,5015	0,5015
B_{cd}	0,2465	0,2462	0,2459	0,2456	0,2519	0,2516	0,2513	0,2510	0,2557	0,2554	0,2551	0,2547	0,2585	0,2581	0,2578	0,2575
B_{ce}	0,0116	0,0115	0,0114	0,0113	0,0209	0,0208	0,0207	0,0206	0,0292	0,0291	0,0289	0,0288	0,0366	0,0365	0,0363	0,0360
B_{cf}	—0,0247	—0,0245	—0,0243	—0 0241	—0,0242	—0,0240	—0,0237	—0,0233	—0,0232	—0,0228	—0,0223	—0,0219	—0,0217	—0,0212	—0,0206	—0,0201
B_{cg}	—0,0052	—0,0044	—0,0036	—0,0027	—0,0082	—0,0070	—0,0057	—0,0044	—0,0112	—0,0095	—0,0078	—0,0060	—0,0140	—0,0119	—0,0098	—0,0075
Träger „d".																
B_{da}	—0,0332	—0,0282	—0,0230	—0,0175	—0,0373	—0,0317	—0,0259	—0,0198	—0,0405	—0,0345	—0,0282	—0,0217	—0,0430	—0,0367	—0,0300	—0,0231
B_{db}	0,0142	0,0153	0,0164	0,0175	0,0240	0,0253	+0,0266	0,0280	0,0323	0,0338	0,0354	0,0370	0,0395	0,0411	0,0428	0,0446
B_{dc}	0,2465	0,2462	0,2459	0,2456	0,2519	0,2516	0,2513	0,2510	0,2557	0,2554	0,2551	0,2547	0,2585	0,2581	0,2578	0,2575
B_{dd}	0,5450	0,5447	0,5443	0,5439	0,5229	0,5224	0,5219	0,5214	0,5050	0,5044	0,5038	0,5032	0,4901	0,4894	0,4888	0,4881
B_{de}	0,2465	0,2462	0.2459	0,2456	0,2519	0,2516	0,2513	0,2510	0,2557	0,2554	0,2551	0,2547	0,2585	0,2581	0,2578	0,2575
B_{df}	0,0142	0,0153	0,0164	0,0175	0,0240	0,0253	0,0266	0,0280	0,0323	0,0338	0,0354	0,0370	0,0395	0,0411	0,0428	0,0446
B_{dg}	—0 0332	—0,0282	—0,0230	—0,0175	—0,0373	—0,0317	—0,0259	—0,0198	—0,0405	—0,0345	0,0282	—0,0217	—0,0430	—0,0367	—0,0300	—0,0231

Querverteilungszahlen für das Kreuzwerk mit einem Querträger
und sieben Hauptträgern bei verstärkten Randträgern ($1 \leq r \leq 2$).   (Fortsetzung.)

z	1,8				2				2,5				3			
r	1,0	1,2	1,5	2,0	1,0	1,2	1,5	2,0	1,0	1,2	1,5	2,0	1,0	1,2	1,5	2,0
Träger „a".																
B_{aa}	0,8516	0,8732	0,8959	0,9199	0,8441	0,8666	0,8904	0,9155	0,8277	0,8522	0,8781	0,9057	0,8137	0,8398	0,8676	0,8973
B_{ab}	0,2307	0,2366	0,2428	0,2492	0,2382	0,2446	0,2513	0,2584	0,2535	0,2610	0,2690	0,2774	0,2654	0,2739	0,2830	0,2927
B_{ac}	—0,0237	—0,0243	—0,0249	—0,0256	—0,0192	—0,0197	—0,0202	—0,0207	—0,0085	—0,0088	—0,0090	—0,0093	0,0011	0,0011	0,0012	0,0013
B_{ad}	—0,0449	—0,0460	—0,0472	—0,0484	—0,0463	—0,0475	—0,0488	—0,0501	—0,0485	—0,0499	—0,0514	—0,0529	—0,0493	—0,0508	—0,0524	—0,0542
B_{ae}	—0,0167	—0,0171	—0,0175	—0,0180	—0,0192	—0,0197	—0,0202	—0,0207	—0,0247	—0,0254	—0,0262	—0,0270	—0,0292	—0,0302	—0,0312	—0,0322
B_{af}	—0,0007	—0,0009	—0,0011	—0,0013	—0,0018	—0,0020	—0,0023	—0,0025	—0,0046	—0,0049	—0,0053	—0,0058	—0,0074	—0,0079	—0,0084	—0,0090
B_{ag}	0,0036	0,0032	0,0027	0,0021	0,0041	0,0036	0,0031	0,0024	0,0051	0,0045	0,0038	0,0031	0,0057	0,0050	0,0043	0,0034
Träger „b".																
B_{ba}	0,2307	0,1972	0,1618	0,1246	0,2382	0,2038	0,1675	0,1292	0,2535	0,2175	0,1793	0,1387	0,2654	0,2282	0,1886	0,1463
B_{bb}	0,4929	0,4838	0,4742	0,4641	0,4802	0,4705	0,4603	0,4494	0,4549	0,4439	0,4322	0,4197	0,4358	0,4237	0,4108	0,3970
B_{bc}	0,2676	0,2685	0,2695	0,2705	0,2675	0,2682	0,2691	0,2699	0,2660	0,2663	0,2667	0,2671	0,2636	0,2635	0,2634	0,2633
B_{bd}	0,0457	0,0475	0,0493	0,0513	0,0511	0,0530	0,0550	0,0570	0,0621	0,0641	0,0663	0,0687	0,0704	0,0726	0,0749	0,0774
B_{be}	—0,0201	—0,0194	—0,0187	—0,0180	—0,0183	—0,0175	—0,0167	—0,0158	—0,0136	—0,0126	—0,0114	—0,0102	—0,0091	—0,0078	—0,0064	—0,0048
B_{bf}	—0,0161	—0,0160	—0,0160	—0,0159	—0,0169	—0,0168	—0,0166	—0,0164	—0,0182	—0,0178	—0,0174	—0,0169	—0,0187	—0,0180	—0,0173	—0,0164
B_{bg}	—0,0008	—0,0008	—0,0007	—0,0006	—0,0018	—0,0017	—0,0015	—0,0013	—0,0046	—0,0041	—0,0036	—0,0029	—0,0074	—0,0066	—0,0056	—0,0045
Träger „c".																
B_{ca}	—0,0237	—0,0202	—0,0166	—0,0128	—0,0192	—0,0164	—0,0135	—0,0104	—0,0085	—0,0073	—0,0060	—0,0047	0,0011	0,0010	+0,0008	0,0006
B_{cb}	0,2676	0,2685	0,2695	0,2705	0,2675	0,2682	0,2691	0,2699	0,2660	0,2663	0,2667	0,2671	0,2636	0,2635	0,2634	0,2633
B_{cc}	0,4891	0,4890	0,4888	0,4886	0,4779	0,4777	0,4776	0,4775	0,4546	0,4545	0,4544	0,4542	0,4361	0,4360	0,4358	0,4356
B_{cd}	0,2605	0,2602	0,2599	0,2595	0,2620	0,2617	0,2614	0,2610	0,2642	0,2639	0,2636	0,2633	0,2651	0,2648	0,2646	0,2643
B_{ce}	0,0433	0,0431	0,0430	0,0428	0,0493	0,0492	0,0490	0,0489	0,0621	0,0621	0,0620	0,0619	0,0725	0,0725	0,0725	0,0725
B_{cf}	—0,0201	—0,0194	—0,0187	—0,0180	—0,0183	—0,0175	—0,0167	—0,0158	—0,0136	—0,0126	—0,0114	—0,0102	—0,0091	—0,0078	—0,0064	—0,0048
B_{cg}	—0,0167	—0,0142	—0,0117	—0,0090	—0,0192	—0,0164	—0,0135	—0,0104	—0,0247	—0,0212	—0,0174	—0,0135	—0,0292	—0,0251	—0,0208	—0,0161
Träger „d".																
B_{da}	—0,0449	—0,0383	—0,0314	—0,0242	—0,0463	—0,0396	—0,0325	—0,0251	—0,0485	—0,0416	—0,0342	—0,0265	—0,0493	—0,0423	—0,0349	—0,0271
B_{db}	0,0457	0,0475	0,0493	0,0513	0,0511	0,0530	0,0550	0,0570	0,0621	0,0641	0,0663	0,0687	0,0704	0,0726	0,0749	0,0774
B_{dc}	0,2605	0,2602	0,2599	0,2595	0,2620	0,2617	0,2614	0,2610	0,2642	0,2639	0,2636	0,2633	0,2651	0,2648	0,2646	0,2643
B_{dd}	0,4774	0,4767	0,4760	0,4752	0,4665	0,4657	0,4650	0,4642	0,4445	0,4437	0,4428	0,4419	0,4277	0,4268	0,4260	0,4250
B_{de}	0,2605	0,2602	0,2599	0,2595	0,2620	0,2617	0,2614	0,2610	0,2642	0,2639	0,2636	0,2633	0,2651	0,2648	0,2646	0,2643
B_{df}	0,0457	0,0475	0,0493	0,0513	0,0511	0,0530	0,0550	0,0570	0,0621	0,0641	0,0663	0,0687	0,0704	0,0726	0,0749	0,0774
B_{dg}	—0,0449	—0,0383	—0,0314	—0,0242	—0,0463	—0,0396	—0,0325	—0,0251	—0,0485	—0,0416	—0,0342	—0,0265	—0,0493	—0,0423	—0,0349	—0,0271

Querverteilungszahlen für das Kreuzwerk mit einem Querträger
und sieben Hauptträgern bei verstärkten Randträgern ($1 \leqq r \leqq 2$). (Fortsetzung.)

z	3,5				4				4,5				5			
r	1,0	1,2	1,5	2,0	1,0	1,2	1,5	2,0	1,0	1,2	1,5	2,0	1,0	1.2	1,5	2,0
Träger „a".																
B_{aa}	0,8016	0,8290	0,8584	0,8899	0,7908	0,8194	0,8501	0,8832	0,7812	0,8107	0,8426	0,8771	0,7724	0,8029	0,8358	0,8716
B_{ab}	0,2751	0,2843	0,2944	0,3052	0,2828	0,2930	0,3040	0,3158	0,2893	0,3003	0,3121	0,3249	0,2949	0,3066	0,3192	0,3329
B_{ac}	+0,0098	0,0102	0,0106	0,0110	0,0177	0,0184	0,0191	0,0199	0,0250	0,0259	0,0270	0,0281	0,0316	0,0328	0,0342	0,0357
B_{ad}	—0,0491	—0,0508	—0,0525	—0,0544	—0,0484	—0,0501	—0,0519	—0,0539	—0,0472	—0,0490	—0,0509	—0,0529	—0,0458	—0,0476	—0,0495	—0,0516
B_{ae}	—0,0330	—0,0341	—0,0353	—0,0366	—0,0360	—0,0373	—0,0387	—0,0402	—0,0385	—0,0399	—0,0415	—0,0433	—0,0404	—0,0421	0,0438	—0,0457
B_{af}	—0,0102	—0,0107	—0,0114	—0,0121	—0,0126	—0,0133	—0,0141	—0,0150	—0,0149	—0,0157	—0,0166	—0,0177	—0,0171	—0,0180	—0,0190	—0,0201
B_{ag}	0,0058	0,0052	0,0044	0,0036	0,0056	0,0050	0,0043	0,0035	0,0051	0,0046	0,0040	0,0032	0,0040	0,0040	0,0034	0,0028
Träger „b".																
B_{ba}	0,2751	0,2369	0,1963	0,1526	0,2828	0,2442	0,2026	0,1579	0,2893	0,2503	0,2081	0,1625	0,2949	0,2555	0,2128	0,1664
B_{bb}	0,4209	0,4078	0,3939	0,3789	0,4088	0,3949	0,3801	0,3640	0,3987	0,3842	0,3686	0,3516	0,3903	0,3752	0,3588	0,3410
B_{bc}	0,2612	0,2605	0,2600	0,2593	0,2585	0,2575	0,2565	0,2554	0,2560	0,2547	0,2532	0,2516	0,2537	0,2520	0,2501	0,2480
B_{bd}	0,0769	0,0791	0,0815	0,0841	0,0822	0,0844	0,0868	0,0894	0,0865	0,0887	0,0912	0,0938	0,0902	0,0924	0,0947	0,0973
B_{be}	—0,0050	—0,0033	—0,0016	0,0002	—0,0010	0,0008	+0,0027	0,0048	+0,0025	0,0045	0,0066	0,0090	+0,0057	0,0079	0,0102	0,0127
B_{bf}	—0,0187	—0,0178	—0,0167	—0,0156	—0,0185	—0;0173	—0,0159	—0,0144	—0,0182	—0,0167	—0,0150	—0,0132	—0,0177	—0,0159	—0,0140	—0,0119
B_{bg}	—0,0102	—0,0089	—0,0076	—0,0061	—0,0126	—0,0111	—0,0094	—0,0075	—0,0149	—0,0131	—0,0111	—0,0088	—0,0171	—0,0150	—0,0127	—0,0101
Träger „c".																
B_{ca}	+0,0098	0,0085	+0,0071	0,0055	0,0177	0,0153	0,0128	0,0100	0,0250	0,0216	0,0180	0,0141	0,0316	0,0274	0,0228	0,0179
B_{cb}	0,2612	0,2605	0,2600	0,2593	0,2585	0,2575	0,2565	0,2554	0,2560	0,2547	0,2532	0,2516	0,2537	0,2520	0,2501	0,2480
B_{cc}	0,4209	0,4207	0,4205	0,4202	0,4080	0,4077	0,4074	0,4071	0,3969	0,3966	0,3962	0,3957	0,3872	0,3867	0,3863	0,3857
B_{cd}	0,2651	0,2649	0,2647	0,2645	0,2647	0,2646	0,2644	0,2642	0,2640	0,2639	0,2638	0,2637	0,2631	0,2630	0,2629	0,2629
B_{ce}	0,0810	0,0811	0,0812	0,0814	0,0881	0,0883	0,0886	0,0888	0,0941	0,0944	0,0948	0,0952	0,0992	0,0996	0,1001	0,1007
B_{cf}	—0,0050	—0,0033	—0,0016	0,0002	—0,0010	—0,0008	+0,0027	0,0048	+0,0025	0,0045	0,0066	0,0090	0,0057	0,0079	0,0102	0,0127
B_{cg}	—0,0330	—0,0284	—0,0235	—0,0183	—0,0360	—0,0311	—0,0258	—0,0201	—0,0385	—0,0333	—0,0277	—0,0216	—0,0404	—0,0351	—0,0292	—0,0229
Träger „d".																
B_{da}	—0,0491	—0,0423	—0,0350	—0,0272	—0,0484	—0,0417	—0,0346	—0,0269	—0,0472	—0,0408	—0,0339	—0,0264	—0,0458	—0,0397	—0,0330	—0,0258
B_{db}	0,0769	0,0791	0,0815	0,0841	0,0822	0,0844	0,0868	0,0894	0,0865	0,0887	0,0912	0,0938	0,0902	0,0924	0,0947	0,0973
B_{dc}	0,2651	0,2649	0,2647	0,2645	0,2647	0,2646	0,2644	0,2642	0,2640	0,2639	0,2638	0,2637	0,2631	0,2630	0,2629	0,2629
B_{dd}	0,4142	0,4134	0,4125	0,4115	0,4030	0,4022	0,4013	0,4004	0,3935	0,3927	0,3919	0,3910	0,3852	0,3844	0,3837	0,3828
B_{de}	0,2651	0,2649	0,2647	0,2645	0,2647	0,2646	0,2644	0,2642	0,2640	0,2639	0,2638	0,2637	0,2631	0,2630	0,2629	0,2629
B_{df}	0,0769	0,0791	0,0815	0,0841	0,0822	0,0844	0,0868	0,0894	0,0865	0,0887	0,0912	0,0938	0,0902	0,0924	0,0947	0,0973
B_{dg}	—0,0491	—0,0423	—0,0350	—0,0272	—0,0484	—0,0417	—0,0346	—0,0269	—0,0472	—0,0408	—0,0339	—0,0264	—0,0458	—0,0397	—0,0330	—0,0258

Querverteilungszahlen für das Kreuzwerk mit einem Querträger
und sieben Hauptträgern bei verstärkten Randträgern ($1 \leqq r \leqq 2$).   (Fortsetzung.)

z	6				7				8				9			
r	1,0	1,2	1,5	2,0	1,0	1,2	1,5	2,0	1,0	1,2	1,5	2,0	1,0	1,2	1,5	2,0
Träger „a".																
B_{aa}	0,7570	0,7889	0,8237	0,8617	0,7437	0,7769	0,8132	0,8530	0,7320	0,7662	0,8038	0,8453	0,7216	0,7567	0,7954	0,8383
B_{ab}	0,3040	0,3168	0,3308	0,3461	0,3109	0,3248	0,3400	0,3567	0,3165	0,3313	0,3475	0,3654	0,3210	0,3365	0,3537	0,3728
B_{ac}	0,0433	0,0452	0,0472	0,0494	0,0535	0,0559	0,0585	0,0613	0,0624	0,0653	0,0685	0,0720	0,0703	0,0737	0,0774	0,0815
B_{ad}	−0,0425	−0,0442	−0,0462	−0,0483	−0,0387	−0,0404	−0,0423	−0,0444	−0,0348	−0,0365	−0,0383	−0,0403	−0,0309	−0,0324	−0,0341	−0,0360
B_{ae}	−0,0433	−0,0452	−0,0472	−0,0494	−0,0451	−0,0471	−0,0493	−0,0517	−0,0461	−0,0483	−0,0506	−0,0531	−0,0466	−0,0488	−0,0512	−0,0538
B_{af}	−0,0209	−0,0220	−0,0231	−0,0243	−0,0243	−0,0254	−0,0265	−0,0279	−0,0272	−0,0283	−0,0295	−0,0308	−0,0297	−0,0308	−0,0320	−0,0333
B_{ag}	0,0025	0,0022	0,0019	0,0016	0,0000	0,0000	0,0000	0,0000	−0,0027	−0,0025	−0,0022	−0,0018	−0,0057	−0,0052	−0,0046	−0,0039
Träger „b".																
B_{ba}	0,3040	0,2640	0,2205	0,1730	0,3109	0,2707	0,2267	0,1783	0,3165	0,2760	0,2317	0,1827	0,3210	0,2805	0,2358	0,1864
B_{bb}	0,3768	0,3607	0,3431	0,3240	0,3665	0,3496	0,3311	0,3107	0,3583	0,3407	0,3214	0,3001	0,3517	0,3336	0,3135	0,2914
B_{bc}	0,2496	0,2471	0,2445	0,2415	0,2460	0,2430	0,2396	0,2359	0,2431	0,2394	0,2354	0,2310	0,2405	0,2363	0,2317	0,2266
B_{bd}	0,0960	0,0981	0,1003	0,1028	0,1004	0,1024	0,1045	0,1068	0,1040	0,1057	0,1077	0,1098	0,1069	0,1084	0,1102	0,1121
B_{be}	0,0113	0,0137	0,0164	0,0193	+0,0161	0,0187	0,0216	0,0248	0,0200	0,0229	0,0260	0,0294	0,0235	0,0264	0,0297	0,0333
B_{bf}	−0,0167	−0,0145	−0,0120	−0,0094	−0,0156	−0,0130	−0,0102	−0,0070	−0,0147	−0,0117	−0,0084	−0,0049	−0,0138	−0,0105	−0,0069	−0,0029
B_{bg}	−0,0209	−0,0183	−0,0154	−0,0122	−0,0243	−0,0211	−0,0177	−0,0139	−0,0272	−0,0236	−0,0197	−0,0154	−0,0297	−0,0257	−0,0213	−0,0166
Träger „c".																
B_{ca}	0,0433	0,0376	0,0315	0,0247	0,0535	0,0466	0,0390	0,0307	0,0624	0,0544	0,0456	0,0360	0,0703	0,0614	0,0516	0,0408
B_{cb}	0,2496	0,2471	0,2445	0,2415	0,2460	0,2430	0,2396	0,2359	0,2431	0,2394	0,2354	0,2310	0,2405	0,2363	0,2317	0,2266
B_{cc}	0,3709	0,3703	0,3695	0,3688	0,3577	0,3568	0,3559	0,3548	0,3466	0,3455	0,3444	0,3431	0,3371	0,3359	0,3345	0,3330
B_{cd}	0,2609	0,2609	0,2609	0,2609	0,2584	0,2585	0,2585	0,2586	0,2559	0,2560	0,2561	0,2562	0,2533	0,2534	0,2536	0,2537
B_{ce}	0,1074	0,1080	0,1087	0,1095	0,1136	0,1144	0,1153	0,1163	0,1182	0,1192	0,1203	0,1216	0,1219	0,1231	0,1243	0,1257
B_{cf}	0,0113	0,0137	0,0164	0,0193	0,0161	0,0187	0,0216	0,0248	0,0200	0,0229	0,0260	0,0294	0,0235	0,0264	0,0297	0,0333
B_{cg}	−0,0433	−0,0376	−0,0315	−0,0247	−0,0451	−0,0393	−0,0329	−0,0259	−0,0461	−0,0402	−0,0337	−0,0266	−0,0466	−0,0406	−0,0341	−0,0269
Träger „d".																
B_{da}	−0,0425	−0,0369	−0,0308	−0,0241	−0,0387	−0,0337	−0,0282	−0,0222	−0,0348	−0,0304	−0,0255	−0,0201	−0,0309	−0,0270	−0,0227	−0,0180
B_{db}	0,0960	0,0981	0,1003	+0,1028	0,1004	0,1024	0,1045	0,1068	0,1040	0,1057	0,1077	0,1098	0,1069	0,1084	0,1102	0,1121
B_{dc}	0,2609	0,2609	0,2609	0,2609	0,2584	0,2585	0,2585	0,2586	0,2559	0,2560	0,2561	0,2562	0,2533	0,2534	0,2536	0,2537
B_{dd}	0,3712	0,3706	0,3699	0,3692	0,3597	0,3592	0,3586	0,3580	0,3500	0,3496	0,3491	0,3486	0,3415	0,3412	0,3408	0,3404
B_{de}	0,2609	0,2609	0,2609	0,2609	0,2584	0,2585	0,2585	0,2586	0,2559	0,2560	0,2561	0,2562	0,2533	0,2534	0,2536	0,2537
B_{df}	0,0960	0,0981	0,1003	0,1028	0,1004	0,1024	0,1045	0,1068	0,1040	0,1057	0,1077	0,1098	0,1069	0,1084	0,1102	0,1121
B_{dg}	−0,0425	−0,0369	−0,0308	−0,0241	−0,0387	−0,0337	−0,0282	−0,0222	−0,0348	−0,0304	−0,0255	−0,0201	−0,0309	−0,0270	−0,0227	−0,0180

Querverteilungszahlen für das Kreuzwerk mit einem Querträger
und sieben Hauptträgern bei verstärkten Randträgern ($1 \leqq r \leqq 2$). (Fortsetzung.)

z	10				12				14				16			
r	1,0	1,2	1,5	2,0	1,0	1,2	1,5	2,0	1,0	1,2	1,5	2,0	1,0	1,2	1,5	2,0
Träger „a".																
B_{aa}	0,7122	0,7480	0,7877	0,8319	0,6957	0,7329	0,7742	0,8205	0,6818	0,7199	0,7625	0,8106	0,6697	0,7085	0,7523	0,8018
B_{ab}	0,3247	0,3410	0,3590	0,3791	0,3304	0,3480	0,3675	0,3894	0,3347	0,3533	0,3741	0,3975	0,3379	0,3574	0,3793	0,4041
B_{ac}	0,0774	0,0813	0,0855	0,0902	0,0897	0,0944	0,0996	0,1054	0,1001	0,1055	0,1116	0,1184	0,1090	0,1152	0,1220	0,1298
B_{ad}	−0,0270	−0,0284	−0,0299	−0,0317	−0,0194	−0,0205	−0,0217	−0,0231	−0,0123	−0,0130	0,0139	−0,0148	−0,0057	−0,0060	−0,0064	−0,0069
B_{ae}	−0,0466	−0,0488	−0,0513	−0,0540	−0,0459	−0,0481	−0,0505	−0,0532	−0,0444	−0,0465	−0,0488	−0,0514	−0,0426	−0,0446	−0,0467	−0,0490
B_{af}	−0,0319	−0,0330	−0,0341	−0,0353	−0,0357	−0,0367	−0,0376	−0,0386	−0,0387	−0,0396	−0,0403	−0,0410	−0,0412	−0,0419	−0,0425	−0,0428
B_{ag}	−0,0088	−0,0081	−0,0072	−0,0060	−0,0150	−0,0139	−0,0124	−0,0104	−0,0211	−0,0196	−0,0176	−0,0150	−0,0272	−0,0253	−0,0228	−0,0194
Träger „b".																
B_{ba}	0,3247	0,2842	0,2393	0,1895	0,3304	0,2900	0,2450	0,1947	0,3347	0,2944	0,2494	0,1988	0,3379	0,2979	0,2529	0,2021
B_{bb}	0,3462	0,3276	0,3070	0,2841	0,3376	0,3182	0,2967	0,2726	0,3312	0,3112	0,2889	0,2639	0,3263	0,3058	0,2829	0,2570
B_{bc}	0,2383	0,2337	0,2285	0,2228	0,2347	0,2293	0,2232	0,2164	0,2320	0,2258	0,2189	0,2112	0,2298	0,2230	0,2154	0,2069
B_{bd}	0,1093	0,1106	0,1122	0,1139	0,1131	0,1141	0,1152	0,1165	0,1160	0,1166	0,1174	0,1182	0,1183	0,1186	0,1189	0,1193
B_{be}	0,0264	0,0295	0,0329	0,0366	0,0314	0,0346	0,0381	0,0420	0,0353	0,0385	0,0421	0,0461	0,0384	0,0417	0,0454	0,0494
B_{bf}	−0,0130	−0,0094	−0,0055	−0,0012	−0,0116	−0,0075	−0,0030	0,0018	−0,0104	−0,0059	−0,0011	0,0042	−0,0095	−0,0046	+0,0006	0,0062
B_{bg}	−0,0319	−0,0275	−0,0228	−0,0177	−0,0357	−0,0305	−0,0251	−0,0193	−0,0387	−0,0330	−0,0269	−0,0205	−0,0412	−0,0349	−0,0283	−0,0214
Träger „c".																
B_{ca}	0,0774	0,0677	0,0570	0,0451	0,0897	0,0787	0,0664	0,0527	0,1001	0,0880	0,0744	0,0592	0,1090	0,0960	0,0814	0,0649
B_{cb}	0,2383	0,2337	0,2285	0,2228	0,2347	0,2293	0,2232	0,2164	0,2320	0,2258	0,2189	0,2112	0,2298	0,2230	0,2154	0,2069
B_{cc}	0,3289	0,3275	0,3259	0,3242	0,3153	0,3135	0,3116	0,3094	0,3044	0,3023	0,2999	0,2973	0,2954	0,2929	0,2903	0,2872
B_{cd}	0,2507	0,2509	0,2510	0,2512	0,2458	0,2460	0,2462	0,2464	0,2413	0,2414	0,2415	0,2417	0,2370	0,2371	0,2371	0,2372
B_{ce}	0,1248	0,1261	0,1274	0,1290	0,1289	0,1303	0,1319	0,1337	0,1315	0,1330	0,1347	0,1367	0,1330	0,1347	0,1365	0,1385
B_{cf}	0,0264	0,0295	0,0329	0,0366	0,0314	0,0346	0,0381	0,0420	0,0353	0,0385	0,0421	0,0461	0,0384	0,0417	0,0454	0,0494
B_{cg}	−0,0466	−0,0407	−0,0342	−0,0270	−0,0459	−0,0401	−0,0337	−0,0266	−0,0444	−0,0388	−0,0326	−0,0257	−0,0426	−0,0372	−0,0311	−0,0245
Träger „d".																
B_{da}	−0,0270	−0,0236	−0,0200	−0,0158	−0,0194	−0,0171	−0,0145	−0,0116	−0,0123	−0,0109	−0,0092	−0,0074	−0,0057	−0,0050	−0,0043	−0,0035
B_{db}	0,1093	0,1106	0,1122	0,1139	0,1131	0,1141	0,1152	0,1165	0,1160	0,1166	0,1174	0,1182	0,1183	0,1186	0,1189	0,1193
B_{dc}	0,2507	0,2509	0,2510	0,2512	0,2458	0,2460	0,2462	0,2464	0,2413	0,2414	0,2415	0,2417	0,2370	0,2371	0,2371	0,2372
B_{dd}	0,3339	0,3337	0,3334	0,3331	0,3210	0,3209	0,3207	0,3205	0,3101	0,3101	0,3100	0,3099	0,3008	0,3007	0,3007	0,3007
B_{de}	0,2507	0,2509	0,2510	0,2512	0,2458	0,2460	0,2462	0,2464	0,2413	0,2414	0,2415	0,2417	0,2370	0,2371	0,2371	0,2372
B_{df}	0,1093	0,1106	0,1122	0,1139	0,1131	0,1141	0,1152	0,1165	0,1160	0,1166	0,1174	0,1182	0,1183	0,1186	0,1189	0,1093
B_{dg}	−0,0270	−0,0236	−0,0200	−0,0158	−0,0194	−0,0171	−0,0145	−0,0116	−0,0123	−0,0109	−0,0092	−0,0074	−0,0057	−0,0050	−0,0043	−0,0035

Querverteilungszahlen für das Kreuzwerk mit einem Querträger
und sieben Hauptträgern bei verstärkten Randträgern ($1 \leqq r \leqq 2$).   (Fortsetzung.)

z	18				20				25				30			
r	1,0	1,2	1,5	2,0	1,0	1,2	1,5	2,0	1,0	1,2	1,5	2,0	1,0	1,2	1,5	2,0
Träger „a".																
B_{aa}	0,6590	0,6985	0,7431	0,7939	0,6495	0,6895	0,7349	0,7868	0,6295	0,6705	0,7174	0,7715	0,6137	0,6553	0,7034	0,7589
B_{ab}	0,3405	0,3608	0,3836	0,4096	0,3424	0,3635	0,3872	0,4143	0,3462	0,3685	0,3940	0,4234	0,3485	0,3720	0,3990	0,4302
B_{ac}	0,1168	0,1236	0,1312	0,1399	0,1236	0,1311	0,1394	0,1490	0,1379	0,1466	0,1566	0,1681	0,1490	0,1590	0,1704	0,1836
B_{ad}	0,0005	0,0005	+0,0006	0,0006	0,0062	0,0067	0,0071	0,0077	0,0188	0,0202	0,0219	0,0238	0,0293	0,0317	0,0345	0,0378
B_{ae}	—0,0407	—0,0424	—0,0443	—0,0463	—0,0386	—0,0401	—0,0417	—0,0434	—0,0336	—0,0344	—0,0353	—0,0360	—0,0288	—0,0290	—0,0291	—0,0288
B_{af}	—0,0433	—0,0439	—0,0442	—0,0442	—0,0450	—0,0455	—0,0456	—0,0452	—0,0488	—0,0487	—0,0481	—0,0469	—0,0515	—0,0510	—0,0500	—0,0477
B_{ag}	—0,0328	—0,0306	—0,0278	—0,0238	—0,0381	—0,0358	—0,0325	—0,0280	—0,0501	—0,0474	—0,0435	—0,0377	—0,0604	—0,0575	—0,0533	—0,0464
Träger „b".																
B_{ba}	0,3405	0,3006	0,2557	0,2048	0,3424	0,3029	0,2581	0,2071	0,3462	0,3071	0,2627	0,2117	0,3485	0,3100	0,2660	0,2151
B_{bb}	0,3223	0,3014	0,2780	0,2515	0,3188	0,2978	0,2740	0,2469	0,3129	0,2912	0,2666	0,2384	0,3087	0,2866	0,2615	0,2325
B_{bc}	0,2280	0,2207	0,2125	0,2032	0,2265	0,2188	0,2101	0,2001	0,2240	0,2152	0,2053	0,1940	0,2221	0,2127	0,2019	0,1894
B_{bd}	0,1202	0,1202	0,1201	0,1201	0,1218	0,1215	0,1211	0,1206	0,1248	0,1238	0,1227	0,1213	0,1270	0,1255	0,1236	0,1214
B_{be}	0,0411	0,0444	0,0480	0,0520	0,0433	0,0466	0,0501	0,0541	0,0475	0,0508	0,0542	0,0579	0,0507	0,0538	0,0570	0,0604
B_{bf}	—0,0087	—0,0035	—0,0020	0,0078	—0,0078	—0,0026	0,0031	0,0092	—0,0066	—0,0008	0,0054	0,0119	—0,0056	0,0005	0,0070	0,0138
B_{bg}	—0,0433	—0,0366	—0,0295	—0,0221	—0,0450	—0,0379	—0,0304	—0,0226	—0,0488	—0,0406	—0,0321	—0,0234	—0,0515	—0,0425	—0,0333	—0,0238
Träger „c".																
B_{ca}	0,1168	0,1030	0,0875	0,0699	0,1236	0,1092	0,0930	0,0745	0,1379	0,1222	0,1044	0,0841	0,1490	0,1325	0,1136	0,0918
B_{cb}	0,2280	0,2207	0,2125	0,2032	0,2265	0,2188	0,2101	0,2001	0,2240	0,2152	0,2053	0,1940	0,2221	0,2127	0,2019	0,1894
B_{cc}	0,2878	0,2850	0,2820	0,2786	0,2814	0,2782	0,2748	0,2711	0,2681	0,2644	0,2604	0,2558	0,2580	0,2540	0,2493	0,2440
B_{cd}	0,2330	0,2330	0,2330	0,2330	0,2294	0,2293	0,2292	0,2291	0,2213	0,2210	0,2206	0,2201	0,2147	0,2140	0,2133	0,2124
B_{ce}	0,1340	0,1357	0,1376	0,1396	0,1346	0,1363	0,1381	0,1402	0,1347	0,1364	0,1382	0,1401	0,1342	0,1357	0,1373	0,1390
B_{cf}	0,0411	0,0444	0,0480	0,0520	0,0433	0,0466	0,0501	0,0541	0,0475	0,0508	0,0542	0,0579	0,0507	0,0538	0,0570	0,0604
B_{cg}	—0,0407	—0,0353	—0,0295	—0,0231	—0,0386	—0,0334	—0,0278	—0,0217	—0,0336	—0,0287	—0,0235	—0,0180	—0,0288	—0,0242	—0,0194	—0,0144
Träger „d".																
B_{da}	0,0005	0,0005	0,0004	0,0003	0,0062	0,0055	0,0048	0,0039	0,0188	0,0169	0,0146	0,0119	0,0293	0,0264	0,0230	0,0189
B_{db}	0,1202	0,1202	0,1201	0,1201	0,1218	0,1215	0,1211	0,1206	0,1248	0,1238	0,1227	0,1213	0,1270	0,1255	0,1236	0,1214
B_{dc}	0,2330	0,2330	0,2330	0,2330	0,2294	0,2293	0,2292	0,2291	0,2213	0,2210	0,2206	0,2201	0,2147	0,2140	0,2133	0,2124
B_{dd}	0,2925	0,2925	0,2925	0,2925	0,2853	0,2852	0,2852	0,2852	0,2700	0,2699	0,2698	0,2696	0,2580	0,2576	0,2573	0,2568
B_{de}	0,2330	0,2330	0,2330	0,2330	0,2294	0,2293	0,2292	0,2291	0,2213	0,2210	0,2206	0,2201	0,2147	0,2140	0,2133	0,2124
B_{df}	0,1202	0,1202	0,1201	0,1201	0,1218	0,1215	0,1211	0,1206	0,1248	0,1238	0,1227	0,1213	0,1270	0,1255	0,1236	0,1214
B_{dg}	+0,0005	0,0005	+0,0004	0,0003	0,0062	0,0055	0,0048	0,0039	0,0188	0,0169	0,0146	0,0119	0,0293	0,0264	0,0230	0,0189

Querverteilungszahlen für das Kreuzwerk mit einem Querträger
und sieben Hauptträgern bei verstärkten Randträgern ($1 \leqq r \leqq 2$).

(Fortsetzung.)

z	35				40				45				50			
r	1,0	1,2	1,5	2,0	1,0	1,2	1,5	2,0	1,0	1,2	1,5	2,0	1,0	1,2	1,5	2,0
Träger „a".																
B_{aa}	0,6008	0,6428	0,6913	0,7483	0,5899	0,6322	0,6813	0,7391	0,5809	0,6232	0,6726	0,7312	0,5730	0,6153	0,6651	0,7243
B_{ab}	0,3502	0,3745	0,4026	0,4355	0,3514	0,3764	0,4055	0,4397	0,3523	0,3779	0,4078	0,4432	0,3530	0,3791	0,4097	0,4461
B_{ac}	0,1581	0,1690	0,1817	0,1965	0,1656	0,1774	0,1912	0,2075	0,1719	0,1846	0,1994	0,2170	0,1773	0,1907	0,2064	0,2252
B_{ad}	0,0383	0,0415	0,0453	0,0500	0,0459	0,0500	0,0548	0,0607	0,0525	0,0573	0,0631	0,0702	0,0583	0,0638	0,0704	0,0786
B_{ae}	—0,0245	—0,0241	—0,0234	—0,0221	—0,0206	—0,0197	—0,0182	—0,0159	—0,0172	—0,0157	—0,0135	—0,0102	—0,0141	—0,0121	—0,0092	—0,0051
B_{af}	—0,0536	—0,0527	—0,0511	—0,0481	—0,0552	—0,0541	—0,0519	—0,0482	—0,0566	—0,0552	—0,0526	—0,0482	—0,0578	—0,0561	—0,0531	—0,0481
B_{ag}	—0,0693	—0,0662	—0,0615	—0,0542	—0,0769	—0,0739	—0,0689	—0,0610	—0,0839	—0,0806	—0,0754	—0,0672	—0,0896	—0,0865	—0,0813	—0,0726
Träger „b".																
B_{ba}	0,3502	0,3121	0,2684	0,2177	0,3514	0,3137	0,2703	0,2198	0,3523	0,3149	0,2719	0,2216	0,3530	0,3159	0,2731	0,2231
B_{bb}	0,3056	0,2833	0,2577	0,2281	0,3034	0,2807	0,2548	0,2247	0,3015	0,2787	0,2526	0,2220	0,2998	0,2771	0,2507	0,2198
B_{bc}	0,2209	0,2108	0,1992	0,1858	0,2199	0,2093	0,1971	0,1830	0,2192	0,2082	0,1955	0,1807	0,2186	0,2072	0,1941	0,1787
B_{bd}	0,1287	0,1267	0,1243	0,1213	0,1301	0,1276	0,1247	0,1211	0,1312	0,1284	0,1250	0,1208	0,1321	0,1290	0,1252	0,1205
B_{be}	0,0531	0,0560	0,0591	0,0622	0,0549	0,0577	0,0606	0,0635	0,0565	0,0591	0,0618	0,0644	0,0578	0,0603	0,0628	0,0651
B_{bf}	—0,0049	0,0015	0,0083	0,0152	—0,0044	0,0023	0,0092	0,0163	—0,0039	0,0029	0,0100	0,0171	—0,0034	0,0034	+0,0106	0,0179
B_{bg}	—0,0536	—0,0440	—0,0340	—0,0240	—0,0552	—0,0451	—0,0346	—0,0241	—0,0566	—0,0460	—0,0351	—0,0241	—0,0578	—0,0468	—0,0354	—0,0240
Träger „c".																
B_{ca}	0,1581	0,1409	0,1211	0,0983	0,1656	0,1479	0,1275	0,1037	0,1719	0,1538	0,1329	0,1085	0,1773	0,1589	0,1376	0,1126
B_{cb}	0,2209	0,2108	0,1992	0,1858	0,2199	0,2093	0,1971	0,1830	0,2192	0,2082	0,1955	0,1807	0,2185	0,2072	0,1941	0,1787
B_{cc}	0,2503	0,2457	0,2405	0,2344	0,2439	0,2389	0,2332	0,2265	0,2386	0,2333	0,2271	0,2199	0,2341	0,2285	0,2219	0,2142
B_{cd}	0,2090	0,2081	0,2070	0,2056	0,2041	0,2029	0,2015	0,1997	0,1999	0,1985	0,1967	0,1945	0,1963	0,1945	0,1924	0,1899
B_{ce}	0,1332	0,1346	0,1360	0,1374	0,1321	0,1334	0,1345	0,1357	0,1311	0,1321	0,1330	0,1339	0,1302	0,1309	0,1316	0,1321
B_{cf}	0,0531	0,0560	+0,0591	0,0622	0,0549	0,0577	0,0606	0,0635	0,0565	0,0591	0,0618	0,0644	0,0577	0,0603	0,0628	0,0651
B_{cg}	—0,0245	—0,0201	—0,0156	—0,0110	—0,0206	—0,0164	—0,0121	—0,0079	—0,0172	—0,0131	—0,0090	—0,0051	—0,0141	—0,0101	—0,0062	—0,0025
Träger „d".																
B_{da}	0,0383	0,0346	0,0302	0,0250	0,0459	0,0416	0,0365	0,0303	0,0525	0,0478	0,0421	0,0351	0,0583	0,0532	0,0470	0,0393
B_{db}	0,1287	0,1267	0,1243	0,1213	0,1301	0,1276	0,1247	0,1211	0,1312	0,1284	0,1250	0,1208	0,1321	0,1290	0,1252	0,1205
B_{dc}	0,2090	0,2081	0,2070	0,2056	0,2041	0,2029	0,2015	0,1997	0,1999	0,1985	0,1967	0,1945	0,1963	0,1945	0,1924	0,1899
B_{dd}	0,2481	0,2475	0,2469	0,2461	0,2398	0,2390	0,2381	0,2370	0,2327	0,2317	0,2305	0,2290	0,2267	0,2254	0,2239	0,2221
B_{de}	0,2090	0,2081	0,2070	0,2056	0,2041	0,2029	0,2015	0,1997	0,1999	0,1985	0,1967	0,1945	0,1963	0,1945	0,1924	0,1899
B_{df}	0,1287	0,1267	0,1243	0,1213	0,1301	0,1276	0,1247	0,1211	0,1312	0,1284	0,1250	0,1208	0,1321	0,1290	0,1252	0,1205
B_{dg}	0,0383	0,0346	0,0302	0,0250	0,0459	0,0416	0,0365	0,0303	0,0525	0,0478	0,0421	0,0351	0,0583	0,0532	0,0496	0,0393

9*

Querverteilungszahlen für das Kreuzwerk mit einem Querträger
und sieben Hauptträgern bei verstärkten Randträgern $(1 \leqq r \leqq 2)$. (Fortsetzung.)

z	60				70				80				90			
r	1,0	1,2	1,5	2,0	1,0	1,2	1,5	2,0	1,0	1,2	1,5	2,0	1,0	1,2	1,5	2,0
Träger „a".																
B_{aa}	0,5599	0,6025	0,6526	0,7132	0,5497	0,5923	0,6426	0,7032	0,5415	0,5840	0,6344	0,6954	0,5347	0,5772	0,6276	0,6889
B_{ab}	0,3539	0,3810	0,4127	0,4508	0,3547	0,3823	0,4150	0,4544	0,3551	0,3832	0,4167	0,4572	0,3555	0,3840	0,4181	0,4596
B_{ac}	0,1862	0,2008	0,2181	0,2390	0,1928	0,2087	0,2273	0,2500	0,1986	0,2151	0,2349	0,2590	0,2032	0,2204	0,2411	0,2666
B_{ad}	0,0679	0,0746	0,0828	0,0930	0,0756	0,0833	0,0928	0,1048	0,0818	0,0904	0,1011	0,1146	0,0870	0,0964	0,1080	0,1228
B_{ae}	−0,0088	−0,0060	−0,0019	0,0039	−0,0043	−0,0009	+0,0042	0,0114	−0,0010	0,0033	0,0093	0,0178	0,0020	0,0069	0,0137	0,0233
B_{af}	−0,0596	−0,0575	−0,0538	−0,0477	−0,0611	−0,0586	−0,0543	−0,0472	−0,0621	−0,0594	−0,0546	−0,0468	−0,0630	−0,0600	−0,0549	−0,0464
B_{ag}	−0,0995	−0,0965	−0,0912	−0,0826	−0,1068	−0,1046	−0,0993	−0,0898	−0,1139	−0,1113	−0,1060	−0,0964	−0,1193	−0,1169	−0,1116	−0,1019
Träger „b".																
B_{ba}	0,3539	0,3175	0,2752	0,2254	0,3547	0,3185	0,2766	0,2272	0,3551	0,3194	0,2778	0,2286	0,3555	0,3200	0,2787	0,2298
B_{bb}	0,2977	0,2746	0,2479	0,2165	0,2961	0,2728	0,2459	0,2140	0,2947	0,2715	0,2443	0,2122	0,2938	0,2704	0,2431	0,2107
B_{bc}	0,2177	0,2058	0,1919	0,1755	0,2171	0,2048	0,1904	0,1732	0,2167	0,2040	0,1891	0,1713	0,2165	0,2034	0,1881	0,1697
B_{bd}	0,1336	0,1299	0,1254	0,1199	0,1347	0,1306	0,1256	0,1193	0,1355	0,1311	0,1256	0,1187	0,1362	0,1315	0,1257	0,1182
B_{be}	0,0597	0,0620	0,0642	0,0661	0,0611	0,0633	0,0652	0,0668	0,0623	0,0643	0,0660	0,0672	0,0631	0,0651	0,0666	0,0675
B_{bf}	−0,0030	0,0042	+0,0116	0,0189	−0,0026	0,0048	+0,0123	0,0197	−0,0022	0,0052	0,0129	0,0203	−0,0020	0,0056	0,0133	0,0207
B_{bg}	−0,0596	−0,0479	−0,0359	−0,0239	−0,0611	−0,0488	−0,0362	−0,0236	−0,0621	−0,0495	−0,0364	−0,0234	−0,0630	−0,0500	−0,0366	−0,0232
Träger „c".																
B_{ca}	0,1862	0,1673	0,1454	0,1195	0,1928	0,1739	0,1516	0,1250	0,1986	0,1793	0,1566	0,1295	0,2032	0,1837	0,1607	0,1333
B_{cb}	0,2177	0,2058	0,1919	0,1755	0,2172	0,2048	0,1904	0,1732	0,2167	0,2040	0,1891	0,1713	0,2165	0,2034	0,1881	0,1697
B_{cc}	0,2271	0,2208	0,2135	0,2048	0,2216	0,2148	0,2069	0,1974	0,2168	0,2101	0,2016	0,1915	0,2137	0,2062	0,1973	0,1865
B_{cd}	0,1902	0,1880	0,1853	0,1819	0,1853	0,1827	0,1795	0,1755	0,1814	0,1784	0,1747	0,1701	0,1781	0,1748	0,1707	0,1655
B_{ce}	0,1281	0,1286	0,1289	0,1288	0,1263	0,1266	0,1265	0,1258	0,1252	0,1248	0,1244	0,1232	0,1236	0,1233	0,1225	0,1210
B_{cf}	0,0597	0,0620	0,0642	0,0661	0,0611	0,0633	0,0652	0,0668	0,0623	0,0643	0,0660	0,0672	0,0631	0,0651	0,0666	0,0675
B_{cg}	−0,0088	−0,0050	−0,0013	0,0020	−0,0043	−0,0008	+0,0028	0,0057	−0,0010	0,0028	0,0062	0,0089	0,0020	0,0057	0,0091	0,0116
Träger „d".																
B_{da}	0,0679	0,0622	0,0552	0,0465	0,0756	0,0694	0,0619	0,0524	0,0818	0,0754	0,0674	0,0573	0,0870	0,0803	0,0720	0,0615
B_{db}	0,1336	0,1299	0,1254	0,1199	0,1347	0,1306	0,1258	0,1193	0,1355	0,1311	0,1256	0,1187	0,1362	0,1315	0,1257	0,1182
B_{dc}	0,1902	0,1880	0,1853	0,1819	0,1853	0,1827	0,1795	0,1755	0,1814	0,1784	0,1747	0,1701	0,1781	0,1748	0,1707	0,1655
B_{dd}	0,2167	0,2150	0,2130	0,2104	0,2089	0,2068	0,2042	0,2010	0,2026	0,2001	0,1971	0,1932	0,1974	0,1946	0,1911	0,1867
B_{de}	0,1902	0,1880	0,1853	0,1819	0,1853	0,1827	0,1795	0,1755	0,1814	0,1784	0,1747	0,1701	0,1781	0,1748	0,1707	0,1655
B_{df}	0,1336	0,1299	0,1254	0,1199	0,1347	0,1306	0,1258	0,1193	0,1355	0,1311	0,1256	0,1187	0,1362	0,1315	0,1257	0,1182
B_{dg}	0,0679	0,0622	0,0552	0,0465	0,0756	0,0694	0,0619	0,0524	0,0818	0,0754	0,0674	0,0573	0,0870	0,0803	0,0720	0,0615

Querverteilungszahlen für das Kreuzwerk mit einem Querträger
und sieben Hauptträgern bei verstärkten Randträgern ($1 \leqq r \leqq 2$). (Fortsetzung.)

z	100				110				120				150			
r	1,0	1,2	1,5	2,0	1,0	1,2	1,5	2,0	1,0	1,2	1,5	2,0	1,0	1,2	1,5	2,0
Träger „a".																
B_{aa}	0,5291	0,5714	0,6219	0,6834	0,5242	0,5665	0,6170	0,6786	0,5201	0,5623	0,6127	0,6744	0,5105	0,5524	0,6027	0,6646
B_{ab}	0,3557	0,3846	0,4192	0,4615	0,3559	0,3851	0,4202	0,4631	0,3560	0,3855	0,4209	0,4645	0,3564	0,3864	0,4228	0,4677
B_{ac}	0,2070	0,2248	0,2464	0,2730	0,2102	0,2286	0,2509	0,2785	0,2130	0,2318	0,2548	0,2833	0,2195	0,2394	0,2638	0,2946
B_{ad}	0,0914	0,1014	0,1140	0,1300	0,0949	0,1057	0,1190	0,1362	0,0983	0,1095	0,1235	0,1416	0,1059	0,1182	0,1339	0,1544
B_{ae}	0,0045	0,0099	0,0174	0,0280	0,0066	0,0126	0,0207	0,0321	0,0086	0,0149	0,0235	0,0358	0,0129	0,0203	0,0302	0,0444
B_{af}	—0,0637	—0,0605	—0,0550	—0,0460	—0,0643	—0,0610	—0,0552	—0,0456	—0,0648	—0,0613	—0,0553	—0,0452	—0,0660	—0,0622	—0,0555	—0,0444
B_{ag}	—0,1239	—0,1216	—0,1165	—0,1066	—0,1278	—0,1257	—0,1206	—0,1107	—0,1312	—0,1292	—0,1243	—0,1144	—0,1391	—0,1375	—0,1328	—0,1230
Träger „b".																
B_{ba}	0,3557	0,3205	0,2795	0,2307	0,3559	0,3209	0,2801	0,2316	0,3560	0,3213	0,2806	0,2322	0,3564	0,3220	0,2818	0,2339
B_{bb}	0,2930	0,2696	0,2421	0,2095	0,2924	0,2689	0,2414	0,2085	0,2919	0,2683	0,2407	0,2077	0,2906	0,2670	0,2392	0,2058
B_{bc}	0,2161	0,2029	0,1873	0,1685	0,2159	0,2025	0,1866	0,1674	0,2158	0,2022	0,1860	0,1665	0,2154	0,2014	0,1847	0,1644
B_{bd}	0,1368	0,1319	0,1257	0,1178	0,1373	0,1321	0,1257	0,1174	0,1377	0,1324	0,1257	0,1171	0,1386	0,1329	0,1257	0,1162
B_{be}	0,0639	0,0657	0,0671	0,0676	0,0643	0,0662	0,0675	0,0678	0,0651	0,0667	0,0678	0,0679	0,0662	0,0677	0,0685	0,0681
B_{bf}	—0,0018	0,0059	0,0137	0,0211	—0,0016	0,0061	0,0139	0,0214	—0,0015	0,0063	0,0142	0,0216	—0,0012	0,0067	0,0147	0,0221
B_{bg}	—0,0637	—0,0504	—0,0367	—0,0230	—0,0643	—0,0508	—0,0368	—0,0229	—0,0648	—0,0511	—0,0369	—0,0226	—0,0660	—0,0518	—0,0370	—0,0222
Träger „c".																
B_{ca}	0,2070	0,1874	0,1642	0,1365	0,2102	0,1905	0,1672	0,1392	0,2130	0,1932	0,1698	0,1416	0,2195	0,1995	0,1759	0,1473
B_{ch}	0,2161	0,2029	0,1873	0,1685	0,2161	0,2025	0,1866	0,1674	0,2158	0,2022	0,1860	0,1665	0,2154	0,2014	0,1847	0,1644
B_{cc}	0,2107	0,2029	0,1937	0,1824	0,2081	0,2002	0,1906	0,1788	0,2061	0,1978	0,1879	0,1758	0,2014	0,1924	0,1818	0,1686
B_{cd}	0,1754	0,1718	0,1673	0,1616	0,1730	0,1692	0,1644	0,1582	0,1710	0,1669	0,1618	0,1553	0,1662	0,1616	0,1558	0,1483
B_{ce}	0,1224	0,1219	0,1209	0,1189	0,1215	0,1208	0,1195	0,1171	0,1206	0,1197	0,1182	0,1155	0,1185	0,1172	0,1151	0,1117
B_{cf}	0,0639	0,0657	0,0671	0,0676	0,0643	0,0662	0,0675	0,0678	0,0651	0,0667	0,0678	0,0679	0,0662	0,0677	0,0685	0,0681
B_{cg}	0,0045	0,0083	0,0116	0,0140	0,0066	0,0105	0,0138	0,0161	0,0086	0,0124	0,0157	0,0179	0,0129	0,0169	0,0202	0,0222
Träger „d".																
B_{da}	0,0914	0,0845	0,0760	0,0650	0,0951	0,0881	0,0794	0,0681	0,0983	0,0912	0,0823	0,0708	0,1059	0,0985	0,0893	0,0772
B_{db}	0,1368	0,1319	0,1257	0,1178	0,1373	0,1321	0,1257	0,1174	0,1377	0,1324	0,1257	0,1171	0,1386	0,1329	0,1257	0,1162
B_{dc}	0,1754	0,1718	0,1673	0,1616	0,1730	0,1692	0,1644	0,1582	0,1710	0,1669	0,1618	0,1553	0,1662	0,1616	0,1558	0,1483
B_{dd}	0,1930	0,1899	0 1861	0,1811	0,1893	0,1860	0,1818	0,1764	0,1861	0,1825	0,1780	0,1722	0,1787	0,1745	0,1692	0,1624
B_{de}	0,1754	0,1718	0,1673	0,1616	0,1730	0,1692	0,1644	0,1582	0,1710	0,1669	0,1618	0,1553	0,1662	0,1616	0,1558	0,1483
B_{df}	0,1368	0,1319	0,1257	0,1178	0,1373	0,1321	0,1257	0,1174	0,1377	0,1324	0,1257	0,1171	0,1386	0,1329	0,1257	0,1162
B_{dg}	0,0914	0,0845	0,0760	0,0650	0,0951	0,0881	0,0794	0,0681	0,0983	0,0912	0,0823	0,0708	0,1059	0,0985	0,0893	0,0772

Querverteilungszahlen für das Kreuzwerk mit einem Querträger und sieben Hauptträgern bei verstärkten Randträgern ($1 \leqq r \leqq 2$). (Fortsetzung.)

z	200				250				300				400			
r	1,0	1,2	1,5	2,0	1,0	1,2	1,5	2,0	1,0	1,2	1,5	2,0	1,0	1,2	1,5	2,0
Träger „a".																
B_{aa}	0,5002	0,5418	0,5918	0,6538	0,4937	0,5350	0,5848	0,6468	0,4891	0,5302	0,5799	0,6419	0,4833	0,5241	0,5735	0,6354
B_{ab}	0,3566	0,3873	0,4246	0,4712	0,3568	0,3879	0,4258	0,4733	0,3569	0,3882	0,4266	0,4748	0,3570	0,3887	0,4276	0,4768
B_{ac}	0,2262	0,2475	0,2737	0,3069	0,2306	0,2527	0,2800	0,3149	0,2335	0,2562	0,2844	0,3206	0,2374	0,2609	0,2901	0,3279
B_{ad}	0,1140	0,1278	0,1454	0,1685	0,1192	0,1339	0,1528	0,1778	0,1228	0,1382	0,1580	0,1844	0,1275	0,1438	0,1648	0,1930
B_{ae}	0,0180	0,0262	0,0377	0,0542	0,0211	0 0301	0,0426	0,0606	0,0224	0,0328	0,0461	0,0651	0,0262	0,0364	0,0506	0,0712
B_{af}	−0,0673	−0,0630	−0,0556	−0,0433	−0,0681	−0,0635	−0,0557	−0,0426	−0,0686	−0,0639	−0,0558	−0,0420	−0,0693	−0,0643	0,0558	−0,0413
B_{ag}	−0,1477	−0,1466	−0,1423	−0,1326	−0,1533	−0,1525	−0,1484	−0,1388	0,1571	−0,1566	−0,1528	−0,1433	0,1621	−0,1619	−0,1584	−0,1492
Träger „b".																
B_{ba}	0,3566	+0,3228	0,2831	0,2356	0,3568	0,3232	0,2839	0,2367	0,3569	0,3235	0,2844	0,2374	0,3570	0,3239	0,2851	0,2384
B_{bb}	0,2894	0,2657	0,2377	0,2039	0,2887	0,2649	0,2368	0,2028	0,2882	0,2644	0,2362	0,2020	0,2876	0,2637	0,2354	0,2011
B_{bc}	0,2151	0,2007	0,1834	0,1622	0,2149	0,2002	0,1826	0,1608	0,2147	0,1999	0,1820	0,1598	0,2144	0,1995	0,1813	0,1586
B_{bd}	0,1396	0,1334	0,1256	0,1152	0,1402	0,1338	0,1255	0,1145	0,1406	0,1340	0,1254	0,1140	0,1412	0,1343	0,1254	0,1134
B_{be}	0,0675	0,0687	0,0691	0,0681	0,0682	0,0693	0,0695	0,0681	0,0688	0,0697	0,0698	0,0681	0,0694	0,0702	0,0701	0,0681
B_{bf}	−0,0009	0,0072	0 0152	0,0227	−0,0007	0,0075	0,0156	0,0230	−0,0006	0,0076	0,0158	0,0232	−0,0005	0,0079	0,0161	0,0234
B_{bg}	−0,0673	−0,0525	−0,0371	−0,0217	−0,0681	−0,0529	−0,0372	−0,0213	−0,0686	−0,0532	−0,0372	−0,0210	−0,0693	−0,0536	−0,0372	−0,0207
Träger „c".																
B_{ca}	0,2262	0,2062	0,1824	0,1535	0,2306	0,2106	0,1867	0,1575	0,2335	0,2135	0,1896	0,1603	0,2374	0,2174	0,1934	0,1640
B_{cb}	0,2152	0,2007	0,1834	0,1622	0,2149	0,2002	0,1826	0,1608	0,2147	0,1999	0,1820	0,2598	0,2144	0,1995	0,1813	0,1586
B_{cc}	0,1961	0,1867	0,1752	0,1609	0,1928	0,1830	0,1710	0,1559	0,1904	0,1805	0,1681	0,1524	0,1878	0,1773	0,1644	0,1479
B_{cd}	0,1611	0,1559	0,1492	0,1405	0,1578	0,1522	0,1450	0,1354	0,1555	0,1496	0,1420	0,1318	0,1526	0,1462	0,1381	0,1271
B_{ce}	0,1161	0,1144	0,1117	0,1073	0,1146	0,1125	0,1093	0,1043	0,1136	0,1112	0,1077	0,1021	0,1120	0,1095	0,1055	0,0993
B_{cf}	0,0675	0,0687	0,0691	0,0681	0,0682	0,0693	0,0695	0,0681	0,0688	0,0697	0,0698	0,0681	0,0694	0,0702	0,0701	0,0681
B_{cg}	0 0180	0,0219	0,0251	0,0271	0,0211	0,0251	0,0284	0,0303	0,0233	0,0274	0,0307	0,0326	0,0262	0,0303	0,0337	0,0356
Träger „d".																
B_{da}	0,1140	0,1065	0,0969	0,0843	0,1192	0,1116	0,1018	0,0889	0,1228	0,1152	0,1053	0,0922	0,1275	0,1198	0,1099	0,0965
B_{db}	0,1396	0,1334	0,1256	0,1152	0,1402	0,1338	0,1255	0,1145	0,1406	0,1340	0,1254	0,1140	0,1412	0,1343	0,1254	0,1134
B_{dc}	0,1611	0,1559	0,1492	0,1405	0,1578	0,1522	0,1450	0,1354	0,1555	0,1496	0,1420	0,1318	0,1526	0,1462	0,1381	0,1271
B_{dd}	0,1707	0,1659	0,1597	0,1515	0,1658	0,1604	0,1535	0,1445	0,1622	0,1565	0,1492	0,1395	0,1576	0,1515	0,1436	0,1330
B_{de}	0,1611	0,1559	0,1492	0,1405	0,1578	0,1522	0,1450	0,1354	0,1555	0,1496	0,1420	0,1318	0,1526	0,1462	0,1381	0,1271
B_{df}	0,1396	0,1334	0,1256	0,1152	0,1402	0,1338	0,1255	0,1145	0,1406	0,1340	0,1254	0,1140	0,1412	0,1343	0,1254	0,1134
B_{dg}	0,1140	0,1065	0,0969	0,0843	0,1192	0,1116	0,1018	0,0889	0,1228	0,1152	0,1053	0,0922	0,1275	0,1198	0,1099	0,0965

Querverteilungszahlen für das Kreuzwerk mit einem Querträger
und sieben Hauptträgern bei verstärkten Randträgern ($1 \leqq r \leqq 2$). (Fortsetzung.)

z	600				800				1000				∞			
r	1,0	1,2	1,5	2,0	1,0	1,2	1,5	2,0	1,0	1,2	1,5	2,0	1,0	1,2	1,5	2,0
Träger „a".																
B_{aa}	0,4772	0,5177	0,5668	0,6285	0,4741	0,5143	0,5634	0,6249	0,4721	0,5123	0,5612	0,6227	0,4643	0,5039	0,5524	0,6135
B_{ab}	0,3570	0,3891	0,4286	0,4788	0,3570	0,3894	0,4291	0,4798	0,3571	0,3895	0,4295	0,4805	0,3572	0,3900	0,4307	0,4831
B_{ac}	0,2417	0,2657	0,2962	0,3357	0,2437	0,2682	0,2993	0,3398	0,2448	0,2698	0,3012	0,3423	0,2500	0,2761	0,3091	0,3527
B_{ad}	0,1324	0,1496	0,1719	0,2021	0,1349	0,1526	0,1757	0,2069	0,1365	0,1545	0,1780	0,2099	0,1429	0,1622	0,1875	0,2222
B_{ae}	0,0288	0,0401	0,0554	0,0776	0,0308	0,0421	0,0579	0,0810	0,0318	0,0433	0,0594	0,0830	0,0357	0,0482	0,0659	0,0918
B_{af}	−0,0700	−0,0648	−0,0558	−0,0405	−0,0703	−0,0650	−0,0558	−0,0401	−0,0705	−0,0651	−0,0558	−0,0398	−0,0714	−0,0657	−0,0557	−0,0387
B_{ag}	−0,1674	−0,1675	−0,1644	−0,1554	−0,1701	−0,1704	−0,1675	−0,1586	−0,1717	−0,1722	−0,1694	−0,1607	0,1786	−0,1796	−0,1774	0,1691
Träger „b".																
B_{ba}	0,3570	0,3243	0,2857	0,2394	0,3571	0,3245	0,2861	0,2399	0,3571	0,3246	0,2863	0,2402	0,3572	0,3250	0,2872	0,2416
B_{bb}	0,2870	0,2631	0,2347	0,2001	0,2866	0,2627	0,2343	0,1996	0,2864	0,2625	0,2340	0,1993	0,2858	0,2617	0,2331	0,1981
B_{bc}	0,2144	0,1992	0,1806	0,1573	0,2143	0,1990	0,1802	0,1567	0,2144	0,1989	0,1800	0,1562	0,2143	0,1984	0,1791	0,1546
B_{bd}	0,1417	0,1346	0,1253	0,1127	0,1420	0,1347	0,1252	0,1123	0,1422	0,1348	0,1252	0,1121	0,1429	0,1351	0,1250	0,1111
B_{be}	0,0701	0,0708	0,0704	0,0680	0,0703	0,0710	0,0705	0,0679	0,0706	0,0712	0,0706	0,0678	0,0714	0,0719	0,0710	0,0676
B_{bf}	−0,0003	0,0081	0,0163	0,0237	−0,0001	0,0082	0,0165	0,0238	−0,0002	0,0083	0,0166	0,0239	−	0,0086	0,0169	0,0242
B_{bg}	−0,0700	−0,0540	−0,0372	−0,0202	−0,0703	−0,0542	−0,0372	−0,0200	−0,0705	−0,0543	−0,0372	−0,0199	−0,0714	−0,0547	−0,0372	−0,0193
Träger „c".																
B_{ca}	0,2418	0,2215	0,1974	0,1679	0,2437	0,2235	0,1995	0,1699	0,2448	0,2248	0,2008	0,1711	0,2500	0,2301	0,2061	0,1763
B_{cb}	0,2144	0,1992	0,1806	0,1573	0,2143	0,1990	0,1802	0,1567	0,2144	0,1989	0,1800	0,1562	0,2143	0,1984	0,1791	0,1546
B_{cc}	0,1851	0,1739	0,1604	0,1431	0,1833	0,1722	0,1584	0,1407	0,1824	0,1711	0,1572	0,1392	0,1786	0,1668	0,1520	0,1329
B_{cd}	0,1495	0,1427	0,1340	0,1221	0,1479	0,1409	0,1318	0,1195	0,1469	0,1398	0,1305	0,1179	0,1429	0,1351	0,1250	0,1111
B_{ce}	0,1103	0,1076	0,1032	0,0962	0,1097	0,1066	0,1019	0,0946	0,1092	0,1060	0,1012	0,0936	0,1072	0,1035	0,0980	0,0894
B_{cf}	0,0701	0,0708	0,0704	0,0680	0,0703	0,0710	0,0705	0,0679	0,0706	0,0712	0,0706	0,0678	0,0714	0,0719	0,0710	0,0676
B_{cg}	0,0288	0,0334	0,0369	0,0388	0,0307	0,0351	0,0386	0,0405	0,0318	0,0361	0,0396	0,0415	0,0357	0,0402	0,0439	0,0459
Träger „d".																
B_{da}	0,1324	0,1247	0,1146	0,1011	0,1349	0,1272	0,1171	0,1035	0,1365	0,1287	0,1186	0,1049	0,1429	0,1351	0,1250	0,1111
B_{db}	0,1417	0,1346	0,1253	0,1127	0,1420	0,1347	0,1252	0,1123	0,1422	0,1348	0,1252	0,1121	0,1429	0,1351	0,1250	0,1111
B_{dc}	0,1495	0,1427	0,1340	0,1221	0,1479	0,1409	0,1318	0,1195	0,1469	0,1398	0,1305	0,1179	0,1429	0,1351	0,1250	0,1111
B_{dd}	0,1530	0,1463	0,1377	0,1262	0,1505	0,1436	0,1347	0,1226	0,1490	0,1420	0,1328	0,1204	0,1429	0,1351	0,1250	0,1111
B_{de}	0,1495	0,1427	0,1340	0,1221	0,1479	0,1409	0,1318	0,1195	0,1469	0,1398	0,1305	0,1179	0,1429	0,1351	0,1250	0,1111
B_{df}	0,1417	0,1346	0,1253	0,1127	0,1420	0,1347	0,1252	0,1123	0,1422	0,1348	0,1252	0,1121	0,1429	0,1351	0,1250	0,1111
B_{dg}	0,1324	0,1247	0,1146	0,1011	0,1349	0,1272	0,1171	0,1035	0,1365	0,1287	0,1186	0,1049	0,1429	0,1351	0,1250	0,1111

6. Querverteilungszahlen für das Kreuzwerk mit einem Querträger und acht Hauptträgern bei verstärkten Randträgern ($1 \leqq r \leqq 2$).

z	1				1,2				1,4				1,6			
r	1,0	1,2	1,5	2,0	1,0	1,2	1,5	2,0	1,0	1,2	1,5	2,0	1,0	1,2	1,5	2,0
Träger „a".																
B_{aa}	0,8899	0,9066	0,9238	0,9418	0,8787	0,8968	0,9157	0,9354	0,8688	0,8882	0,9085	0,9298	0,8598	0,8803	0,9019	0,9246
B_{ab}	0,1874	0,1909	0,1945	0,1983	0,2010	0,2052	0,2095	0,2140	0,2125	0,2172	0,2222	0,2274	0,2223	0,2276	0,2332	0,2390
B_{ac}	−0,0422	−0,0430	−0,0438	−0,0447	−0,0377	−0,0385	−0,0393	−0,0402	−0,0330	−0,0338	−0,0345	−0,0354	−0,0283	−0,0290	−0,0297	−0,0305
B_{ad}	−0,0332	−0,0338	−0,0344	−0,0351	−0,0373	−0,0381	−0,0389	−0,0397	−0,0405	−0,0414	−0,0423	−0,0433	−0,0429	−0,0440	−0,0450	−0,0462
B_{ae}	−0,0052	−0,0053	−0,0054	−0,0055	−0,0082	−0,0084	−0,0085	−0,0087	−0,0111	−0,0113	−0,0116	−0,0119	−0,0138	−0,0141	−0,0145	−0,0149
B_{af}	+0,0021	0,0022	0,0022	0,0023	0,0018	0,0018	0,0019	+0,0019	0,0012	0,0012	0,0012	0,0013	0,0004	0,0004	0,0004	0,0004
B_{ag}	+0,0013	0,0013	0,0013	0,0014	0,0017	0,0017	0,0017	0,0018	0,0020	0,0020	0,0020	0,0021	0,0022	0,0022	0,0022	0,0022
B_{ah}	−0,0001	−0,0001	−0,0001	−0,0001	0,0000	0,0000	0,0000	0,0000	0,0003	0,0002	0,0002	0,0001	0,0005	0,0005	0,0004	0,0003
Träger „b".																
B_{ba}	0,1874	0,1591	0,1297	0,0991	0,2010	0,1710	0,1397	0,1070	0,2125	0,1810	0,1481	0,1137	0,2223	0,1896	0,1554	0,1195
B_{bb}	0,5709	0,5650	0,5588	0,5523	0,5455	0,5386	0,5315	0,5240	0,5248	0,5171	0,5091	0,5006	0,5075	0,4991	0,4903	0,4810
B_{bc}	0,2593	0,2606	0,2620	0,2634	0,2636	0,2648	0,2662	0,2676	0,2660	0,2671	0,2684	0,2697	0,2671	0,2682	0,2694	0,2705
B_{bd}	0,0143	0,0153	0,0164	0,0176	0,0241	0,0254	0,0267	0,0281	0,0325	0,0340	0,0355	0,0371	0,0397	0,0413	0,0431	0,0449
B_{be}	−0,0243	−0,0241	−0,0240	−0,0238	−0,0237	−0,0235	−0,0231	−0,0228	−0,0226	−0,0222	−0,0217	−0,0213	−0,0211	−0,0205	−0,0200	−0,0194
B_{bf}	−0,0088	−0,0089	−0,0090	−0,0090	−0,0111	−0,0112	−0,0113	−0,0113	−0,0130	−0,0131	−0,0131	−0,0131	−0,0145	−0,0146	−0,0146	−0,0146
B_{bg}	0,0000	−0,0001	−0,0001	−0,0002	−0,0010	−0,0011	−0,0012	−0,0014	−0,0021	−0,0022	−0,0024	−0,0025	−0,0032	−0,0033	−0,0035	−0,0037
B_{bh}	0,0013	0,0011	0,0009	0,0007	0,0017	0,0014	0,0012	0,0009	0,0020	0,0017	0,0014	0,0010	0,0022	0,0018	0,0015	0,0011
Träger „c".																
B_{ca}	−0,0422	−0,0358	−0,0292	−0,0223	−0,0377	−0,0321	−0,0262	−0,0201	−0,0330	−0,0282	−0,0230	−0,0177	−0,0283	−0,0242	−0,0198	−0,0152
B_{cb}	0,2593	0,2606	0,2620	0,2634	0,2636	0,2648	0,2662	0,2676	0,2660	0,2671	0,2684	0,2697	0,2671	0,2682	0,2694	0,2705
B_{cc}	0,5547	0,5544	0,5541	0,5538	0,5338	0,5336	0,5333	0,5330	0,5165	0,5163	0,5161	0,5159	0,5018	0,5018	0,5016	0,5014
B_{cd}	0,2465	0,2463	0,2461	0,2458	0,2520	0,2517	0,2515	0,2512	0,2558	0,2556	0,2553	0,2551	0,2585	0,2583	0,2581	0,2578
B_{ce}	0,0122	0,0122	0,0122	0,0121	0,0215	0,0214	0,0214	0,0213	0,0296	0,0295	0,0294	0,0294	0,0367	0,0366	0,0366	0,0365
B_{cf}	−0,0239	−0,0238	−0,0238	−0,0238	−0,0237	−0,0237	−0,0236	−0,0236	−0,0229	−0,0229	−0,0229	−0,0229	−0,0217	−0,0217	−0,0217	−0,0216
B_{cg}	−0,0088	−0,0089	−0,0090	−0,0090	−0,0111	−0,0112	−0,0113	−0,0113	−0,0130	−0,0131	−0,0131	−0,0131	−0,0145	−0,0146	−0,0146	−0,0146
B_{ch}	+0,0021	0,0018	0,0015	0,0011	0,0018	0,0015	0,0012	0,0009	0,0012	0,0010	0,0008	0,0006	0,0004	0,0003	0,0003	0,0002
Träger „d".																
B_{da}	−0,0332	−0,0282	−0,0229	−0,0176	−0,0373	−0,0317	−0,0259	−0,0199	−0,0405	−0,0345	−0,0282	−0,0217	−0,0429	−0,0367	−0,0300	−0,0231
B_{db}	0,0143	0,0153	0,0164	0,0176	0,0241	0,0254	0,0267	0,0281	0,0325	0,0340	0,0355	0,0371	0,0397	0,0413	0,0431	0,0449
B_{dc}	0,2465	0,2463	0,2461	0,2458	0,2520	0,2517	0,2515	0,2512	0,2558	0,2556	0,2553	0,2551	0,4887	0,4884	0,4880	0,4876
B_{dd}	0,5448	0,5446	0,5444	0,5442	0,5224	0,5221	0,5219	0,5216	0,5040	0,5037	0,5034	0,5029	0,2542	0,2539	0,2538	0,2536
B_{de}	0,2449	0,2448	0,2447	0,2447	0,2493	0,2492	0,2491	0,2490	0,2523	0,2521	0,2519	0,2519	0,0367	0,0366	0,0366	0,0365
B_{df}	0,0122	0,0122	0,0122	0,0121	0,0215	0,0214	0,0214	0,0213	0,0296	0,0295	0,0294	0,0294	−0,0211	−0,0205	−0,0200	−0,0194
B_{dg}	−0,0243	−0,0241	−0,0240	−0,0238	−0,0237	−0,0235	−0,0231	−0,0228	−0,0226	−0,0222	−0,0217	−0,0213				
B_{dh}	−0,0052	−0,0044	−0,0036	−0,0023	−0,0032	−0,0070	−0,0057	−0,0044	−0,0111	−0,0094	−0,0077	−0,0060	−0,0138	−0,0117	−0,0097	−0,0075

Querverteilungszahlen für das Kreuzwerk mit einem Querträger
und acht Hauptträgern bei verstärkten Randträgern ($1 \leqq r \leqq 2$). (Fortsetzung.)

z	1,8				2				2,2				2,4			
r	1,0	1,2	1,5	2,0	1,0	1,2	1,5	2,0	1,0	1,2	1,5	2,0	1,0	1,2	1,5	2,0
Träger „a".																
B_{aa}	0,8516	0,8732	0,8959	0,9199	0,8441	0,8666	0,8904	0,9155	0,8372	0,8605	0,8852	0,9114	0,8307	0,8549	0,8804	0,9075
B_{ab}	0,2307	0,2366	0,2428	0,2492	0,2382	0,2446	0,2511	0,2583	0,2448	0,2517	0,2589	0,2666	0,2507	0,2580	0,2657	0,2739
B_{ac}	−0,0237	−0,0243	−0,0249	−0,0256	−0,0192	−0,0197	−0,0202	−0,0208	−0,0148	−0,0152	−0,0156	−0,0161	−0,0106	−0,0109	−0,0112	−0,0115
B_{ad}	−0,0448	−0,0459	−0,0471	−0,0484	−0,0462	−0,0474	−0,0487	−0,0501	−0,0472	−0,0485	−0,0499	−0,0514	−0,0479	−0,0493	−0,0508	−0,0523
B_{ae}	−0,0164	−0,0168	−0,0173	−0,0177	−0,0188	−0 0193	−0,0198	−0,0204	−0,0210	−0,0216	−0,0222	−0,0229	−0,0231	−0,0238	−0,0245	−0,0252
B_{af}	−0,0006	−0,0006	−0,0006	−0,0006	−0,0016	−0,0017	−0,0017	−0,0018	−0,0027	−0,0028	−0,0029	−0,0030	−0,0039	−0,0040	−0,0041	−0,0042
B_{ag}	0,0022	0,0023	0,0023	0,0023	+0,0022	0,0022	0,0022	0,0022	0,0021	0,0021	0,0021	0,0021	0,0020	0,0020	0,0019	0,0019
B_{ah}	0,0009	0,0008	0,0006	0,0005	+0,0013	0,0011	0,0009	0,0007	0,0016	0,0014	0,0012	0,0010	0,0020	0,0018	0,0015	0,0012
Träger „b".																
B_{ba}	0,2307	0,1972	0,1618	0,1246	0,2382	0,2038	0,1675	0,1292	0,2448	0,2097	0,1726	0,1333	0,2507	0,2150	0,1772	0,1370
B_{bb}	0,4928	0,4837	0,4742	0,4641	0,4802	0,4705	0,4602	0,4494	0,4691	0,4588	0,4480	0,4365	0,4593	0,4486	0,4371	0,4250
B_{bc}	0,2676	0,2685	0,2695	0,2705	0,2675	0,2683	0,2691	0,2700	0,2671	0,2677	0,2683	0,2690	0,2664	0,2669	0,2673	0,2678
B_{bd}	0,0459	0,0477	0,0496	0,0515	0,0514	0,0533	0,0553	0,0574	0,0562	0,0582	0,0603	0,0625	0,0604	0,0625	0,0647	0,0670
B_{be}	−0,0194	−0,0187	−0,0180	−0,0173	−0,0176	−0,0168	−0,0160	−0,0151	−0,0158	−0,0149	−0,0140	−0,0129	−0,0140	−0,0130	−0,0119	−0,0108
B_{bf}	−0,0157	−0,0157	−0,0157	−0,0156	−0,0167	−0,0166	−0,0165	−0,0164	−0,0174	−0,0173	−0,0171	−0,0170	−0,0179	−0,0178	−0,0176	−0,0174
B_{bg}	−0,0042	−0,0044	−0,0046	−0,0047	−0,0052	−0,0054	−0,0055	−0,0057	−0,0061	−0,0062	−0,0065	−0,0066	−0,0069	−0,0071	−0,0073	−0,0074
B_{bh}	0,0022	0,0019	0,0015	0,0012	0,0022	0,0019	0,0015	0,0011	0,0021	0,0018	0,0014	0,0011	0,0020	0,0016	0,0013	0,0009
Träger „c".																
B_{ca}	−0,0237	−0,0202	−0,0166	−0,0128	−0,0192	−0,0164	−0,0135	−0,0104	−0,0148	−0,0127	−0,0104	−0,0080	−0,0106	−0,0090	−0,0075	−0,0058
B_{cb}	0,2676	0,2685	0,2695	0,2705	0,2675	0,2683	0,2691	0,2700	0,2671	0,2677	0,2683	0,2690	0,2664	0,2669	0,2673	0,2678
R_{cc}	0,4891	0,4890	0,4889	0,4888	0,4778	0,4778	0,4777	0,4777	0,4678	0,4678	0,4677	0,4677	0,4587	0,4587	0,4587	0,4586
B_{cd}	0,2604	0,2602	0,2600	0,2598	0,2618	0,2616	0,2615	0,2613	0,2627	0,2626	0,2625	0,2623	0,2634	0,2633	0,2632	0,2630
B_{ce}	0,0431	0,0430	0,0429	0,0429	0,0488	0,0487	0,0487	0,0486	0,0540	0,0539	0,0538	0,0537	0,0587	0,0586	0,0585	0,0585
B_{cf}	−0,0202	−0,0202	−0,0202	−0,0202	−0,0185	−0,0185	−0,0185	−0,0185	−0,0167	−0,0167	−0,0167	−0,0167	−0,0148	−0,0148	−0,0148	−0,0148
B_{cg}	−0,0157	−0,0157	−0,0157	−0,0156	−0,0167	−0,0166	−0,0165	−0,0164	−0,0174	−0,0173	−0,0171	−0,0170	−0,0179	−0,0178	−0,0176	−0,0174
B_{ch}	−0,0006	−0,0005	−0,0004	−0,0003	−0,0016	−0,0014	−0,0012	−0,0009	−0,0027	−0,0023	−0,0019	−0,0015	−0,0039	−0,0033	−0,0027	−0,0021
Träger „d".																
B_{da}	−0,0448	−0,0382	−0,0314	−0,0242	−0,0462	−0,0395	−0,0325	−0,0251	−0,0472	−0,0404	−0,0333	−0,0257	−0,0479	−0,0411	−0,0339	−0,0262
B_{db}	0,0459	0,0477	0,0496	0,0515	0,0514	0,0533	0,0553	0,0574	0,0562	0,0582	0,0603	0,0625	0,0604	0,0625	0,0647	0,0670
B_{dc}	0,2604	0,2602	0,2600	0,2598	0,2618	0,2616	0,2615	0,2613	0,2627	0,2626	0,2625	0,2623	0,2634	0,2633	0,2632	0,2630
B_{dd}	0,4756	0,4752	0,4747	0,4744	0,4642	0,4638	0,4633	0,4628	0,4542	0,4537	0,4532	0,4527	0,4452	0,4448	0,4443	0,4437
B_{de}	0,2555	0,2553	0,2550	0,2547	0,2564	0,2561	0,2558	0,2555	0,2570	0,2566	0,2563	0,2559	0,2574	0,2570	0,2566	0,2561
B_{df}	0,0431	0,0430	0,0429	0,0429	0,0488	0,0487	0,0487	0,0486	0,0540	0,0539	0,0538	0,0537	0,0587	0,0586	0,0585	0,0585
B_{dg}	−0,0194	−0,0187	−0,0180	−0,0173	−0,0176	−0,0168	−0,0160	−0,0151	−0,0158	−0,0149	−0,0140	−0,0129	−0,0140	−0,0130	−0,0119	−0,0108
B_{dh}	−0,0164	−0,0140	−0,0115	−0,0089	0,0188	−0,0161	−0,0132	−0,0102	−0,0210	−0,0180	−0,0148	−0,0130	−0,0231	−0,0198	−0,0163	−0,0126

Querverteilungszahlen für das Kreuzwerk mit einem Querträger
und acht Hauptträgern bei verstärkten Randträgern (1 ≦ r ≦ 2.)   (Fortsetzung.)

z	2,6				2,8				3				3,5			
r	1,0	1,2	1,5	2,0	1,0	1,2	1,5	2,0	1,0	1,2	1,5	2,0	1,0	1,2	1,5	2,0
Träger „a".																
B_{aa}	0,8247	0,8495	0,8759	0,9039	0,8190	0,8445	0,8716	0,9005	0,8137	0,8398	0,8676	0,8973	0,8015	0,8289	0,8583	0,8898
B_{ab}	0,2561	0,2638	0,2720	0,2807	0,2609	0,2690	0,2777	0,2869	0,2654	0,2739	0,2829	0,2926	0,2749	0,2843	0,2944	0,3052
B_{ac}	−0,0065	−0,0066	−0,0069	−0,0071	−0,0026	−0,0026	−0,0027	−0,0028	+0,0012	0,0013	0,0013	0,0013	+0,0100	0,0104	0,0107	0,0111
B_{ad}	−0,0484	−0,0499	−0,0514	−0,0530	−0,0487	−0,0502	−0,0518	−0,0535	−0,0488	−0,0503	−0,0520	−0,0537	−0,0484	−0,0501	−0,0519	−0,0537
B_{ae}	−0,0250	−0,0257	−0,0265	−0,0273	−0,0268	−0,0275	−0,0285	−0,0294	−0,0284	−0,0293	−0,0302	−0,0312	−0,0320	−0,0330	−0,0342	−0,0354
B_{af}	−0,0050	−0,0052	−0,0053	−0,0055	−0,0062	−0,0064	−0,0066	−0,0068	−0,0074	−0,0076	−0,0079	−0,0081	−0,0102	−0,0106	−0,0110	−0,0114
B_{ag}	0,0018	0,0017	0,0017	0,0016	0,0015	0,0014	0,0013	0,0012	+0,0012	0,0011	0,0010	0,0008	+0,0003	0,0001	−0,0001	−0,0003
B_{ah}	0,0024	0,0021	0,0018	0,0014	0,0028	0,0024	0,0021	0,0017	+0,0031	0,0028	0,0024	0,0019	+0,0040	0,0035	0,0030	0,0025
Träger „b".																
B_{ba}	0,2561	0,2198	0,1813	0,1403	0,2609	0,2242	0,1851	0,1434	0,2654	0,2282	0,1886	0,1463	0,2749	0,2369	0,1963	0,1526
B_{bb}	0,4507	0,4394	0,4274	0,4147	0,4429	0,4312	0,4187	0,4054	0,4358	0,4237	0,4108	0,3970	0,4209	0,4078	0,3939	0,3789
B_{bc}	0,2656	0,2658	0,2662	0,2665	0,2646	0,2648	0,2649	0,2650	0,2637	0,2636	0,2636	0,2635	0,2611	0,2606	0,2601	0,2595
B_{bd}	0,0642	0,0663	0,0686	0,0710	0,0675	0,0697	0,0720	0,0745	0,0706	0,0728	0,0752	0,0777	0,0770	0,0792	0,0817	0,0843
B_{be}	−0,0122	−0,0111	−0,0099	−0,0087	−0,0105	−0,0093	−0,0080	−0,0066	−0,0088	−0,0075	−0,0061	−0,0046	−0,0048	−0,0033	−0,0017	0,0000
B_{bf}	−0,0183	−0,0181	−0,0178	−0,0176	−0,0186	−0,0183	−0,0180	−0,0177	−0,0187	−0,0184	−0,0180	−0,0176	−0,0188	−0,0183	−0,0178	−0,0172
B_{bg}	−0,0077	−0,0079	−0,0080	−0,0082	−0,0084	−0,0086	−0,0087	−0,0088	−0,0091	−0,0092	−0,0093	−0,0094	−0,0105	−0,0105	−0,0105	−0,0105
B_{bh}	+0 0018	0,0014	0,0011	0,0008	+0,0015	0,0012	0,0009	0,0006	0,0012	0,0009	+0,0007	0,0004	0,0003	0,0001	−0,0001	−0,0002
Träger „c".																
B_{ca}	−0,0065	−0,0056	−0,0046	−0,0036	−0,0026	−0,0022	−0,0018	−0,0014	0,0012	0,0010	0,0009	0,0007	0,0100	0,0086	0,0072	0,0056
B_{cb}	0,2656	0,2658	0,2662	0,2665	0,2646	0,2648	0,2649	0,2650	0,2637	0,2636	0,2636	0,2635	0,2611	0,2606	0,2601	0,2595
B_{cc}	0,4504	0,4504	0,4504	0,4504	0,4428	0,4428	0,4428	0,4428	0,4358	0,4358	0,4358	0,4358	0,4204	0,4203	0,4203	0,4202
B_{cd}	0,2637	0,2637	0,2636	0,2635	0,2639	0,2639	0,2638	0,2638	0,2639	0,2639	0,2639	0,2639	0,2635	0,2635	0,2635	0,2636
B_{ce}	0,0630	0,0629	0,0628	0,0628	0,0669	0,0669	0,0668	+0,0667	0,0706	0,0705	0,0704	0,0704	0,0785	0,0785	0,0784	0,0784
B_{cf}	−0,0129	−0,0129	−0,0129	−0,0129	−0,0110	−0,0110	−0,0110	−0,0110	−0,0091	−0,0091	−0,0091	−0,0091	−0,0044	−0,0044	−0,0043	−0,0043
B_{cg}	−0,0183	−0,0181	−0,0178	−0,0176	−0,0186	−0,0183	−0,0180	−0,0177	−0,0187	−0,0184	−0,0180	−0,0176	−0,0188	−0,0183	−0,0178	−0,0172
B_{ch}	−0,0050	−0,0043	−0,0036	−0,0028	−0,0062	−0,0053	−0,0044	−0,0034	−0,0074	−0,0063	−0,0052	−0,0041	−0,0102	−0,0088	−0,0073	−0,0057
Träger „d".																
B_{da}	−0,0484	−0,0416	−0,0343	−0,0265	−0,0487	−0,0418	−0,0345	−0,0268	−0,0488	−0,0419	−0,0347	−0,0269	−0,0484	−0,0417	−0,0346	−0,0269
B_{db}	0,0642	0,0663	0,0686	0,0710	0,0675	0,0697	0,0720	0,0745	0,0706	0,0728	0,0752	0,0777	0,0770	0,0792	0,0817	0,0843
B_{dc}	0,2637	0,2637	0,2636	0,2635	0,2639	0,2639	0,2638	0,2638	0,2639	0,2639	0,2639	0,2639	0,2635	0,2635	0,2635	0,2636
B_{dd}	0,4372	0,4367	0,4362	0,4356	0,4300	0,4294	0,4289	0,4283	0,4234	0,4228	0,4222	0,4216	0,4091	0,4085	0,4079	0,4072
B_{de}	0,2576	0,2571	0,2567	0,2562	0,2576	0,2572	0,2567	0,2562	0,2576	0,2571	0,2567	0,2561	0,2573	0,2568	0,2562	0,2556
B_{df}	0,0630	0,0629	0,0628	0,0628	0,0669	0,0669	0,0668	0,0667	0,0706	0,0705	0,0704	0,0704	0,0785	0,0785	0,0784	0,0784
B_{dg}	−0,0122	−0,0111	−0,0099	−0,0087	−0,0105	−0,0093	−0,0080	−0,0066	−0,0088	−0,0075	−0,0061	−0,0046	−0,0048	−0,0033	−0,0017	−0,0000
B_{dh}	−0,0250	−0,0214	−0,0177	−0,0137	−0,0268	−0,0229	−0,0190	−0,0147	−0,0284	−0,0244	−0,0201	−0,0156	−0,0320	−0,0275	−0,0228	−0,0177

Querverteilungszahlen für das Kreuzwerk mit einem Querträger
und acht Hauptträgern bei verstärkten Randträgern ($1 \leqq r \leqq 2$).

(Fortsetzung.)

z	4				4,5				5				6			
r	1,0	1,2	1,5	2,0	1,0	1,2	1,5	2,0	1,0	1,2	1,5	2,0	1,0	1,2	1,5	2,0
Träger „a".																
B_{aa}	0,7907	0,8193	0,8500	0,8831	0,7811	0,8106	0,8425	0,8771	0,7723	0,8027	0,8357	0,8715	0,7568	0,7888	0,8236	0,8616
B_{ab}	0,2828	0,2930	0,3040	0,3158	0,2894	0,3003	0,3122	0,3250	0,2950	0,3067	0,3193	0,3329	0,3041	0,3170	0,3309	0,3462
B_{ac}	0,0180	0,0187	0,0194	0,0202	0,0253	0,0263	0,0273	0,0285	0,0320	0,0333	0,0347	0,0362	0,0439	0,0458	0,0478	0,0501
B_{ad}	−0,0476	−0,0493	−0,0511	−0,0531	−0,0464	−0,0481	−0,0499	−0,0519	−0,0448	−0,0466	−0,0484	−0,0505	−0,0414	−0,0431	−0,0449	−0,0469
B_{ae}	−0,0349	−0,0361	−0,0374	−0,0389	−0,0373	−0,0387	−0,0402	−0,0418	−0,0393	−0,0408	−0,0422	−0,0442	−0,0423	−0,0440	−0,0459	−0,0480
B_{af}	−0,0130	−0,0134	−0,0140	−0,0145	−0,0155	−0,0161	−0,0168	−0,0175	−0,0179	−0,0186	−0,0194	−0,0203	−0,0221	−0,0230	−0,0241	−0,0258
B_{ag}	−0,0008	−0,0010	−0,0013	−0,0016	−0,0018	−0,0022	−0,0026	−0,0030	−0,0030	−0,0034	−0,0039	−0,0044	−0,0053	−0,0059	−0,0065	−0,0072
B_{ah}	+0,0047	0,0042	0,0036	0,0029	+0,0053	0,0047	0,0041	0,0033	+0,0057	0,0051	0,0044	0,0036	0,0062	0,0056	0,0049	0,0040
Träger „b".																
B_{ba}	0,2828	0,2442	0,2027	0,1579	0,2894	0,2503	0,2081	0,1625	0,2950	0,2555	0,2128	0,1665	0,3041	0,2641	0,2206	0,1731
B_{bb}	0,4088	0,3950	0,3801	0,3641	0,3987	0,3842	0,3686	0,3517	0,3903	0,3752	0,3589	0,3411	0,3767	0,3606	0,3431	0,3240
B_{bc}	0,2584	0,2575	0,2566	0,2556	0,2559	0,2546	0,2532	0,2517	0,2535	0,2518	0,2500	0,2481	0,2491	0,2468	0,2442	0,2414
B_{bd}	0,0820	0,0844	0,0868	0,0895	0,0862	0,0885	0,0910	0,0937	0,0897	0,0919	0,0944	0,0970	0,0951	0,0972	0,0995	0,1021
B_{be}	−0,0012	0,0005	0,0023	0,0043	0,0021	0,0040	0,0059	0,0081	0,0051	0,0071	0,0092	0,0116	0,0104	0,0126	0,0150	0,0176
B_{bf}	−0,0185	−0,0178	−0,0172	−0,0164	−0,0180	−0,0172	−0,0163	−0,0154	−0,0173	−0,0164	−0,0154	−0,0142	−0,0157	−0,0145	−0,0132	0,0118
B_{bg}	−0,0116	−0,0115	−0,0114	−0,0112	−0,0125	−0,0123	−0,0121	−0,0118	−0,0132	−0,0129	−0,0125	−0,0121	−0,0143	−0,0138	−0,0131	−0,0123
B_{bh}	−0,0008	−0,0008	−0,0009	−0,0008	−0,0018	−0,0018	−0,0017	−0,0015	−0,0030	−0,0028	−0,0026	−0,0022	−0,0053	−0,0049	−0,0043	−0,0036
Träger „c".																
B_{ca}	0,0180	0,0156	0,0129	0,0101	0,0253	0,0219	0,0182	0,0142	0,0320	0,0278	0,0231	0,0181	0,0439	0,0381	0,0319	0,0250
B_{cb}	0,2584	0,2575	0,2566	0,2556	0,2559	0,2546	0,2532	0,2517	0,2535	0,2518	0,2500	0,2481	0,2491	0,2468	0,2442	0,2414
B_{cc}	0,4072	0,4071	0,4070	0,4069	0,3958	0,3957	0,3955	0,3953	0,3858	0,3856	0,3853	0,3850	0,3689	0,3685	0,3680	0,3675
B_{cd}	0,2626	0,2626	0,2627	0,2628	0,2614	0,2615	0,2616	0,2617	0,2600	0,2601	0,2603	0,2604	0,2570	0,2572	0,2574	0,2575
B_{ce}	0,0852	0,0852	0,0852	0,0852	0,0908	0,0909	0,0909	0,0909	0,0957	0,0958	0,0958	0,0959	0,1036	0,1038	0,1040	0,1041
B_{cf}	0,0001	0,0002	0,0002	0,0003	0,0043	0,0044	0,0046	0,0047	0,0082	0,0084	0,0086	0,0089	0,0153	0,0156	0,0160	0,0164
B_{cg}	−0,0185	−0,0178	−0,0172	−0,0164	−0,0180	−0,0172	−0,0163	−0,0154	−0,0173	−0,0164	−0,0154	−0,0142	−0,0157	−0,0145	−0,0132	−0,0118
B_{ch}	−0,0130	−0,0112	−0,0093	−0,0073	−0,0155	−0,0134	−0,0112	−0,0087	−0,0179	−0,0155	−0,0129	−0,0101	−0,0221	−0,0192	−0,0161	−0,0126
Träger „d".																
B_{da}	−0,0476	−0,0411	−0,0341	−0,0266	−0,0464	−0,0401	−0,0333	−0,0260	−0,0448	−0,0388	−0,0323	−0,0253	−0,0414	−0,0359	−0,0299	−0,0235
B_{db}	0,0820	0,0844	0,0868	0,0895	0,0862	0,0885	0,0910	0,0937	0,0897	0,0919	0,0944	0,0970	0,0951	0,0972	0,0995	0,1021
B_{dc}	0,2626	0,2626	0,2627	0,2628	0,2614	0,2615	0,2616	0,2617	0,2600	0,2601	0,2603	0,2604	0,2570	0,2572	0,2574	0,2575
B_{dd}	0,3972	0,3966	0,3959	0,3953	0,3871	0,3865	0,3859	0,3851	0,3784	0,3778	0,3771	0,3764	0,3639	0,3633	0,3626	0,3619
B_{de}	0,2568	0,2562	0,2556	0,2549	0,2561	0,2555	0,2549	0,2541	0,2554	0,2547	0,2541	0,2534	0,2537	0,2531	0,2524	0,2517
B_{df}	0,0852	0,0852	0,0852	0,0852	0,0908	0,0909	0,0909	0,0909	0,0957	0,0958	0,0958	0,0959	0,1036	0,1038	0,1040	0,1041
B_{dg}	−0,0012	0,0005	+0,0023	0,0043	0,0021	0,0040	0,0059	0,0081	0,0051	0,0071	0,0092	0,0116	0,0104	0,0126	0,0150	0,0176
B_{dh}	−0,0349	−0,0301	−0,0249	−0,0195	−0,0373	−0,0322	−0,0268	−0,0209	−0,0393	0,0340	0,0281	0,0221	0,0423	−0,0367	−0,0306	−0,0240

Querverteilungszahlen für das Kreuzwerk mit einem Querträger
und acht Hauptträgern bei verstärkten Randträgern ($1 \leqq r \leqq 2$).

(Fortsetzung.)

z	7				8				9				10			
r	1,0	1,2	1,5	2,0	1,0	1,2	1,5	2,0	1,0	1,2	1,5	2,0	1,0	1,2	1,5	2,0
Träger „a".																
B_{aa}	0,7435	0,7767	0,8130	0,8529	0,7319	0,7661	0,8037	0,8452	0,7215	0,7566	0,7953	0,8382	0,7121	0,7480	0,7877	0,8318
B_{ab}	0,3111	0,3250	0,3402	0,3569	0,3167	0,3315	0,3478	0,3658	0,3212	0,3368	0,3541	0,3732	0,3249	0,3413	0,3594	0,3796
B_{ac}	0,0541	0,0565	0,0592	0,0622	0,0630	0,0660	0,0693	0,0729	0,0709	0,0744	0,0782	0,0825	0,0779	0,0819	0,0863	0,0911
B_{ad}	—0,0376	—0,0393	—0,0410	—0,0430	—0,0338	—0,0353	—0,0370	—0,0389	—0,0300	—0,0314	—0,0330	—0,0347	—0,0263	—0,0276	—0,0290	—0,0305
B_{ae}	—0,0442	—0,0461	—0,0482	—0,0506	—0,0454	—0,0475	—0,0498	—0,0523	—0,0460	—0,0482	—0,0507	—0,0533	—0,0462	—0,0485	—0,0512	—0,0539
B_{af}	—0,0256	—0,0268	—0,0281	—0,0296	—0,0285	—0,0300	—0,0315	—0,0332	—0,0310	—0,0326	—0,0344	—0,0363	—0,0331	—0,0348	—0,0368	—0,0389
B_{ag}	—0,0076	—0,0082	—0,0090	—0,0099	—0,0097	—0,0105	—0,0114	—0,0125	—0,0118	—0,0127	—0,0137	—0,0148	—0,0137	—0,0147	—0,0158	—0,0170
B_{ah}	0,0063	0,0057	0,0050	0,0041	0,0059	0,0054	0,0047	0,0039	0,0053	—0,0048	0,0043	0,0036	0,0044	0,0040	0,0036	0,0030
Träger „b".																
B_{ba}	0,3111	0,2709	0,2268	0,1785	0,3167	0,2763	0,2319	0,1829	0,3212	0,2807	0,2361	0,1866	0,3249	0,2844	0,2396	0,1898
B_{bb}	0,3663	0,3494	0,3310	0,3107	0,3580	0,3405	0,3212	0,3000	0,3512	0,3332	0,3133	0,2912	0,3456	0,3270	0,3066	0,2838
B_{bc}	0,2453	0,2423	0,2391	0,2355	0,2420	0,2385	0,2346	0,2303	0,2392	0,2352	0,2307	0,2258	0,2367	0,2322	0,2272	0,2217
B_{bd}	0,0991	0,1011	0,1033	0,1056	0,1023	0,1041	0,1061	0,1082	0,1049	0,1065	0,1082	0,1102	0,1071	0,1084	0,1100	0,1116
B_{be}	0,0149	0,0173	0,0198	0,0226	0,0188	0,0212	0,0239	0,0269	0,0222	0,0247	0,0275	0,0305	0,0252	0,0277	0,0306	0,0337
B_{bf}	—0,0141	—0,0126	—0,0110	—0,0092	—0,0124	—0,0107	—0,0088	—0,0068	—0,0108	—0,0089	—0,0068	—0,0045	—0,0093	—0,0072	—0,0049	—0,0023
B_{bg}	—0,0151	—0,0143	—0,0133	—0,0122	—0,0157	—0,0146	—0,0134	—0,0119	—0,0161	—0,0148	—0,0133	—0,0115	—0,0164	—0,0149	—0,0131	—0,0111
B_{bh}	—0,0076	—0,0069	—0,0060	—0,0050	—0,0097	—0,0088	—0,0076	—0,0062	—0,0118	—0,0106	—0,0091	—0,0074	—0,0137	—0,0122	—0,0105	—0,0085
Träger „c".																
B_{ca}	0,0541	0,0471	0,0395	0,0311	0,0630	0,0550	0,0462	0,0365	0,0709	0,0620	0,0522	0,0413	0,0779	0,0682	0,0575	0,0456
B_{cb}	0,2453	0,2423	0,2391	0,2355	0,2420	0,2385	0,2346	0,2303	0,2392	0,2352	0,2307	0,2258	0,2367	0,2322	0,2272	0,2217
B_{cc}	0,3551	0,3545	0,3538	0,3530	0,3435	0,3427	0,3418	0,3408	0,3337	0,3326	0,3315	0,3302	0,3251	0,3239	0,3225	0,3209
B_{cd}	0,2540	0,2542	0,2543	0,2545	0,2510	0,2512	0,2512	0,2515	0,2482	0,2483	0,2484	0,2486	0,2454	0,2455	0,2456	0,2457
B_{ce}	0,1098	0,1100	0,1103	0,1106	0,1146	0,1150	0,1155	0,1157	0,1186	0,1190	0,1194	0,1199	0,1218	0,1223	0,1228	0,1234
B_{cf}	0,0214	0,0219	0,0224	0,0230	0,0267	0,0274	0,0281	0,0288	0,0313	0,0321	0,0330	0,0339	0,0354	0,0363	0.0373	0,0384
B_{cg}	—0,0141	—0,0126	—0,0110	—0,0092	—0,0124	—0,0107	—0,0088	—0,0068	—0,0108	—0,0089	—0,0068	—0,0045	—0,0093	—0,0072	—0,0049	—0,0023
B_{ch}	—0,0256	—0,0223	—0,0187	—0,0148	—0,0285	—0,0250	—0,0210	—0,0166	—0,0310	—0,0272	—0,0229	—0,0183	—0,0331	—0,0290	—0,0245	—0,0195
Träger „d".																
B_{da}	—0,0376	—0,0327	—0,0273	—0,0215	—0,0338	—0,0294	—0,0247	—0,0195	—0,0300	—0,0262	—0,0220	—0,0174	—0,0263	—0,0230	—0,0193	—0,0153
B_{db}	0,0991	0,1011	0,1033	0,1056	0,1023	0,1041	0,1061	0,1082	0,1049	0,1065	0,1082	0,1102	0,1071	0,1084	0,1100	0,1116
B_{dc}	0,2540	0,2542	0,2543	0,2545	0,2510	0,2512	0,2512	0,2515	0,2482	0,2483	0,2484	0,2486	0,2454	0,2455	0,2456	0,2457
B_{dd}	0,3521	0,3515	0,3509	0,3502	0,3423	0,3418	0,3411	0,3405	0,3339	0,3334	0,3328	0,3321	0,3265	0,3260	0,3255	0,3249
B_{de}	0,2519	0,2513	0,2507	0,2500	0,2501	0,2496	0,2490	0,2484	0,2483	0,2478	0,2473	0,2467	0,2465	0,2461	0,2456	0,2451
B_{df}	0,1098	0,1100	0,1103	0,1106	0,1146	0,1150	0,1155	0,1157	0,1186	0,1190	0,1194	0,1199	0,1218	0,1223	0,1228	0,1234
B_{dg}	0,0149	0,0173	0,0198	0,0226	0,0188	0,0212	0,0239	0,0269	0,0222	0,0247	0,0275	0,0305	0,0252	0,0277	0,0306	0,0337
B_{dh}	—0,0442	—0,0384	—0,0321	—0,0253	—0,0454	—0,0396	—0,0332	—0,0262	—0,0460	—0,0402	—0,0338	—0,0267	—0,0462	—0,0404	—0,0341	—0,0270

Querverteilungszahlen für das Kreuzwerk mit einem Querträger und acht Hauptträgern bei verstärkten Randträgern $(1 \leqq r \leqq 2)$. (Fortsetzung.)

z	12				14				16				18			
r	1,0	1,2	1,5	2,0	1,0	1,2	1,5	2,0	1,0	1,2	1,5	2,0	1,0	1,2	1,5	2,0
Träger „a".																
B_{aa}	0,6957	0,7329	0,7743	0,8206	0,6818	0,7200	0,7627	0,8108	0,6696	0,7086	0,7525	0,8021	0,6588	0,6985	0,7433	0,7943
B_{ab}	0,3306	0,3482	0,3679	0,3899	0,3347	0,3534	0,3744	0,3980	0,3377	0,3573	0,3794	0,4044	0,3400	0,3604	0,3835	0,4098
B_{ac}	0,0900	0,0948	0,1002	0,1062	0,1000	0,1056	0,1119	0,1189	0,1086	0,1149	0,1219	0,1299	0,1160	0,1229	0,1307	0,1396
B_{ad}	−0,0191	−0,0201	−0,0212	−0,0225	−0,0124	−0,0131	−0,0139	−0,0148	−0,0061	−0,0065	−0,0070	−0,0075	−0,0003	−0,0004	−0,0005	−0,0006
B_{ae}	−0,0457	−0,0482	−0,0509	−0,0539	−0,0445	−0,0469	−0,0497	−0,0529	−0,0427	−0,0452	−0,0480	−0,0512	−0,0407	−0,0431	−0,0459	−0,0491
B_{af}	−0,0363	−0,0383	−0,0405	−0,0429	−0,0385	−0,0406	−0,0430	−0,0457	−0,0400	−0,0423	−0,0448	−0,0476	−0,0410	−0,0433	−0,0459	−0,0488
B_{ag}	−0,0173	−0,0183	−0,0195	−0,0209	−0,0204	−0,0216	−0,0228	−0,0242	−0,0233	−0,0244	−0,0256	−0,0270	−0,0258	−0,0269	−0,0281	−0,0294
B_{ah}	0,0021	0,0020	0,0017	0,0015	−0,0007	−0,0006	−0,0005	−0,0005	−0,0037	−0,0035	−0,0031	−0,0027	−0,0069	−0,0065	−0,0059	−0,0050
Träger „b".																
B_{ba}	0,3306	0,2902	0,2453	0,1950	0,3347	0,2945	0,2496	0,1990	0,3377	0,2978	0,2530	0,2022	0,3400	0,3004	0,2557	0,2049
B_{bb}	0,3366	0,3174	0,2960	0,2720	0,3299	0,3101	0,2879	0,2630	0,3245	0,3043	0,2816	0,2559	0,3202	0,2997	0,2766	0,2502
B_{bc}	0,2327	0,2274	0,2214	0,2148	0,2295	0,2235	0,2167	0,2091	0,2270	0,2204	0,2129	0,2045	0,2249	0,2178	0,2097	0,2006
B_{bd}	0,1105	0,1114	0,1125	0,1137	0,1131	0,1137	0,1143	0,1151	0,1153	0,1155	0,1157	0,1160	0,1171	0,1170	0,1168	0,1166
B_{be}	0,0303	0,0329	0,0358	0,0390	0,0344	0,0370	0,0399	0,0432	0,0380	0,0405	0,0433	0,0465	0,0410	0,0435	0,0462	0,0494
B_{bf}	−0,0064	−0,0041	−0,0014	0,0016	−0,0040	−0,0013	0,0016	0,0049	−0,0018	0,0011	0,0042	0,0078	+0,0002	0,0032	0,0065	0,0103
B_{bg}	−0,0169	−0,0149	−0,0127	−0,0101	−0,0172	−0,0148	−0,0121	−0,0091	−0,0174	−0,0147	−0,0116	−0,0082	−0,0176	−0,0145	−0,0112	−0,0073
B_{bh}	−0,0173	−0,0153	−0,0130	−0,0104	−0,0204	−0,0180	−0,0152	−0,0121	−0,0233	−0,0203	−0,0171	−0,0135	−0,0258	−0,0225	−0,0188	−0,0147
Träger „c".																
B_{ca}	0,0900	0,0790	0,0668	0,0531	0,1000	0,0880	0,0746	0,0595	0,1086	0,0957	0,0813	0,0650	0,1160	0,1024	0,0872	0,0698
B_{cb}	0,2327	0,2274	0,2214	0,2148	0,2295	0,2235	0,2167	0,2091	0,2270	0,2204	0,2129	0,2045	0,2249	0,2178	0,2097	0,2006
B_{cc}	0,3110	0,3093	0,3075	0,3054	0,2997	0,2977	0,2955	0,2929	0,2905	0,2881	0,2855	0,2825	0,2828	0,2801	0,2771	0,2737
B_{cd}	0,2404	0,2404	0,2404	0,2404	0,2359	0,2358	0,2357	0,2356	0,2318	0,2316	0,2314	0,2312	0,2282	0,2279	0,2276	0,2272
B_{ce}	0,1266	0,1272	0,1279	0,1286	0,1300	0,1307	0,1314	0,1323	0,1323	0,1331	0,1340	0,1350	0,1340	0,1349	0,1358	0,1368
B_{cf}	0,0421	0,0432	0,0445	0,0459	0,0474	0,0487	0,0502	0,0519	0,0516	0,0531	0,0548	0,0568	0,0550	0,0567	0,0586	0,0607
B_{cg}	−0,0064	−0,0041	−0,0014	0,0016	−0,0040	−0,0013	0,0016	0,0049	−0,0018	0,0011	0,0042	0,0078	0,0002	0,0032	0,0065	0,0103
B_{ch}	−0,0363	−0,0319	−0,0270	−0,0215	−0,0385	−0,0339	−0,0287	−0,0229	−0,0400	−0,0352	−0,0299	−0,0238	−0,0410	−0,0361	−0,0306	−0,0244
Träger „d".																
B_{da}	−0,0191	−0,0167	−0,0141	−0,0113	−0,0124	−0,0109	−0,0093	−0,0074	−0,0061	−0,0054	−0,0047	−0,0038	−0,0003	−0,0003	−0,0003	−0,0003
B_{db}	0,1105	0,1114	0,1125	0,1137	0,1131	0,1137	0,1143	0,1151	0,1153	0,1155	0,1157	0,1160	0,1171	0,1170	0,1168	0,1168
B_{dc}	0,2404	0,2404	0,2404	0,2404	0,2359	0,2358	0,2357	0,2356	0,2318	0,2316	0,2314	0,2312	0,2282	0,2279	0,2276	0,2276
B_{dd}	0,3141	0,3137	0,3132	0,3127	0,3039	0,3035	0,3031	0,3026	0,2952	0,2949	0,2945	0,2941	0,2877	0,2874	0,2871	0,2867
B_{de}	0,2430	0,2427	0,2423	0,2420	0,2395	0,2393	0,2391	0,2389	0,2362	0,2361	0,2360	0,2359	0,2330	0,2330	0,2330	0,2330
B_{df}	0,1266	0,1272	0,1279	0,1286	0,1300	0,1307	0,1314	0,1323	0,1323	0,1331	0,1340	0,1350	0,1340	0,1349	0,1358	0,1368
B_{dg}	0,0303	0,0329	0,0358	0,0390	0,0344	0,0370	0,0399	0,0432	0,0380	0,0405	0,0433	0,0465	0,0410	0,0435	0,0462	0,0462
B_{dh}	0,0457	0,0402	0,0339	−0,0270	−0,0445	−0,0391	−0,0331	−0,0205	−0,0427	−0,0377	−0,0320	−0,0256	−0,0407	−0,0359	−0,0306	−0,0246

Querverteilungszahlen für das Kreuzwerk mit einem Querträger
und acht Hauptträgern bei verstärkten Randträgern ($1 \leqq r \leqq 2$). (Fortsetzung.)

z	20				25				30				35			
r	1,0	1,2	1,5	2,0	1,0	1,2	1,5	2,0	1,0	1,2	1,5	2,0	1,0	1,2	1,5	2,0
Träger „a".																
B_{aa}	0,6492	0,6894	0,7351	0,7872	0,6287	0,6701	0,7173	0,7718	0,6120	0,6542	0,7026	0,7589	0,5980	0,6407	0,6901	0,7479
B_{ab}	0,3417	0,3629	0,3868	0,4142	0,3445	0,3672	0,3930	0,4227	0,3460	0,3698	0,3971	0,4287	0,3468	0,3715	0,3999	0,4332
B_{ac}	0,1225	0,1300	0,1385	0,1482	0,1358	0,1446	0,1546	0,1662	0,1462	0,1561	0,1675	0,1806	0,1547	0,1655	0,1780	0,1926
B_{ad}	0,0051	0,0054	+0,0056	0,0059	0,0172	0,0182	0,0194	0,0207	0,0275	0,0293	0,0313	0,0336	0,0365	0,0390	0,0418	0,0451
B_{ae}	−0,0385	−0,0409	−0,0436	−0,0466	−0,0327	−0,0348	−0,0372	−0,0399	−0,0269	−0,0286	−0,0306	−0,0328	−0,0214	−0,0227	−0,0242	−0,0259
B_{af}	−0,0416	−0,0440	−0,0466	−0,0496	−0,0421	−0,0444	−0,0469	−0,0498	−0,0416	−0,0438	−0,0461	−0,0487	−0,0408	−0,0427	−0,0448	−0,0470
B_{ag}	−0,0281	−0,0292	−0,0304	−0,0316	−0,0330	−0,0341	−0,0350	−0,0358	−0,0371	−0,0379	−0,0386	−0,0391	−0,0405	−0,0412	−0,0416	−0,0416
B_{ah}	−0,0101	−0,0096	−0,0087	−0,0075	−0,0183	−0,0174	−0,0159	−0,0138	−0,0261	−0,0249	−0,0230	−0,0201	−0,0333	−0,0319	−0,0297	−0,0261
Träger „b".																
B_{ba}	0,3417	0,3024	0,2579	0,2071	0,3445	0,3060	0,2620	0,2113	0,3461	0,3082	0,2647	0,2144	0,3468	0,3096	0,2666	0,2166
B_{bb}	0,3167	0,2959	0,2723	0,2454	0,3099	0,2886	0,2644	0,2365	0,3051	0,2836	0,2588	0,2302	0,3015	0,2798	0,2547	0,2258
B_{bc}	0,2233	0,2157	0,2071	0,1973	0,2202	0,2116	0,2019	0,1907	0,2182	0,2089	0,1983	0,1860	0,2167	0,2069	0,1955	0,1824
B_{bd}	0,1187	0,1182	0,1176	0,1170	0,1219	0,1207	0,1193	0,1177	0,1245	0,1226	0,1205	0,1180	0,1266	0,1242	0,1214	0,1182
B_{be}	0,0437	0,0460	0,0487	0,0517	0,0491	0,0512	0,0536	0,0563	0,0533	0,0552	0,0572	0,0596	0,0568	0,0583	0,0601	0,0622
B_{bf}	0,0019	0,0050	0,0085	0,0125	0,0055	0,0089	0,0126	0,0168	0,0084	0,0119	0,0158	0,0201	0,0107	0,0143	0,0182	0,0227
B_{bg}	−0,0178	−0,0144	−0,0107	−0,0066	−0,0181	−0,0141	−0,0098	−0,0049	−0,0184	−0,0139	−0,0090	−0,0037	−0,0186	−0,0138	−0,0084	−0,0027
B_{bh}	−0,0281	−0,0244	−0,0202	−0,0158	−0,0330	−0,0284	−0,0233	−0,0179	−0,0371	−0,0316	−0,0258	−0,0195	−0,0405	−0,0343	−0,0278	−0,0208
Träger „c".																
B_{ca}	0,1225	0,1083	0,0923	0,0741	0,1358	0,1205	0,1031	0,0831	0,1462	0,1301	0,1117	0,0903	0,1547	0,1380	0,1187	0,0963
B_{cb}	0,2233	0,2157	0,2071	0,1973	0,2202	0,2116	0,2019	0,1907	0,2182	0,2089	0,1983	0,1860	0,2167	0,2069	0,1955	0,1824
B_{cc}	0,2762	0,2732	0,2699	0,2661	0,2632	0,2596	0,2555	0,2509	0,2536	0,2495	0,2448	0,2394	0,2461	0,2415	0,2363	0,2302
B_{cd}	0,2249	0,2244	0,2240	0,2235	0,2177	0,2170	0,2163	0,2154	0,2118	0,2108	0,2098	0,2086	0,2068	0,2057	0,2043	0,2028
B_{ce}	0,1352	0,1361	0,1371	0,1382	0,1368	0,1377	0,1387	0,1399	0,1372	0,1381	0,1391	0,1403	0,1370	0,1378	0,1388	0,1399
B_{cf}	0,0578	0,0596	0,0616	0,0639	0,0630	0,0650	0,0673	0,0698	0,0664	0,0685	0,0710	0,0737	0,0688	0,0710	0,0735	0,0763
B_{cg}	0,0019	0,0050	0,0085	0,0125	0,0055	0,0089	0,0126	0,0168	0,0084	0,0119	0,0158	0,0201	0,0107	0,0143	0,0182	0,0227
B_{ch}	−0,0416	−0,0366	−0,0311	−0,0248	−0,0421	−0,0370	−0,0313	−0,0249	−0,0416	−0,0365	−0,0308	−0,0244	−0,0408	−0,0356	−0,0298	−0,0235
Träger „d".																
B_{da}	0,0051	+0,0045	+0,0037	+0,0030	0,0172	0,0152	0,0129	0,0104	0,0275	0,0244	0,0209	0,0168	0,0365	0,0325	0,0279	0,0226
B_{db}	0,1187	0,1182	0,1176	0,1170	0,1219	0,1207	0,1193	0,1177	0,1245	0,1226	0,1205	0,1180	0,1266	0,1242	0,1214	0,1182
B_{dc}	0,2249	0,2244	0,2240	0,2235	0,2177	0,2170	0,2163	0,2154	0,2118	0,2108	0,2098	0,2086	0,2068	0,2057	0,2043	0,2028
B_{dd}	0,2811	0,2808	0,2805	0,2801	0,2672	0,2669	0,2667	0,2663	0,2561	0,2558	0,2555	0,2552	0,2469	0,2466	0,2462	0,2458
B_{de}	0,2300	0,2300	0,2301	0,2302	0,2229	0,2231	0,2233	0,2235	0,2165	0,2168	0,2171	0,2175	0,2109	0,2112	0,2115	0,2119
B_{df}	0,1352	0,1361	0,1371	0,1382	0,1368	0,1377	0,1387	0,1399	0,1372	0,1381	0,1391	0,1403	0,1370	0,1378	0,1388	0,1399
B_{dg}	0,0437	0,0460	0,0487	0,0517	0,0491	0,0512	0,0536	0,0563	0,0533	0,0552	0,0572	0,0596	0,0568	0,0583	0,0601	0,0622
B_{dh}	−0,0385	−0,0341	−0,0291	−0,0233	−0,0327	−0,0290	−0,0248	−0,0200	−0,0269	−0,0238	−0,0204	−0,0164	−0,0214	−0,0189	−0,0161	−0,0130

Querverteilungszahlen für das Kreuzwerk mit einem Querträger
und acht Hauptträgern bei verstärkten Randträgern (1 ≦ r ≦ 2). (Fortsetzung.)

z	40				45				50				60			
r	1,0	1,2	1,5	2,0	1,0	1,2	1,5	2,0	1,0	1,2	1,5	2,0	1,0	1,2	1,5	2,0

Träger „a".

	1,0	1,2	1,5	2,0	1,0	1,2	1,5	2,0	1,0	1,2	1,5	2,0	1,0	1,2	1,5	2,0
B_{aa}	0,5860	0,6292	0,6793	0,7382	0,5757	0,6191	0,6698	0,7296	0,5666	0,6103	0,6613	0,7220	0,5514	0,5953	0,6470	0,7088
B_{ab}	0,3472	0,3726	0,4021	0,4367	0,3473	0,3733	0,4037	0,4395	0,3472	0,3738	0,4049	0,4417	0,3468	0,3743	0,4066	0,4452
B_{ac}	0,1617	0,1734	0,1870	0,2028	0,1677	0,1802	0,1946	0,2116	0,1729	0,1860	0,2013	0,2194	0,1814	0,1957	0,2124	0,2325
B_{ad}	0,0443	0,0475	0,0512	0,0554	0,0513	0,0551	0,0595	0,0647	0,0574	0,0619	0,0670	0,0731	0,0680	0,0735	0,0800	0,0878
B_{ae}	−0,0163	−0,0172	−0,0181	−0,0192	−0,0116	−0,0120	−0,0124	−0,0128	−0,0072	−0,0072	−0,0071	−0,0068	0,0005	0,0014	0,0025	0,0042
B_{af}	−0,0396	−0,0413	−0,0430	−0,0448	−0,0384	−0,0398	−0,0412	−0,0425	−0,0371	−0,0383	−0,0393	−0,0401	−0,0346	−0,0353	−0,0356	−0,0354
B_{ag}	−0,0434	−0,0439	−0,0441	−0,0437	−0,0459	−0,0463	−0,0462	−0,0453	−0,0479	−0,0483	−0,0480	−0,0467	−0,0517	−0,0517	−0,0510	−0,0489
B_{ah}	−0,0400	−0,0385	−0,0359	−0,0319	−0,0462	−0,0446	−0,0418	−0,0372	−0,0518	−0,0502	−0,0472	−0,0423	−0,0617	−0,0601	−0,0569	−0,0514

Träger „b".

	1,0	1,2	1,5	2,0	1,0	1,2	1,5	2,0	1,0	1,2	1,5	2,0	1,0	1,2	1,5	2,0
B_{ba}	0,3472	0,3105	0,2681	0,2184	0,3473	0,3111	0,2691	0,2197	0,3472	0,3115	0,2699	0,2209	0,3468	0,3119	0,2711	0,2226
B_{bb}	0,2987	0,2769	0,2516	0,2220	0,2965	0,2745	0,2490	0,2191	0,2946	0,2726	0,2470	0,2168	0,2917	0,2696	0,2438	0,2132
B_{bc}	0,2157	0,2054	0,1935	0,1796	0,2150	0,2043	0,1918	0,1773	0,2144	0,2034	0,1905	0,1754	0,2137	0,2021	0,1885	0,1725
B_{bd}	0,1284	0,1255	0,1222	0,1183	0,1299	0,1267	0,1229	0,1184	0,1313	0,1277	0,1235	0,1185	0,1336	0,1294	0,1244	0,1185
B_{be}	0,0596	0,0609	0,0624	0,0641	0,0620	0,0631	0,0644	0,0657	0,0641	0,0650	0,0660	0,0670	0,0675	0,0681	0,0686	0,0691
B_{bf}	0,0126	0,0162	0,0203	0,0248	0,0143	0,0179	0,0221	0,0265	0,0156	0,0193	0,0234	0,0279	0,0179	0,0217	0,0257	0,0301
B_{bg}	−0,0189	−0,0136	−0,0080	−0,0018	−0,0191	−0,0136	−0,0076	−0,0011	−0,0192	−0,0135	−0,0073	−0,0006	−0,0196	−0,0134	−0,0067	0,0004
B_{bh}	−0,0434	−0,0366	−0,0294	−0,0218	−0,0459	−0,0386	−0,0308	−0,0227	−0,0480	−0,0403	−0,0320	−0,0234	−0,0517	−0,0431	−0,0340	−0,0245

Träger „c".

	1,0	1,2	1,5	2,0	1,0	1,2	1,5	2,0	1,0	1,2	1,5	2,0	1,0	1,2	1,5	2,0
B_{ca}	0,1617	0,1445	0,1246	0,1014	0,1677	0,1501	0,1297	0,1058	0,1729	0,1550	0,1342	0,1097	0,1814	0,1631	0,1416	0,1162
B_{cb}	0,2157	0,2054	0,1935	0,1796	0,2150	0,2043	0,1918	0,1773	0,2144	0,2034	0,1905	0,1754	0,2137	0,2021	0,1885	0,1725
B_{cc}	0,2401	0,2351	0,2294	0,2228	0,2351	0,2298	0,2237	0,2166	0,2310	0,2254	0,2189	0,2113	0,2243	0,2182	0,2111	0,2026
B_{cd}	0,2026	0,2012	0,1996	0,1977	0,1989	0,1973	0,1954	0,1932	0,1956	0,1938	0,1917	0,1892	0,1902	0,1880	0,1854	0,1823
B_{ce}	0,1365	0,1372	0,1381	0,1391	0,1358	0,1365	0,1372	0,1381	0,1350	0,1356	0,1362	0,1369	0,1334	0,1337	0,1341	0,1345
B_{cf}	0,0704	0,0727	0,0752	0,0781	0,0717	0,0739	0,0763	0,0793	0,0726	0,0748	0,0773	0,0801	0,0737	0,0759	0,0783	0,0809
B_{cg}	0,0126	0,0162	0,0203	0,0248	0,0143	0,0179	0,0221	0,0265	0,0156	0,0193	0,0234	0,0279	0,0179	0,0217	0,0257	0,0301
B_{ch}	−0,0396	−0,0344	−0,0287	−0,0224	−0,0384	−0,0332	−0,0275	−0,0212	−0,0371	−0,0319	−0,0262	−0,0201	−0,0346	−0,0294	−0,0237	−0,0177

Träger „d".

	1,0	1,2	1,5	2,0	1,0	1,2	1,5	2,0	1,0	1,2	1,5	2,0	1,0	1,2	1,5	2,0
B_{da}	0,0443	0,0396	0,0341	0,0277	0,0513	0,0459	0,0397	0,0324	0,0574	0,0515	0,0447	0,0365	0,0680	0,0612	0,0533	0,0439
B_{db}	0,1284	0,1255	0,1222	0,1183	0,1299	0,1267	0,1229	0,1184	0,1313	0,1277	0,1235	0,1185	0,1336	0,1294	0,1244	0,1185
B_{dc}	0,2026	0,2012	0,1996	0,1977	0,1989	0,1973	0,1954	0,1932	0,1956	0,1938	0,1917	0,1892	0,1902	0,1880	0,1854	0,1823
B_{dd}	0,2391	0,2387	0,2383	0,2377	0,2324	0,2319	0,2313	0,2307	0,2266	0,2259	0,2253	0,2244	0,2167	0,2159	0,2149	0,2137
B_{de}	0,2059	0,2061	0,2065	0,2067	0,2013	0,2015	0,2018	0,2020	0,1972	0,1974	0,1975	0,1977	0,1901	0,1901	0,1901	0,1899
B_{df}	0,1365	0,1372	0,1381	0,1391	0,1358	0,1365	0,1372	0,1381	0,1350	0,1356	0,1362	0,1369	0,1334	0,1337	0,1341	0,1345
B_{dg}	0,0596	0,0609	0,0624	0,0641	0,0620	0,0631	0,0644	0,0657	0,0641	0,0650	0,0660	0,0670	0,0675	0,0681	0,0686	0,0691
B_{dh}	−0,0163	−0,0143	−0,0121	−0,0096	−0,0116	−0,0100	−0,0083	0,0064	−0,0072	−0,0060	−0,0047	−0,0034	0,0005	+0,0012	+0,0017	0,0021

Querverteilungszahlen für das Kreuzwerk mit einem Querträger
und acht Hauptträgern bei verstärkten Randträgern ($1 \leqq r \leqq 2$). (Fortsetzung.)

z	70				80				90				100			
r	1,0	1,2	1,5	2,0	1,0	1,2	1,5	2,0	1,0	1,2	1,5	2,0	1,0	1,2	1,5	2,0
Träger „a".																
B_{aa}	0,5390	0,5830	0,6351	0,6978	0,5288	0,5728	0,6251	0,6884	0,5201	0,5641	0,6166	0,6804	0,5128	0,5567	0,6092	0,6734
B_{ab}	0,3463	0,3744	0,4077	0,4477	0,3457	0 3744	0,4084	0,4496	0,3451	0,3742	0,4089	0,4511	0,3445	0,3740	0,4093	0,4523
B_{ac}	0,1881	0,2034	0,2214	0,2431	0,1936	0,2097	0,2288	0,2520	0,1982	0,2150	0,2351	0,2595	0,2021	0,2195	0,2404	0,2660
B_{ad}	0,0766	0,0831	0,0909	0,1002	0,0839	0,0913	0,1001	0,1109	0,0901	0,0982	0,1080	0,1201	0,0954	0,1042	0,1149	0,1282
B_{ae}	0,0071	0,0087	0,0109	0,0138	0,0128	0,0151	0,0182	0,0223	0,0177	0,0207	0,0246	0,0298	0,0219	0,0256	0,0303	0,0365
B_{af}	—0,0324	—0,0325	—0,0321	—0,0310	—0,0303	—0,0300	—0,0290	—0,0269	—0,0284	—0,0277	—0,0261	—0,0232	—0,0268	—0,0256	—0,0235	—0,0198
B_{ag}	—0,0547	—0,0545	—0,0533	—0,0506	—0,0571	—0,0567	—0,0552	—0,0519	—0,0591	—0,0586	—0,0568	—0,0530	—0,0609	—0,0602	—0,0582	—0,0539
B_{ah}	—0,0702	—0,0686	—0,0653	—0,0594	—0,0774	—0,0759	—0,0727	—0,0664	—0,0836	—0,0823	—0,0791	—0,0726	—0,0890	—0,0879	—0,0847	—0,0781
Träger „b".																
B_{ba}	0,3463	0,3120	0,2718	0,2239	0,3457	0,3120	0,2723	0,2248	0,3451	0,3119	0,2726	0,2256	0,3445	0,3117	0,2729	0,2262
B_{bb}	0,2896	0,2675	0,2415	0,2107	0,2879	0,2658	0,2398	0,2087	0,2865	0,2644	0,2384	0,2071	0,2854	0,2633	0,2372	0,2059
B_{bc}	0,2133	0,2013	0,1871	0,1704	0,2130	0,2007	0,1861	0,1687	0,2129	0,2002	0,1853	0,1674	0,2128	0,1999	0,1847	0,1663
B_{bd}	0,1355	0,1308	0,1252	0,1185	0,1371	0,1319	0,1259	0,1185	0,1384	0,1329	0,1264	0,1185	0,1395	0,1338	0,1269	0,1185
B_{be}	0,0702	0,0705	0,0706	0,0706	0,0724	0,0724	0,0723	0,0718	0,0743	0,0741	0,0736	0,0727	0,0758	0,0754	0,0747	0,0734
B_{bf}	0,0197	0,0235	0,0275	0,0318	0,0212	0,0249	0,0289	0,0331	0,0224	0,0261	0,0301	0,0341	0,0235	0,0271	0,0310	0,0349
B_{bg}	—0,0199	—0,0134	—0,0064	+0,0011	—0,0202	—0,0134	—0,0061	0,0016	—0,0204	—0,0134	—0,0058	+0,0020	—0,0207	—0,0134	—0,0057	0,0024
B_{bh}	—0,0547	—0,0454	—0,0356	—0,0253	—0,0571	—0,0473	—0,0368	—0,0260	—0,0591	—0,0489	—0,0379	—0,0265	—0,0609	—0,0502	—0,0388	—0,0269
Träger „c".																
B_{ca}	0,1881	0,1695	0,1476	0,1215	0,1936	0,1748	0,1526	0,1260	0,1982	0,1792	0,1567	0,1297	0,2021	0,1829	0,1603	0,1330
B_{cb}	0,2133	0,2013	0,1871	0,1704	0,2130	0,2007	0,1861	0,1687	0,2129	0,2002	0,1853	0,1674	0,2128	0,1999	0,1847	0,1663
B_{cc}	0,2193	0,2127	0,2050	0,1959	0,2152	0,2083	0,2002	0,1904	0,2119	0,2047	0,1962	0,1859	0,2092	0,2017	0,1928	0,1821
B_{cd}	0,1858	0,1833	0,1803	0,1766	0,1822	0,1794	0,1760	0,1718	0,1792	0,1760	0,1723	0,1677	0,1766	0,1732	0,1692	0,1641
B_{ce}	0,1318	0,1319	0,1321	0,1321	0,1303	0,1303	0,1301	0,1298	0,1289	0,1287	0,1283	0,1277	0,1277	0,1273	0,1266	0,1257
B_{cf}	0,0744	0,0765	0,0788	0,0812	0,0747	0,0768	0,0789	0,0812	0,0749	0,0769	0,0789	0,0809	0,0750	0,0769	0,0788	0,0806
B_{cg}	0,0197	0,0235	0,0275	0,0318	0,0212	0,0249	0,0289	0,0331	0,0224	0,0261	0,0301	0,0341	0,0235	0,0271	0,0310	0,0349
B_{ch}	—0,0324	—0,0271	—0,0214	—0,0155	—0,0303	—0,0250	—0,0193	—0,0135	—0,0284	—0,0231	—0,0174	—0,0116	—0,0268	—0,0213	—0,0156	—0,0099
Träger „d".																
B_{da}	0,0766	0,0692	0,0606	0,0501	0,0839	0,0761	0,0667	0,0555	0,0901	0,0818	0,0720	0,0601	0,0954	0,0868	0,0766	0,0641
B_{db}	0,1355	0,1308	0,1252	0,1185	0,1371	0,1319	0,1259	0,1185	0,1384	0,1329	0,1264	0,1185	0,1395	0,1338	0,1269	0,1185
B_{dc}	0,1858	0,1833	0,1803	0,1766	0,1822	0,1794	0,1760	0,1718	0,1792	0,1760	0,1723	0,1677	0,1766	0,1732	0,1692	0,1641
B_{dd}	0,2088	0,2077	0,2065	0,2049	0,2022	0,2009	0,1994	0,1974	0,1967	0,1952	0,1933	0,1911	0,1920	0,1903	0,1881	0,1855
B_{de}	0,1842	0,1840	0,1837	0,1833	0,1791	0,1787	0,1782	0,1775	0,1748	0,1742	0,1735	0,1724	0,1711	0,1703	0,1693	0,1679
B_{df}	0,1318	0,1319	0,1321	0,1321	0,1303	0,1303	0,1301	0,1298	0,1289	0,1287	0,1283	0,1277	0,1277	0,1273	0,1266	0,1257
B_{dg}	0,0702	0,0705	0,0706	0,0706	0,0724	0,0724	0,0723	0,0718	0,0743	0,0741	0,0736	0,0727	0,0758	0,0754	0,0747	0,0734
B_{dh}	0,0071	+0,0072	0,0071	0,0069	0,0128	0,0126	0,0121	0,0112	0,0177	0,0172	0,0164	0,0149	0,0219	0,0213	0,0202	0,0183

Querverteilungszahlen für das Kreuzwerk mit einem Querträger
und acht Hauptträgern bei verstärkten Randträgern ($1 \leqq r \leqq 2$). (Fortsetzung.)

z	110				120				130				150			
r	1,0	1,2	1,5	2,0	1,0	1,2	1,5	2,0	1,0	1,2	1,5	2,0	1,0	1,2	1,5	2,0
Träger „a".																
B_{aa}	0,5064	0,5502	0,6028	0,6672	0,5009	0,5446	0,5971	0,6617	0,4959	0,5395	0,5921	0,6568	0,4877	0,5311	0,5835	0,6484
B_{ab}	0,3440	0,3738	0,4095	0,4533	0,3435	0,3736	0,4097	0,4542	0,3431	0,3733	0,4098	0,4549	0,3423	0,3729	0,4100	0,4560
B_{ac}	0,2054	0,2234	0,2451	0,2717	0,2083	0,2268	0,2491	0,2766	0,2109	0,2298	0,2527	0,2811	0,2150	0,2348	0,2587	0,2886
B_{ad}	0,1000	0,1095	0,1210	0,1354	0,1040	0,1141	0,1264	0,1418	0,1079	0,1182	0,1311	0,1475	0,1137	0,1251	0,1393	0,1573
B_{ae}	0,0257	0,0299	0,0353	0,0426	0,0290	0,0337	0,0398	0,0479	0,0323	0,0371	0,0438	0,0528	0,0371	0,0430	0,0508	0,0613
B_{af}	—0,0253	—0,0238	—0,0211	—0,0167	—0,0239	—0,0221	—0,0190	—0,0138	—0,0227	—0,0206	—0,0170	—0,0112	—0,0206	—0,0179	—0,0136	—0,0067
B_{ag}	—0,0624	—0,0616	—0,0594	—0,0546	—0,0637	—0,0628	—0,0604	—0,0552	—0,0649	—0,0639	—0,0613	—0,0558	—0,0668	—0,0657	—0,0627	—0,0567
B_{ah}	—0,0938	—0,0929	—0,0897	—0,0830	—0,0981	—0,0972	—0,0942	—0,0874	—0,1019	—0,1012	—0,0982	—0,0914	—0,1083	—0,1079	—0,1052	—0,0984
Träger „b".																
B_{ba}	0,3440	0,3115	0,2730	0,2267	0,3435	0,3113	0,2731	0,2271	0,3431	0,3111	0,2732	0,2274	0,3423	0,3107	0,2733	0,2280
B_{bb}	0,2845	0,2624	0,2363	0,2048	0,2837	0,2617	0,2355	0,2040	0,2831	0,2610	0,2348	0,2032	0,2820	0,2599	0,2338	0,2020
B_{bc}	0,2127	0,1997	0,1842	0,1655	0,2127	0,1995	0,1838	0,1648	0,2127	0,1993	0,1834	0,1641	0,2127	0,1991	0,1829	0,1631
B_{bd}	0,1405	0,1346	0,1274	0,1186	0,1414	0,1352	0,1278	0,1186	0,1421	0 1358	0,1281	0,1186	0,1435	0,1368	0,1287	0,1186
B_{be}	0,0772	0,0766	0,0757	0,0741	0,0783	0,0776	0,0765	0,0746	0,0793	0,0785	0,0772	0,0751	0,0811	0,0800	0,0784	0,0758
B_{bf}	0,0243	0,0280	0,0318	0,0357	0,0251	0,0287	0,0325	0,0363	0,0257	0,0294	0,0331	0,0368	0,0268	0,0305	0,0341	0,0376
B_{bg}	—0,0208	—0,0134	—0,0055	0,0027	—0,0210	—0,0134	—0,0054	0,0030	—0,2211	—0,0135	—0,0053	0,0032	—0,0214	—0,0135	—0,0051	0,0035
B_{bh}	—0,0624	—0,0514	—0,0396	—0,0273	—0,0637	—0,0524	—0,0402	—0,0276	—0,0649	—0,0533	—0,0408	—0,0279	—0,0668	—0,0547	—0,0418	—0,0283
Träger „c".																
B_{ca}	0,2054	0,1862	0,1634	0,1358	0,2083	0,1890	0,1661	0,1383	0,2109	0,1915	0,1685	0,1405	0,2150	0,1956	0,1725	0,1443
B_{cb}	0,2127	0,1997	0,1842	0,1655	0,2127	0,1995	0,1838	0,1648	0,2127	0,1993	0,1834	0,1641	0,2127	0,1991	0,1829	0,1631
B_{cc}	0,2069	0,1992	0,1899	0,1788	0,2049	0,1970	0,1875	0,1760	0,2032	0,1951	0,1853	0,1735	0,2004	0,1919	0,1818	0,1693
B_{cd}	0,1743	0,1707	0,1663	0,1610	0,1723	0,1685	0,1639	0,1582	0,1706	0,1666	0,1617	0,1557	0,1677	0,1634	0,1581	0,1514
B_{ce}	0,1266	0,1260	0,1252	0,1239	0,1256	0,1248	0,1238	0,1223	0,1246	0,1238	0,1226	0,1208	0,1230	0,1219	0,1204	0,1181
B_{cf}	0,0751	0,0768	0,0786	0,0802	0,0751	0,0767	0,0784	0,0798	0,0750	0,0766	0,0781	0,0794	0,0749	0,0764	0,0776	0,0786
B_{cg}	0,0243	0,0280	0,0318	0,0357	0,0251	0,0287	0,0325	0,0363	0,0257	0,0294	0,0331	0,0368	0,0268	0,0305	0,0341	0,0376
B_{ch}	—0,0253	—0,0198	—0,0141	—0,0083	—0,0239	—0,0184	—0,0126	—0,0069	—0,0227	—0,0171	—0,0113	—0,0056	—0,0206	—0,0149	—0,0091	—0,0034
Träger „d".																
B_{da}	0,1000	0,0912	0,0807	0,0677	0,1040	0,0951	0,0843	0,0709	0,1079	0,0985	0,0874	0,0738	0,1137	0,1042	0,0929	0,0787
B_{db}	0,1405	0,1346	0,1274	0,1186	0,1414	0,1352	0,1278	0,1186	0,1421	0,1358	0,1281	0,1186	0,1435	0,1368	0,1287	0,1186
B_{dc}	0,1743	0,1707	0,1663	0,1610	0,1723	0,1685	0,1639	0,1582	0,1706	0,1666	0,1617	0,1557	0,1677	0,1634	0,1581	0,1514
B_{dd}	0,1880	0,1860	0,1836	0,1807	0,1844	0,1823	0,1797	0,1763	0,1813	0,1790	0,1761	0,1725	0,1760	0,1734	0,1701	0,1659
B_{de}	0,1678	0,1668	0,1656	0,1639	0,1649	0,1638	0,1623	0,1604	0,1623	0,1610	0,1594	0,1571	0,1580	0,1564	0,1543	0,1516
B_{df}	0,1266	0,1260	0,1252	0,1239	0,1256	0,1248	0,1238	0,1223	0,1246	0,1238	0,1226	0,1208	0,1230	0,1219	0,1204	0,1181
B_{dg}	0,0772	0,0766	0,0757	0,0741	0,0783	0,0776	0,0765	0,0746	0,0703	0,0785	0,0772	0,0751	0,0811	0,0800	0,0784	0,0758
B_{dh}	0,0257	0,0249	0,0235	0,0213	0,0290	0,0281	0,0265	0,0240	0,0323	0,0309	0,0292	0,0264	0,0371	0,0358	0,0339	0,0307

Querverteilungszahlen für das Kreuzwerk mit einem Querträger
und acht Hauptträgern bei verstärkten Randträgern $(1 \leqq r \leqq 2)$. (Fortsetzung.)

z	170				200				250				300			
r	1,0	1,2	1,5	2,0	1,0	1,2	1,5	2,0	1,0	1,2	1,5	2,0	1,0	1,2	1,5	2,0
Träger „a".																
B_{aa}	0,4807	0,5241	0,5765	0,6415	0,4730	0,5159	0,5681	0,6331	0,4633	0,5059	0,5577	0,6228	0,4565	0,4987	0,5503	0,6153
B_{ab}	0,3415	0,3725	0,4101	0,4568	0,3407	0,3719	0,4101	0,4578	0,3395	0,3712	0,4100	0,4589	0,3387	0,3707	0,4099	0,4596
B_{ac}	0,2183	0,2388	0,2636	0,2948	0,2224	0,2436	0 2695	0,3022	0,2272	0,2493	0,2766	0,3113	0,2306	0,2534	0,2817	0,3178
B_{ad}	0,1185	0,1308	0,1460	0,1654	0,1245	0,1377	0,1541	0,1753	0,1316	0,1460	0,1641	0,1876	0,1367	0,1520	0,1712	0,1965
B_{ae}	0,0412	0,0479	0,0566	0,0684	0,0463	0,0537	0,0636	0,0771	0,0524	0,0610	0,0723	0,0880	0,0568	0,0662	0,0787	0,0960
B_{af}	—0,0187	—0,0157	—0,0107	—0,0028	—0,0167	—0,0130	—0,0072	+0,0019	—0,0140	—0,0096	—0,0027	+0,0080	—0,0121	—0,0071	0,0005	0,0125
B_{ag}	—0,0682	—0,0672	—0,0639	—0,0573	—0,0703	—0,0689	—0,0654	—0,0581	—0,0725	—0,0710	—0,0671	—0,0591	—0,0741	—0,0724	—0 0683	—0,0597
B_{ah}	—0,1133	—0,1134	—0,1109	—0,1041	—0,1199	—0,1201	—0,1179	—0,1112	—0,1277	—0,1284	—0,1266	—0,1201	—0,1332	—0,1343	—0,1329	—0,1267
Träger „b".																
B_{ba}	0,3414	0,3104	0,2734	0,2284	0,3407	0,3100	0,2734	0,2289	0,3395	0,3094	0,2733	0,2295	0,3387	0,3089	0,2733	0,2298
B_{bb}	0,2811	0,2591	0,2329	0,2011	0,2801	0,2581	0,2320	0,2001	0,2789	0,2570	0,2309	0 1989	0,2781	0,2563	0,2301	0,1981
B_{bc}	0,2127	0,1990	0,1825	0,1624	0,2129	0,1989	0,1821	0,1615	0,2130	0,1988	0,1816	0,1605	0,2132	0,1988	0,1814	0,1598
B_{bd}	0,1445	0,1376	0,1292	0,1186	0,1457	0,1386	0,1297	0,1186	0,1473	0,1398	0,1305	0,1186	0,1484	0,1406	0,1310	0,1186
B_{be}	0,0825	0,0812	0,0793	0,0764	0,0841	0,0826	0,0805	0,0771	0,0860	0,0843	0,0818	0,0779	0,0874	0,0855	0,0827	0,0784
B_{bf}	0,0278	0,0313	+0,0349	0,0383	+0,0287	0,0323	0,0359	0,0390	0,0300	0,0335	0,0370	0,0399	0,0308	0,0344	0,0377	0,0405
B_{bg}	—0,0216	—0,0136	—0,0050	0,0038	—0,0219	—0,0136	—0,0049	0,0041	—0,0222	—0,0137	—0,0047	0,0045	—0,0224	—0,0137	—0,0046	0,0047
B_{bh}	—0,0683	—0,0560	—0,0426	—0,0287	—0,0703	—0,0574	—0,0436	—0,0291	—0,0725	—0,0591	—0,0447	—0,0295	—0,0741	—0,0604	—0,0455	—0,0299
Träger „c".																
B_{ca}	0,2183	0,1990	0,1758	0,1474	0,2224	0,2030	+0,1797	0,1511	0,2272	0,2078	0,1844	0,1556	0,2306	0,2112	0,1878	0,1589
B_{cb}	0,2127	0,1990	0,1825	0,1624	0,2129	0,1989	0,1821	0,1615	0,2130	0,1988	0,1816	0,1605	0 2132	0,1988	0,1814	0,1598
B_{cc}	0,1981	0,1894	0,1789	0,1660	0,1956	0,1865	0,1755	0,1620	0,1925	0,1830	0,1715	0,1572	0,1904	0,1806	0,1687	0,1538
B_{cd}	0,1653	0,1607	0,1551	0,1480	0,1625	0,1576	0,1515	0,1437	0,1592	0,1538	0,1471	0,1385	0,1568	0,1511	0,1439	0,1347
B_{ce}	0,1217	0,1204	0,1185	0,1158	0,1201	0,1185	0,1162	0,1129	0,1180	0,1160	0,1133	0,1093	0,1165	0,1143	0,1111	0,1066
B_{cf}	0,0748	0,0761	0,0772	0,0778	0,0745	0,0757	0,0765	0,0768	0,0742	0,0751	0,0757	0,0754	0,0739	0,0746	0,0749	0,0743
B_{cg}	0,0278	0,0313	0,0349	0,0383	0,0287	0,0323	0,0359	0,0390	0,0300	0,0335	0,0370	0,0399	0,0308	0,0344	0,0377	0,0405
B_{ch}	—0,0188	—0,0131	—0,0072	—0,0014	—0,0167	—0,0108	—0,0048	0,0010	—0,0140	—0,0080	—0,0018	0,0040	—0,0121	—0,0059	0,0004	0,0063
Träger „d".																
B_{da}	0,1185	0,1090	0,0973	0,0827	0,1245	0,1147	0,1027	0,0877	0,1316	0,1217	0,1094	0,0938	0,1367	0,1267	0,1141	0,0983
B_{db}	0,1445	0,1376	0,1292	0,1186	0,1457	0,1386	0,1297	0,1186	0,1473	0,1398	0,1305	0,1186	0,1484	0,1406	0,1310	0,1186
B_{dc}	0,1653	0,1607	0,1551	0,1480	0,1625	0,1576	0,1515	0,1437	0,1592	0,1538	0,1471	0,1385	0,1568	0,1511	0,1439	0,1347
B_{dd}	0,1717	0,1688	0,1652	0,1605	0,1667	0 1634	0 1593	0,1540	0,1607	0,1568	0,1521	0,1459	0,1562	0,1521	0,1469	0,1401
B_{de}	0,1544	0,1526	0,1502	0,1470	0,1502	0,1480	0,1451	0,1413	0,1448	0,1423	0,1389	0,1342	0,1412	0,1383	0,1344	0,1291
B_{df}	0,1217	0,1204	0,1185	0,1158	0,1201	0,1185	0,1162	0,1129	0,1180	0,1160	0,1133	0,1093	0,1165	0,1143	0,1111	0,1066
B_{dg}	0,0825	0,0812	0,0793	0,0764	0,0841	0,0826	0,0805	0,0771	0,0860	0,0843	0,0818	0,0779	0,0874	0,0855	0,0827	0,0784
B_{dh}	0,0412	0,0399	0,0377	0,0342	0,0463	0,0447	0,0424	0,0389	0,0524	0,0508	0,0482	0,0440	0,0568	0,0552	0,0525	0,0480

Querverteilungszahlen für das Kreuzwerk mit einem Querträger
und acht Hauptträgern bei verstärkten Randträgern (1 ≦ r ≦ 2).

z	400				500				600				800			
r	1,0	1,2	1,5	2,0	1,0	1,2	1,5	2,0	1,0	1,2	1,5	2,0	1,0	1,2	1,5	2,0
Träger „a".																
B_{aa}	0,4475	0,4892	0,5404	0,6052	0,4418	0,4832	0,5341	0,5986	0,4379	0,4791	0,5297	0,5941	0,4329	0,4737	0,5240	0,5881
B_{ab}	0,3376	0,3699	0,4097	0,4605	0,3368	0,3694	0,4096	0,4611	0,3363	0,3690	0,4095	0,4614	0,3356	0,3685	0,4093	0,4619
B_{ac}	0,2350	0,2588	0,2884	0,3266	0,2378	0,2622	0,2927	0,3322	0,2397	0,2645	0,2956	0,3361	0,2422	0,2675	0,2994	0,3412
B_{ad}	0,1434	0,1599	0,1808	0,2086	0,1477	0,1649	0,1870	0,2164	0,1506	0,1684	0,1913	0,2218	0,1544	0,1730	0,1968	0,2290
B_{ae}	0,0627	0,0732	0,0873	0,1069	0,0665	0,0777	0,0928	0,1140	0,0691	0,0808	0,0966	0,1190	0,0724	0,0848	0,1017	0,1255
B_{af}	−0,0094	−0,0037	0,0050	0,0187	−0,0078	−0,0015	0,0079	0,0228	−0,0066	0,0000	0,0099	0,0256	−0,0050	0,0020	0,0126	0,0294
B_{ag}	−0,0762	−0,0744	−0,0698	−0,0605	−0,0775	−0,0756	−0,0708	−0,0610	−0,0784	−0,0764	−0,0715	−0,0614	−0,0796	−0,0775	−0,0724	−0,0618
B_{ah}	−0,1406	−0,1423	−0,1413	−0,1355	−0,1454	−0,1474	−0,1468	−0,1413	−0,1487	−0,1509	−0,1506	−0,1453	−0,1529	−0,1555	−0,1556	−0,1507
Träger „b".																
B_{ba}	0,3376	0,3082	0,2732	0,2303	0,3368	0,3078	0,2731	0,2305	0,3363	0,3075	0,2730	0,2307	0,3356	0,3071	0,2729	0,2309
B_{bb}	0,2771	0,2553	0,2292	0,1970	0,2764	0,2547	0,2286	0,1965	0,2760	0,2543	0,2283	0,1960	0,2755	0,2539	0,2278	0,1955
B_{bc}	0,2133	0,1987	0,1810	0,1589	0,2135	0,1988	0,1809	0,1584	0,2136	0,1988	0,1807	0,1581	0,2138	0,1988	0,1806	0,1577
B_{bd}	0,1498	0,1417	0,1317	0,1187	0,1507	0,1425	0,1321	0,1187	0,1513	0,1430	0,1324	0,1187	0,1522	0,1436	0,1328	0,1187
B_{be}	0,0892	0,0871	0,0840	0,0791	0,0903	0,0881	0,0847	0,0795	0,0911	0,0888	0,0852	0,0798	0,0921	0,0896	0,0859	0,0801
B_{bf}	0,0320	0,0354	0,0387	0,0412	0,0327	0,0361	0,0393	0,0417	0,0331	0,0366	0,0398	0,0420	0,0338	0,0372	0,0403	0,0424
B_{bg}	−0,0227	−0,0138	−0,0045	0,0050	−0,0229	−0,0139	−0,0044	0,0052	−0,0231	−0,0139	−0,0043	0,0054	−0,0232	−0,0140	−0,0043	0,0055
B_{bh}	−0,0762	−0,0620	−0,0466	−0,0303	−0,0775	−0,0630	−0,0472	−0,0305	−0,0784	−0,0637	−0,0477	−0,0307	−0,0796	−0,0646	−0,0483	−0,0309
Träger „c".																
B_{ca}	0,2350	0,2157	0,1923	0,1633	0,2378	0,2185	0,1951	0,1661	0,2397	0,2204	0,1971	0,1680	0,2422	0,2229	0,1996	0,1706
B_{cb}	0,2133	0,1987	0,1810	0,1589	0,2135	0,1988	0,1809	0,1584	0,2136	0,1988	0,1807	0,1581	0,2138	0,1988	0,1806	0,1577
B_{cc}	0,1876	0,1775	0,1650	0,1493	0,1859	0,1755	0,1627	0,1465	0,1847	0,1742	0,1611	0,1445	0,1832	0,1725	0,1591	0,1420
B_{cd}	0,1536	0,1475	0,1397	0,1296	0,1516	0,1452	0,1371	0,1264	0,1505	0,1436	0,1352	0,1241	0,1485	0,1416	0,1328	0,1211
B_{ce}	0,1145	0,1119	0,1082	0,1029	0,1132	0,1103	0,1063	0,1005	0,1121	0,1092	0,1050	0,0987	0,1111	0,1078	0,1032	0,0964
B_{cf}	0,0734	0,0740	0,0739	0,0728	0,0731	0,0735	0,0732	0,0717	0,0729	0,0732	0,0727	0,0709	0,0725	0,0727	0,0720	0,0698
B_{cg}	0,0320	0,0354	0,0387	0,0412	0,0327	0,0361	0,0393	0,0417	0,0331	0,0366	0,0398	0,0420	0,0338	0,0372	0,0403	0,0424
B_{ch}	−0,0094	−0,0031	0,0033	0,0094	−0,0078	−0,0013	0,0053	0,0114	−0,0066	0,0000	0,0066	0,0128	−0,0050	0,0016	0,0084	0,0147
Träger „d".																
B_{da}	0,1434	0,1332	0,1206	0,1043	0,1477	0,1374	0,1247	0,1082	0,1506	0,1403	0,1275	0,1109	0,1544	0,1442	0,1312	0,1145
B_{db}	0,1498	0,1417	0,1317	0,1187	0,1507	0,1425	0,1321	0,1187	0,1513	0,1430	0,1324	0,1187	0,1522	0,1436	0,1328	0,1187
B_{dc}	0,1536	0,1475	0,1397	0,1296	0,1516	0,1452	0,1371	0,1264	0,1505	0,1436	0,1352	0,1241	0,1485	0,1416	0,1328	0,1211
B_{dd}	0,1505	0,1459	0,1401	0,1322	0,1469	0,1420	0,1357	0,1271	0,1444	0,1393	0,1326	0,1236	0,1412	0,1358	0,1287	0,1190
B_{de}	0,1363	0,1329	0,1283	0,1221	0,1331	0,1294	0,1244	0,1175	0,1310	0,1270	0,1217	0,1143	0,1282	0,1239	0,1181	0,1102
B_{df}	0,1145	0,1119	0,1082	0,1029	0,1132	0,1103	0,1063	0,1005	0,1121	0,1092	0,1050	0,0987	0,1111	0,1078	0,1032	0,0964
B_{dg}	0,0892	0,0871	0,0840	0,0791	0,0903	0,0881	0,0847	0,0795	0,0911	0,0888	0,0852	0,0798	0,0921	0,0896	0,0859	0,0801
B_{dh}	0,0627	0,0610	0,0582	0,0535	0,0665	0,0647	0,0619	0,0570	0,0691	0,0673	0,0644	0,0595	0,0724	0,0707	0,0678	0,0628

Querverteilungszahlen für das Kreuzwerk mit einem Querträger
und acht Hauptträgern bei verstärkten Randträgern ($1 \leqq r \leqq 2$). (Fortsetzung.)

z	1000				∞			
r	1,0	1,2	1,5	2,0	1,0	1,2	1,5	2,0
Träger „a".								
B_{aa}	0,4298	0,4704	0,5205	0,5844	0,4167	0,4563	0,5054	0,5684
B_{ab}	0,3352	0,3681	0,4092	0,4621	0,3333	0,3667	0,4086	0,4632
B_{ac}	0,2437	0,2694	0,3018	0,3443	0,2500	0,2772	0,3118	0,3579
B_{ad}	0,1568	0,1757	0,2003	0,2334	0,1667	0,1876	0,2151	0,2526
R_{ae}	0,0745	0,0873	0,1048	0,1296	0,0833	0,0981	0,1183	0,1474
B_{af}	—0,0041	0,0032	0,0143	0,0317	0,0000	0,0085	0,0215	0,0421
B_{ag}	—0,0803	—0,0782	—0,0730	—0,0621	—0,0833	—0,0810	—0,0753	—0,0632
B_{ah}	—0,1555	—0,1584	—0,1587	—0,1540	—0,1667	—0,1706	—0,1720	—0,1684
Träger „b".								
B_{ba}	0,3352	0,3068	0,2728	0,2311	0,3333	0,3056	0,2724	0,2316
B_{bb}	0,2752	0,2535	0,2275	0,1952	0,2738	0,2523	0,2263	0,1940
B_{bc}	0,2139	0,1988	0,1805	0,1574	0,2143	0,1990	0,1802	0,1564
B_{bd}	0,1526	0,1440	0,1331	0,1187	0,1548	0,1457	0,1342	0,1188
B_{be}	0,0927	0,0902	0,0863	0,0803	0,0952	0,0924	0,0881	0,0812
B_{bf}	0,0341	0,0376	0,0406	0,0426	0,0357	0,0391	0,0420	0,0436
B_{bg}	—0,0233	—0,0140	—0,0042	0,0056	—0,0238	—0,0142	—0,0041	0,0060
B_{bh}	—0,0803	—0,0652	—0,0486	—0,0310	—0,0833	—0,0675	—0,0502	—0,0316
Träger „c".								
B_{ca}	0,2437	0,2245	0,2012	0,1722	0,2500	0,2310	0,2079	0,1790
B_{cb}	0,2139	0,1988	0,1805	0,1574	0,2143	0,1990	0,1802	0,1564
B_{cc}	0,1823	0,1714	0,1578	0,1404	0,1786	0,1670	0,1526	0,1338
B_{cd}	0,1475	0,1403	0,1313	0,1193	0,1429	0,1350	0,1249	0,1113
B_{ce}	0,1102	0,1069	0,1021	0,0950	0,1071	0,1031	0,0973	0,0887
B_{cf}	0,0724	0,0724	0,0716	0,0692	0,0714	0,0711	0,0696	0,0662
B_{cg}	0,0341	0,0376	0,0406	0,0426	0,0357	0,0391	0,0420	0,0436
B_{ch}	—0,0041	0,0027	0,0095	0,0159	0,0000	0,0071	0,0143	0,0211
Träger „d".								
B_{da}	0,1568	0,1464	0,1335	0,1167	0,1667	0,1563	0,1434	0,1263
B_{db}	0,1526	0,1440	0,1331	0,1187	0,1548	0,1457	0,1342	0,1188
B_{dc}	0,1475	0,1403	0,1313	0,1193	0,1429	0,1350	0,1249	0,1113
B_{dd}	0,1393	0,1336	0,1262	0,1161	0,1310	0,1244	0,1157	0,1038
B_{de}	0,1264	0,1219	0,1159	0,1076	0,1191	0,1137	0,1065	0,0962
B_{df}	0,1102	0,1069	0,1021	0,0950	0,1071	0,1031	0,0973	0,0887
B_{dg}	0,0927	0,0902	0,0863	0,0803	0,0952	0,0924	0,0881	0,0812
B_{dh}	0,0745	0,0727	0,0699	0,0648	0,0833	0,0817	0,0789	0,0737

II. Balken auf unendlich vielen Stützen.

1a. Auflagerkräfte B_{ak} des unendlich langen Balkens auf elastischen Stützen (Vollstreifen).

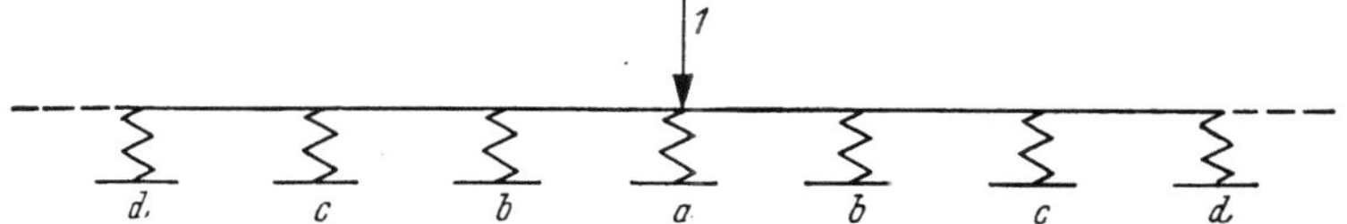

z	0,05	0,1	0,15	0,2	0,3	0,4	0,5	0,6	0,7
B_{aa}	+0,905 600	+0,842 456	+0,795 996	+0,759 744	+0,705 678	−0,666 356	+0,635 860	+0,611 202	+0,590 624
B_{ab}	+0,067 675	+0,109 375	+0,137 830	+0,158 526	+0,186 598	+0,204 633	+0,217 076	+0,226 057	+0,232 752
B_{ac}	−0,023 805	−0,032 834	−0,035 541	−0,035 189	−0,030 499	−0,023 887	−0,016 919	−0,010 132	−0,003 728
B_{ad}	+0,003 717	+0,001 841	−0,001 414	−0,004 809	−0,010 691	−0,015 072	−0,018 182	−0,020 317	−0,021 717
B_{ae}	−0,000 421	+0,000 493	+0,001 208	+0,001 535	+0,001 230	+0,000 165	−0,001 239	−0,002 760	−0,004 268
B_{af}	+0,000 036	−0,000 110	−0,000 053	+0,000 129	+0,000 599	+0,000 968	+0,001 102	+0,001 180	+0,001 044
B_{ag}	−0,000 002	+0,000 007	−0,000 033	−0,000 064	−0,000 040	+0,000 075	+0,000 254	+0,000 430	+0,000 607
B_{ah}	0	+0,000 003	+0,000 005	−0,000 002	−0,000 031	−0,000 053	−0,000 053	−0,000 017	+0,000 037
B_{ai}	0	0	0	+0,000 002	+0,000 002	−0,000 011	−0,000 027	−0,000 039	−0,000 046

z	0,8	0,9	1	1,2	1,4	1,6	1,8	2	2,2
B_{aa}	+0,573 078	+0,557 842	+0,544 418	+0,521 704	+0,503 026	+0,487 258	+0,473 684	+0,461 804	+0,451 272
B_{ab}	+0,237 899	+0,241 883	+0,245 027	+0,249 514	+0,252 397	+0,254 238	+0,255 372	+0,256 013	+0,256 305
B_{ac}	+0,002 252	+0,007 812	+0,012 961	+0,022 190	+0,030 195	+0,037 198	+0,043 372	+0,048 861	+0,053 766
B_{ad}	−0,022 565	−0,023 002	−0,023 112	−0,022 659	−0,021 614	−0,020 209	−0,018 529	−0,016 851	−0,015 038
B_{ae}	−0,005 713	−0,007 058	−0,008 299	−0,010 455	−0,012 204	−0,013 607	−0,014 709	−0,015 566	−0,016 221
B_{af}	+0,000 800	+0,000 468	+0,000 074	−0,000 831	−0,001 815	−0,002 810	−0,003 787	−0,004 721	−0,005 603
B_{ag}	+0,000 751	+0,000 860	+0,000 937	+0,000 984	+0,000 911	+0,000 739	+0,000 496	+0,000 197	−0,000 140
B_{ah}	+0,000 104	+0,000 186	+0,000 269	+0,000 436	+0,000 583	+0,000 702	+0,000 784	+0,000 829	+0,000 843
B_{ai}	−0,000 046	−0,000 038	−0,000 020	+0,000 031	+0,000 104	+0,000 187	+0,000 273	+0,000 361	+0,000 441

z	2,4	2,6	2,8	3	3,5	4	4,5	5	6
B_{aa}	+0,441 834	+0,433 304	+0,425 548	+0,418 418	+0,402 908	+0,389 900	+0,378 746	+0,369 026	+0,352 756
B_{ab}	+0,256 339	+0,256 183	+0,255 878	+0,255 474	+0,254 130	+0,252 518	+0,250 784	+0,248 994	+0,245 430
B_{ac}	+0,058 188	+0,062 191	+0,065 828	+0,069 158	+0,076 353	+0,082 281	+0,087 248	+0,091 478	+0,098 270
B_{ad}	−0,013 207	−0,011 378	−0,009 556	−0,007 770	−0,003 474	+0,000 552	+0,004 299	+0,007 773	+0,014 001
B_{ae}	−0,016 699	−0,017 032	−0,017 250	−0,017 361	−0,017 291	−0,016 860	−0,016 189	−0,015 355	−0,013 400
B_{af}	−0,006 420	−0,007 192	−0,007 899	−0,008 550	−0,009 948	−0,011 059	−0,011 856	−0,012 593	−0,013 439
B_{ag}	−0,000 504	−0,000 892	−0,001 287	−0,001 689	−0,002 685	−0,003 648	−0,004 547	−0,005 383	−0,006 898
B_{ah}	+0,000 824	+0,000 779	+0,000 713	+0,000 604	+0,000 320	−0,000 049	−0,000 519	−0,000 923	−0,001 784
B_{ai}	+0,000 514	+0,000 577	+0,000 627	+0,000 672	+0,000 733	+0,000 726	+0,000 673	+0,000 573	+0,000 259

z	7	8	9	10	12	14	16	18	20
B_{aa}	+0,339 540	+0,328 474	+0,319 006	+0,310 762	+0,296 992	+0,285 840	+0,276 454	+0,268 468	+0,261 480
B_{ab}	+0,241 996	+0,238 748	+0,235 693	+0,232 828	+0,227 603	+0,222 921	+0,218 827	+0,215 068	+0,211 678
B_{ac}	+0,103 473	+0,107 571	+0,110 870	+0,113 563	+0,117 662	+0,120 628	+0,122 710	+0,124 300	+0,125 486
B_{ad}	+0,019 403	+0,024 128	+0,028 287	+0,031 983	+0,038 268	+0,043 403	+0,047 706	+0,051 354	+0,054 482
B_{ae}	−0,011 265	−0,009 085	−0,006 924	−0,004 817	−0,000 843	+0,002 790	+0,006 104	+0,009 116	+0,011 867
B_{af}	−0,013 854	−0,013 920	−0,013 751	−0,013 420	−0,012 427	−0,011 180	−0,009 805	−0,008 381	−0,006 951
B_{ag}	−0,008 019	−0,008 972	−0,009 728	−0,010 317	−0,011 101	−0,011 495	−0,011 629	−0,011 531	−0,011 301
B_{ah}	−0,002 761	−0,003 618	−0,004 412	−0,005 132	−0,006 367	−0,007 424	−0,008 241	−0,008 712	−0,009 161
B_{ai}	−0,000 115	−0,000 561	−0,001 028	−0,001 507	−0,002 442	−0,003 312	−0,004 105	−0,004 813	−0,005 435

z	25	30	35	40	45	50	60	70	80
B_{aa}	+0,247422	+0,236334	+0,227382	+0,219908	+0,213548	+0,208064	+0,198748	+0,191250	+0,185018
B_{ab}	+0,204229	+0,198226	+0,193049	+0,188569	+0,184558	+0,180964	+0,174883	+0,169754	+0,165327
B_{ac}	+0,127355	+0,128169	+0,128470	+0,128430	+0,128214	+0,127861	+0,126910	+0,125822	+0,124690
B_{ad}	+0,060689	+0,065234	+0,068737	+0,071484	+0,073718	+0,075534	+0,078299	+0,080265	+0,081700
B_{ae}	+0,017781	+0,022608	+0,026632	+0,030040	+0,032969	+0,035513	+0,039712	+0,043041	+0,045746
B_{af}	—0,003478	—0,000249	+0,002689	+0,005356	+0,007780	+0,009989	+0,013854	+0,017128	+0,019939
B_{ag}	—0,010337	—0,009057	—0,007656	—0,006216	—0,004791	—0,003399	—0,000764	+0,001652	+0,003851
B_{ah}	—0,009800	—0,009956	—0,009809	—0,009464	—0,008997	—0,008445	—0,007199	—0,005877	—0,004549
B_{ai}	—0,006674	—0,007528	—0,008100	—0,008453	—0,008645	—0,008710	—0,008576	—0,008209	—0,007698

z	90	100	110	120	130	150	170	200	250
B_{aa}	+0,179606	+0,174976	+0,171466	+0,167112	+0,163856	+0,158104	+0,153172	+0,147134	+0,139174
B_{ab}	+0,161513	+0,158095	+0,154709	+0,152332	+0,149797	+0,145364	+0,141587	+0,136709	+0,130219
B_{ac}	+0,123550	+0,122434	+0,121362	+0,120306	+0,119297	+0,117404	+0,115659	+0,113280	+0,109852
B_{ad}	+0,082783	+0,083587	+0,084205	+0,084661	+0,085002	+0,085435	+0,085633	+0,085653	+0,085284
B_{ae}	+0,047985	+0,049865	+0,051475	+0,052842	+0,054033	+0,055997	+0,057528	+0,059266	+0,061201
B_{af}	+0,022374	+0,024513	+0,026405	+0,028084	+0,029593	+0,032190	+0,034347	+0,036967	+0,040221
B_{ag}	+0,005857	+0,007687	+0,009368	+0,010903	+0,012324	+0,014853	+0,017038	+0,019820	+0,023478
B_{ah}	—0,003249	—0,001992	—0,000788	+0,000357	+0,001449	+0,003473	+0,005308	+0,007743	+0,011129
B_{ai}	—0,007102	—0,006458	—0,005786	—0,005104	—0,004422	—0,003074	—0,002784	+0,000039	+0,002747

z	300	400	500	600	800	1000
B_{aa}	+0,132686	+0,123670	+0,116960	+0,111796	+0,103996	+0,098416
B_{ab}	+0,125133	+0,117356	+0,111572	+0,106995	+0,100161	+0,095049
B_{ac}	+0,106938	+0,102200	+0,098456	+0,095374	+0,090501	+0,086757
B_{ad}	+0,084706	+0,083208	+0,081720	+0,080312	+0,077795	+0,075655
B_{ae}	+0,062408	+0,063672	+0,064159	+0,064259	+0,063939	+0,063335
B_{af}	+0,042563	+0,045676	+0,047598	+0,048859	+0,050302	+0,050998
B_{ag}	+0,026291	+0,030335	+0,033101	+0,035101	+0,037771	+0,039431
B_{ah}	+0,013879	+0,018085	+0,021155	+0,023502	+0,026848	+0,029117
B_{ai}	+0,005085	+0,008884	+0,011839	+0,014202	+0,017757	+0,020309

1 b. Biegemomente M_{ak} des unendlich langen Balkens auf elastischen Stützen (Vollstreifen).

$a = $ Abstand der elastischen Stützen.

z	0,05	0,1	0,15	0,2	0,3	0,4	0,5	0,6	0,7
M_{aa}	0,029700	0,050694	0,066910	0,080124	0,100962	0,117170	0,130490	0,141828	0,151732
M_{ab}	—0,017500	—0,028078	—0,035092	—0,040004	—0,046199	—0,049652	—0,051580	—0,052571	—0,052956
M_{ac}	0,002975	0,002525	0,000736	—0,001606	—0,006762	—0,011841	—0,016574	—0,020913	—0,024871
M_{ad}	—0,000355	+0,000294	0,001023	0,001603	0,002176	0,002083	0,001513	0,000613	0,000514
M_{ae}	0,000032	—0,000096	—0,000104	0,000003	0,000423	0,000935	0,001418	0,001822	0,002126
M_{af}	—	+0,000008	—0,000023	—0,000062	—0,000100	—0,000048	+0,000084	0,000271	0,000498
M_{ag}	—	—	+0,000005	0,000002	—0,000024	—0,000063	—0,000094	—0,000100	—0,000086
M_{ah}	—	—	—	—	0,000004	—	—0,000018	—0,000041	—0,000063
M_{ai}	—	—	—	—	—	—	+0,000005	+0,000001	—0,000006

z	0,8	0,9	1	1,2	1,4	1,6	1,8	2	2,2
M_{aa}	0,160538	0,168482	0,175730	0,188590	0,199788	0,209736	0,218704	0,226888	0,234426
M_{ab}	—0,052923	—0,052597	—0,052061	—0,050558	—0,048699	—0,046635	—0,044454	—0,042210	—0,039938
M_{ac}	—0,028485	—0,031793	—0,034825	—0,040192	—0,044789	—0,048768	—0,052240	—0,055295	—0,057997
M_{ad}	—0,001795	—0,003177	—0,004628	—0,007636	—0,010684	—0,013703	—0,016654	—0,019519	—0,022290
M_{ae}	0,002330	0,002437	0,002456	0,002260	0,001806	0,001152	0,000339	—0,000595	—0,001622
M_{af}	0,000742	0,000993	0,001240	0,001700	0,002091	0,002399	0,002622	0,002762	0,002824
M_{ag}	—0,000046	0,000017	0,000098	0,000308	0,000560	0,000835	0,001117	0,001397	0,001666
M_{ah}	—0,000083	—0,000099	—0,000107	—0,000100	—0,000060	+0,000010	+0,000108	0,000229	0,000367
M_{ai}	—0,000016	—0,000029	—0,000043	—0,000072	—0,000097	—0,000113	—0,000117	—0,000110	—0,000089

z	2,4	2,6	2,8	3	3,5	4	4,5	5	6
M_{aa}	0,241 424	0,247 960	0,254 094	0,259 890	0,273 100	0,284 864	0,295 498	0,305 222	0,322 542
M_{ab}	—0,037 659	—0,035 388	—0,033 132	—0,030 901	—0,025 446	—0,020 186	—0,015 129	—0,010 265	—0,001 080
M_{ac}	—0,060 403	—0,062 553	—0,064 480	—0,066 254	—0,069 862	—0,072 718	—0,074 972	—0,076 758	—0,079 272
M_{ad}	—0,024 959	—0,027 527	—0,030 000	—0,032 377	—0,037 925	—0,042 969	—0,047 567	—0,051 774	—0,059 194
M_{ae}	—0,002 723	—0,003 880	—0,005 077	—0,006 307	—0,009 463	—0,012 668	—0,015 863	—0,019 015	—0,025 115
M_{af}	0,002 813	0,002 734	0,002 595	0,002 401	0,001 707	0,000 772	—0,000 349	—0,001 613	—0,004 437
M_{ag}	0,001 919	0,002 155	0,002 367	0,002 558	0,002 928	0,003 152	0,003 236	0,007 148	0,009 172
M_{ah}	0,000 520	0,000 683	0,000 851	0,001 025	0,001 463	0,001 883	0,002 273	0,002 619	0,004 485
M_{ai}	—0,000 055	—0,000 010	+0,000 048	0,000 114	0,000 318	0,000 564	0,000 834	0,001 119	0,001 694

z	7	8	9	10	12	14	16	18	20
M_{aa}	0,337 694	0,351 218	0,363 464	0,374 680	0,394 696	0,412 252	0,427 946	0,442 180	0,455 244
M_{ab}	+0,007 464	+0,015 455	+0,022 967	0,030 061	0,043 192	0,055 172	0,066 173	0,076 414	0,085 984
M_{ac}	—0,080 770	—0,081 560	—0,081 837	—0,081 730	—0,080 709	—0,078 987	—0,076 773	—0,074 284	—0,071 598
M_{ad}	—0,065 531	—0,071 004	—0,075 771	—0,079 958	—0,086 948	—0,092 518	—0,097 009	—0,100 682	—0,103 694
M_{ae}	—0,030 889	—0,036 320	—0,041 418	—0,046 203	—0,054 919	—0,062 646	—0,069 539	—0,075 726	—0,081 308
M_{af}	—0,007 513	—0,010 722	—0,013 990	—0,017 266	—0,023 734	—0,029 934	—0,035 965	—0,041 654	—0,047 055
M_{ag}	0,011 030	0,000 955	—0,000 314	—0,001 750	—0,004 977	—0,008 503	—0,012 197	—0,015 964	—0,019 754
M_{ah}	0,003 509	0,003 659	0,003 633	0,003 448	0,002 678	0,001 432	—0,000 041	—0,001 806	—0,003 755
M_{ai}	0,002 248	0,002 744	0,003 167	0,003 513	0,003 965	0,004 114	0,003 993	0,003 639	0,003 082

z	25	30	35	40	45	50	60	70	80
M_{aa}	0,483 924	0,508 472	0,530 052	0,549 358	0,566 916	0,583 000	0,611 848	0,637 202	0,659 920
M_{ab}	0,107 635	0,126 639	0,143 743	0,159 312	0,173 684	0,187 032	0,211 222	0,232 827	0,252 429
M_{ac}	—0,064 425	—0,056 968	—0,049 517	—0,042 165	—0,034 982	—0,027 972	—0,014 521	—0,001 794	+0,010 265
M_{ad}	—0,109 130	—0,112 406	—0,114 307	—0,115 212	—0,115 436	—0,115 115	—0,113 354	—0,110 593	—0,107 209
M_{ae}	—0,093 146	—0,102 610	—0,110 360	—0,116 775	—0,122 172	—0,126 724	—0,133 888	—0,139 127	—0,142 974
M_{af}	—0,059 381	—0,070 206	—0,079 781	—0,088 298	—0,095 939	—0,102 820	—0,114 710	—0,124 620	—0,132 993
M_{ag}	—0,029 095	—0,038 052	—0,046 513	—0,054 465	—0,061 926	—0,068 927	—0,081 678	—0,092 985	—0,103 073
M_{ah}	—0,009 147	—0,014 956	—0,020 902	—0,026 849	—0,032 705	—0,038 434	—0,049 411	—0,059 698	—0,069 302
M_{ai}	0,001 000	—0,001 817	—0,005 101	—0,008 698	—0,012 482	—0,016 387	—0,024 344	—0,032 298	—0,040 081

z	90	100	110	120	130	150	170	200	250
B_{aa}	0,680 596	0,699 556	0,716 916	0,733 576	0,748 950	0,777 232	0,802 808	0,837 130	0,886 550
B_{ab}	0,270 399	0,287 044	0,302 649	0,317 132	0,330 878	0,356 284	0,379 394	0,410 697	0,456 137
B_{ac}	+0,021 715	0,032 627	0,043 091	0,053 020	0,062 603	0,080 700	0,097 567	0,120 973	0,155 943
B_{ad}	—0,103 419	—0,099 356	—0,095 105	—0,090 786	—0,086 375	—0,077 480	—0,068 601	—0,055 471	—0,034 399
B_{ae}	—0,145 770	—0,147 752	—0,149 096	—0,149 936	—0,150 351	—0,150 225	—0,149 136	—0,146 262	—0,139 457
B_{af}	—0,140 136	—0,146 283	—0,151 612	—0,156 244	—0,160 294	—0,166 973	—0,172 143	—0,177 787	—0,183 314
B_{ag}	—0,112 128	—0,120 301	—0,127 723	—0,134 468	—0,140 644	—0,151 531	—0,160 803	—0,172 345	—0,186 950
B_{ah}	—0,078 263	—0,086 632	—0,094 466	—0,101 789	—0,108 670	—0,121 236	—0,132 425	—0,147 083	—0,167 108
B_{ai}	—0,047 648	—0,054 956	—0,061 998	—0,068 753	—0,075 247	—0,087 468	—0,098 739	—0,114 078	—0,136 137

z	300	400	500	600	800	1000
M_{aa}	0,928 996	0,999 890	1,058 428	1,108 670	1,192 706	1,262 100
M_{ab}	0,495 447	0,561 725	0,616 908	0,664 568	0,744 704	0,811 308
M_{ac}	0,187 031	0,240 916	0,286 960	0,327 461	0,396 863	0,455 565
M_{ad}	—0,014 447	+0,022 307	0,055 468	0,085 728	0,139 466	0,186 579
M_{ae}	—0,131 255	—0,113 094	—0,094 304	—0,075 693	—0,040 022	—0,006 752
M_{af}	—0,185 655	—0,184 823	—0,179 917	—0,172 855	—0,155 628	—0,136 748
M_{ag}	—0,197 492	—0,210 876	—0,217 932	—0,221 158	—0,220 932	—0,215 746
M_{ah}	—0,183 038	—0,206 594	—0,222 846	—0,234 360	—0,248 465	—0,255 313
M_{ai}	—0,154 705	—0,184 227	—0,206 605	—0,224 060	—0,249 150	—0,265 763

2a. Auflagerkräfte B_{ak} des unendlich langen Balkens auf elastischen Stützen (Halbstreifen).

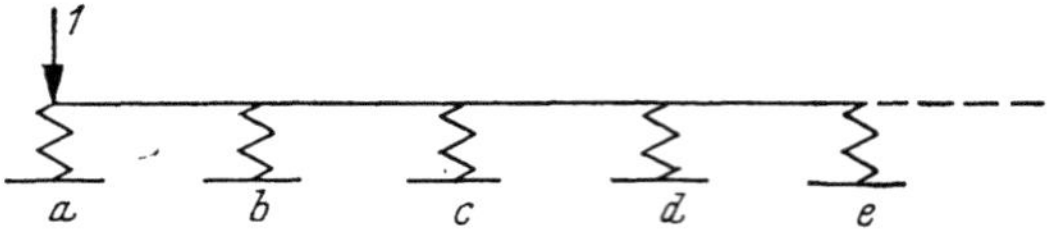

z	0,05	0,1	0,15	0,2	0,3	0,4	0,5	0,6	0,7
B_{aa}	+0,987948	+0,977883	+0,969164	+0,961427	+0,948079	+0,936752	+0,926861	+0,918057	+0,910104
B_{ab}	+0,026398	+0,047105	+0,064132	+0,078579	+0,102134	+0,120853	+0,136309	+0,149405	+0,160726
B_{ac}	—0,016931	—0,027742	—0,035001	—0,040004	—0,045865	—0,048465	—0,049211	—0,048825	—0,047726
B_{ad}	+0,002904	+0,002558	+0,000814	—0,001546	—0,006812	—0,011968	—0,016676	—0,020872	—0,024572
B_{ae}	—0,000349	+0,000283	+0,001014	+0,001602	+0,002157	+0,001998	+0,001326	+0,000313	—0,000920
B_{af}	+0,000032	—0,000096	—0,000105	—0,000001	+0,000425	+0,000934	+0,001400	+0,001765	+0,002014
B_{ag}	—0,000002	+0,000010	—0,000023	—0,000061	—0,000099	—0,000042	+0,000094	+0,000287	+0,000509
B_{ah}	0	—0,000001	+0,000005	+0,000002	—0,000024	—0,000063	—0,000090	—0,000094	—0,000073
B_{ai}	0	0	0	+0,000002	—0,000004	—0,000003	—0,000019	—0,000040	—0,000061

z	0,8	0,9	1,0	1,2	1,4	1,6	1,8	2,0	2,2
B_{aa}	+0,902839	+0,896150	+0,889941	+0,878708	+0,868741	+0,859771	+0,851606	+0,844111	+0,837178
B_{ab}	+0,170661	+0,179475	+0,187382	+0,201037	+0,212477	+0,222253	+0,230740	+0,238194	+0,244812
B_{ac}	—0,046161	—0,044286	—0,042211	—0,037718	—0,033026	—0,028314	—0,023674	—0,019153	—0,014776
B_{ad}	—0,027822	—0,030676	—0,033178	—0,037303	—0,040480	—0,042919	—0,044778	—0,046173	—0,047195
B_{ae}	—0,002291	—0,003737	—0,005224	—0,008204	—0,011097	—0,013843	—0,016416	—0,018809	—0,021025
B_{af}	+0,002145	+0,002170	+0,002099	+0,001715	+0,001082	+0,000272	—0,000663	—0,001681	—0,002753
B_{ag}	+0,000745	+0,000977	+0,001199	+0,001583	+0,001869	+0,002054	+0,002142	+0,002139	+0,002057
B_{ah}	—0,000026	+0,000041	+0,000125	+0,000334	+0,000571	+0,000814	+0,001051	+0,001272	+0,001469
B_{ai}	—0,000080	—0,000091	—0,000094	—0,000078	—0,000028	+0,000051	+0,000151	+0,000266	+0,000394

z	2,4	2,6	2,8	3,0	3,5	4,0	4,5	5,0	6,0
B_{aa}	+0,830727	+0,824694	+0,819025	+0,813674	+0,801505	+0,790715	+0,781025	+0,772227	+0,756738
B_{ab}	+0,250736	+0,256076	+0,260923	+0,265351	+0,274884	+0,282745	+0,289346	+0,294974	+0,304066
B_{ac}	—0,010551	—0,006481	—0,002566	+0,001201	+0,010002	+0,018016	+0,025335	+0,032054	+0,043979
B_{ad}	—0,047916	—0,048388	—0,048653	—0 048750	—0,048409	—0,047483	—0,046166	—0,044590	—0,040983
B_{ae}	—0,023070	—0,024957	—0,026696	—0,028298	—0,031765	—0,034586	—0,036878	—0,038736	—0,041437
B_{af}	—0,003857	—0,004975	—0,006097	—0,007212	—0,009932	—0,012509	—0,014917	—0,017151	—0,021109
B_{ag}	+0,001904	+0,001692	+0,001427	+0,001118	+0,000196	—0,000880	—0,002048	—0,003268	—0,005754
B_{ah}	+0,001641	+0,001784	+0,001901	+0,001989	+0,002091	+0,002047	+0,001877	+0,001603	+0,000820
B_{ai}	+0,000529	+0,000666	+0,000802	+0,000936	+0,001248	+0,001512	+0,001722	+0,001875	+0,002014

z	7,0	8,0	9,0	10	12	14	16	18	20
B_{aa}	+0,743407	+0,731705	+0,721277	+0,711876	+0,695466	+0,681475	+0,669291	+0,658514	+0,648841
B_{ab}	+0,311088	+0,316664	+0,321184	+0,324905	+0,330628	+0,334754	+0,337803	+0,340091	+0,341827
B_{ac}	+0,054267	+0,063262	+0,071218	+0,078320	+0,090505	+0,100631	+0,109216	+0,116607	+0,123065
B_{ad}	—0,037082	—0,033102	—0,029153	—0,025291	—0,017937	—0,011123	—0,004841	+0,000947	+0,006299
B_{ae}	—0,043131	—0,044108	—0,044562	—0,044628	—0,043962	—0,042610	—0,040856	—0,038869	—0,036748
B_{af}	—0,024456	—0,027274	—0,029647	—0,031644	—0,034733	—0,036897	—0,038378	—0,039351	—0,039937
B_{ag}	—0,008195	—0,010524	—0,012711	—0,014747	—0,018369	—0,021443	—0,024044	—0,026238	—0,028094
B_{ah}	—0,000179	—0,001308	—0,002511	—0,003746	—0,006218	—0,008599	—0,010836	—0,012908	—0,014817
B_{ai}	+0,001962	+0,001750	+0,001415	+0,000981	—0,000091	—0,001330	—0,002652	—0,004001	—0,005344

z	25	30	35	40	45	50	60	70	80
B_{aa}	+0,628333	+0,611581	+0,597446	+0,585243	+0,574517	+0,564963	+0,548528	+0,534750	+0,522917
B_{ab}	+0,344553	+0,345809	+0,346253	+0,346177	+0,345790	+0,345180	+0,343573	+0,341700	+0,339720
B_{ac}	+0,136158	+0,146195	+0,154176	+0,160684	+0,166109	−0,170697	+0,178040	+0,183648	+0,188058
B_{ad}	+0,018033	+0,027914	+0,036353	+0,043673	+0,050094	−0,055789	+0,065477	+0,073441	+0,080130
B_{ae}	−0,031258	−0,025809	−0,020627	−0,015750	−0,011200	−0,006948	+0,000745	+0,007502	+0,013482
B_{af}	−0,040240	−0,039482	−0,038146	−0,036468	−0,034612	−0,032653	−0,028638	−0,024675	−0,020865
B_{ag}	−0,031558	−0,033789	−0,035178	−0,035966	−0,036330	−0,036375	−0,035819	−0,034718	−0,033305
B_{ah}	−0,018904	−0,022160	−0,024741	−0,026787	−0,028407	−0,029683	−0,031449	−0,032457	−0,032940
B_{ai}	−0,008555	−0,011467	−0,014041	−0,016299	−0,018270	−0,019989	−0,022795	−0,024924	−0,026534

z	90	100	110	120	130	150	170	200	250
B_{aa}	+0,512562	+0,503370	+0,495119	+0,487640	+0,480807	+0,463719	+0,458258	+0,444873	+0,426861
B_{ab}	+0,337711	+0,335716	+0,333761	+0,331854	+0,330001	+0,326472	+0,323168	+0,318600	+0,311871
B_{ac}	+0,191604	+0,194504	+0,196907	+0,198919	+0,200621	+0,203310	+0,205297	+0,207387	+0,209388
B_{ad}	+0,085846	+0,090798	+0,095135	+0,098971	+0,102392	+0,108237	+0,113054	+0,118886	+0,126093
B_{ae}	+0,018821	+0,023621	+0,027965	+0,031921	+0,035542	+0,041946	+0,047450	+0,054415	+0,063565
B_{af}	−0,017243	−0,013818	−0,010589	−0,007542	−0,004668	+0,000612	+0,005347	+0,011604	+0,020272
B_{ag}	−0,031714	−0,030026	−0,028296	−0,026554	−0,024822	−0,021437	−0,018201	−0,013660	−0,006918
B_{ah}	−0,033050	−0,032893	−0,032541	−0,032045	−0,031444	−0,030027	−0,028441	−0,025921	−0,021690
B_{ai}	−0,027744	−0,028638	−0,029284	−0,029730	−0,030014	−0,030214	−0,030055	−0,029383	−0,027613

z	300	400	500	600	800	1000
B_{aa}	+0,412470	+0,390381	+0,373790	+0,360592	+0,340437	+0,325375
B_{ab}	+0,306027	+0,296278	+0,288355	+0,281695	+0,270929	+0,262427
B_{ac}	+0,210316	+0,210580	+0,209859	+0,208722	+0,206028	+0,203265
B_{ad}	+0,131283	+0,138201	+0,142511	+0,145373	+0,148732	+0,150636
B_{ae}	+0,070619	+0,080861	+0,087984	+0,093242	+0,100480	+0,105194
B_{af}	+0,027321	+0,038173	+0,046211	+0,052453	+0,061589	+0,067995
B_{ag}	−0,001079	+0,008499	+0,016046	+0,022177	+0,031605	+0,038574
B_{ah}	−0,017648	−0,010403	−0,004234	+0,001046	+0,009607	+0,016272
B_{ai}	−0,025470	−0,020931	−0,016566	−0,012549	−0,005579	+0,000192

2b. Auflagerkräfte B_{bk} des unendlich langen Balkens auf elastischen Stützen.

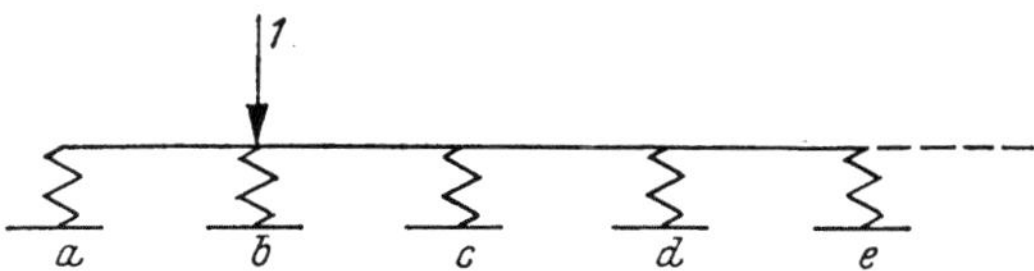

z	0,05	0,1	0,15	0,2	0,3	0,4	0,5	0,6	0,7
B_{ba}	+0,026400	+0,047105	+0,064132	+0,078579	+0,102134	+0,120853	+0,136309	+0,149405	+0,160726
B_{bb}	+0,930123	+0,877559	+0,835784	+0,801351	+0,747172	+0,705829	+0,672823	+0,645650	+0,622740
B_{bc}	+0,063486	+0,106189	+0,136926	+0,160070	+0,192352	+0,213458	+0,228022	+0,238427	+0,246056
B_{bd}	−0,023294	−0,033190	−0,036695	−0,036852	−0,032463	−0,025597	−0,018131	−0,010771	−0,003793
B_{be}	+0,003670	+0,001956	−0,001293	−0,004810	−0,011055	−0,015785	−0,019148	−0,021441	−0,022927
B_{bf}	−0,000419	+0,000487	+0,001232	+0,001603	+0,001321	+0,000213	−0,001283	−0,002906	−0,004522
B_{bg}	+0,000036	−0,000115	−0,000058	+0,000125	+0,000620	+0,001016	+0,001225	+0,001242	+0,001104
B_{bh}	−0,000002	+0,000008	−0,000033	−0,000066	−0,000052	+0,000077	+0,000262	+0,000459	+0,000568
B_{bi}	0	+0,000001	+0,000005	−0,000002	−0,000016	−0,000058	−0,000055	−0,000022	+0,000036

z	0,8	0,9	1	1,2	1,4	1,6	1,8	2	2,2
B_{ba}	+0,170661	+0,179475	+0,187382	+0,201037	+0,212478	+0,222253	+0,230741	+0,238194	+0,244812
B_{bb}	+0,603079	+0,585979	+0,570913	+0,545498	+0,524791	+0,507516	+0,492824	+0,480157	+0,469090
B_{bc}	+0,251738	+0,256011	+0,259247	+0,263550	+0,265937	+0,267129	+0,267550	+0,267460	+0,267028
B_{bd}	+0,002709	+0,008417	+0,014277	+0,024112	+0,032502	+0,039709	+0,045953	+0,051397	+0,056184
B_{be}	−0,023798	−0,024217	−0,024284	−0,023705	−0,022517	−0,020979	−0,019252	−0,017433	−0,015583
B_{bf}	−0,006058	−0,007488	−0,008797	−0,011046	−0,012848	−0,014275	−0,015386	−0,016240	−0,016885
B_{bg}	+0,000837	+0,000481	+0,000058	−0,000909	−0,001943	−0,002983	−0,003993	−0,004949	−0,005846
B_{bh}	+0,000790	+0,000907	+0,000985	+0,001029	+0,000944	+0,000765	+0,000508	+0,000194	−0,000152
B_{bi}	+0,000114	+0,000165	+0,000286	+0,000463	+0,000617	+0,000733	+0,000816	+0,000866	+0,000877

z	2,4	2,6	2,8	3	3,5	4	4,5	5	6
B_{ba}	+0,250736	+0,256076	+0,260923	+0,265354	+0,274883	+0,282746	+0,289346	+0,294974	+0,304066
B_{bb}	+0,459325	+0,450635	+0,442837	+0,435783	+0,420835	+0,408724	+0,398693	+0,390225	+0,376670
B_{bc}	+0,266363	+0,265542	+0,264621	+0,263632	+0,261034	+0,258405	+0,255869	+0,253464	+0,249094
B_{bd}	+0,060425	+0,064201	+0,067580	+0,070629	+0,077041	+0,082166	+0,086338	+0,089799	+0,095206
B_{be}	−0,013744	−0,011931	−0,010163	−0,008448	−0,004421	−0,000757	+0,002564	+0,005574	+0,010812
B_{bf}	−0,017357	−0,017691	−0,017906	−0,018027	−0,018011	−0,017687	−0,017168	−0,016525	−0,015052
B_{bg}	−0,006676	−0,007447	−0,008154	−0,008805	−0,010203	−0,011320	−0,012211	−0,012918	−0,013918
B_{bh}	−0,000527	−0,001046	−0,001314	−0,001714	−0,002699	−0,004543	−0,004529	−0,005343	−0,006778
B_{bi}	+0,000857	+0,000812	+0,000745	+0,000656	+0,000363	+0,000005	−0,000398	−0,000826	−0,001698

z	7	8	9	10	12	14	16	18	20
B_{ba}	+0,311088	+0,316664	+0,321184	+0,324905	+0,330626	+0,334753	+0,337094	+0,340083	+0,341684
B_{bb}	+0,366251	+0,357951	+0,351163	+0,345494	+0,336509	+0,329666	+0,324242	+0,319816	+0,316101
B_{bc}	+0,245295	+0,241998	+0,239116	+0,236588	+0,232370	+0,228996	+0,227218	+0,223968	+0,222215
B_{bd}	+0,099224	+0,102332	+0,104813	+0,106840	+0,109979	+0,112321	+0,114390	+0,115665	+0,116984
B_{be}	+0,015209	+0,018958	+0,022199	+0,025034	+0,029791	+0,033657	+0,036793	+0,039656	+0,042058
B_{bf}	−0,013480	−0,011917	−0,010399	−0,008946	−0,006253	−0,003832	−0,001827	+0,000320	+0,002096
B_{bg}	−0,014520	−0,014853	−0,015000	−0,015014	−0,014790	−0,014361	−0,013954	−0,013222	−0,012617
B_{bh}	−0,007978	−0,008981	−0,009817	−0,010522	−0,011617	−0,012407	−0,013051	−0,013383	−0,013686
B_{bi}	−0,002559	−0,003373	−0,004142	−0,004853	−0,006119	−0,007202	−0,008157	−0,008923	−0,009623

z	25	30	35	40	45	50	60	70	80
B_{ba}	+0,344550	+0,345808	+0,346254	+0,346176	+0,345790	+0,345178	+0,343572	+0,341699	+0,339719
B_{bb}	+0,308926	+0,303709	+0,299620	+0,296302	+0,293493	+0,291081	+0,287068	+0,283791	+0,281011
B_{bc}	+0,218322	+0,215653	+0,213639	+0,212066	+0,210793	+0,209741	+0,208084	+0,206822	+0,205808
B_{bd}	+0,119438	+0,121343	+0,122906	+0,124235	+0,125398	+0,126432	+0,128211	+0,129710	+0,130999
B_{be}	+0,047010	+0,050891	+0,054095	+0,056820	+0,059196	+0,061302	+0,064910	+0,067931	+0,070530
B_{bf}	+0,006048	+0,009341	+0,012184	+0,014687	+0,016929	+0,018961	+0,022538	+0,025624	+0,028339
B_{bg}	−0,010984	−0,009401	−0,007887	−0,006449	−0,005086	−0,003791	−0,001379	+0,000823	+0,002851
B_{bh}	−0,014033	−0,014060	−0,013897	−0,013608	−0,013243	−0,012823	−0,011886	−0,010880	−0,009848
B_{bi}	−0,010973	−0,011950	−0,012664	−0,013184	−0,013559	−0,013823	−0,014102	−0,014087	−0,014045

z	90	100	110	120	130	150	170	200	250
B_{ba}	+0,337710	+0,335717	+0,333762	+0,331853	+0,329999	+0,326452	+0,323165	+0,318599	+0,311871
B_{bb}	+0,278586	+0,276430	+0,274480	+0,272699	+0,271057	+0,268095	+0,265478	+0,262021	+0,257157
B_{bc}	+0,204964	+0,204233	+0,203592	+0,203016	+0,202487	+0,201541	+0,200704	+0,199576	+0,197933
B_{bd}	+0,132128	+0,133125	+0,134016	+0,134817	+0,135540	+0,136799	+0,137858	+0,139157	+0,140775
B_{be}	+0,072805	+0,074831	+0,076638	+0,078296	+0,079802	+0,082462	+0,084747	+0,087657	+0,091505
B_{bf}	+0,030767	+0,032962	+0,034965	+0,036805	+0,038509	+0,041571	+0,044260	+0,047755	+0,052535
B_{bg}	+0,004729	+0,006478	+0,008116	+0,009656	+0,011110	+0,013785	+0,016205	+0,019444	+0,024037
B_{bh}	−0,008816	−0,007791	−0,006786	−0,005799	−0,004835	−0,002987	−0,001235	+0,001216	+0,004884
B_{bi}	−0,013828	−0,013534	−0,013182	−0,012789	−0,012366	−0,011460	−0,010513	−0,009058	−0,006665

z	300	400	500	600	800	1000
B_{ba}	+0,306025	+0,296278	+0,288355	+0,281684	+0,270931	+0,262427
B_{bb}	+0,253071	+0,246388	+0,241003	+0,236488	+0,229147	−0,223292
B_{bc}	+0,196480	+0,193936	+0,191723	+0,189748	+0,186298	−0,183357
B_{bd}	+0,141935	+0,143413	+0,144238	+0,144681	+0,144933	−0,144320
B_{be}	+0,094499	+0,098901	+0,101997	+0,104297	+0,107458	−0,109510
B_{bf}	+0,056388	+0,062308	+0,066705	+0,070135	+0,075181	+0,078758
B_{bg}	+0,027882	+0,034043	+0,038824	+0,042685	+0,048606	+0,053002
B_{bh}	+0,008113	+0,013556	+0,017997	+0,021717	+0,027658	+0,032253
B_{bi}	−0,004382	−0,000231	+0,003394	+0,006557	+0,011898	+0,016201

2c. Auflagerkräfte B_{ck} des unendlich langen Balkens auf elastischen Stützen.

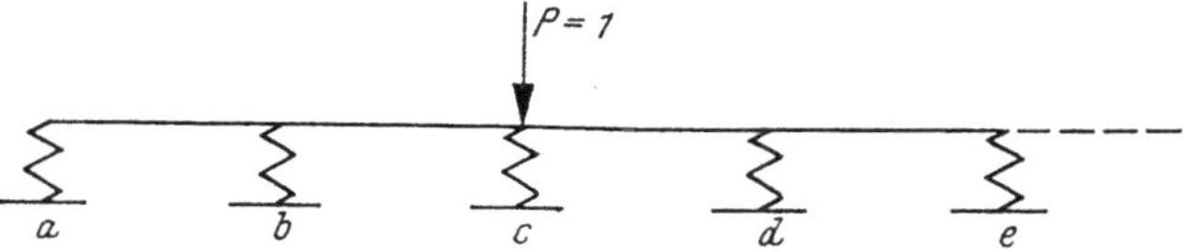

z	0,05	0,1	0,15	0,2	0,3	0,4	0,5	0,6	0,7
B_{ca}	−0,0169	−0,0277	−0,0350	−0,0400	−0,0459	−0,0485	−0,0492	−0,0488	−0,0477
B_{cb}	+0,0635	+0,1062	+0,1369	+0,1601	+0,1924	+0,2135	+0,2280	+0,2384	+0,2461
B_{cc}	+0,9063	+0,8428	+0,7961	+0,7599	+0,7067	+0,6687	+0,6397	+0,6166	+0,5974
B_{cd}	+0,0676	+0,1094	+0,1379	+0,1585	+0,1863	+0,2043	+0,2168	+0,2260	+0,2330
B_{ce}	−0,0238	−0,0328	−0,0355	−0,0352	−0,0306	−0,0241	−0,0172	−0,0106	−0,0043
B_{cf}	+0,0037	+0,0018	+0,0014	−0,0048	−0,0107	−0,0151	−0,0182	−0,0204	−0,0219
B_{cg}	−0,0004	+0,0005	+0,0012	+0,0015	+0,0012	+0,0002	−0,0012	−0,0027	−0,0043
B_{ch}	0	−0,0001	−0,0001	+0,0001	+0,0006	+0,0010	+0,0012	+0,0012	+0,0011
B_{ci}	0	0	0	−0,0001	−0,0001	+0,0001	+0,0003	+0,0004	+0,0006

z	0,8	0,9	1	1,2	1,4	1,6	1,8	2	2,2
B_{ca}	−0,0462	−0,0443	−0,0422	−0,0377	−0,0330	−0,0283	−0,0237	−0,0192	−0,0148
B_{cb}	+0,2517	+0,2560	+0,2592	+0,2636	+0,2659	+0,2671	+0,2676	+0,2674	+0,2670
B_{cc}	+0,5812	+0,5671	+0,5547	+0,5338	+0,5165	+0,5018	+0,4889	+0,4779	+0,4677
B_{cd}	+0,2385	+0,2435	+0,2465	+0,2519	+0,2558	+0,2585	+0,2605	+0,2618	+0,2627
B_{ce}	+0,0016	+0,0071	+0,0123	+0,0216	+0,0297	+0,0369	+0,0434	+0,0491	+0,0543
B_{cf}	−0,0228	−0,0233	−0,0235	−0,0232	−0,0222	−0,0209	−0,0194	−0,0176	−0,0158
B_{cg}	−0,0057	−0,0071	−0,0083	−0,0106	−0,0124	−0,0139	−0,0150	−0,0160	−0,0167
B_{ch}	+0,0008	+0,0005	+0,0001	−0,0008	−0,0018	−0,0028	−0,0038	−0,0048	−0,0057
B_{ci}	+0,0008	+0,0009	+0,0009	+0,0010	+0,0009	+0,0008	+0,0005	+0,0002	−0,0001

z	2,4	2,6	2,8	3	3,5	4	4,5	5	6
B_{ca}	−0,0106	−0,0065	−0,0026	+0,0012	+0,0100	+0,0180	+0,0253	+0,0321	+0,0440
B_{cb}	+0,2664	+0,2655	+0,2646	+0,2636	+0,2610	+0,2584	+0,2559	+0,2535	+0,2491
B_{cc}	+0,4587	+0,4504	+0,4428	+0,4358	+0,4203	+0,4072	+0,3958	+0,3857	+0,3687
B_{cd}	+0,2634	+0,2638	+0,2639	+0,2639	+0,2635	+0,2625	+0,2612	+0,2597	+0,2565
B_{ce}	+0,0590	+0,0633	+0,0672	+0,0708	+0,0786	+0,0851	+0,0906	+0,0953	+0,1027
B_{cf}	−0,0140	−0,0121	−0,0102	−0,0084	−0,0039	+0,0003	+0,0043	+0,0080	+0,0146
B_{cg}	−0,0172	−0,0176	−0,0179	−0,0180	−0,0180	−0,0176	−0,0169	−0,0161	−0,0140
B_{ch}	−0,0066	−0,0071	−0,0081	−0,0088	−0,0103	−0,0115	−0,0124	−0,0131	−0,0141
B_{ci}	−0,0005	−0,0009	−0,0013	−0,0017	−0,0028	−0,0038	−0,0047	−0,0056	−0,0071

z	7	8	9	10	12	14	16	18	20
B_{ca}	+0,0543	+0,0633	+0,0712	+0,0783	+0,0905	+0,1006	+0,1106	+0,1166	+0,1231
B_{cb}	+0,2453	+0,2420	+0,2391	+0,2366	+0,2324	+0,2290	+0,2262	+0,2240	+0,2219
B_{cc}	+0,3548	+0,3430	+0,3330	+0,3242	+0,3096	+0,2979	+0,2862	+0,2800	+0,2727
B_{cd}	+0,2531	+0,2498	+0,2466	+0,2435	+0,2377	+0,2325	+0,2274	+0,2236	+0,2201
B_{ce}	+0,1083	+0,1127	+0,1162	+0,1190	+0,1230	+0,1258	+0,1279	+0,1289	+0,1299
B_{cf}	+0,0204	+0,0254	+0,0298	+0,0336	+0,0401	+0,0453	+0,0499	+0,0531	+0,0561
B_{cg}	—0,0117	—0,0094	—0,0071	—0,0049	—0,0008	+0,0029	+0,0066	+0,0093	+0,0119
B_{ch}	—0,0145	—0,0145	—0,0144	—0,0140	—0,0129	—0,0116	—0,0101	—0,0088	—0,0074
B_{ci}	—0,0084	—0,0094	—0,0102	—0,0108	—0,0116	—0,0120	—0,0120	—0,0120	—0,0118

z	25	30	35	40	45	50	60	70	80
B_{ca}	+0,1361	+0,1462	+0,1542	+0,1607	+0,1661	+0,1707	+0,1780	+0,1836	+0,1881
B_{cb}	+0,2183	+0,2157	+0,2136	+0,2121	+0,2108	+0,2097	+0,2081	+0,2068	+0,2058
B_{cc}	+0,2591	+0,2487	+0,2406	+0,2340	+0,2286	+0,2241	+0,2169	+0,2113	+0,2069
B_{cd}	+0,2117	+0,2051	+0,1997	+0,1951	+0,1912	+0,1879	+0,1823	+0,1778	+0,1742
B_{ce}	+0,1309	+0,1311	+0,1308	+0,1303	+0,1298	+0,1292	+0,1279	+0,1267	+0,1257
B_{cf}	+0,0617	+0,0658	+0,0687	+0,0710	+0,0727	+0,0741	+0,0762	+0,0777	+0,0788
B_{cg}	+0,0176	+0,0221	+0,0257	+0,0286	+0,0311	+0,0332	+0,0367	+0,0393	+0,0415
B_{ch}	—0,0041	—0,0011	+0,0016	+0,0039	+0,0060	+0,0079	+0,0110	+0,0136	+0,0158
B_{ci}	—0,0109	—0,0097	—0,0085	—0,0073	—0,0061	—0,0050	—0,0029	—0,0012	+0,0006

z	90	100	110	120	130	150	170	200	250
B_{ca}	+0,1916	+0,1945	+0,1969	+0,1989	+0,2006	+0,2033	+0,2053	+0,2074	+0,2094
B_{cb}	+0,2050	+0,2042	+0,2036	+0,2030	+0,2025	+0,2015	+0,2007	+0,1996	+0,1979
B_{cc}	+0,2033	+0,2003	+0,1977	+0,1955	+0,1935	+0,1903	+0,1877	+0,1845	+0,1807
B_{cd}	+0,1712	+0,1687	+0,1665	+0,1646	+0,1629	+0,1601	+0,1579	+0,1552	+0,1519
B_{ce}	+0,1247	+0,1239	+0,1231	+0,1224	+0,1218	+0,1208	+0,1199	+0,1188	+0,1176
B_{cf}	+0,0796	+0,0802	+0,0808	+0,0812	+0,0816	+0,0822	+0,0827	+0,0833	+0,0841
B_{cg}	+0,0432	+0,0447	+0,0460	+0,0471	+0,0481	+0,0498	+0,0512	+0,0529	+0,0551
B_{ch}	+0,0177	+0,0194	+0,0208	+0,0221	+0,0233	+0,0253	+0,0270	+0,0291	+0,0320
B_{ci}	+0,0021	+0,0034	+0,0046	+0,0057	+0,0068	+0,0086	+0,0102	+0,0122	+0,0150

z	300	400	500	600	800	1000	1200
B_{ca}	+0,2103	+0,2106	+0,2098	+0,2087	+0,2060	+0,2033	+0,2006
B_{cb}	+0,1965	+0,1939	+0,1917	+0,1897	+0,1863	+0,1834	+0,1808
B_{cc}	+0,1778	+0,1737	+0,1707	+0,1683	+0,1648	+0,1620	+0,1598
B_{cd}	+0,1495	+0,1462	+0,1440	+0,1423	+0,1399	+0,1383	+0,1366
B_{ce}	+0,1167	+0,1155	+0,1148	+0,1143	+0,1136	+0,1131	+0,1127
B_{cf}	+0,0847	+0,0857	+0,0865	+0,0872	+0,0882	+0,0890	+0,0896
B_{cg}	+0,0568	+0,0594	+0,0613	+0,0629	+0,0653	+0,0671	+0,0686
B_{ch}	+0,0342	+0,0376	+0,0402	+0,0423	+0,0456	+0,0481	+0,0501
B_{ci}	+0,0172	+0,0208	+0,0235	+0,0258	+0,0294	+0,0322	+0,0345